"十三五"普通高等教育本科部委级规划教材

染整工艺与原理（第2版）

（上册）

阎克路　主编

U0279779

中国纺织出版社有限公司

国家一级出版社
全国百佳图书出版单位

内 容 提 要

本书主要内容包括:棉及棉型织物的前处理(烧毛、退浆、精练、漂白和丝光),合成纤维织物的前处理和整理(其中热定形另列一章介绍),蚕丝和毛织物的整理,织物的一般整理、防缩整理、防皱整理和特种功能整理。

本书可供高等工科院校轻化工程专业(纺织化学与染整工程方向)使用,同时也可供纺织印染企业的工程技术和科研人员以及大专院校、科研院所相关专业的师生和科技人员阅读参考。

图书在版编目(CIP)数据

染整工艺与原理.上册/阎克路主编.--2版.--
北京:中国纺织出版社有限公司,2020.1(2022.9重印)
"十三五"普通高等教育本科部委级规划教材
ISBN 978-7-5180-6610-0

Ⅰ.①染… Ⅱ.①阎… Ⅲ.①染整—高等学校—教材
Ⅳ.①TS19

中国版本图书馆 CIP 数据核字(2019)第 186448 号

责任编辑:范雨昕   责任校对:江思飞   责任印制:何 建

中国纺织出版社有限公司出版发行
地址:北京市朝阳区百子湾东里 A407 号楼   邮政编码:100124
销售电话:010—67004422   传真:010—87155801
http://www.c-textilep.com
中国纺织出版社天猫旗舰店
官方微博 http://weibo.com/2119887771
三河市宏盛印务有限公司印刷   各地新华书店经销
2009 年 9 月第 1 版   2020 年 1 月第 2 版   2022 年 9 月第 5 次印刷
开本:787×1092   1/16   印张:20.25
字数:401 千字   定价:68.00 元

凡购本书,如有缺页、倒页、脱页,由本社图书营销中心调换

《染整工艺与原理》(上、下册)2007 年被列为普通高等教育"十一五"国家级规划教材(本科),第 1 版自 2009 年 5 月出版以来,东华大学及全国 20 余所设有轻化工程本科专业的院校纷纷选用本教材作为专业课教材,也成为相关专业工程技术及科研人员的重要参考资料,这套教材已经连续印刷 7 次。

相关高校的师生认为,通过对该书的学习,使学生系统地掌握了染整专业知识,培养了学生运用专业理论知识合理地设计工艺流程和方案的能力,达到全面提高学生素质培养的目的,深受师生好评。在过去十年使用的基础上,我们对《染整工艺与原理》(上、下册)进行修订,以"十三五"普通高等教育本科部委级规划教材继续出版。

在本书修订的过程中,教育部高等学校轻工类专业教学指导委员会在东华大学组织召开了轻化工程(纺织化学与染整方向)染整系列教材建设与编写研讨会,来自全国各个高校设有"轻化工程"专业的教学指导委员会委员、任课老师、学术带头人、中国纺织出版社的编辑,对本书的修订内容进行了认真讨论,提出了许多宝贵修改意见,在此深表谢意。

本教材由西安工程大学邢建伟(第一章)、东华大学阎克路(第二～第五章和第九章)、上海工程技术大学沈勇和王黎明(第六章)、浙江理工大学汪澜和郑今欢(第七章)、东华大学王炜(第八章)、武汉纺织大学姚金波(第十章)、东华大学毛志平(第十一章)、江南大学范雪荣(第十二章的第一、第二节)、青岛大学朱平(第十二章的第三、第四节)编写。全书由阎克路负责统稿和定稿。

作者衷心感谢本书在作为"十一五"规划教材于 2009 年第一次出版时,东华大学 宋心远、陈水林、王式绪和王春兰、中国纺织工程学会染整专业委员会王浩、北京服装学院沈淦清、上海华伦印染有限公司武祥珊对本书的审阅和提出的宝贵意见。同时衷心感谢东华大学周奥佳、胡春艳和纪柏林以及浙江理工大学胡毅对本书修订工作给予的帮助。

由于编者水平有限,疏漏之处敬请读者批评指正。

编者
2019 年 5 月

随着我国高等学校本科教学质量与教学改革工程的深入推进,教材建设成为大学学科建设、课程建设的重要组成部分,发挥教材建设在创新人才培养中的作用具有十分重要的意义。结合教育部"普通高等教育'十一五'国家级规划教材"项目,参考东华大学王菊生和孙铠主编的《染整工艺原理》(第二册)和大量国内外相关科技书籍和文献,并结合编者们多年的教学经验和科研成果,编写了此书。

本书主要阐述各类纤维织物前处理和整理的工艺技术及其原理;与本教材相配套的《染整工艺与原理》(下册)(赵涛主编)则主要讲述织物染色和印花方面的内容。在教材编写中,对编写大纲和内容作了合理的设计和编排,力求尽可能反映最新的工艺技术和理论,并突出节能减排和清洁生产的概念,在讲述工艺原理的同时,注意工艺实例的讲述。同时,本教材将参考文献标注在引用内容的文字叙述和图表中;每章附有习题、思考题和复习指导。以倡导严谨的学风和工艺实践的重要性,并引导学生扩展阅读量和培养独立思考的能力。

为了写好本书,东华大学在上海召开了"'十一五'国家级教材建设会议",来自二十余所高校的教育部高等学校轻化工程专业教学指导分委员会的委员(纺织化学与染整工程方向)和任课教师、中国纺织出版社的相关编辑,对本书的编写内容进行了认真的讨论,提出了宝贵的修改意见,在此深表谢意。

本教材由西安工程大学邢建伟(第一章)、东华大学阎克路(第二~第五章和第十章)、上海工程技术大学沈勇和王黎明(第六章)、浙江理工大学汪澜和郑今欢(第七章)、东华大学王炜(第八章)、天津工业大学姚金波(第九章)、东华大学毛志平(第十一章)、江南大学范雪荣(第十二章的第一、第二节)、武汉科技学院朱平(第十二章的第三、第四节)编写。全书由阎克路统编和定稿。

作者由衷地感谢东华大学宋心远教授、陈水林教授、王式绪老师和王春兰老师、中国纺织工程学会染整专业委员会王浩高级工程师、北京服装学院沈淦清教授、上海华纶印染有限公司武祥珊高级工程师对本书的审阅和提出的许多宝贵意见和建议。在本书编写过程中,还得到许多相关公司和企业、中国纺织出版社、东华大学教务处、东华大学化学化工与生物工程学院多位专家、老师的支持和帮助;多位研究生为文献查阅、文字和图表输入做了很多工作;在此也一并致谢。

由于编者水平有限,纰漏之处在所难免,殷切希望读者批评指正。

编者
2009 年 6 月

课程名称：染整工艺与原理（上册）

适用专业：轻化工程（纺织化学与染整工程方向）

总学时数：48~52

课程性质：本课程为轻化工程（纺织化学与梁整工程方向）本科专业的专业核心课程，是必修课。

课程目的：通过对本课程的学习，使学生系统地掌握纺织品前处理和整理加工的基本理论和工艺，主要加工用剂的性质及特点，前处理和整理产品的质量要求以及加工过程对环境的影响等知识，使学生具有牢固的理论基础和一定的生产工艺分析和实践能力。

课程教学基本要求：

1.本课程着重介绍纺织品前处理和整理的基本理论和典型工艺，培养学生分析问题和解决问题的能力。

2.在讲课时每章介绍有关参考书和中外文专业文献以及思考题，以便学生自学，有些章节不进行课堂教学，采用学生自学与课堂讨论结合的方法。

3.在教学过程中引入工业界和学术界最新的应用技术和研究成果；同时采用教师和学生的课堂互动教学方法，课程可以设置4学时的课程讨论。

4.课外作业，每章给出若干思考题，尽量系统地反映该章的知识点，布置适量书面作业。

5.考核：采用习题、读书报告和期终闭卷笔试的方式进行考核，闭卷笔试的题型一般包括填空题、名词解释、判断题、论述题等。

课程设置指导

教学学时分配（按48学时计算）：

章　数	讲　授　内　容	实验学时
第一章	水和表面活性剂	2
第二章	棉及棉型织物的烧毛、退浆、精练	4
第三章	漂白	3
第四章	丝光	3
第五章	热定形	4
第六章	合成纤维织物的前处理和整理	4
	课程讨论	2
第七章	蚕丝织物的前处理和整理	2
第八章	毛织物整理	2

续表

章　数	讲　授　内　容	实验学时
第九章	织物的一般整理	4
第十章	防缩整理	2
第十一章	防皱整理	6
	课程讨论	2
第十二章	特种功能整理	6
	复习总结	2
	合计	48

第一章　水和表面活性剂

第一节　染整加工用水及水的软化处理

一、水及其与染整加工的关系

在纺织品染整加工的许多环节中,各种化学助剂或染料与纤维发生特定的作用,通过这些作用来获得纺织品的特种性能。一般来说,助剂或染料对纺织纤维的作用是以水为介质的。因此,水的质量对纺织品染整加工起着非常重要的作用。了解自然界水源及其分布、水中各种杂质的形成以及对染整加工可能造成不良影响的杂质的去除对纺织品染整加工是十分必要的。

随着地域的不同,水的分布、质量和水出现的模式有着非常明显的差异。就水的质量而言,最有价值的水分布在大气中、地球表面和地下,这些水的水量只占总水量的3%左右。水的一般来源为雨水、地表水、浅地下水和深地下水。

雨水是较为纯净的水,其中可能含有来自大气中的微量气体以及极少量的微小固体颗粒。城镇区域的雨水中往往含有少量的烟灰、二氧化硫以及其他由工业带来的副产品。直接积累的雨水一般没有重要的工业使用价值,在某些特殊情况下,工业上也采用少量的聚集雨水,使用前一般必须进行必要的处理。

地表水的主要来源是雨水。雨水流入江河湖泊,在其流经地表的途中会携带溶解的有机和无机物质。细菌可以将水中的有机物质转化成为硝酸盐,但这些硝酸盐对染整加工没有大的影响。地表水由于浅泉水的注入可以携带额外的可溶性无机盐。有机物质腐败以及其他人为活动所产生的色素往往使地表水带有颜色。

浅地下水主要由浅泉水和深度为15m以内的井水构成,此类水是由地表水通过较短距离对土壤和岩层的渗透形成的。由于土壤的过滤作用,浅地下水中通常不含悬浮状杂质,但往往含有有机类杂质。地面植物的新陈代谢过程产生大量的二氧化碳,地面水在渗透过程中往往携带溶解于其中的这种气体。水中的二氧化碳会将与其接触的岩层中的不溶性碳酸钙转化为可溶性的碳酸氢钙。浅地下水中杂质种类与含量因地域不同而不同,主要取决于雨水降临区域的地表性质以及水在渗透过程中所接触到的土壤及岩层的组成。

深地下水基本不含有机杂质,这是由于地表水渗透距离更长、土壤及岩层对有机杂质的过滤作用或细菌对此类杂质的分解作用更为充分的缘故。深地下水中往往含有大量的可溶性无机杂质,这是由于地表水在渗透过程中与土壤及岩层接触的机会更多而造成的。

染整厂所用水应无色、无味,澄清,同时对其硬度应有一定的限制。水中的杂质往往会影响所加工纺织品的白度。例如，铁制进水管道使水携带铁离子，这些铁离子可以直接导致纺织品色泽泛黄。铁离子可以对双氧水的分解产生强烈的催化作用，造成纺织品的过度损伤。形成水硬度的钙、镁离子可能使高级脂肪酸盐（如肥皂）发生沉淀，使其活力减弱甚至丧失。在染色加工过程中，钙离子、镁离子可使染料发生沉淀，使染色品的色泽萎暗、色牢度降低。

因此，控制染整厂用水质量是保证染整加工质量和加工环节顺利进行的一个重要前提。染整厂对所用水质的具体要求如表 1-1 所示。

表 1-1　染整厂对所用水质的具体要求

项　目	要　求	项　目	要　求
pH 值	6.3～7.2	氧化铁含量/mg·L^{-1}	≤0.05
总含固量/mg·L^{-1}	≤100	氯含量/mg·L^{-1}	≤10
灰分含量/mg·L^{-1}	40～60	有机物含量/mg·L^{-1}	≤6
硬度/mg·L^{-1}	0～60	—	—

二、水的硬度和印染用水的软化

水的硬度是由水中含有的钙离子和镁离子所造成的。尽管水中所含的铁离子、锰离子、锶离子和铝离子等均可产生水的硬度，但由于其在天然水中的含量很小，它们所造成的影响一般可忽略不计。天然水中所含钙离子和镁离子成分一般以其硫酸盐、氯化物和重碳酸盐的形式存在。水的硬度一般分为暂时硬度和永久硬度，两者之和称为总硬度。染整厂对所用水的硬度要求见表 1-1。

如上所述，天然水中所含二氧化碳与岩层接触可使碳酸钙和碳酸镁转化为水溶性的重碳酸盐。由于钙、镁重碳酸盐的存在而形成水的硬度叫做暂时硬度。上述重碳酸盐的形成过程如下：

$$CaCO_3 + CO_2 + H_2O \longrightarrow Ca(HCO_3)_2$$
$$MgCO_3 + CO_2 + H_2O \longrightarrow Mg(HCO_3)_2$$

通过加热可将钙的重碳酸盐转化为不溶于水的碳酸钙：

$$Ca(HCO_3)_2 \longrightarrow CaCO_3 \downarrow + CO_2 \uparrow + H_2O$$

而镁的重碳酸盐可以通过沸煮转化成为碳酸镁，进一步转化为不溶性的氢氧化镁：

$$Mg(HCO_3)_2 \longrightarrow MgCO_3 + CO_2 \uparrow + H_2O$$
$$MgCO_3 + H_2O \longrightarrow Mg(OH)_2 + CO_2 \uparrow$$

上述消除暂时硬度的过程实际上也是水垢形成的原因。

由溶于水的钙、镁等氧化物、氯化物、硝酸盐或硫酸盐的存在而形成的水硬度叫做永久硬度，又叫做非碳酸盐硬度。这种水硬度不能通过简单的加热煮沸来消除。

一般将每升水中钙、镁盐含量换算成碳酸钙的毫克数来表示水的硬度，单位为 mg/L。

水的软化处理方法有石灰—纯碱法、离子交换法和软水剂添加法。

氢氧化钙和碳酸钠是石灰—纯碱水软化过程中采用的药品，这些药品的加入使上述物质发生沉淀,从水中去除。碳酸氢盐可以用氢氧化钙(石灰)去除,而非碳酸盐引起的水硬度则可用碳酸钠(纯碱)消除。上述过程可由下列化学反应式表示:

$$Ca(HCO_3)_2 + Ca(OH)_2 \longrightarrow 2CaCO_3\downarrow + 2H_2O$$

$$Mg(HCO_3)_2 + Ca(OH)_2 \longrightarrow CaCO_3\downarrow + MgCO_3\downarrow + 2H_2O$$

$$MgCO_3 + Ca(OH)_2 \longrightarrow Mg(OH)_2 + CaCO_3$$

$$MgSO_4 + Ca(OH)_2 \longrightarrow Mg(OH)_2\downarrow + CaSO_4$$

$$CaSO_4 + Na_2CO_3 \longrightarrow CaCO_3\downarrow + Na_2SO_4$$

实际上,上述软化水过程结束后,仍然至少有 30mg/L 的碳酸钙和 10mg/L 的氢氧化镁存在于水中。采用这种方法可以消除大部分可溶性固体类物质。石灰也能够使水中溶解的铁离子和锰离子得以沉淀。

离子交换法是目前水处理过程中普遍采用的方法,这种方法可以选择性地去除特殊的杂质。采用离子交换法处理的水可以是完全脱盐的,供实验室和工业应用。强酸性磺酸基阳离子交换树脂是目前广为应用的离子交换水处理材料。其制备是以珠状聚合法将苯乙烯与二乙烯苯共聚,形成三维网状的共聚珠粒,再经磺化,在苯环上引入磺酸基。其反应过程如下:

为增加离子交换比表面积,共聚珠粒可以被制成多孔结构。这种凝胶型强酸性苯乙烯类阳离子交换树脂为棕黄色至褐色珠状颗粒,适用的 pH 值范围为 1～14,H 型的最高使用温度为 100℃,Na 型的为 120℃。

在采用阳离子交换树脂的软化水过程中,水中的钙、镁离子通过树脂的作用被钠离子取代:

$$R^{2-} + 2Na^+ + Ca^{2+} + 2HCO_3^- \longrightarrow CaR + 2Na^+ + 2HCO_3^-$$

$$R^{2-} + 2Na^+ + Ca^{2+} + SO_4^{2-} \longrightarrow CaR + 2Na^+ + SO_4^{2-}$$

$$R^{2-} + 2Na^+ + Ca^{2+} + 2Cl^- \longrightarrow CaR + 2Na^+ + 2Cl^-$$

$$R^{2-} + 2Na^+ + Mg^{2+} + 2HCO_3^- \longrightarrow MgR + 2Na^+ + 2HCO_3^-$$

$$R^{2-} + 2Na^+ + Mg^{2+} + 2Cl^- \longrightarrow MgR + 2Na^+ + 2Cl^-$$

上述反应式中的 R 代表交换树脂主体。上述过程表明,当含有钙、镁离子的水通过离子交换器时,这些金属离子将被树脂束缚,而树脂上的钠离子则被置换出来。

当离子交换器的交换能力即将被消耗殆尽时,可用氯化钠溶液进行活化处理。从而可使钙、镁离子以可溶性的氯化物形态被去除,同时使树脂恢复到原来的钠型状态。该交换装置经充分清洗后，可以重新投入使用。此过程可以由下列反应式来表示：

$$CaR + 2Na^+ + 2Cl^- \longrightarrow R^{2-} + 2Na^+ + Ca^{2+} + 2Cl^-$$

$$MgR + 2Na^+ + 2Cl^- \longrightarrow R^{2-} + 2Na^+ + Mg^{2+} + 2Cl^-$$

也可以在水中加入一些能与钙、镁等金属离子配合或螯合的化学药剂，如六偏磷酸钠等。以与钙离子的反应为例，这些化合物在水中与钙、镁、铜、铁等离子的反应如下：

$$Na_4[Na_2(PO_3)_6] + Ca^{2+} \longrightarrow Na_4[Ca(PO_3)_6] + 2Na^+$$

第二节　表面活性剂及其在染整加工中的应用

　　纺织品的染整加工与表面活性剂的应用有着密切的关系，没有表面活性剂的参与，现代染整加工技术就会失去其重要的应用基础。实际上，表面活性剂在各种纺织品的染整加工环节中都起着不可替代的作用。了解表面活性剂的特点、基本性能以及基本作用原理对纺织品染整加工的理论和实践具有重要的意义。

一、表面张力与表面自由能

　　任何自然状态下的液体都有自发地减小其自身表面积的趋势，表面积的减小是降低其状态能量的有效途径。液体分子之间存在着相互吸引力，液体内部所有分子所受到的合力为零。对于液体表面的分子来说，由于液体表面以外的气相中分子密度相对很小，分子所受到来自气相的吸引力远比来自液体内部分子的吸引力小。因此，液体表面的分子实际上受到垂直于液体表面且指向液体内部的合力，上述作用可在图 1-1 中示意性地表达。

　　如图 1-1 所示，液体表面分子受到的垂直于表面且指向液体内部的合力使表面分子有沿此力向内收缩的自然趋势，由此产生的与液面相切的收缩液面的力就是液体的表面张力。如图 1-2 所示，在细金属丝矩形框上的液膜 $abcd$ 的 cd 边为活动边，其长度为 l。如果活动边与矩形框间的摩擦力可以忽略不计的话，要保持液膜就必须在活动边 cd 上施加一定大小的外力，以防止液膜自动向 ab 边收缩。

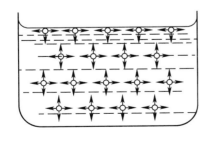

图 1-1　液体分子受力作用示意图

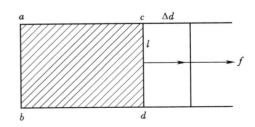

图 1-2　液体的表面张力

　　应当注意，此时框架上的液膜有两个表面，为保证液膜平衡所需施加的外力 f 与活动边的

长度成正比关系,即:

$$f=2\gamma l \tag{1-1}$$

式中:γ 是液体的表面张力系数,简称表面张力。表面张力的常用单位为 mN/m。以上所说的液体的表面张力实际上是液体与其所接触的气体之间的界面张力,一般叫做表面张力。事实上,在任何两种不同物质相接触的界面上都存在着界面张力。

增加液体表面积的过程实质上就是将一部分内部的液体分子迁移到液体表面的过程,在这一迁移过程中必须依靠外界能量的供给才能将处于相对低能态的内部液体分子转变为相对高能态的液体表面分子。体系在上述过程中所获得的额外能量就是其表面过剩自由能,将导致体系能态增高。如图 1-2 所示,在可逆情况下向液膜施加的外力为 $2\gamma l$,活动边位移距离为 Δd 时,体系自由能增量 ΔG 为:

$$\Delta G=2\gamma l\Delta d=\gamma\Delta A \tag{1-2}$$

式中:ΔA 为液膜两个面的表面积改变总量。因此,

$$\gamma=\frac{\Delta G}{\Delta A} \tag{1-3}$$

从式(1-3)可以看出,γ 又是恒温恒压条件下增加单位表面积所引起体系自由能的增加量,叫做比表面自由能,简称为表面自由能,其常用单位为 mJ/m²。以上所说的液体的表面自由能实际上是液体与其所接触的气体之间的界面自由能,一般叫做表面自由能。事实上,在任何两种不同物质相接触的界面上都存在着界面自由能。

因此,表面张力与表面自由能两个物理量的量纲相同,分别是用力学方法和热力学方法研究液体表面现象时采用的物理量,具有不同的物理意义,当采用适宜的单位时两者数值相同。表面张力和表面自由能的产生实际上是液体内部分子和表面分子所受力的状态差异引起的。不同的液体物质具有不同的表面张力。表 1-2 列出了部分液体在一定条件下的表面张力。

表 1-2 部分液体在一定条件下的表面张力

液 体	温度/℃	表面张力/mN·m⁻¹	液 体	温度/℃	表面张力/mN·m⁻¹
全氟戊烷	20	9.89	三氯甲烷	25	26.67
全氟庚烷	20	13.19	乙 醚	25	20.14
全氟环己烷	20	15.70	甲 醇	20	22.50
正己烷	20	18.43	乙 醇	20	22.39
正庚烷	20	20.30	硝基苯	20	43.35
正辛烷	20	21.80	苯	20	28.88
水	20	72.80		30	27.56
	25	72.00	甲 苯	20	28.52
	30	71.20	四氯化碳	22	26.76

在液体中溶解另外的物质即形成溶液,溶质的介入往往可以明显改变液体原有的表面张力。例如,在水中溶解一定数量的表面活性剂类物质可以使水的表面张力明显降低。溶质使溶

剂表面张力降低的性质叫做溶质的表面活性。

二、表面活性剂及其水溶液的特性

表面活性剂分子结构具有一个共同的特征，即分子由极性不同的两部分结构组成。其中极性弱而非极性强的部分呈现疏水性（又叫做亲油性），极性强而非极性弱的部分则呈现亲水性。其基本结构如图1-3所示。

图1-3 表面活性剂分子结构示意图

表面活性剂的疏水基一般由烃基构成。而亲水基则由各种极性基团组成，种类较多。例如，肥皂是常用的且具有代表意义的阴离子型表面活性剂，肥皂分子中的疏水性部分为碳氢直链，而其亲水性部分则为羧酸钠盐基团。表面活性剂的亲水性基团还可以是阳离子型、两性型和非离子型的。表面活性剂的一般分类是按照其亲水基团的电荷性质进行的。按照表面活性剂亲水基团的电荷特性，一般将其分为阴离子、阳离子、两性离子、非离子和双子（Gemini）表面活性剂。它们的结构特点可由示意图1-4来表示。

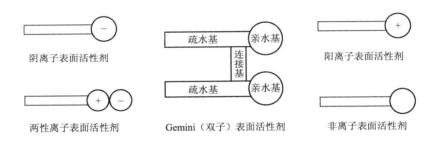

图1-4 各种表面活性剂分子结构示意图

在讨论表面活性剂水溶液的性质之前，首先考虑不同性质的两相接触的情况。为了方便起见，在此考虑水溶液与其相对的气相所接触的情况。水溶液中的溶质在整个溶液体系中并不是均匀分布的，在水溶液与气相所接触的界面上溶质可能是富集的，也可能是贫乏的。我们所要了解的是上述界面上溶液浓度和溶液本体浓度之间的差别与溶液表面张力之间的关系。为了对这一问题给出确切的答案，19世纪末，吉布斯（Gibbs）根据热力学原理推导出了著名的吉布斯等温吸附公式：

$$e = -\frac{C}{RT} \cdot \frac{\mathrm{d}\gamma}{\mathrm{d}C} \qquad (1-4)$$

式中：e 为单位界面层中溶质的数量；C 为溶液本体的浓度；R 为理想气体常数；T 为绝对温度；γ 为溶液的表面（界面）张力。

式（1-4）考虑的是含单一溶质溶液体系的情况。根据此式，当 $\frac{\mathrm{d}\gamma}{\mathrm{d}C} < 0$，也就是随溶质在溶液中数量的增加溶液的表面张力下降时，溶质在溶液表面的浓度是大于在溶液本体浓度的。这

就意味着那些能够降低溶液表面张力的溶质在溶液表面富集。相反,当$\dfrac{\mathrm{d}\gamma}{\mathrm{d}C}>0$,也就是随溶质在溶液中数量的增加溶液的表面张力升高时,溶质在溶液表面的浓度小于在溶液本体的浓度。这就意味着那些能够提高溶液表面张力的溶质在溶液的表面是相对贫乏的。

　　表面活性剂特殊的分子结构决定了它们在水溶液中与其他溶质相比具有不同的存在形态。根据"亲者相近、疏者相斥"的原理,表面活性剂分子在界面的存在方式应当是亲水基团与水接触,而疏水基团则垂直于水面且指向水面的外侧,具体情况如图1-5(a)所示。如果表面活性剂水溶液的浓度低到不足以使表面活性剂分子按照上述方式在水面排满的话,有表面活性剂分子分布的那一部分水面实际上被表面活性剂分子的疏水性基团所取代,也就是说,与气相接触的这一部分已经不再是水分子而是表面活性剂的疏水性基团。由于上述疏水性基团具有较低的表面张力,在宏观上就表现为整个水表面的表面张力有所降低。随着表面活性剂数量的增多,表面活性剂在水表面的分布密度逐渐增加,水表面的表面张力也逐渐降低。上述过程与吉布斯等温吸附公式是一致的。当表面活性剂分子完全占据水表面时,如图1-5(b)所示,水的表面张力达到其最低值。之后,进一步增加表面活性剂的浓度,水的表面张力不再明显变化(图1-6)。上述使水的表面张力达到最低值所对应的表面活性剂的最低浓度就叫做表面活性剂的"临界胶束浓度",也叫做"临界胶团浓度",通常以CMC(Critical Micelle Concentration)来表达。表面活性剂在水中的浓度超过其临界胶束浓度后不再明显改变水的表面张力,这是由于继续加入的表面活性剂分子不能再占据水的表面,只能存在于水的本体之中。由于表面活性剂分子的疏水性基团与水分子之间存在着较大的不相容性,会引起疏水基团周围水分子形成有序的"冰山结构",从而使之处于较高的能态(熵的减小),为了保持最低的能态,上述疏水性基团只能以各种方式密切聚集,尽量减少与水的接触。上述聚集的结果就是在水本体内的表面活性剂分子形成聚集体,就是所谓的"胶束"或"胶团",如图1-5(c)中所示。在界面上发生定向吸附和在溶液中形成胶束是表面活性剂最重要的特性。上述过程中水的表面张力随表面活性剂的不断加入而变化的情况如图1-6所示。

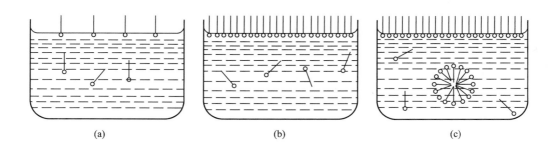

(a)　　　　　　　　(b)　　　　　　　　(c)

图1-5　表面活性剂在水表面及水溶液中的分布状态

　　所有胶束基本由两部分组成,其内部通常由彼此靠拢的疏水基团构成,而其外部则由水化的极性基团构成。离子型(此处以阴离子型为例)和非离子型表面活性剂在其水溶液中所形成

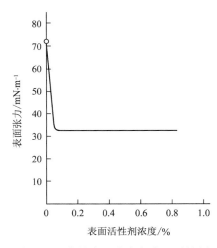

图 1-6 水的表面张力与表面活性剂浓度的关系

的胶束见图 1-7。

一般认为胶束内部疏水基团的集合体具有"液态烃"的性能,其对不同结构的疏水性分子都有良好的溶解能力。图 1-7(a)中,离子型表面活性剂所形成的胶束外壳中水化的离子型基团通过电性引力可以结合一定数量的反离子,形成极性基及水化层。为了保持其整体的电中性,在带电荷胶束电场的作用下反离子在外部溶液扩散分布,形成扩散层。此扩散层与胶束的极性基层一起构成离子型表面活性剂胶束的扩散双电层。图 1-7(b)中,非离子表面活性剂所形成胶束的外层即极性基及水化层由亲水性基团和水化的水组成,不带明显电荷,溶液中因此不存在扩散双电层。此外,由电荷相反的离子型表面活性剂以等离子比形成的混合胶束的极性基层也可以是电中性的,在溶液中也不存在扩散双电层。

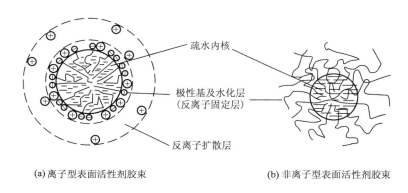

(a) 离子型表面活性剂胶束

疏水内核
极性基及水化层
(反离子固定层)
反离子扩散层

(b) 非离子型表面活性剂胶束

图 1-7 胶束结构

表面活性剂在水溶液中所形成的胶束的形状类型很多,一般为球状、棒状、层状和六角状,如图 1-8 所示。形成各种形状胶束的目的都是尽量减少表面活性剂分子疏水性基团与水的接触面积。

表面活性剂溶液区别于一般溶液的明显特征是存在临界胶束浓度。研究结果表明,在恒温、恒压条件下,表面活性剂溶液的各种性质都会在一个相当狭窄的浓度范围内发生突变。以十二烷基硫酸钠水溶液为例(图 1-9),在浓度为 0.2% 附近,其溶液的表面张力、当量电导率、渗透压、洗涤作用及其他性质和性能都发生了显著的改变。

表面活性剂水溶液性质发生突变相对应的狭窄浓度范围与溶液的临界胶束浓度重叠。严格地说,此狭窄浓度范围内的适当值才是溶液的临界胶束浓度。

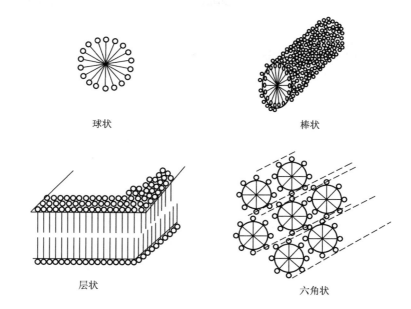

球状　　　　　　　　　棒状

层状　　　　　　　　六角状

图 1 - 8　胶束或胶团的形状

三、表面活性剂的润湿和渗透作用

液体对固体的润湿过程实际上是液体取代固体表面气体的过程。水在清洁平整的玻璃上可以顺利地铺展开来,但在荷叶上的水则呈水滴状,前一种是很好的润湿状况,而后一种则是不良的润湿状况。上述实例说明在不同情况下液体对固体表面的润湿程度是不一样的。液体在固体表面形状的不同可以说明液体对固体表面的润湿程度。图 1 - 10 反映了液体对固体表面的不同润湿状况。

图 1 - 10(a)反映的是完全不润湿的情况,图 1 - 10 (b)反映的是润湿程度相对较高的情况,而图 1 - 10(c)反映的则是润湿程度更高的情况。在图中液相、固相和气相三相交点处作液滴的切线,切线与固体平面之间的夹

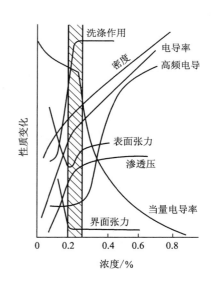

图 1 - 9　十二烷基硫酸钠水溶液的
一些性质随浓度的变化

角 θ 的大小实际上反映了润湿程度的高低,一般称其为液体与固体表面的接触角,简称接触角。图 1 - 11 反映的是液滴在固体表面静止的状况,在液相、固相和气相三相交点 A 处是处于平衡状态的。

在平衡状态下,接触角与图 1 - 11 所示的界面自由能有如式(1 - 5)所示的关系:

$$\gamma_{sg} - \gamma_{sl} = \gamma_{lg}\cos\theta \tag{1-5}$$

式(1 - 5)是由 T. Young 在 1805 年提出的,一般称其为杨氏方程。将式(1 - 5)进行整理后

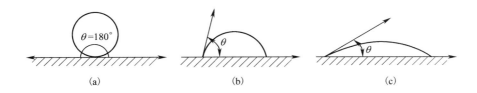

图 1-10　液体对固体表面的润湿程度和接触角

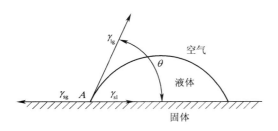

图 1-11　接触角与界面自由能的关系

可得：

$$\cos\theta = \frac{\gamma_{sg} - \gamma_{sl}}{\gamma_{lg}} \qquad (1-6)$$

式(1-6)定量地反映了影响接触角 θ 大小即液体对固体表面润湿能力大小的因素。一般将 $\theta = 90°$ 作为衡量润湿与否的界限,将 $\theta > 90°$ 的情况确定为不润湿,将 $\theta < 90°$ 的情况确定为润湿,而将 $\theta = 0°$ 的情况确定为液体在固体表面的铺展。在第十二章将对液体在固体表面润湿的热力学研究、液体在不平整固体表面的润湿以及水溶液对纺织品的润湿情况作进一步的介绍。

四、表面活性剂的乳化、分散和增溶作用

一种液体以微小的液滴分散在另一种与其不相溶的液体中所形成的体系叫做乳状液。而一种固体以微小的颗粒分散在一种液体中所形成的体系叫做分散液。分散液体系和乳状液体系具有基本相似的性能。常识告诉我们,油和水在一般情况下是不相溶的。将油和水分别倒入同一容器,只需短暂的静置,两种液体就会清晰地分为两相。这是因为两种液体之间的界面张力很大,它们以最小面积进行接触,从而使整个体系处于最低能态,这是一种自发的行为。在上述水相中加入表面活性剂,同时进行机械搅拌或震荡,油便以很小的油滴分散在水相中,即使经过一定时间的静置也不会出现分层现象。在上述情况下,油相是以非连续的油滴分散在连续的水相中的,油相叫做分散相或内相,水相叫做分散介质或外相,如此形成的乳状液通常叫做水包油型乳状液,即油/水型乳状液,也叫做 O/W 型乳状液。相反,如果水相以非连续的水滴分散在连续的油相中,水相叫做分散相或内相,油叫做分散介质或外相,所形成的乳状液叫做油包水型乳状液,即水/油型乳状液,也叫做 W/O 型乳状液。在纺织品染整加工过程中经常见到的都是油/水型乳状液。

无论是油滴分散在水相还是水滴分散在油相,分散的结果是两种互不相溶的液体的接触面积有了极大增加。因此,从热力学上讲这是一种不稳定的体系。上述体系之所以能够形成,是因为表面活性剂在互不相溶的两种液体之间发生了定向吸附,降低了两种物质之间的界面张力,从而降低了体系的自由能,这是符合吉布斯等温吸附定律的。根据乳状液类型的"定向楔"理论,表面活性剂分子的疏水基团与油滴接触,而亲水基团则与水接触,在这种情况下,表面活

性剂分子就像"拉链"一样将两种物质紧密地结合在一起。油/水型乳状液体系中表面活性剂分子在油/水界面间的定向吸附情况见图1-12。

上述乳化体系的稳定性实际上取决于乳液中分散相液滴合并的速度。在油/水乳液体系中，油/水界面膜具有一定的强度，能够阻止分散油滴的合并，使其在运动碰撞时不易相互聚集。研究表明，油/水界面膜上定向吸附的表面活性剂分子的排列密度是决定膜强度的关键因素。采用离子型表面活性剂作为乳化剂时，静电排斥作用也会阻止液滴合并。如果将一些不同类型的表面活性剂参与其中，乳状液的稳定性会有显著的提高。例如，在十二烷基硫酸钠作为乳化剂时加入适量的十二醇，在油/水界面膜上十二醇分子会在十二烷基硫酸钠分子之间交叉嵌入，十二醇分子的极性基团与十二烷基硫酸钠分子的亲水性基团之间相互作用形成"复合物"，减小了离子基团之间的静电斥力，加强了吸附分子之间的相互作用。上述作用以及十二醇分子的嵌入提高了油/水界面膜上分子的密度，从而增强了界面膜的强度。从几何角度来看，由于乳状液和分散液中粒子直径非常小，其表面曲率很大，表面活性剂分子在这种表面上不像一般界面上那样平行排列，而是以辐射状栅栏排列，故疏水基之间不可能很紧密。混合表面活性剂作为乳化剂则能弥补这一缺点，形成更为紧密的排列，因此油/水界面膜的强度才更高，体系才更稳定。所以，乳化剂往往是几种表面活性剂（如阴离子和非离子表面活性剂）的混合物。由阴离子和非离子表面活性剂组成的混合表面活性剂在油/水界面膜上发生定向吸附的状况示意图如图1-13所示。

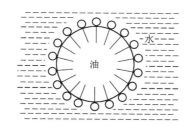

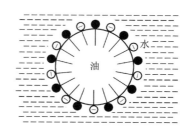

图1-12　表面活性剂分子在油/水界　　　　图1-13　混合表面活性剂在油/水界
　　　　面间的定向吸附　　　　　　　　　　　　面膜上的定向吸附

作为一种"清洁生产"方式的泡沫染整加工工艺已经在纺织品染整加工中得到应用。泡沫液膜表面与上述油/水界面膜的表面性质相似，混合表面活性剂的应用对于液膜稳定性的提高也具有重要作用。例如，在泡沫印花浆的制备过程中，在阴离子型染料溶液中加入发泡剂十二烷基硫酸钠，形成泡沫体系后，再加入十二醇可以提高泡沫的稳定性。而如果首先将十二烷基硫酸钠的水溶液发泡，并加入适量的十二醇，最后再加入染料溶液，则形成的染料泡沫体系的稳定性明显提高。这是因为在前一种情况下，在形成泡沫的过程中，一些染料分子也会在液膜表面发生一定程度的吸附，从而影响液膜表面上表面活性剂分子的排列。同时，液膜中染料携带的金属离子的电荷作用会降低液膜两个表面上阴离子表面活性剂分子间的静电斥力，促进液膜的薄化。而在后一种情况下，两种不同种类的表面活性剂分子在染料分子介入之前已经在泡沫液膜的表面发生了密集的定向排列，染料分子一般只能在泡沫液膜的内部存在。同时，由于液膜表面上不同表面活性剂分子极性基团之间的相互作用，金属离子在此时的电荷影响已经不明

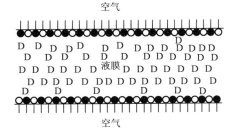

图 1-14　泡沫印花色浆中泡沫液膜片段

显。这种情况可在图 1-14 中给以示意性的表示。此示意图中表达的是印花色浆中泡沫液膜片段表面上混合表面活性剂分子的吸附以及染料分子(以 D 来表示)在液膜内部的情况。

　　一般来说,离子型表面活性剂体系中如有少量脂肪醇、脂肪酸或脂肪胺等直链极性有机物同时存在,界面膜表面吸附分子排列的紧密程度可以提高。

　　在乳状液体系中,如果采用的乳化剂为离子型表面活性剂,则被乳化的液滴表面均带有电荷,与相应的反离子形成扩散双电层。由于液滴带有同种电荷,它们之间就存在静电排斥,这种作用对防止液滴的聚集、提高乳状液的稳定性有积极的作用。油/水界面膜表面的电荷密度越大,液滴之间的斥力也越大,乳液体系的稳定性也就越高。实际上油/水界面膜表面电荷密度的大小直接反映了离子型表面活性剂分子在表面定向排列的紧密程度。对于采用非离子表面活性剂形成的乳状液体系来说,虽然被乳化的液滴表面不带电荷,但由于表面活性剂分子的定向嵌入,在液滴表面存在着比较厚的水化层,可以有效地减小液滴相互聚集的倾向。

　　在乳状液体系中,分散介质的黏度对体系的稳定性也有着重要的影响。分散介质黏度的提高可以使分散相在其中的运动速度受到抑制,使液滴聚集的机会减少,从而提高乳状液体系的稳定性。因此,为了提高乳状液体系的稳定性,通常在分散介质中加入高分子溶质来提高其黏度。有些具有表面活性的高分子物质还可以增强乳化效果。四氯乙烯是用于化学纤维纺织品前处理的一种强力去油剂,而实际生产中往往用的是其乳状液。采用一般的乳化剂对四氯乙烯乳化得到的是乳白色的体系,如果在乳化过程中加入少量的聚乙烯醇溶液,则可得到近乎半透明的乳化体系。在后一体系中,被分散的液滴的粒径要比在前一体系中小得多,体系的稳定性要好得多,其对纺织品的渗透性能和处理效果也要好得多。

　　与乳状液体系一样,固体微粒在液体中形成的分散体系也是热力学不稳定体系。巨大的比界面和由此而来的较高的界面自由能导致被分散点具有自发聚集的倾向。在水为介质的分散体系中,与乳状液体系的情况类似,表面活性剂分子在分散质点的表面发生亲水基朝向水相的定向吸附,从而降低了分散质点与水之间的界面张力,因此提高了体系的稳定性。

　　当水中表面活性剂的浓度超过其临界胶束浓度以后,不溶或微溶于水的有机物质在水中的表观溶解度明显提高,胶束的这种作用叫做"增溶"或"加溶"。实际上,胶束的增溶性能与胶束内部疏水性基团集合体的"液态烃"性能有着密切的关系。随着被增溶有机物质的结构性能以及胶束结构的不同,增溶的方式也有所不同。四种典型的增溶方式如图 1-15 所示。

　　图 1-15(a)表示的是被增溶物质完全进入胶束的情况。非极性的饱和脂肪烃、环烷烃等有机化合物一般通过这种方式增溶。图 1-15(b)表示的是被增溶物质分子在胶束"栅栏"之间的状况。长链醇、胺、脂肪酸和一些染料等极性有机化合物一般以这种方式增溶。这些分子以非极性部分插入胶束内部,而极性部分则靠近表面活性剂极性基位置。图 1-15(c)表示的是一些小的极性较强的分子的增溶情况。例如,苯二甲酸二甲酯和一些染料既不溶于水也不溶于

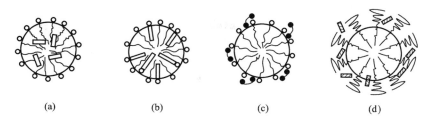

图1-15　不同的增溶方式

非极性烃,这些物质一般吸附于胶束表面区域。图1-15(d)表示的是在聚氧乙烯链间的增溶情况。当胶束主要由具有聚氧乙烯链的非离子表面活性剂形成时,苯、乙基苯和苯酚类有机物质被增溶并包藏于胶束外层的聚氧乙烯链内。增溶与乳化、分散有着本质上的不同。乳化、分散作用所形成的是热力学不稳定体系,而增溶作用形成的是热力学稳定体系。

五、表面活性剂的去污作用

在纺织品前处理过程中,纺织品的净化十分重要。这里所讲的净化主要是指去除纺织纤维上共生的或者是外来的油脂类杂质,净化过程实际上是一个去污过程。上述杂质的去除通常要借助于表面活性剂的作用,其作用过程可以示意性地表达如下:

纤维·杂质+表面活性剂$\Longleftrightarrow$纤维·表面活性剂+杂质·表面活性剂

上述讨论说明了在表面活性剂的作用下,纤维和杂质的分离过程是可逆的,脱离纤维的杂质还有可能重新黏附到纤维上去。

固体表面所黏附油脂的去除原理可以通过杨氏方程来理解。图1-16示意性地描述了油脂膜在固体表面的附着情况。

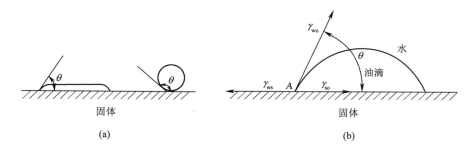

图1-16　油脂膜在固体表面的附着

图1-16(a)反映的是油污在固体平面上附着的不同程度,附着的程度由相应的接触角θ来表示。如图1-16(b)所示,在周围环境为水的情况下,固体表面和油脂膜间的界面张力为γ_{so},油脂膜与水之间以及固体表面与水之间的界面张力分别为γ_{wo}和γ_{ws}。根据杨氏方程,上述各界面张力有以下平衡关系:

$$\gamma_{so}=\gamma_{ws}-\gamma_{wo}\cos\theta \qquad (1-7)$$

表面活性剂水溶液在油脂膜表面和固体表面的润湿可以使表面活性剂分子在水/油和水/

固界面发生定向吸附,从而使 γ_{ws} 和 γ_{wo} 减小,由于在上述情况下 γ_{so} 没有发生变化,为了使上式保持平衡, $-\cos\theta$ 必须要增大。 $-\cos\theta$ 值的增大就意味着接触角 θ 必须增大,即接触角 θ 由小到大逐渐递增。因此,油脂膜在表面活性剂水溶液的作用下的脱落过程,实际上是一个所谓的"卷缩"过程。通过"卷缩"作用,油脂膜与固体表面的接触逐渐减少,最终在固体表面形成油脂珠,上述油脂膜的"卷缩"乃至与固体表面脱离的过程可由图 1－17 示意性地表示。

图 1－17　油脂膜的"卷缩"和脱落过程

在纺织品的净化过程中,机械作用有助于杂质从固体表面脱落。上述油类杂质自纤维上脱落下来之后,可以通过表面活性剂和机械力的共同作用使其乳化分散在处理液中,最终随残液一起排放。因此,上述乳化分散体系的稳定性是保证这些杂质不在处理液中聚集并对纺织品发生重新沾污的重要因素。自纤维上脱落下来的油类杂质也会在表面活性剂胶束的作用下发生增溶,从而使杂质在溶液中的稳定性进一步提高,加强净化效果。

六、常见表面活性剂及其在染整加工中的应用

在染整加工过程中主要应用阴离子、阳离子和非离子型表面活性剂,两性表面活性剂的应用较少,而双子表面活性剂由于其价格高昂,目前主要用于实验室研究。

(一)阴离子型表面活性剂

阴离子型表面活性剂一般分为高级脂肪酸盐类、 $C_{12}\sim C_{16}$ 烷基磺酸盐类、高级脂肪醇硫酸酯盐类和烷基磷酸酯盐类。高级脂肪酸盐是最古老的表面活性剂。阴离子表面活性剂在染整加工的许多环节中得以广泛的应用。

1. 高级脂肪酸盐类　肥皂是此类表面活性剂中的代表。它是以油脂为主要原料,通过与碱的水溶液加热水解而生成:

$$
\begin{array}{l}
RCOOCH_2 \\
RCOOCH \\
RCOOCH_2
\end{array}
+3NaOH \longrightarrow 3RCOONa+
\begin{array}{l}
CH_2OH \\
CHOH \\
CH_2OH
\end{array}
$$

$$\;\;\;\;\text{油脂}\qquad\qquad\text{烧碱}\qquad\quad\text{肥皂}\qquad\text{甘油}$$

脂肪碳链中的碳原子少于 10 个时,由于亲水性太强,其表面活性不明显,而当碳原子数超过 18 时,由于其在水中的溶解度太小,不利于应用。羧酸盐的耐酸性能较差,当水溶液的 pH 值小于 7 时,羧酸盐因形成游离的脂肪酸而失去表面活性。此外,水溶液中的高价金属离子(如钙、镁、铝、铁等离子)可以与脂肪酸盐形成水不溶性的羧酸盐,而使之失去表面活性。水溶液中盐的存在也可以使肥皂的溶解度降低。因此,肥皂类表面活性剂不适合于在酸性溶液、硬水中应用。随着其他性能更为优异的表面活性剂品种的出现,脂肪酸盐类表面活性剂在染整加工中的应用已明显减少。

2. 磺酸盐类

(1)烷基苯磺酸盐类:烷基苯磺酸盐是一类重要的阴离子表面活性剂,其应用十分广泛。生产烷基苯磺酸盐的基本原料来源于石油,其基本合成路线如下:

$$C_{10}H_{21}CH{=}CH_2 + \text{〔苯〕} \xrightarrow{[HF]} C_{12}H_{25}\text{〔苯〕}$$

$$C_{12}H_{25}\text{〔苯〕} \xrightarrow{H_2SO_4} C_{12}H_{25}\text{〔苯〕}{-}SO_3H$$

$$C_{12}H_{25}\text{〔苯〕}{-}SO_3H \xrightarrow{NaOH} C_{12}H_{25}\text{〔苯〕}{-}SO_3Na$$

按照烷基的化学结构,可以将烷基苯磺酸盐分为支链型烷基苯磺酸盐和直链型烷基苯磺酸盐。由于前一类产品大多不易生物降解,现在大多采用直链烷基苯作为原料生产烷基苯磺酸盐。烷基苯磺酸盐类表面活性剂易溶解于水,耐酸性能和耐硬水性能都很好,有较强的发泡能力和去污能力。

十二烷基苯磺酸钠是此类表面活性剂代表性的品种。为白色粉末,易溶于水,有良好的洗涤去污性能和发泡性能。除了在洗涤用品中广泛应用外,在纺织品染整加工中可作为精练剂、洗涤剂和染色助剂使用。

(2)烷基萘磺酸盐类:此类表面活性剂的典型品种为异丁基萘磺酸钠或双异丁基萘磺酸钠,俗名为拉开粉 BX,其分子式如下:

异丁基萘磺酸钠　　　　　　　双异丁基萘磺酸钠

拉开粉 BX 具有良好的润湿、乳化和分散能力,在染整加工中应用比较广泛。例如,在分散染料、还原染料、偶氮染料和硫化染料染色时经常采用拉开粉 BX 作为润湿和分散剂使用。

(3)烷基磺酸盐类:正构直链烷基磺酸盐与烷基苯磺酸盐相比,其洗涤能力和去污能力大致相同,但前者的生物降解性要优于后者。正构直链烷基磺酸盐的生产方法主要是磺氧法。将正烷烃在紫外线照射下与二氧化硫和氧反应,在生成烷基磺酸的同时,二氧化硫、氧与水反应生成硫酸。上述过程的反应式为:

$$RH + 2SO_2 + O_2 + H_2O \longrightarrow RSO_3H + H_2SO_4$$

将上述过程中生成的烷基磺酸用烧碱溶液中和,即可得到烷基磺酸钠盐。

烷基磺酸盐类表面活性剂的应用不如烷基苯磺酸盐类表面活性剂广泛,但其在染整加工中也有所应用,例如,在棉纺织品的精练过程中可以采用十二烷基磺酸钠作为渗透剂。

琥珀酸酯磺酸钠也属于这一类表面活性剂,其基本合成路线如下:

15

上式中 R 基团中的碳原子数为 4~8,其代表产物为二辛基琥珀酸酯磺酸钠,易溶解于水,在硬水中稳定,有良好的洗涤和发泡能力,在染整加工中由于其良好的渗透性能而得以应用。例如,在棉纺织品的前处理加工过程中就可以采用这种产品作为渗透剂。

3. 烷基硫酸酯盐类　烷基硫酸酯盐类表面活性剂一般是由直链脂肪醇与硫酸反应并经碱中和形成的产物,脂肪醇的脂肪直链一般有 8~18 个碳原子。其基本合成反应是酯化,然后再加碱中和:

$$ROH + H_2SO_4 \longrightarrow ROSO_3H + H_2O$$
$$ROSO_3H + NaOH \longrightarrow ROSO_3Na + H_2O$$

此类表面活性剂中最具有代表性的产品是十二烷基硫酸酯钠,又叫做月桂醇硫酸酯钠,其英文简称为 SDS 或 SLS,易溶解于水,有良好的净洗和乳化作用。如前所述,其在纺织品的泡沫染整加工中是良好的发泡剂,在十二醇的协同作用下可产生稳定性很高的泡沫体系。在双氧水漂白加工过程中,通过脂肪醇硫酸酯盐的添加可以有效地控制双氧水的分解,同时使硅酸盐在溶液中均匀分散,可以有效避免"硅垢"的形成。

土耳其红油又叫做红油,是蓖麻油经硫酸作用而形成的硫酸酯盐。土耳其红油是在纺织品加工过程中最为常用的润湿剂之一。这种产品最早是作为土耳其红染料的染色助剂使用的,所以俗称土耳其红油。硫酸除与油酸分子中的羟基作用生成硫酸酯外,还与其中的双键发生作用,并且发生甘油酯的水解。因此,本产品是一个复杂的混合物。此产品的一般化学结构如下:

$$CH_3-(CH_2)_5-\underset{\underset{O-SO_3Na}{|}}{CH}-CH_2-CH=CH-(CH_2)_7-COONa$$

这种产品在水中的溶解度大,相对肥皂而言其耐酸和耐硬水性能好,润湿、乳化和渗透性能也很好。在纺织品染整加工中,红油常作为纤维的润湿剂、柔软剂和染色助剂应用。

4. 烷基磷酸酯盐类　烷基磷酸酯盐类表面活性剂是通过磷酸化剂和脂肪醇反应生成的,磷酸化剂除聚磷酸外还有五氧化二磷和磷酰氯。由于磷酸为三元酸,所以产品中存在着单酯、双酯和三酯三种物质。三酯化合物为非离子表面活性剂,但由于其常与单酯和双酯组成混合物,一般不单独使用。上述三种化合物的化学结构如下:

磷酸单酯盐　　　　　　磷酸双酯盐　　　　　　磷酸三酯

脂肪醇与磷酸化剂反应制取烷基磷酸酯盐的基本反应式如下:

$$2R{-}OH + H_5P_3O_{10} \longrightarrow \begin{matrix} R{-}O \\ R{-}O \end{matrix}\!\!>\!\!P\!\!\begin{matrix} O \\ OH \end{matrix} + 2H_3PO_4$$

$$\begin{matrix} R{-}O \\ R{-}O \end{matrix}\!\!>\!\!P\!\!\begin{matrix} O \\ OH \end{matrix} + NaOH \longrightarrow \begin{matrix} R{-}O \\ R{-}O \end{matrix}\!\!>\!\!P\!\!\begin{matrix} O \\ ONa \end{matrix} + H_2O$$

　　烷基磷酸酯盐类表面活性剂一般较少单独使用,大多数是作为各种用途的配合成分使用。例如,在纺织品的前处理加工中作为前处理助剂的复配成分得到应用。

(二)阳离子型表面活性剂

　　阳离子表面活性剂的品种主要是铵盐(包括伯胺、仲胺、叔胺和季铵的盐类)。铵盐型阳离子表面活性剂中多数可以用作纺织品的柔软剂。其他常用的阳离子表面活性剂多为季铵盐型。

　　季铵盐型阳离子表面活性剂分子中,铵的四个氢原子皆被有机基团取代。其中一个或两个有机取代基团为长碳氢链,此碳氢链上的碳原子数一般为8～16个。除此之外,以吡啶为基础的烷基吡啶盐也是一类重要的季铵盐。

　　叔胺类化合物是制备季铵盐类表面活性剂的主要原材料,通过烷基化剂的烷基化作用使叔胺类化合物转变为相应的季铵化合物。所采用的烷基化剂一般有氯甲烷、苄基氯等卤代烷、硫酸二甲酯等硫酸二烷酯、环氧乙烷等环氧化物以及对甲苯磺酸甲酯等磺酸酯。

　　烷基三甲基铵盐型阳离子表面活性剂是将高级脂肪胺在烷基化剂氯甲烷的作用下,同时在加压加热条件下制取的:

$$RNH_2 \xrightarrow{2CH_3Cl} R{-}N\!\!\begin{matrix} CH_3 \\ \\ CH_3 \end{matrix} \xrightarrow{CH_3Cl} R{-}N^+{-}CH_3 \cdot Cl^- \;(\text{带 } CH_3)$$

　　此类表面活性剂代表性的品种为十二烷基三甲基氯化铵,其表面活性良好,在纺织品染整加工过程中可以用作纤维抗静电剂、匀染剂、破乳剂和分散剂等。

　　另外一种季铵盐型表面活性剂是二烷基二甲基氯化铵,此产品可以通过二烷基胺、一氯甲烷和烧碱在加压加热的条件下反应获得:

$$\begin{matrix} R' \\ \\ R'' \end{matrix}\!\!>\!\!NH + 2CH_3Cl \xrightarrow{NaOH} R'{-}N^+{-}R'' \cdot Cl^- \;(\text{带 } CH_3)$$

　　此类表面活性剂作为纺织品的柔软剂得到了广泛的应用。

　　烷基二甲基苄基铵盐型阳离子表面活性剂是在纺织品染整加工过程中应用得比较多的品种,可以通过烷基二甲基叔胺和氯化苄反应制取:

$$RN\!\!\begin{matrix} CH_3 \\ \\ CH_3 \end{matrix} + ClCH_2{-}\!\!\bigcirc \longrightarrow R{-}N^+{-}CH_2{-}\!\!\bigcirc \cdot Cl^-$$

　　此类产品中有代表性的品种为十二烷基二甲基苄基氯化铵。这种产品主要用作腈纶染色的匀染剂及涤纶纺织品碱减量加工的促进剂。这种表面活性剂对纺织品还具有良好的柔软、抗静电和抗菌作用。

烷基吡啶盐型阳离子表面活性剂可以通过吡啶与烷基卤反应制取：

$$RCl + N\bigcirc \longrightarrow R\!-\!\overset{+}{N}\bigcirc \cdot Cl^- \quad \text{或} \quad RBr + N\bigcirc \longrightarrow R\!-\!\overset{+}{N}\bigcirc \cdot Br^-$$

此类产品主要用作纺织品的防水剂、染色助剂和抗菌剂，应用范围相对较小。

由于许多纺织纤维在水溶液中往往呈现负性电荷（对于蛋白质类纤维来说，当与其接触的水溶液 pH 值在纤维等电点以上时也是如此），阳离子表面活性剂可以定向地在纤维表面发生吸附，即亲水基团与纤维接触，而疏水基团则指向纤维外侧，表面活性剂脂肪烃链的特殊性能因而可以赋予纺织纤维柔软光滑的手感。阳离子表面活性剂与阴离子型染料的作用可以降低染料在水中的溶解度，因此，对染色品具有一定的固色作用。阳离子表面活性剂在纺织品染整加工中的明显缺点之一是改变了一些染料的色光。此类表面活性剂的另一个显著的特性是具有很强的抑菌和抗菌性能。

（三）两性表面活性剂

两性表面活性剂主要是指同时兼具阴离子性和阳离子性的品种。在其等电点以上和以下的水溶液中，它们分别表现出阴离子和阳离子表面活性剂的性能，而在其等电点的水溶液中则表现出类似非离子表面活性剂的性能。

两性表面活性剂分子的阴离子部分为羧酸盐基团，阳离子部分由铵盐构成的叫做氨基酸型两性表面活性剂，而由季铵盐构成的则叫做甜菜碱型两性表面活性剂。

十二烷基氨基丙酸甲酯是氨基酸型两性表面活性剂中的一种，它的制备是通过将十二胺与丙烯酸甲酯在加热条件下形成十二烷基氨基丙烯酸甲酯，之后用碱进行皂化反应而得：

$$C_{12}H_{25}NH_2 + CH_2\!\!=\!\!CHCOOCH_3 \longrightarrow C_{12}H_{25}NHCH_2CH_2COOCH_3$$

$$C_{12}H_{25}NHCH_2CH_2COOCH_3 + NaOH \longrightarrow C_{12}H_{25}NHCH_2CH_2COONa + CH_3OH$$

丙氨酸型两性表面活性剂有良好的去污、起泡性能，可以作为染色助剂使用。其缺点是当水溶液的 pH 值接近其等电点时溶解性有所降低，甚至可能出现沉淀。

十二烷基甜菜碱是甜菜碱型两性表面活性剂中具有代表性的一个品种，可以通过十二烷基二甲基叔胺与一氯醋酸钠（水溶液）反应制取：

$$C_{12}H_{25}\!-\!\overset{\overset{\displaystyle CH_3}{|}}{\underset{\underset{\displaystyle CH_3}{|}}{N}} + ClCH_2COONa \xrightarrow{60\sim80℃} C_{12}H_{25}\!-\!\overset{\overset{\displaystyle CH_3}{|}}{\underset{\underset{\displaystyle CH_3}{|}}{N^+}}\!\!-\!CH_2COO^- + NaCl$$

它可被用作纺织品的洗涤剂、缩绒剂、染色助剂、柔软剂和抗静电剂，在其等电点时仍然有良好的溶解性能。

两性表面活性剂在染整加工领域的应用不如阴离子、阳离子和非离子表面活性剂广泛。在蛋白质纤维染色过程中，两性表面活性剂的阳离子基团与阴离子型染料结合，而其阴离子基团则可以与带正电荷的蛋白质纤维结合，从而有利于染料在纤维上的均匀吸附，达到促染和匀染的目的。

(四)非离子型表面活性剂

非离子型表面活性剂在水溶液中不发生电离,其亲水基团主要由一定数量含氧的醚基和羟基组成。其产量和用量在表面活性剂的总产量和总用量中的比例逐渐增加,有超过其他类型表面活性剂的趋势。

由于在水溶液中不以离子形态存在,非离子表面活性剂不会受到电解质的影响,对酸类和碱类物质不敏感,与各种染料和助剂都有良好的相容性。此外,非离子表面活性剂在水中有良好的溶解性能,其在固体表面上不发生强烈吸附。非离子表面活性剂一般有聚乙二醇型、脂肪酰胺型和多元醇型。在纺织品染整加工过程中,聚乙二醇型非离子表面活性剂的应用比较广泛。

聚乙二醇型非离子表面活性剂是将具有活泼氢原子的疏水性化合物在酸或碱催化下与环氧乙烷通过加成反应制取的。根据疏水性基团种类的不同,一般将聚乙二醇型非离子表面活性剂分为长链脂肪醇聚氧乙烯醚、烷基酚聚氧乙烯醚、烷基胺聚氧乙烯醚、脂肪酸聚氧乙烯醚和烷基酰胺聚氧乙烯醚。曾经在纺织品染整加工过程中比较常用的主要为前三类。

长链脂肪醇分子末端的羟基为伯羟基,其中的氢原子很活泼。因此,此羟基比较容易与环氧乙烷开环加成聚合成为醚。其反应过程如下:

$$ROH + n\,CH_2\!-\!CH_2 \xrightarrow{\ NaOH\ } RO\!-\!(CH_2CH_2O)_n\!H$$

上式中的脂肪醇通常为十二醇、油醇、棕榈醇、硬脂醇等。具有此类结构的表面活性剂由于其良好的润湿、渗透、乳化和分散性能,在纺织品染整加工中得到广泛应用。如平平加 O 和匀染剂 O 都是由 18 碳脂肪醇和环氧乙烷加成聚合而成的产物。

烷基酚聚氧乙烯醚中的烷基酚主要有辛基酚和壬基酚,烷基酚与环氧乙烷的反应如下:

$$R\!-\!\!\!\bigcirc\!\!\!-\!OH + n\,CH_2\!-\!CH_2 \xrightarrow{\ NaOH\ } R\!-\!\!\!\bigcirc\!\!\!-\!O\!-\!(CH_2CH_2O)_n\!H$$

此类表面活性剂具有很高的化学稳定性,与脂肪醇聚氧乙烯醚表面活性剂一样,具有良好的分散、乳化和去污性能,但由于烷基酚聚氧乙烯醚化合物的生物降解性能较差,其应用正逐步减少。

与脂肪醇类似,脂肪胺与环氧乙烷经加成聚合后可以形成烷基胺聚氧乙烯醚类表面活性剂。在下述相关反应中可以生成两种产品:

$$R\!-\!NH_2 + n\,CH_2\!-\!CH_2 \longrightarrow R\!-\!NH\!-\!CH_2\!-\!CH_2\!-\!(CH_2CH_2O)_{n-2}OCH_2CH_2OH$$

$$R\!-\!NH_2 + 2n\,CH_2\!-\!CH_2 \longrightarrow R\!-\!N \begin{array}{l} CH_2\!-\!CH_2\!-\!(CH_2CH_2O)_{n-2}OCH_2CH_2OH \\ CH_2\!-\!CH_2\!-\!(CH_2CH_2O)_{n-2}OCH_2CH_2OH \end{array}$$

从上述分子结构可以看出,此类表面活性剂应当属于非离子型表面活性剂,但分子中的仲氨基和叔氨基在酸性条件下可以吸附 H^+ 而带有正电荷。因此,在一定的酸性条件下,这类表面活性剂又可以是一种阳离子型表面活性剂。在研究中发现,在蛋白质纤维的酸性染色条件下,此类表面活性剂往往可以与一些阴离子型染料发生缔合,在一定程度上改变染料在染浴中的聚集状态，从而达到特殊的染色效果。同时，此类表面活性剂还可用作蛋白质纤维染色过程中的纤维保护剂。这可能与其本身的潜在阳离子性质有关。由于其特殊的化学结构，此类表面活性剂在酸性条件下的水中溶解度比在碱性条件下高，并且具有一定的抗菌功能。但是，随着分子中环氧乙烷数的增多，潜在阳离子性相应减弱，与阴离子型表面活性剂的相容性也随之加强。

聚乙二醇型非离子表面活性剂在水中的溶解度是由于分子中的聚乙二醇链段中的氧原子与水分子之间形成氢键的缘故，即水化作用。一般来说，随着聚乙二醇链段长度的增加，其在水中的溶解度得以提高，如图 1-18 所示。

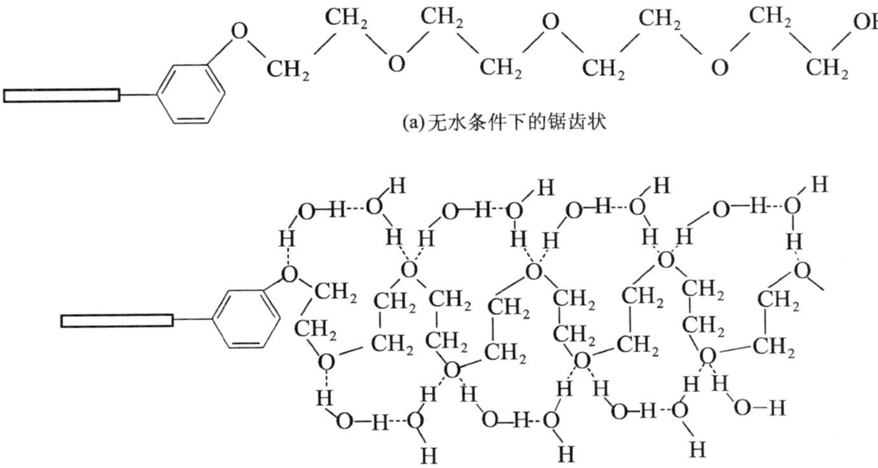

(a)无水条件下的锯齿状

(b)在水中呈曲折状

图 1-18　聚乙二醇型非离子表面活性剂分子及其与水分子之间的氢键结合示意图

随着水溶液温度的升高和相应的分子热运动加剧，表面活性剂分子与水分子之间的氢键结合会受到破坏，导致两者之间的脱离，最终使表面活性剂在水中无法溶解，从而丧失表面活性。由于溶解度的丧失会使溶液由澄清状态变为混浊状态，上述使聚乙二醇型非离子表面活性剂水溶液性能发生突变的温度称为"浊点"，也叫做"雾点"。体系温度的降低可以使上述表面活性剂的溶解性能恢复，因此，上述过程是可逆的。对此类非离子表面活性剂来说，当疏水基相同时，随着环氧乙烷加成摩尔数的增加，其亲水性随之增强，浊点也随之提高。实际上，分子中环氧乙烷加成摩尔数的多少可以作为此类表面活性剂亲水性能的指标。"浊点"是这类表面活性剂使用温度的上限。

（五）双子表面活性剂

Deinega 等人于 1974 年首先合成了一类两亲分子，其分子结构与图 1-4 中双子表面活性剂的示意性分子结构一致。此类表面活性剂分子的结构特点是采用连接基将两个表面活性剂分子连接起来。Zhu 等人于 1988 年合成了以柔性连接基团连接离子基的双烷烃链双表面活性剂。Menger 于 1991 年合成了以刚性连接基团连接离子头基的双烷烃链表面活性剂，并将此类有机化合物命名为 Gemini（双子星座）表面活性剂。之后，Rosen 合成了以氧乙烯及氧丙烯作为柔性连接基团的 Gemini 表面活性剂,而 Zana 等人则以亚甲基作为连接基团合成了系列双烷基季铵盐表面活性剂。

对于普通表面活性剂来说,其分子结构中的亲水基团之间的静电斥力以及亲水基团水化层的存在对其分子之间的接近可形成阻碍,影响了吸附界面层上表面活性剂分子的排列密度,从而影响了表面活性。Gemini 表面活性剂分子中具有两个疏水性基团,在水溶液中其舍弃水相而趋向于气/水界面的能力更强。此外,分子中连接基团使亲水基团和疏水基团之间存在着牢固的束缚,使疏水基团之间更容易产生强烈的相互作用,使亲水基团的排斥力减小,从而可使表面活性剂分子在吸附界面层中的排列更加紧密。以上就是 Gemini 表面活性剂与普通表面活性剂相比具有高表面活性的根本原因。在可比条件下,与普通表面活性剂相比,Gemini 表面活性剂的乳化、分散、润湿以及增溶性能更为优异。

与普通表面活性剂类似,按照分子亲水性基团的类别,Gemini 表面活性剂可分为阳离子型、阴离子型、非离子型和两性离子型。上述不同类型 Gemini 表面活性剂具有代表性的分子结构分别如下:

$$(CH_3)_2N^+—CH_2CHCH_2—N^+—CH_2CHCH_2N^+(CH_3)_2 \cdot 3Cl^-$$

阳离子型 Gemini 表面活性剂

$$C_{17}H_{34}C—NCH_2CH_2SO_3Na$$

阴离子型 Gemini 表面活性剂

非离子型 Gemini 表面活性剂

两性离子型 Gemini 表面活性剂

近年来,Gemini 表面活性剂在纺织品印染行业的研究也有了一定的进展。研究人员合成了阳离子 Gemini 表面活性剂 N,N'-双(十六烷基二甲基)-1,2-二溴化乙二铵盐(DC),并将其应用于涤纶织物的碱减量研究,证明了上述表面活性剂为有效的促进剂。之后,采用两种阳离子型 Gemini 表面活性剂 $DC_{2\sim12}$ 和 $DC_{2\sim16}$ 对阳离子染料的染色作用进行了研究,结果表明,上述表面活性剂具有显著的缓染作用。据报道,研究人员以含酯基季铵盐双子表面活性剂(DLEA)对亚麻织物进行染色前处理,对比试验结果证明,采用 DLEA 处理后亚麻织物的染色性能优于采用普通阳离子表面活性剂十六烷基三甲基溴化铵(CTAB)处理后亚麻织物的染色性能、上染百分率、固色率均可提高 10% 左右。Gemini 表面活性剂在聚酯纤维染色过程中能够与分散染料形成复合物,对染料有良好的分散作用,可以有效地降低染料对纤维的上染速率。

七、表面活性剂化学结构与性能的关系

(一)表面活性剂的亲水和疏水性能

表面活性剂是可溶于水的具有特殊结构的化合物,其在水中的溶解性能是整个分子结构性

能的一种综合表现。也就是说，表面活性剂分子中亲水性基团和疏水性基团各自的亲水和疏水性能决定着整体分子的亲水和疏水性能。基于上述观点，美国的 ATLAS 研究机构提出了以 HLB 值（Hydrophile - Lipophile Balance）来表达表面活性剂的亲水和疏水性能，HLB 叫做亲疏平衡值。

聚乙二醇和多元醇类非离子表面活性剂由于亲水基团结构相对单一，其亲水性能与亲水性基团结构之间的关系也相对简单，一般可以用下列数学表达式来表示：

$$HLB = \frac{E}{5} \times 100 \qquad (1-8)$$

上式中 E 为氧乙烯基（C_2H_4O）在整个表面活性剂分子中的质量分数。对于石蜡来说，由于分子结构中完全没有亲水性基团，$E=0$，代入式（1-8），其 HLB 值为 0。而对于纯粹的聚氧乙烯醚来说，$E=1$，代入式（1-8），其 HLB 值为 20。所以，对聚乙二醇和多元醇类非离子表面活性剂来说，其 HLB 值在 0～20 之间。

对于其他类型的表面活性剂来说，上述计算和表达其亲水和疏水性能的方法不能适用，对于离子型表面活性剂来说尤其如此。这是由于此类表面活性剂的亲水和疏水性能与分子结构之间的关系相对复杂得多。

在乳化过程中，根据"亲者相近"的原理，表面活性剂分子的疏水性基团必须与被乳化的疏水性材料之间的界面张力小到一定程度时两者才能有良好的接触。同时，针对不同的被乳化物质，对表示表面活性剂分子整体亲水和疏水性能的 HLB 值必须有不同的要求。AT-LAS 研究机构为此根据对标准油的乳化情况确定了对表面活性剂 HLB 要求值。表 1-3 和表 1-4 分别给出了一些表面活性剂的 HLB 值和一些有机液体物质乳化时所要求的乳化剂的 HLB 值。

表 1-3　一些表面活性剂的 HLB 值

表 面 活 性 剂	HLB 值	表 面 活 性 剂	HLB 值
失水山梨醇三油酸酯	1.8	三乙醇胺油酸皂	12.0
失水山梨醇三硬脂酸酯	2.1	聚乙二醇（相对分子质量为 400）单月桂酸酯	13.1
甘油单硬脂酸酯	3.8	聚氧乙烯失水山梨醇单硬脂酸酯	14.9
失水山梨醇单油酸酯	4.3	聚氧乙烯失水山梨醇油酸单酯	15.0
失水山梨醇单硬脂酸酯	4.7	聚氧乙烯失水山梨醇棕榈酸单酯	15.6
失水山梨醇单棕榈酸酯	6.7	聚氧乙烯失水山梨醇月桂酸单酯	16.7
失水山梨醇单月桂酸酯	8.6	油酸钠（肥皂）	18.0
聚乙二醇（相对分子质量为 400）单油酸酯	11.4	油酸钾（钾皂）	20.0
聚乙二醇（相对分子质量为 400）单硬脂酸酯	11.6	十六烷基乙基吗啉基乙基硫酸盐	25～30
烷基芳基磺酸盐	11.7	月桂醇硫酸钠	约 40

表 1-4 一些油乳化所需的 HLB 值

油 相	HLB 值	油 相	HLB 值	油 相	HLB 值
O/W 乳状液		松 油	16	环己烷	15
苯甲酮	14	蜂 蜡	9	苯甲酸乙酯	13
苯二甲酸二乙酯	15	石 蜡	10	氯化石蜡	8
月桂酸	16	硅 油	10.5	矿 脂	7~8
亚油酸	16	棉籽油	7.5	芳烃矿物油	12
油 酸	17	豆 油	6	烷烃矿物油	10
蓖麻油酸	16	棕榈油	7	W/O 乳状液	
十 醇	15	十六醇(鲸蜡醇)	16	汽 油	7
十二醇	14	油 醇	14	煤 油	6
棕榈酸异丙酯	12	苯	15	矿物油	6
甲基硅酮	11	四氯化碳	16	石蜡、矿脂及芳、烷烃矿物油	4
二甲基硅酮	9	硝基苯	13	硬脂醇	7
甲基苯基硅酮	7	溴苯(及氯苯)	13	羊毛脂	8
羊毛脂	12	二甲苯	14	—	—

表面活性剂的 HLB 值决定于其分子结构,对于既定的表面活性剂来说,它只有一个 HLB 值。对于一个被乳化的油来说,它要求有两个不同的 HLB 值,较高的一个用于 O/W 型乳状液的制备,较低的一个用于 W/O 型乳状液的制备。

实际上,表面活性剂的 HLB 值与其性能之间有着一定的关系,这种大致的关系如图 1-19 所示。

表面活性剂结构及其作用机理的复杂性决定了影响其性能因素的多样性,在表面活性剂使用前的选择过程中,上述的 HLB 值是一个重要的但不是唯一的选择标准,因为表面活性剂的性能不是单靠 HLB 值所能够决定的。

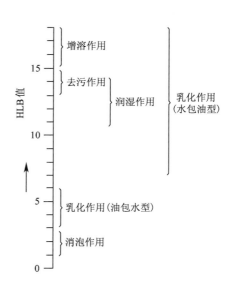

图 1-19 表面活性剂 HLB 值与其性能的对应关系

(二)表面活性剂疏水基团的结构与其性能间的关系

表面活性剂的疏水基团结构与表面活性剂的性能之间存在着密切的关系。一般疏水性基团疏水性的强弱可以有下列顺序:

脂肪类(石蜡烃>烯烃)>带脂肪链的芳香类>芳香类>带弱亲水基者

在选用表面活性剂时,其疏水性基团的结构和性质是一个重要的参考指标。根据"亲者相近"的原理,表面活性剂的疏水性基团应当与被作用的疏水性物质的分子在结构上有一定的相似性。只有这样,两者之间才能够密切结合。在选择乳化剂进行油—水体系的乳化时,除了考虑乳化剂的 HLB 值外,还应考虑乳化剂疏水性基团与油的亲和性和相容性。如果两者在结构上差异大,相容性差,则表面活性剂就容易脱离油相。而失去表面活性剂吸附层的油滴容易聚集,导致乳状液体系的破坏。例如,对矿物油进行乳化时,应当选择以脂肪类或带有脂肪烃的芳香类作为疏水性基团的表面活性剂作为乳化剂。如前所述,表面活性剂在去污过程中对已去除污物的乳化或分散作用是防止这些污物对已净化表面发生重新沾污的重要手段。肥皂及一般的合成洗涤剂分子中的疏水性基团与常见油污的分子在结构上相近,一般具有良好的净洗性能。

总之,疏水性基团与被作用疏水性物质的相容性是选择表面活性剂的另外一个重要指标。对于特定的表面活性剂来说,除了要指明其离子属性、亲水基团的种类以及 HLB 值外,还应当指明其疏水性基团的种类和具体结构。

(三)表面活性剂分子结构和相对分子质量与其性能间的关系

这里所指的分子结构主要是亲水性基团在表面活性剂分子中的位置以及表面活性剂分子中疏水性基团中的分支情况。

亲水性基团在分子中的位置可以明显地影响到表面活性剂的性能。在一般情况下,亲水性基团在疏水链中间者的润湿和渗透性能比亲水性基团在分子末端者强,而后者的乳化和去污性能较前者强。琥珀酸二异辛酯磺酸钠是一个优良的润湿、渗透剂,其化学结构为:

$$CH_3(CH_2)_3\underset{\underset{C_2H_5}{|}}{CH}CH_2OCOCH_2\underset{\underset{SO_3Na}{|}}{CH}COOCH_2\underset{\underset{C_2H_5}{|}}{CH}(CH_2)_3CH_3$$

而与其相对分子质量相近但亲水性基团在分子末端的相应的单酯和十八烯醇硫酸酯钠盐虽然润湿和渗透性较差,却是性能良好的乳化和去污剂。它们的化学结构为:

$$CH_3(CH_2)_{14}CH_2OCOCH_2CH(SO_3Na)COOH$$

$$CH_3(CH_2)_7CH{=\!=}CH(CH_2)_7CH_2OSO_3Na$$

表面活性剂分子中疏水性基团结构中的分支情况同样会对其性能造成明显的影响。若表面活性剂的种类相同、相对分子质量相近,则一般疏水性基团中有分支者具有良好的润湿和渗透性能。例如,十二烷基苯磺酸钠和四聚丙烯基苯磺酸钠具有完全相同的化学组成,但两者的化学结构有所不同,前者的疏水性基团为直链结构,而后者的疏水性基团为支链结构:

$$CH_3(CH_2)_{10}CH_2-\!\!\!\left\langle\!\!\bigcirc\!\!\right\rangle\!\!-SO_3Na$$

$$CH_3\!\!-\!\!(\underset{\underset{CH_3}{|}}{CH}\!\!-\!\!CH_2)_3\!\!-\!\!\underset{\underset{CH_3}{|}}{CH}\!\!-\!\!\left\langle\!\!\bigcirc\!\!\right\rangle\!\!-SO_3Na$$

上述直链结构的化合物具有良好的乳化、去污性能,而后者则具有良好的润湿、渗透性能。

表面活性剂相对分子质量的大小对其性质有明显的影响。对于具有相同的 HLB 值并且亲水性基团和疏水性基团种类也相同的表面活性剂来说,分子较小者具有较好的润湿和渗透性能,而分子较大者则具有较好的乳化、分散和去污性能。

八、表面活性剂的安全性及其生物降解

随着人们对生态环境认识的不断深入,人们对表面活性剂的使用和排放及其对环境可能形成的危害愈加关注。表面活性剂是染整加工中经常用到的化学物质,因此,了解不同表面活性剂的安全性能及其生物降解性能对于指导染整加工的"清洁生产"是很有必要的。

表面活性剂的毒性包括急性毒性、鱼毒性和细菌及藻类毒性。急性毒性是指被试验动物一次口服、注射或皮肤涂抹表面活性剂后产生急性中毒而有 50% 死亡所需要的该表面活性剂的最低剂量,一般以 LD_{50} 表示,其单位为 g/kg。表面活性剂对水生微生物及藻类的毒性以 ECO_{50} 来表示,它表示了 24h 内表面活性剂对水生微生物与藻类运动抑制程度的性质,一般在 $1\sim67mg/L$ 范围内。一般来说,表面活性剂的 ECO_{50} 在 $1\sim100mg/L$ 之间许可使用,而当 ECO_{50} 小于 1mg/L 时,则不许使用。表 1-5 给出的是一些表面活性剂的 LD_{50} 值和 ECO_{50} 值。

表 1-5 一些表面活性剂的 LD_{50} 值和 ECO_{50} 值

名　　　称		$LD_{50}/g \cdot kg^{-1}$	$ECO_{50}/mg \cdot L^{-1}$	
			水　蚤	藻　类
阴离子表面活性剂	直链烷基（$C_{12}\sim C_{14}$）磺酸钠	$1.3\sim2.5$	$4\sim250$	—
	烷基苯磺酸盐	1.3	—	—
	线型醚类硫酸酯（C_{12}、3EO①）	1.8	$5\sim70$	60
	辛基酚聚氧乙烯硫酸钠	3.7	$5\sim70$	$10\sim100$
	肥皂类	6.7	—	$10\sim50$
	磷酸酯（含 APEO②）	1.1	$3\sim20$	$3\sim20$
非离子表面活性剂	十二醇聚氧乙烯（7③）醚	4.1	10	50
	十二醇聚氧乙烯（23）醚	8.6	16	—
	十八醇聚氧乙烯（10）醚	2.9	48	—
	十八醇聚氧乙烯（20）醚	1.9	—	—
	壬基酚聚氧乙烯（9~10）醚	1.6	42	50
阳离子表面活性剂	十六烷基三甲基氯化铵	0.4	82	—
	十六烷基吡啶氯化物	0.2	—	—

① EO 指环氧乙烷单元;

② APEO 指烷基酚聚氧乙烯醚;

③ 括号中的阿拉伯数字表示分子中环氧乙烷单元数。

由表 1-5 可以看出,一般来说,阳离子型表面活性剂的毒性最强,阴离子型表面活性剂的毒性次之,非离子表面活性剂的毒性最低。对非离子表面活性剂来说,随着分子中聚氧乙烯链长的增加,其毒性也相应增加。烷基酚聚氧乙烯醚类表面活性剂的毒性是由于其生物降解增加了积聚在活性污泥中鱼类毒性代谢物。其降解过程如下:

$$R-\!\!\!\left\langle\!\!\bigcirc\!\!\right\rangle\!\!-O(CH_2CH_2O)_xH \longrightarrow R-\!\!\!\left\langle\!\!\bigcirc\!\!\right\rangle\!\!-O(CH_2CH_2O)_{1\sim2}H \longrightarrow R-\!\!\!\left\langle\!\!\bigcirc\!\!\right\rangle\!\!-OH$$

上述具有 1~2 个环氧乙烷单元的代谢产物的毒性比烷基酚聚氧乙烯醚的毒性还大,而降解过程产生的酚的毒性则更大。采用脂肪醇聚氧乙烯醚类表面活性剂取代烷基酚聚氧乙烯醚类表面活性剂是降低毒性的一种途径。

表面活性剂对皮肤的刺激和对黏膜的损伤能力与其毒性大小大体一致。阳离子表面活性剂的作用大大超过了阴离子型和非离子型的。总的来说,长直链表面活性剂的刺激性比短直链和有支链的品种小,表面活性剂的分子越小,越容易经皮肤渗透,对皮肤的刺激也就越大。合成洗涤剂(烷基苯磺酸钠和烷基硫酸酯钠)的刺激性比脂肪酸钠类大,而非离子型表面活性剂则相对比较温和。

研究表明,十二烷基苯磺酸钠经皮肤吸收后对肝脏有损害和引起脾脏缩小等慢性症状,也可以造成畸形和致癌。在环氧乙烷加成聚合合成聚氧乙烯醚类非离子表面活性剂时,副反应产物中有二噁烷生成:

$$\begin{matrix} & O & \\ H_2C & & CH_2 \\ H_2C & & CH_2 \\ & O & \end{matrix}$$

二噁烷已被认定是致癌物质,而氧乙烯也被怀疑为致癌物质。

在染整加工过程中随残液排放的表面活性剂对环境造成的危害主要依靠自然界的微生物对其降解得以消除。所谓的表面活性剂的生物降解,就是指通过活的生物体的生化作用使化合物破坏。生物降解过程可以分为三个步骤:第一步是初级降解(即最初生物降解),在这一过程中首先通过改变表面活性剂的化学结构来消除其表面活性;第二步是次级降解,即环境可接受的生物降解,降解所得产物不再导致环境污染;最后则是完全降解,使得污染物质最终变为二氧化碳、水和无机盐等。具体来讲,表面活性剂的生物降解可以通过三种氧化方式实现,这三种方式分别为分子碳链末端的 ω-氧化、β-氧化和芳环氧化。在 ω-氧化中,表面活性剂分子末端的甲基被氧化,使碳链的一端氧化成相应的脂肪醇和脂肪酸。这通常是初始氧化阶段,是分子疏水基端部降解的第一步。当 ω-氧化过程进行得很慢时,会发生两端氧化,生成 α,ω-二羧酸。烷基链的初始氧化也可能发生在分子链内,在 2-位给出羟基或双键,这种氧化叫做次末端氧化。脂环烃可发生与直链烃次末端氧化相似的生物降解反应。例如环己烷可以被细菌氧化生成环己醇和环己酮。在不同细菌的作用下,环己烷也可以被氧化生成苯,然后通过苯环的生物降解机理进行开环裂解。表面活性剂分子中高碳链端形成羧基后就可以进一步降解,此降解过程就是 β-氧化过程。该过程是在辅酶 A 的作用下进行的。辅酶 A 可以表示为 HSCoA。在 β-

氧化过程中,首先是羧基被辅酶 A 酯化生成脂肪酸辅酶 A 酯(RCH₂CH₂CH₂CH₂COSCoA),经过一系列反应释放出乙酰基辅酶 A(CH₃COSCoA)和比初始物少两个碳原子的脂肪酸辅酶 A 酯(RCH₂CH₂COSCoA)。上述反应不断进行,使碳链每次减少两个碳原子。苯或苯的衍生物在酶的催化作用下与氧作用首先生成邻苯二酚,之后在相邻的两个羟基之间发生的环裂解可以生成 β-酮-己二酸,β-酮-己二酸通过 β-氧化则可得到乙酸和丁二酸。邻苯二酚中与羟基连接的碳原子与其相邻的碳原子之间发生的裂解最终可产生甲酸、乙醛和丙酮酸。

不同的表面活性剂的生物降解性能有所不同。表 1-6 为部分表面活性剂的生物降解性能。

表 1-6　部分表面活性剂的生物降解性能

	名　　　　称	最初生物降解度/%	总 BOD 值消除百分数/%	碳除去率/%
阴离子表面活性剂	直链烷基苯磺酸钠	93	54~65	73
	十二烷基聚氧乙烯醚(3)硫酸酯	98	73	88
	α-烯烃磺酸盐	89~98	77.5	85
	C₁₁~C₁₅ 仲醇聚氧乙烯(3)硫酸酯	97	68~90	—
	C₁₃~C₁₈ 仲烷基磺酸盐	96	77	80
非离子表面活性剂	壬基酚聚氧乙烯醚(9)	4~80	0~9	8~17
	壬基酚聚氧乙烯醚(2)	4~40	0~4	8~17
	脂肪醇聚氧乙烯醚(3~14)	78	70~90	80
	苯基环己醇聚氧乙烯醚(9)	0~50	0~4	—
	聚醚(氧乙烯、氧丙烯)	>80	20	18

除了如温度和细菌活度等主要降解因素外,表面活性剂的生物降解速度和降解程度与其化学结构之间存在着密切的关系。一般来说,具有直链型疏水性基团的表面活性剂要比带有支链者更容易降解,对于聚乙二醇型的非离子表面活性剂来说,其分子中聚氧乙烯链段越长,则其生物降解的难度越大。

具有不同疏水性基团结构的烷基苯磺酸钠的生物降解性能如图 1-20 所示,图中纵坐标表示体系中表面活性剂的含量 W。

从图 1-20 可以看出,疏水基链端为三甲基者的生物降解性能最差,疏水基为长直链者最容易发生生物降解,而疏水基碳链上带有支链者的生物降解性能居于两者之间。

对于脂肪醇硫酸酯盐类表面活性剂的生物降解速度的研究也表明,随着疏水性基团直链度的降低(从 98% 到小于 5%),95% 降解率所

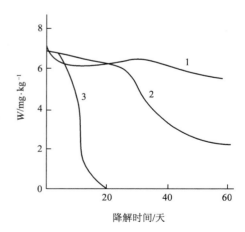

图 1-20　具有不同疏水基团的烷基苯磺酸钠的生物降解性能

1—(CH₃)₃C(CH₂)₇C₆H₄SO₃Na

2—(CH₃)₂CH(CH₂CH)₃C₆H₄SO₃Na
　　　　　　　　　|
　　　　　　　　　CH₃

3—CH₃(CH₂)₁₁C₆H₄SO₃Na

需的天数可以从 1 天增加到 12 天。

对于其他阴离子型表面活性剂来说，其生物降解性能与结构之间的关系也符合上述规律。季铵盐类表面活性剂也能够被生物降解，且其降解规律与一般表面活性剂类似。

非离子表面活性剂的疏水性基团的生物降解性能与阴离子表面活性剂的基本类似，但分子中聚氧乙烯链的长度可以明显影响到此类表面活性剂的生物降解性能。对于具有相同疏水性基团的聚乙二醇型非离子表面活性剂来说，亲水性基团中氧乙烯单元数在 10 以内者的生物降解速度没有明显差别，当亲水性基团中氧乙烯单元数超过 10 以后，其生物降解速度随着亲水基团的增大明显降低。

九、绿色表面活性剂

绿色表面活性剂是"清洁生产"的必然产物，该类产品的特征就是在保留其性能的基础上对人体的损害减小以及更容易发生生物降解。

利用天然资源开发绿色表面活性剂已经取得初步成果，以下为近年来研究较多的几种具有代表性的产品。

1. 烷基多糖苷　烷基多糖苷又称 APG（Alkyl Polyglycoside），是以淀粉或葡萄糖和天然脂肪醇为原料合成的一种新型表面活性剂，具有无毒、无刺激和生物降解快且彻底的优点。其基本合成反应如下：

葡萄糖　　　　　　　　烷基多糖苷（APG）

APG 的亲水基团是苷基基团上的羟基，它的水合作用强于环氧乙烷基团。APG 在水中的溶解度随烷基链加长而减小，随聚合度增大而增加，APG 的水溶液无浊度，不会形成凝胶。

APG 可以作为净洗剂、精练剂、乳化剂、润湿剂、分散剂、消泡剂、增稠剂和防尘剂等使用。

2. 烷基葡萄糖酰胺　烷基葡萄糖酰胺又称 N-烷酰基-N-甲基葡萄糖胺，简称 MEGA（N-Acyl-N-Methyl Glucamine）。其合成过程可以分为两个步骤，第一步是甲胺与葡萄糖的醛基进行加合反应，之后再进行葡萄糖亚胺的加氢反应：

第二步为葡萄糖甲胺与脂肪酸甲酯反应得到烷基葡萄糖酰胺：

$$
\begin{array}{c}
CH_2NHCH_3 \\
H-C-OH \\
HO-C-H \\
H-C-OH \\
H-C-OH \\
CH_2OH
\end{array}
\quad + \quad R-C(=O)-OCH_3 \quad \xrightarrow[-CH_3OH]{OH^-} \quad
\begin{array}{c}
R-C=O \\
CH_2-N-CH_3 \\
H-C-OH \\
HO-C-H \\
H-C-OH \\
H-C-OH \\
CH_2OH
\end{array}
$$

MEGA 是一种非离子表面活性剂,性能温和。烷基葡萄糖酰胺有良好的生物降解性,其生物降解率可以达到 98%～99%。该类表面活性剂还具有很高的生物安全性,其小白鼠的半数致死量为 $LD_{50} > 2000mg/g$。

3. 醇醚羧酸盐　醇醚羧酸盐又称 AEC(Alkyl Ether Carboxylate),是国外于 20 世纪 80 年代研究开发的一种性能优良的阴离子表面活性剂。AEC 的合成可以分为羧甲基化法和氧化法两种。羧甲基化法相应的反应如下:

$$RO(CH_2CH_2O)_nH + ClCH_2COONa \longrightarrow RO(CH_2CH_2O)_nCH_2COOH + NaCl$$

上述合成过程要经过加入烧碱、脱去水和氯化钠以及加入盐酸或硫酸的步骤。

氧化法生产工艺主要有两种,即铂、钯等贵金属催化氧化法和含氮自由基氧化法。氧化法相应的反应为:

$$RO(CH_2CH_2O)_nH \xrightarrow{氧化} RO(CH_2CH_2O)_nCH_2COOH$$

AEC 容易发生生物降解,对皮肤和眼睛的刺激性随环氧乙烷的加成数增加而减小。此外,它与其他表面活性剂的配伍性好,具有良好的耐酸、碱、氯和硬水的能力。该表面活性剂低温溶解性能好,有优良的乳化、分散、润湿及增溶能力。

以蛋白质这种自然产生的生物聚合物为基础的表面活性剂是另外一类重要的绿色表面活性剂,相关的研究和应用也具有广阔的前景。

☞ 复习指导

1. 内容概览

本章介绍水与染整加工的关系,染整加工用水要求及水的软化处理。阐述表面活性剂的定义、结构特征及其溶液性能和表面活性剂在染整加工中的用途,重点讲述表面活性剂的作用原理和表面活性剂的化学结构与性能的关系、常用的表面活性剂的结构性能及其毒性和生物降解等内容。

2. 学习要求

(1)了解水与染整加工的关系,染整加工对水质的要求;掌握水的软化处理方法。

(2)重点掌握表面活性剂的定义、结构特征、溶液性能以及其毒性和生物降解性,掌握表面活性剂在染整加工中的用途和作用原理。

思考题

1. 说明一般情况下雨水、地表水、浅地下水和深地下水中杂质的组成及其来源。

2. 为什么通常见到的液滴都是类似球状的？粉状固体(如面粉)长期储存为什么会有结块现象？

3. 分别进行下列操作：①在肥皂稀水溶液的表面用刀片飞快地刮下一薄层溶液；②在上述肥皂溶液中通入空气后形成泡沫。将上述薄层溶液收集,并将泡沫收集待其破裂后形成另一溶液。分别对上述两溶液进行浓度测试,所测得的浓度值与肥皂溶液本体浓度之间应当有什么不同？说明不同的原因。

4. 在实际测定液体在固体表面上的接触角时,为什么要确保固体表面的洁净？

5. 采用一些特殊手段在纤维(如聚酯纤维)表面形成微小的刻蚀后,为什么可以提高水对该纤维的润湿性能？

6. 以油/水型乳状液体系为例,论述混合表面活性剂的应用对体系稳定性的作用及影响。

7. 在水为介质的洗涤过程中,为什么非极性油污在疏水性固体表面上比在亲水性固体表面上难以去除？

8. 举出增溶发挥重要作用的去污过程的实例,并从理论上给以说明。

9. 比较以下三种表面活性剂的去污性能和润湿性能的强弱：

$$C_{16}H_{33}SO_4Na \qquad C_{14}H_{29}SO_4Na \qquad C_{12}H_{25}SO_4Na$$

10. 双子表面活性剂较普通表面活性剂的优越之处在哪里？为什么？

11. 与传统表面活性剂相比,绿色表面活性剂应当具有哪些主要特点？

参考文献

[1]John, Clark W, Warren Viessman, Mark Hammer. Water supply and pollution control[M]. Third Edition. New York: Harper & Row, Publisher, Inc., 1977.

[2]Trotman E R. Dyeing and chemical technology of textile fibres[M]. Fifth Edition. Charles Griffin & Co. Ltd., 1975.

[3]孔繁超. 针织物染整[M]. 北京:纺织工业出版社,1983.

[4]严瑞瑄. 水处理剂应用手册[M]. 北京:化学工业出版社,2001.

[5]Wesley Eckenfelder W. Industrial water pollution control[M]. Third Edition. McGraw-Hill Companies, Inc., 2000.

[6]王菊生,孙铠. 染整工艺原理(第二册)[M]. 北京:纺织工业出版社,1984.

[7]Zana R, Levy H, Paportsi D, Beinert G. Micelligation of two triguarternary ammonium surfactants in aqueous solution[5][J]. Langmuir,1995,11:3696-3698.

[8]Song L D, Rosen M J. Surface properties micelligation aual permiceller aggregation of gemini surfactants with rigid and flexible spaces[J]. Langmuir,1996,12:1149-1153.

[9]赵国玺,朱珧瑶. 表面活性剂作用原理[M]. 北京:中国轻工业出版社,2003.

[10]Atkins P W. Physical chemistry[M]. Oxford:Oxford University Press,1978.

[11]天津大学物理化学教研室. 物理化学[M]. 北京:高等教育出版社,2001.

[12]矶田孝一,藤本武彦.表面活性剂[M].天津市轻工业化学研究所,译.北京:轻工业出版社,1973.

[13]北原文雄,玉井康胜,早野茂夫,等.表面活性剂　物性·应用·化学生态学[M].孙绍曾,等,译.北京:化学工业出版社,1984.

[14]刘程,张万福,陈长明.表面活性剂应用手册[M].2版.北京:化学工业出版社,1995.

[15]朱珧瑶,赵振国.界面化学基础[M].北京:化学工业出版社,1996.

[16]肖进新,赵振国.表面活性剂应用原理[M].北京:化学工业出版社,2003.

[17]陈宗淇,王光信,徐桂英.胶体与界面化学[M].北京:高等教育出版社,2001.

[18]邢建伟,孙铠.活性染料泡沫印花色浆的稳定性及流动性[J].华东纺织工学院学报,1990(6).

[19]张天胜.表面活性剂应用技术[M].北京:化学工业出版社,2001.

[20]Deneiga J R,Ul'berg Z R,Marocko L G,et al. Issledovanie Kolloidnokimiceskich Svojstv Poverchnostno - Aktivnych Vescestv Tipa Cetverticnych Soedinenij[J]. Koll Z,1974,36:649.

[21]Zhu Y P,Musuyama A,Okahara M. Preparation and surface active properties of amphipathic compounds with two sulfonate groups and two lipophilic alkyl chains[J]. J. Am. Oil Chem. Soc. ,1990,7(67):459 - 463.

[22]Zhu Y P,Masuyama A,Okahara M. Preparation and Surface Active Properties of New Amphipathic Compounds with Two Phosphate Groups and Two Long Chain Alkyl Groups[J]. J. Am. Oil Chem. Soc. ,1991,4(68):268 -271.

[23]Menger F M,Littau C A. Gemini Surfactants:Synthesis and Properties[J]. J. Am. Chem. Soc. ,1991,113:1451 - 1452.

[24]Rosen M J. Geminis:A New Generation of Surfactants[J]. Chemtech March,1993:30 - 33.

[25]Zana R,Benrraou M,Rueff R. Alkanediyl - α,ω - bis(dimethylalkylammonium bromide)Surfactants. 1. Effect of the Spacer Chain-Length on the Critical Micelle Concentration and Micelle Ionization Degree[J]. Langmuir,1991,7:1072.

[26]陈荣圻.Gemini 表面活性剂及其合成与应用[J].上海染料,2005(6):31 - 35.

[27]王祥荣.阳离子 Gemini 型表面活性剂的合成及其应用性能研究[J].印染助剂,2002,19(1):12 - 16.

[28]宗平,王祥荣.阳离子 Gemini 表面活性剂在 ECDP 纤维染色中的应用[J].精细与专用化学品(增刊),2006,14:21 - 23.

[29]薛旭婷,于宏伟,贾丽卮,等.双子阳离子表面活性剂对亚麻织物染色性能的影响[J].印染助剂,2006,23(10):34 - 37.

[30]Lai Chiu-Chun,Chen Ke-Ming. Dyeing Properties of Modified Gemini Surfactants on a Disperse Dye-Polyester System[J]. Textile Research Journal,2008(5):43 - 46.

[31]陈荣圻.前处理助剂的生态问题探讨(一)[J].印染,2001(8):33 - 38.

[32]宋肇棠,国晶.环境保护与环保型纺织印染助剂[J].印染助剂,1998,15(3):1 - 9.

[33]黄茂福.化学助剂分析与应用手册(上册)[M].北京:中国纺织出版社,2001.

[34]陈荣圻.前处理助剂的生态问题探讨(二)[J].印染,2001(9):44 - 49.

[35]Ifendu A Naanna,Xia Jiding. Protein - based surfanctants[M]. New York:Marcel Dekker,Inc. ,2001.

第二章　棉及棉型织物的烧毛、退浆、精练

第一节　引　言

　　所谓的棉及棉型织物,主要是指纯棉织物和棉与合成纤维混纺或交织的织物,如涤/棉织物、棉/氨纶弹力织物、棉/锦织物等。来自织造厂未经染整加工的织物称为原色坯布,简称原布或坯布。原布中含有大量的杂质,包括棉纤维的天然杂质,合成纤维上的油剂,经纱上的浆料以及污垢等,如图 2-1 所示。这些杂质的存在,不但使织物色泽发黄,手感粗糙,而且吸水性很

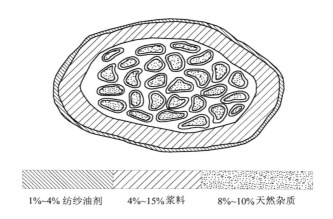

| 1%~4% 纺纱油剂 | 4%~15%浆料 | 8%~10%天然杂质 |

图 2-1　棉经纱中的杂质

差。在染整加工工序中(图 2-2),棉及棉型织物的前处理是指烧毛、退浆、精练和漂白加工,主要目的是去除各种杂质,提高织物的白度和吸水性,以满足后续染整加工的需要。但棉及棉型织物的前处理也包括一些以改善织物品质为目的的过程,如丝光,热定形等。本章主要介绍棉及棉型织物烧毛、退浆及精练的加工原理和工艺技术,漂白和丝光工艺将分别在第三章和第四章介绍。

　　除了以织物形式加工外,一些纤维和纱线染色的产品,则需以纤维或纱线的形式进行前处理,然后再染色和后续加工。纤维、

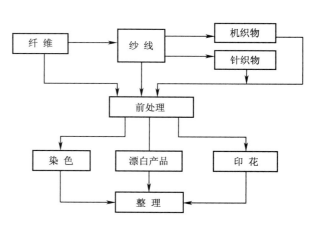

图 2-2　纺织品的染整加工工序

纱线和织物需要经过的染整工序如图 2-2 所示,不论是以何种形式加工,其加工原理都是相近的。前处理的质量好坏对成品的品质起着关键性的作用。特别在市场越来越需求高品质纺织品的今天,对前处理加工的技术提出了更高的要求。例如用浸轧的方法加工染色布时,织物应具有良好的吸水性和较高的白度,才能保证染液在数秒甚至更短的时间内润湿织物,从而加工出色泽鲜艳、坚牢的花色布和柔软的漂白布等。所以,前处理加工常常被称为 VIP(Very Important Process)工序。

退浆、精练、漂白属于湿处理加工,需要加热、使用化学助剂并施以机械张力,工序冗长,消耗大量的水和能源,而且产生大量的废水、废气,污染环境。其废水中不仅碱性强、色度深、COD 值高,而且水中含有聚乙烯醇(PVA)浆料,生化性(BOD/COD)很差。为了实施清洁生产以降低环境风险,"印染行业规范条件"对现有印染企业印染加工过程的综合能耗和新鲜水取水量做了严格规定,比如棉、麻、化纤及混纺机织物新鲜水取水量要≤1.6 吨水/百米布。短流程前处理工艺是为了节约水和能源而发展起来的,如退浆、精练和漂白一步法工艺,精练和漂白一步法工艺,退浆和精练一步法工艺等。近些年来,随着人们对环境保护意识的增强,出现了许多节能、生态和经济的前处理新工艺和新设备。

第二节　原布准备

原布准备包括检验,翻布(分批、分箱、打印)和缝头等工作。

一、原布检验

原布检验的主要目的是检验来布的质量,发现问题及时采取措施,以保证成品的质量和避免不必要的损失。由于原布的数量很大,通常只抽查 10%左右,也可根据品种要求和原布的一贯品质情况增减检验率。检验内容包括原布的规格和品质两个方面。规格检验包括原布的长度、幅宽、重量、经纬纱线密度和强力等指标。品质检验主要是指纺织过程中所形成的疵病是否超标,这些疵病包括缺经、断纬、跳纱、棉结、油污纱、筘路等。另外,还要检查有无硬物如铜、铁片和铁钉等夹入织物。

二、翻布(分批、分箱和打印)

染整厂生产的特点是大批量、多品种。为了便于布匹管理,目前常以订单为批号进行分批。每批布又可分成若干箱,便于在加工中布匹的输送。分箱原则是按布箱大小而定,一箱布有1000~2000m(根据织物的品种和厚薄不同)。过去分批的原则是根据加工设备的容量而定,例如使用平幅连续练漂机一般十箱为一批。

在将原布进行分箱时,目前仍多采用人工将布匹翻摆在堆布板上,同时将两个布头拉出,要注意布边整齐,并做到正反一致。这种操作叫做翻布或摆布。

为了在加工各种不同品种的布匹时，便于识别和管理，不致把工艺和原布品种搞错，要在每箱布的两头打上印记，印记应该打在离布头 10～20cm 的地方。印记标明原布品种、加工工艺、批号、箱号、发布日期、翻布人代号等。打印用的油印必须具有耐碱、酸、漂白剂等化学药品和耐高温的性能，且要快干和不污染布匹。目前各厂的印油多用红车油和碳粉，按（5：1）～（10：1）的比例充分拌匀，加热调制而成。

另外，每箱布都附有一张卡片，称分箱卡，注明批号、箱号、原布品种等，以便管理和检查。

三、缝头

缝头是将翻好的布匹逐箱逐批用缝纫机连接起来。因为染整厂的加工多属连续加工，而布匹下织布机后的长度一般为 120m 左右，因此必须把每匹布的头尾按顺序缝接起来，以适应加工的要求。缝接的要求是正反面一致、平整、坚牢、边齐、针脚疏密均匀，同时不能漏针和跳针。

缝头时，多使用环缝式缝纫机，又称满罗式或切口式缝纫机，它的特点是接缝平整不厚，也比较坚牢，适宜于中厚织物的缝头，常用于卷染、印花、轧光等染整加工。对于磨毛产品多采用五环式缝纫机缝头，但用线量较多，约为布幅的 13 倍，缝接时每头还要切除 1cm 宽的切口。假缝式缝纫机适合稀疏织物的缝接，只用一根线，针脚可自己打圈，扣合成链条形，其用线量较省，约为布幅的 3.6 倍，缝头时两端布边重叠，重叠过厚会对重型轧车有损伤和产生横档，所以不适用于中厚织物。

此外，在各台机器上为了把箱与箱之间的布头缝接起来，多采用平缝式缝纫机，也就是一般的家用缝纫机，其特点是使用灵活，可用于湿布缝接，用线量较省，仅为布幅的 3.2 倍，但同样存在布头重叠现象。缝头用线多为 14.5tex（40 英支）左右的合股强捻线，针脚密度以 30 针/10cm 左右为宜。

第三节　烧　毛

纱线是由纤维纺制而成的，有许多纤维的末端露在纱线表面，织造成布后布面上就形成许多长短不一的绒毛。布面上的绒毛过多，不仅使成品的光洁度变差和容易沾染尘污等，而且也会给后续加工造成一些麻烦，甚至引起疵病。如毛羽落入染槽后沾在辊筒上使染色不匀，或者落入印花色浆中造成拖刀、拖浆，使印花轮廓不清等。因此在前处理工艺中，棉及棉型织物在退浆前（有些产品在退浆后），一般都要进行烧毛。对涤/棉织物来说，除了上述原因需要烧毛外，由于布面上的绒毛被烧去后，起球现象大为减轻，所以烧毛又是防止涤/棉织物起球的主要措施之一。

生产上使用的烧毛机主要有气体烧毛机、热板烧毛机和圆筒烧毛机三种类型。气体烧毛机烧毛是将原布平幅迅速地通过可燃性气体火焰以烧去布面上的绒毛，也称为非接触式烧毛。热板烧毛机烧毛是将平幅织物在炽热和固定的弧形紫铜板、合金板或弧形陶瓷板面上迅速擦过，以烧去绒毛。由于铜的导热系数较大，早期的弧形金属板多采用铜或铜合金制造，所以习惯上该机又称为铜板烧毛机。圆筒烧毛机是由热板烧毛机改进而来的,以回转的炽热的铸铁或铸铁合金、铁铝合金的圆筒或陶瓷管代替固定的金属板。热板烧毛和圆筒烧毛也称为接触式烧毛。

目前生产中多采用气体烧毛机烧毛,它可使布上的毛羽容易被烧净,布面纹路清晰光洁。接触式烧毛机对于粗支厚密织物及低级棉织物的烧毛效果好,可以炭化和去除棉结(死棉),改善布面白芯。

烧毛是用物理方法对织物表面进行处理的工艺,使织物表面纹路清晰,整洁光滑,不易起毛起球,因此烧毛在前处理加工中是较重要的工序。近些年来也开发了许多新型的烧毛设备和工艺。

现将气体烧毛机、热板烧毛机和圆筒烧毛机及烧毛工艺等有关问题扼要介绍如下。

一、气体烧毛机烧毛

气体烧毛机具有设备结构简单,操作方便,劳动强度较低,热能利用比较充分,烧毛质量比较好,适宜于各种品种的织物烧毛等优点,是目前生产上使用最广泛的一种烧毛机。常用于气体烧毛机的可燃性气体有:城市煤气和液化气、汽油汽化气和丙丁烷(石油气的一种)等。

(一)气体烧毛机

气体烧毛机通常是由进布、刷毛、烧毛、灭火和落布等装置组成(图2-3),车速一般较快,为80～150m/min,具体视织物品种和要求而定。

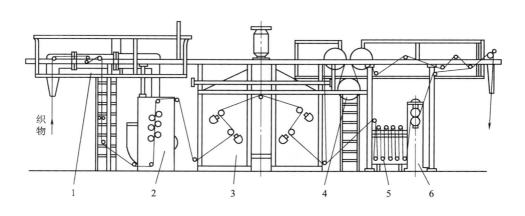

图2-3　气体烧毛机
1—吸尘风道　2—刷毛箱　3—气体烧毛机火口　4—冷水冷却辊　5—浸渍槽　6—轧液装置

织物通过导布装置进入烧毛机后,先经过刷毛箱刷毛,箱中有4～8只猪鬃或尼龙刷毛辊,其转动方向与织物行进方向相反,以除去纱头和夹入物等,并可使绒毛竖立,以利于烧毛。在加工低级棉织物时,还可以增加1～2对金刚砂辊及1～2把刮刀,以刷去布上的部分棉籽壳等杂质。接着织物便进入火口部分进行烧毛。

烧毛过程中,织物平幅迅速地通过可燃性气体火焰时,布面上分散存在的绒毛能很快升温并发生燃烧,而布身比较厚实紧密,升温较慢,当织物温度尚未升到着火点时,已经离开了火焰,从而达到既烧去了绒毛又不使织物焚烧或损伤的目的。因此增加绒毛与织物本身的温度差,有利于烧去绒毛和保护纤维主体结构不受损伤。而烧毛火口的温度越高,车速越快,绒毛与织物本身的温度差就越大。所以烧毛火口是气体烧毛机的关键部件,直接影响烧毛的品质和烧毛效率。下面就烧毛火口的结构和性能做一介绍。

1. 烧毛火口　烧毛火口的结构和性能一直在不断地改进和完善中,过去生产上常使用的狭缝式火口,其燃气与空气为单腔混合,因火焰温度低(800～900℃)和能耗大已被淘汰。目前使用的火口大多为双喷射辐射式,其主要特点是燃气与空气经双腔混合,燃烧效率高。这种火口的类型主要有冲片辐射式火口、双喷射式火口和复合式火口等,火口的火焰温度在1200～1400℃之间,也有高达1500℃的。

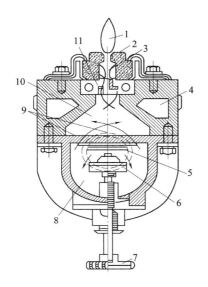

图2-4　辐射式火口

1—喷射焰　2—耐火砖　3—燃烧室

4—冷却水　5—关闭孔　6—关闭阀

7—关闭阀盘　8—气体一次混合室

9—交错排列喷孔　10—气体二次混合室

11—不锈钢叠片喷嘴

(1)冲片辐射式火口:可燃性气体必须与空气以适当比例和方法混合后,才能完全燃烧,从而获得较高的温度。冲片辐射式火口属于可燃性气体和空气多次混合的两个燃烧室式火口,其特点是燃气和空气在火口内多次混合,使喷向燃烧室的混合气的压力均匀,避免了烧毛火焰和烧毛温度的不均匀;同时采用两个燃烧室,可使混合气燃烧完全,提高火口温度。如图2-4所示,混合气体依次进入第一和第二混合室,再经由0.8mm厚的2000多片不锈钢片叠合而成的条状双喷射装置充分混合后,喷向由耐火砖组成的燃烧室,形成多股微火炬进行二次燃烧,最后从耐火砖缝隙中喷出火焰和辐射热,进行烧毛。这种火口的火焰均匀,燃烧温度高,最高可达1400℃。

(2)双狭缝辐射式火口:双狭缝辐射式火口也是多次混合的两个燃烧室式的火口(图2-5),火口体材料为铸铁,上面装了具有两个燃烧室的异形耐火砖,火口体空腔内通冷水降温,可防止火口体在高温下变形。可燃性气体和空气经预混合后由喷气管送入混合室,再通过孔板从两条狭缝喷口喷出。

(3)复合式火口:复合式火口是一种新型火口(图2-6),其主要由火口体、火口燃烧室和转动的陶瓷管三部分组成。火口体由火口上体、火口下体和左右端盖构成。在火口中,可燃性气体和空气经过两次混合,火口下体内腔中有燃气和空气的预混合装置,而火口上体内腔中有燃烧气体的混合室及降温设备。火口燃烧室由两排内壁呈双弧形的异形耐火砖相对排列而构成,双弧形的结构将其内腔分成第一和第二燃烧室。陶瓷管被托嵌在第二燃烧室的中心,可以做主动旋转。火口点燃时,火焰从陶瓷管左右壁面与第二燃烧室耐火砖之间构成的两条狭缝中喷出,火焰温度可达1300℃;同时旋转的陶瓷管经火焰灼烧,其表面温度可达800～1000℃。

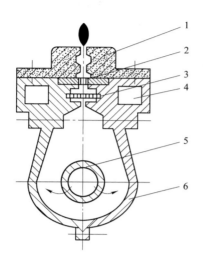

图2-5　双狭缝辐射式火口

1—异形耐火砖　2—狭缝喷嘴　3—孔板

4—冷水腔　5—喷气管　6—火口体

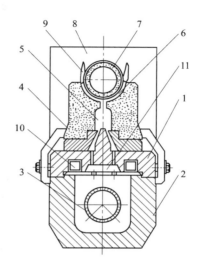

图2-6　复合式火口

1—火口上体　2—火口下体　3—旋混管　4—耐火砖

5—第一燃烧室　6—第二燃烧室　7—陶瓷管

8—端盖　9—喷射火焰　10—冷却水管　11—燃烧混合室

烧毛时,织物在通过可燃性气体火焰口上方的同时,还从炽热的旋转陶瓷管表面擦过,对织物构成了既有气体式又有接触式的烧毛形式。这种烧毛火口燃烧充分,无黑烟排放,节能,烧毛效率高,而且适合的织物品种多。

2. 烧毛火口的位置调节和冷水辊　一般火口上端的导布辊是中间通水的冷水辊,主要是防止涤/棉等织物烧毛时涤纶的损伤。烧毛火口的数目一般为2~6只,在使用狭缝式火口时,由于温度低,火口数目最多要用6只。目前生产中使用的一些烧毛设备只有2只火口,一个火口可以烧两面(图2-7),而且火口可以调节,具有切烧、对烧和透烧等形式(图2-8),以适应不同织物的烧毛。切烧是将火焰切向接触冷水辊表面包绕的织物,适用于不耐高温的轻薄型织物烧毛;对烧是火焰对准绕贴在冷水辊表面的织物,火焰不穿透织物,适合一般涤/棉等织物的烧毛;透烧是火焰垂直于布面,火焰气流可透过布面,热量利用充分,用于纯棉和厚重织物的烧毛。

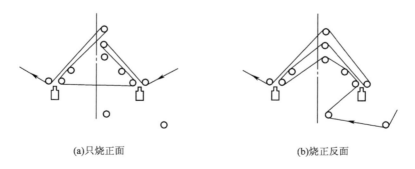

(a)只烧正面　　　　　　　　　　　　　　(b)烧正反面

图2-7　织物的穿布路线(一个火口烧两面)

图 2-8　火口的三种烧毛位置示意图

3. 灭火装置　在烧毛过程中,常有火星落入布面,特别是无梭织机的毛布边等,极易燃烧而产生破洞、破边等疵病,故必须及时灭火。所以织物烧毛后,应立即进入灭火槽或灭火箱灭火,即扑灭残留火星。灭火槽中盛有热水或退浆液(稀烧碱或酶液),并安装有导布辊和轧液辊。使用灭火槽灭火,不仅灭火效果好,而且可以进行退浆、精练或丝光等的轧液预处理。对某些需要干落布的品种,则可采用蒸汽灭火箱灭火。蒸汽灭火箱是由上下导辊和直接蒸汽管组成,当织物通过时,由蒸汽管向布面喷射蒸汽灭火。另外,也有采用刷毛和除尘灭火方法的,即烧毛后采用具有拍打功能的三角形刷毛辊,将刷下的火星和灰尘拍离布面,然后用除尘器吸走。

(二)烧毛工艺

烧毛的目的是烧去织物上的绒毛,但织物在高温下时间长了也会受到损伤,因此必须制订合理的烧毛工艺,以增加绒毛与织物本身的温度差,达到既烧去绒毛又保护纤维的目的。为此,目前倾向于采用在使火焰具有足够高的温度下,合理加快车速的方法。烧毛速度与织物品种和设备条件有关,一般稀薄织物车速为 $120\sim150$m/min,厚密织物为 $80\sim120$m/min。

纯棉织物一般用透烧法烧毛(图 2-8),轻薄织物可采用切烧。涤/棉织物烧毛时,必须充分考虑到涤纶的热性质,涤纶是一种热塑性纤维,热的作用不当,会导致其性能发生不良变化。为了预防涤棉混纺织物受到热损伤和落布时产生难以消除的折痕,必须在火口上方安装冷水辊降温和落布前向布面吹冷风;同时用切烧法或对烧法,使绒毛和布身间的温差加大,既能烧尽绒毛而又不使布身温度过高(要求低于 180℃),否则烧毛不易干净,并容易将涤纶绒毛熔融成小球,染色后形成疵病,或门幅发生较大收缩,布身发硬。一般门幅收缩应控制在 2% 以下,涤/棉织物的落布温度应控制在 50℃ 以下。

用冷水辊降低布身的温度是有效的,但对于冷却水的温度需适当控制,以便提高冷却效率和防止辊面上有凝结水滴存在,在开车时先对冷水辊进行预热可以防止辊面产生冷凝水。

烧毛是比较危险的操作工序,除了应经常注意火焰是否正常,火口有无变形或部分堵塞外,还要重视防火,防尘,漏气泄毒,防爆等安全措施。

烧毛工艺如处理不当,会造成烧毛过度、使织物强力降低或烧毛不足等疵病。烧毛的质量评定和检测是在织物强力符合要求的前提下,参照 5 级制标准,采用目测检查法对烧毛质量进行评级。5 级制标准为:1 级为未烧毛坯布,2 级为长毛较多,3 级为基本上没有长毛,4 级是仅有较整齐的短毛,5 级为毛烧净。一般要求烧毛质量稳定在 4 级以上。

(三)汽油汽化器

在有城市煤气和丙丁烷等可燃性气体供应的地方,使用气体烧毛机是很方便的。但在没有这些可燃性气体供应的地方,可采用汽油汽化器或煤气发生炉,以提供气源。汽油汽化器的配备和使用比较方便,应用也较为广泛。

二、热板烧毛机烧毛

早期使用的热板烧毛机通常是由铜板、炉灶、摇摆装置和灭火槽等几个部分所组成,所以常称为铜板烧毛机,如图2−9所示。一般铜板烧毛机有3～4块铜板,分别置于炉膛上,炉膛内可用煤油或气体燃烧加热铜板。烧毛时,织物与铜板直接接触,通过摇摆装置前后摆动,使织物与铜板的接触面积不断变换,以避免铜板发生局部冷却。织物与铜板的接触宽度,厚织物为5～7cm,薄织物为4～5cm。铜板温度通常在700～900℃之间,车速视织物厚薄而定,一般为50～120m/min。燃料和空气混合后由燃烧喷嘴从一侧将火苗喷向炉膛加热金属板,燃烧不充分的烟气由炉膛另一侧的烟囱排出。这种加热方式使金属热板两端的温差较大,且未燃烧的废气将造成环境污染。

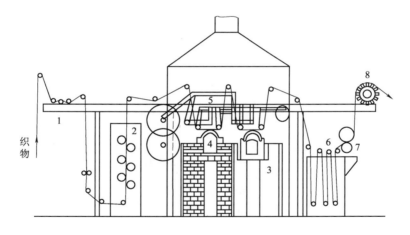

图2−9　铜板烧毛机示意图

1—平幅进布装置　2—刷毛箱　3—炉灶　4—弧形铜板　5—摇摆导布装置

6—浸渍槽　7—轧液装置　8—出布装置

热板烧毛机不适宜对提花和轻薄织物烧毛。但由于烧毛时织物与热板直接接触,去除杂质的效果比气体烧毛机好,因而用于厚密和低级棉织物烧毛有较好的效果。

三、圆筒烧毛机烧毛

(一)燃气加热金属圆筒烧毛机

圆筒烧毛机由热板烧毛机演变而来,采用高效的喷雾燃烧器,使燃油充分雾化后,直接喷入合金圆筒内腔燃烧,但能源的消耗和废气的污染仍然较大(图2−10)。而且圆筒进出口的温差有100℃以上,会造成织物纬向烧毛不匀,因此使用得较少。

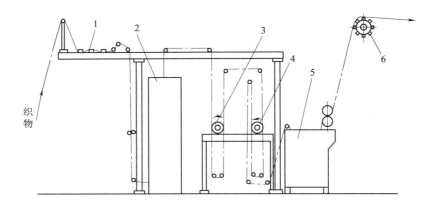

图 2-10　圆筒烧毛机

1—平幅进布装置　2—刷毛箱　3,4—烧毛圆筒　5—浸渍槽　6—出布装置

(二)电加热陶瓷管烧毛机

电加热陶瓷管烧毛机是一种新型接触式烧毛机,图 2-11 是该机的示意图。烧毛时,织物与低速转动的炽热载热陶瓷管表面摩擦接触而烧去绒毛,其烧毛方式和原理与燃气加热金属圆筒烧毛机相似。该机的载热陶瓷管里面的套管是直径比其约小一倍的电热陶瓷管,通电时,电热陶瓷管升温,通过热辐射将套在其表面的载热陶瓷管加热,一般只需约 10min 即可将载热陶瓷管表面温度加热至 780℃左右,最高温度可达 800~1000℃。这种机型不仅加热速度快、清洁无污染和耗电少,而且陶瓷管表面温度均匀,温差很小,为 3~5℃。

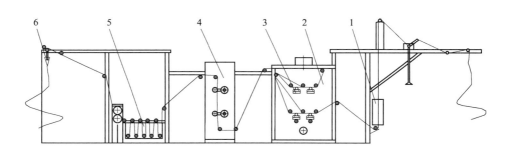

图 2-11　电加热陶瓷管烧毛机

1—红外电子对中装置　2—电加热陶瓷管烧毛单元　3—电加热烧毛陶瓷管(4 只)
4—灭火装置　5—水洗槽　6—落布装置

第四节　退　浆

一、原布上含浆概况

在织造过程中,经纱受到较大的张力和摩擦,易发生断裂。为了减少断经,提高织造效率和坯布质量,在织造前需要对经纱进行上浆处理,使纱线中纤维黏着抱合起来,并在纱线表面形成

一层牢固的浆膜,使纱线变得紧密和光滑,从而提高纱线的断裂强度和耐磨损性。

经纱上浆的浆料分为天然和合成高分子化合物两大类,如图2-12所示。

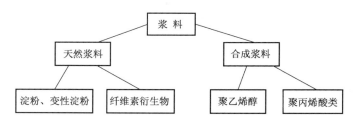

图2-12　浆料的分类

经纱上浆主要用的浆料有三大类:淀粉(包括变性淀粉)、聚乙烯醇(PVA)和聚丙烯酸类浆料。我国年消耗的纺织浆料中,淀粉类约占70%,聚乙烯醇为20%左右,聚丙烯酸类及其他浆料在10%左右。

织物上的浆料组成与织物品种有关,例如对纯棉和黏胶纤维纱来说,一般采用变性淀粉浆料;涤棉和涤黏等混纺纱常采用聚乙烯醇和变性淀粉的混合浆为主,也有的采用变性淀粉和聚丙烯酸酯混合浆,或再加入羧甲基纤维素等作为辅助浆料;涤纶或锦纶等合成纤维长丝和纱线主要使用聚乙烯醇和聚丙烯酸类等浆料。经纱的上浆率视织物品种、织机种类和上浆工艺而定,在4%～20%的范围内,一般为4%～15%,经过并捻的纱线可不上浆或采用1%～3%的上浆率。

在上浆时,浆液中除了浆料之外,还需添加一些其他辅助药剂,如防腐剂(如2－萘酚)、平滑剂(如乳化的牛羊油、氢化油等动、植物油脂或矿物油)和渗透剂(如JFC)等。

化学合成浆料和某些辅助添加剂有毒性或不易生物降解,退浆废液严重污染环境。在浆料的发展历史中,合成浆料特别是聚乙烯醇在合成纤维上浆中起了重要作用。但聚乙烯醇很难生物降解,对环境造成污染。近20年来,已经开发了适合于合成纤维及其混纺纱上浆的环保型浆料,如变性淀粉中的淀粉衍生物和接枝淀粉,以达到少用和不用聚乙烯醇的目的。因此,开发和选用环保型的浆料和辅助添加剂是上浆工程的重要任务之一。

上浆对织造是有利的,但却给后续的染整加工带来了困难,如坯布上的浆料会沾污染整工作液和阻碍染化料向纤维内部的渗透。因此在染整加工中,棉及棉型织物的第一道湿处理工序就是退浆。"退得净"是退浆工序的主要目的,在退浆中,要尽可能多地除去坯布上的浆料,以保证后续染整加工的顺利进行。

二、常用浆料及其性能

(一)淀粉和变性淀粉

淀粉用于经纱上浆已有近千年的历史。因其资源丰富、价格低廉、对亲水性的天然纤维具有良好的黏附性和成膜能力,曾一直在上浆中占主导地位。但淀粉的不足之处是浆液黏度高和稳定性较差,形成的浆膜脆硬、粗糙、不耐磨;对疏水性纤维如涤纶等的黏着性能差。为了克服这些缺点,通过化学、物理等多种方法对淀粉进行变性处理,以降低淀粉浆液的黏度,提高其热黏度稳定性,改善浆膜性能和对疏水性纤维的黏附性,这类产品统称为变性淀粉。变性淀粉的发展非常迅速,目前已成为棉和涤棉等混纺纱上浆的主要浆料之一。

1. 淀粉　淀粉是一种多糖类天然高分子化合物,植物的种子、果实、叶、块茎和球茎中都含有不同分量的淀粉,谷物中淀粉的含量在75%以上。通过直接加工后未经化学或物理等方法处理的淀粉称为原淀粉或普通淀粉。

淀粉由直链淀粉和支链淀粉两部分组成,其相对含量与淀粉的来源有关。大多数淀粉品种含有15%～25%的直链淀粉和75%～85%的支链淀粉。按化学组成来说,淀粉是一种 α -葡萄糖的高聚物。直链淀粉是 α -1,4-苷键相连的葡萄糖结构,平均聚合度为250～4000,主要取决于淀粉的来源,其结构式见图2-13。

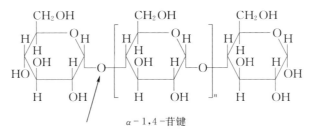

α -1,4-苷键

图2-13　直链淀粉结构示意图

支链淀粉除了 α -1,4-苷键外,还有少量的1,6-苷键和1,3-苷键相结合(图2-14)。其平均聚合度为600～6000,比直链淀粉的高。

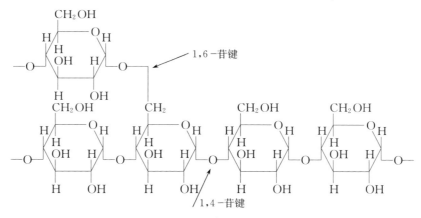

图2-14　支链淀粉结构示意图

淀粉难溶于水,对碱比较稳定,在稀碱液中发生溶胀。对酸较不稳定,酸可使苷键断裂,淀粉发生水解,先生成相对分子质量较小的糊精,糊精再继续水解为麦芽糖和异麦芽糖,最后水解为D-(+)葡萄糖。淀粉可被氧化剂氧化,相对分子质量降低,形成比较复杂的中间产物,最终生成二氧化碳和水。

淀粉与碘作用生成一种深蓝色的淀粉—碘复合物,其中碘与直链淀粉能形成深蓝色,与支链淀粉形成紫红色。

2. 变性淀粉　从变性淀粉的发展历史和化学结构来看,可将变性淀粉分为第一代变性淀粉(降解淀粉或称转化淀粉)、第二代变性淀粉(淀粉衍生物)和第三代变性淀粉(接枝淀粉)。

(1)第一代变性淀粉——降解淀粉或称转化淀粉,主要是用化学方法(酸或氧化剂)或物理方法(加热)使淀粉大分子降解,达到降低黏度、增加流动性能和提高使用浓度等目的。其降解产品主要有酸解淀粉、氧化淀粉和糊精等。目前这些产品是纯棉织物上浆的主体浆料,在涤/棉上浆中一般与 PVA 混用,可取代 10%～30% 的 PVA。降解淀粉的用量约占变性淀粉总消耗量的 70% 以上。

淀粉经酸降解后黏度大大降低(图 2-15),所以酸解淀粉又称为低稠度淀粉,常用于中、高浓度的上浆工艺。

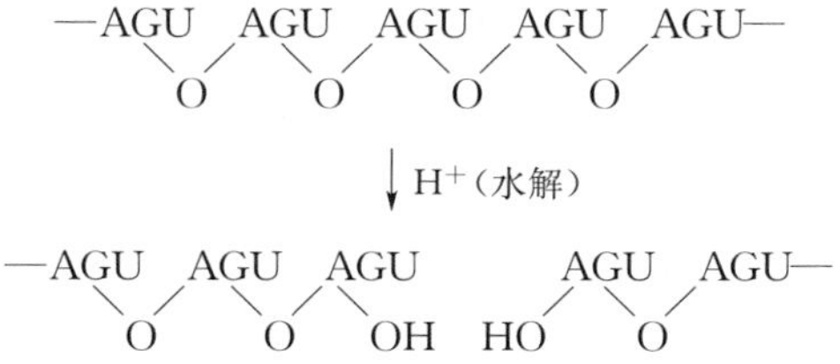

$$—AGU \quad AGU \quad AGU \quad AGU \quad AGU—$$

$$\downarrow H^+(水解)$$

$$—AGU \quad AGU \quad AGU \qquad AGU \quad AGU—$$

AGU 为原淀粉的葡萄糖基环(andydroglucose unit),$C_6H_{10}O_5$

图 2-15　淀粉经酸降解示意图

淀粉经氧化处理后发生降解,使淀粉的聚合度下降,同时葡萄糖基环中的伯羟基被氧化成醛基和羧基,改善了在水中的溶解度和稳定性,因此提高了成膜能力。这类变性淀粉被称为氧化淀粉(图 2-16)。

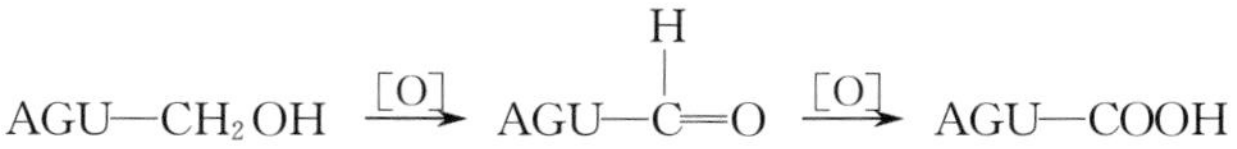

$$AGU—CH_2OH \xrightarrow{[O]} AGU—\overset{H}{\underset{}{C}}=O \xrightarrow{[O]} AGU—COOH$$

图 2-16　淀粉葡萄糖基环中第 6 位碳原子上的羟基被氧化示意图

(2)第二代变性淀粉——淀粉衍生物,主要是通过酯化、醚化或交联反应,在淀粉大分子的羟基上引入一个基团或引入一个低分子物,使淀粉大分子间的相互作用减弱,提高了热黏度稳定性和对合成纤维的黏附性,改善了浆膜的柔韧性。主要品种有交联淀粉(醛类交联淀粉、双淀粉己二酯等)、醚化淀粉(羧甲基淀粉 CMS、羟乙基淀粉 HPS)、酯化淀粉(醋酸酯、磷酸酯等)及阳离子淀粉等。这类变性淀粉用于涤棉等混纺纱上浆时,可取代 10%～50% 的 PVA。其中淀粉醋酸酯的结构式如图 2-17 所示。

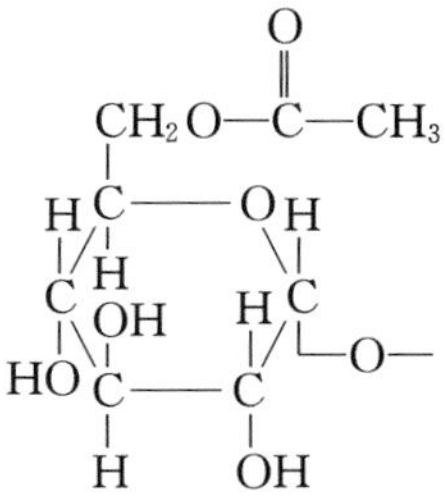

图 2-17　淀粉醋酸酯结构示意图

淀粉醋酸酯可作为主体浆料对棉、麻等天然纤维的经纱上浆;也可与合成浆料混合,用于涤/棉、涤/麻和涤/黏等混纺纱上浆,混合比例在 30%～50%。

(3)第三代变性淀粉——接枝淀粉,是新一代的浆料,这类变性淀粉是在淀粉大分子链中引入一个有一定聚合度的高分子化合物的接枝侧链(图2-18),从而使它的性能发生显著变化,兼有淀粉和合成浆料的特性,不仅保持了良好的亲水性,而且对合成纤维具有良好的黏附性。用于涤棉混纺纱上浆可替代50%甚至70%~100%的聚乙烯醇浆料。但是,接枝淀粉的制造过程对工艺参数控制范围要求非常严格,目前市场上质量稳定和性能优良的接枝淀粉产品还不多。随着生产技术的发展,接枝淀粉有可能被用于疏水性的合成纤维经纱的上浆,从而能少用或不用聚乙烯醇等难生物降解的合成浆料。

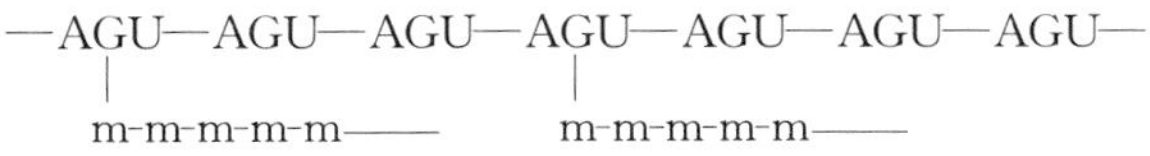

$$—AGU—AGU—AGU—AGU—AGU—AGU—$$
$$|\text{m-m-m-m-m}————\quad \text{m-m-m-m-m}$$

AGU 为原淀粉的葡萄糖基环,m 为单体

图2-18　接枝淀粉的化学结构模型示意图

3. 羧甲基纤维素(CMC)　羧甲基纤维素是一种纤维素的衍生物,是纤维素和一氯醋酸在氢氧化钠存在下制得的,其结构式如图2-19所示。

羧甲基纤维素的溶解度随着醚化程度(或称取代度)的大小而不同,有的能溶于水,有的仅能溶于碱。通常 CMC 产品是无味的白色粉末,未经研磨的呈纤维状或粗粒状,低黏度的 CMC 溶于水后形成透明的糊,呈中性或微碱性;当 pH 值为2.5以下时,开始混浊、沉淀;遇钙、镁离子或食盐,黏度降低;遇铁、铅、铬等盐类会发生沉淀。

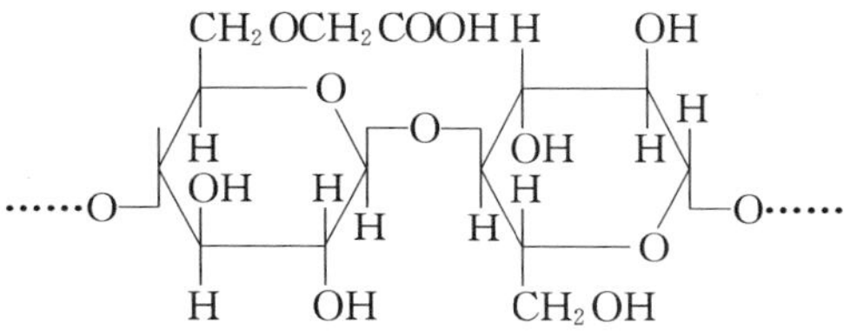

CMC 主要和淀粉等混用,较少单独使用。

图2-19　羧甲基纤维素结构示意图

(二)合成浆料

1. 聚乙烯醇(PVA)　聚乙烯醇(Polyvinyl Alcohol)简称 PVA 浆料,是一种水溶性的合成高分子化合物,对合成纤维有着优良的黏附性能。是目前棉与合成纤维混纺纱和合成纤维纱上浆的主体浆料之一。聚乙烯醇难以生物降解,长期积累会引起生态破坏。自20世纪90年代后,它已被一些国家列为禁止使用的浆料。

聚乙烯醇通常是用聚醋酸乙烯酯在甲醇溶液中加入氢氧化钠,使酯键发生醇解而制得的,其反应如下:

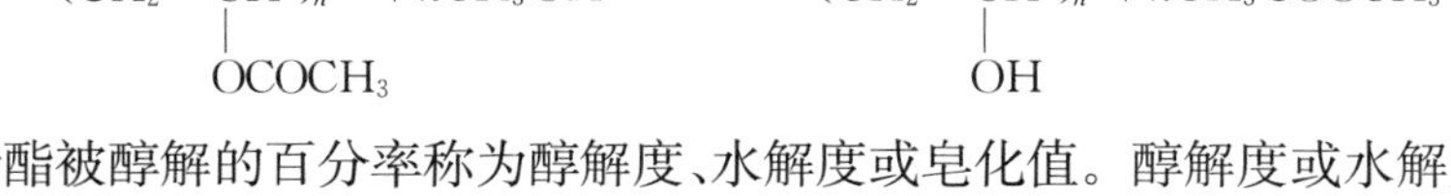

$$\begin{array}{c}—\!\!(CH_2\!\!-\!\!CH)_n \\ | \\ OCOCH_3\end{array} + nCH_3OH \xrightarrow{NaOH} \begin{array}{c}—\!\!(CH_2\!\!-\!\!CH)_n \\ | \\ OH\end{array} + nCH_3COOCH_3$$

聚醋酸乙烯酯被醇解的百分率称为醇解度、水解度或皂化值。醇解度或水解度是影响聚乙烯醇浆料性能的主要因素。根据醇解度的不同,聚乙烯醇被分成三种不同的水解级类型(表2-1),其分子结构可表示如下:

$$\begin{array}{c}—\!\!(CH_2\!\!-\!\!CH)_n \\ | \\ OH\end{array} \quad \text{完全醇解 PVA}$$

$$-（CH_2-CH）_x（CH_2-CH）_y \quad \text{部分醇解 PVA}$$
$$\quad\quad OH \quad\quad\quad\quad OCOCH_3 \quad (n=x+y)$$

在三种水解级的聚乙烯醇中,部分水解级(PH)聚乙烯醇的亲水基团最少,但其在水中的溶解度最高。聚乙烯醇中未水解的醋酸酯基起了两个作用,一方面它可阻止聚乙烯醇大分子形成分子内氢键,使其更易溶解于水中;另一方面由于它的疏水性,对疏水性纤维的黏合性更好。所以疏水性的合成纤维经纱上浆一般选用部分水解级的聚乙烯醇。而含有多羟基的完全醇解的聚乙烯醇对亲水性纤维的黏合力大,因此在棉、麻和黏胶纤维的上浆中,可用完全醇解的聚乙烯醇。另外,根据聚合度的不同,聚乙烯醇可被加工成低、中和高黏度的产品(表2-2)。对合成纤维的短纤维纱宜选用中黏度聚乙烯醇浆料,而长丝上浆一般使用低聚合度的聚乙烯醇浆料。

表2-1 不同水解级的聚乙烯醇

水 解 级	水解百分率/%
完全水解级(FH)	约98
中等水解级(IH)	95～98
部分水解级(PH)	约88

表2-2 聚乙烯醇的黏度与聚合度的关系

黏 度	聚 合 度
低	250～650
中	1750～1850
高	2500～2600

2. 聚丙烯酸类(PA) 聚丙烯酸类浆料(Polycrylic Acid)简称 PA 浆料,是一类水溶性优良的合成高分子材料,同时具有对纤维的黏着能力强和对环境污染较小等优点。按照侧链的官能团不同,可将聚丙烯酸类浆料分成三大类:聚丙烯酸酯、聚丙烯酰胺和聚丙烯酸盐浆料。通常聚丙烯酸类浆料是用一元、二元或三元以上单体聚合而成,如丙烯酸酯(甲酯、乙酯、丁酯)、丙烯酸、丙烯酰胺、丙烯腈和醋酸乙烯酯等。

聚丙烯酸酯是以聚丙烯酸乙酯(或丁酯)、甲基丙烯酸甲酯和丙烯酸铵盐为主要单体聚合而成的,已作为主体浆料在喷水织机织物的化纤长丝上浆中使用。此类聚丙烯酸酯浆料水溶性好,在上浆过程的湿浆纱烘燥时,浆料中的丙烯酸铵盐侧链变成羧酸,水溶性大大降低,可以承受喷水织机投纬时的水滴侵扰,保证织造过程顺利进行。而在碱退浆中,羧酸侧链变成钠盐,水溶性增大:

$$
\begin{array}{c}
-CH_2-CH-CH_2-CH-CH_2-CH- \\
\quad\quad COOCH_3 \quad\quad COOC_2H_5 \quad\quad COONH_4
\end{array}
\xrightarrow[\text{烘燥}]{NH_3\uparrow}
\begin{array}{c}
-CH_2-CH-CH_2-CH-CH_2-CH- \\
\quad\quad COOCH_3 \quad\quad COOC_2H_5 \quad\quad COOH
\end{array}
\xrightarrow[\text{退浆}]{NaOH}
$$

水溶性浆料(上浆时)　　　　　　　　　　　耐水性浆料(织造时)

$$
\begin{array}{c}
-CH_2-CH-CH_2-CH-CH_2-CH- \\
\quad\quad COONa \quad\quad COOC_2H_5 \quad\quad COONa
\end{array}
$$

聚丙烯酰胺浆料习惯上称为"酰胺浆",它是由丙烯酰胺单体聚合而成:

$$
nCH_2=CH \xrightarrow{\text{过硫酸铵}} （CH_2-CH）_n \\
\quad\quad CONH_2 \quad\quad\quad\quad\quad\quad\quad CONH_2
$$

制备聚丙烯酸盐浆料时,可用丙烯酸、丙烯腈和丙烯酰胺进行共聚,共聚后再用氨水(或氢

氧化钠)中和得到其铵盐(或钠盐),其化学结构式可表示为:

$$—CH_2—CH—CH_2—CH—CH_2—CH—CH_2—CH—$$

$$\underset{20\%}{\overset{|}{CN}} \qquad \underset{25\%}{\overset{|}{CONH_2}} \qquad \underset{5\%}{\overset{|}{COOH}} \qquad \underset{50\%}{\overset{|}{COONH_4}}$$

聚丙烯酰胺和聚丙烯酸盐浆料对亲水性纤维的黏附力较高,成膜性较好,常作为棉、黏胶纤维、苎麻、涤/棉等织物经纱上浆的辅助浆料。而聚丙烯酸酯浆料对疏水性的合成纤维有优良的黏附性(比 PVA 浆料的高),浆膜柔软,主要是涤棉混纺经纱上浆的辅助黏着剂,以改善 PVA 浆膜的黏附性。

三、常用退浆工艺及其条件分析

生产中常用的退浆方法主要有碱、酸、酶和氧化剂退浆等。在实际生产中,要根据织物品种、织物上的浆料组成、工序安排和设备状况等因素,选用一种或两种退浆方法。例如有单独用碱、酶或氧化剂退浆的,也有选用碱和酸或酶和酸退浆的。

(一)碱退浆

碱退浆是我国印染企业使用较普遍的一种退浆方法,其适用性强,可用于各种天然和合成浆料的退浆。通常碱退浆使用的是烧碱退浆对棉纤维上的杂质也有一定的分解和去除作用,因此有减轻精练负担的效果。

1. 退浆原理 在热碱液中,淀粉和变性淀粉、羧甲基纤维素等天然浆料以及 PVA 和 PA 类等合成浆料,都会发生溶胀,从凝胶状态转变为溶胶状态,与纤维的黏附变松,再经机械作用,就较容易从织物上脱落下来。另外,某些含有羧基的变性淀粉和聚丙烯酸类浆料以及羧甲基纤维素,在热的稀碱液中会生成水溶性较高的钠盐,溶解度增大,在水洗过程中这些溶解的浆料就被洗除。

PVA 是水溶性很好的浆料,但经上浆烘燥成膜后,其再溶性发生了变化,薄膜状的 PVA 比粉末状的难溶得多。在高温作用下如果条件剧烈,可能会使 PVA 的羟基之间发生脱水反应,形成内醚:

$$—CH_2—CH—CH_2—CH—CH_2—CH— \xrightarrow[\text{H}^+\text{或OH}^-]{-H_2O} —CH_2—CH—CH_2—CH—CH_2—CH— + H_2O$$

$$\qquad \underset{OH}{\overset{|}{}} \qquad \underset{OH}{\overset{|}{}} \qquad \underset{OH}{\overset{|}{}} \qquad\qquad\qquad \underset{OH}{\overset{|}{}} \qquad \underset{O}{\overset{\overbrace{\qquad}}{}}$$

热处理也会使浆膜中高聚物有结晶化的现象。这些都会造成 PVA 浆膜的溶解度降低。而退浆前的烧毛或预热定形都有可能使 PVA 发生脱水和结晶化,浆膜变硬而溶解性变差,造成退浆困难,所以 PVA 上浆的织物最好在烧毛和预热定形前退浆。

碱退浆采用烧碱,退浆率不高,约为 70%,碱对织物上的淀粉类和 PVA 浆料没有降解作用,而且 PVA 浆料遇到烧碱会发生变色。在退浆后的水洗中,大分子的淀粉和 PVA 浆料从织物上溶落进入水中,导致退浆废水黏度很高,废水碱性强且颜色深重(酱油色),其 COD 值高达 20000~60000。所以碱退浆或者碱退浆精练工艺属于高污染的工艺,环保部将其列入淘汰工艺。

从上述分析可知,碱对大多数浆料来说没有化学降解作用,溶落下来的浆料直接进入水洗槽,随着退浆和水洗过程的进行,洗槽中的浆料浓度越来越高,洗液黏度增大。此时如果不及时更换洗液,洗槽中的浆料有可能重新黏附到纤维上,造成退浆率降低或在染色时形成云状拒染疵病。因此退浆后的水洗是非常重要的,应选用水洗效率高的洗涤设备,洗液需及时更换而且洗涤过程始终保持较大的浓度差,才能使洗涤过程中水洗充分并有较高的退浆效率。

2. 碱退浆工艺　碱退浆是目前棉机织物和棉混纺或交织的机织物的主要退浆方式之一,采用的工艺有平辐冷轧堆和高温汽蒸等,主要使用烧碱。碱对棉纤维的共生物果胶蜡质以及棉籽壳有很好的去除作用,因此碱退浆常与精练(见棉及棉型织物的精练章节)同时进行,可以缩短工艺,提高效率。目前常用的碱退浆精练工艺流程为:平辐轧碱打卷堆置或汽蒸水洗。轧碱是在烧毛机的灭火槽中进行(固体碱用量为30~70g/L,带液率70%~90%),然后打卷堆置(12~16h,室温或者30~40℃)或者汽蒸(98℃,50~60min),再在高效多槽平辐水洗机上热水充分洗涤。

碱退浆精练工艺可以采用先烧毛或者后烧毛的工艺,因为PVA浆料高温处理后更难去除,采用后烧毛工艺会提高退浆率。

(二)酸退浆

酸退浆多用于棉布退浆,其成本低廉,但很少单独使用,常与碱退浆或酶退浆联合使用,例如碱—酸退浆或酶—酸退浆。酸退浆时要严格控制工艺条件,避免纤维素的损伤。酸退浆的退浆率不高,但有大量去除矿物盐和提高织物白度的作用。

在适当的条件下,稀硫酸能使淀粉等浆料发生一定程度的水解,并转化为水溶性较高的产物,易从布上洗去而获得退浆效果。处理的温度和时间以及酸的浓度需谨慎选择,处理条件要尽量温和,以避免纤维素的脆损。因此,在酸退浆中,淀粉未得到充分水解,所以退浆率不高。此外,酸对PVA和PA无降解作用。

酸退浆的工艺是织物先经碱或酶退浆后,再湿进布浸轧稀硫酸溶液(硫酸浓度4~6g/L,温度40~50℃),再保温堆置45~60min(严格防止风干现象发生),最后充分水洗。

(三)酶退浆

酶是一种高效、高度专一、与生命活动密切相关的、具有蛋白质性质的生物催化剂。淀粉酶是一种酶制剂,对淀粉的水解有高效催化作用,主要应用于淀粉和变性淀粉上浆织物的退浆工艺中。淀粉酶退浆的退浆率高,不会损伤纤维素纤维。但只能对淀粉类浆料进行退浆,对其他天然浆料和合成浆料没有退浆作用。

1. 淀粉酶的种类　淀粉酶主要有以下两种类型。

(1)α-淀粉酶:α-淀粉酶可快速切断淀粉大分子内部的α-1,4-苷键(图2-20),催化分解无一定规律,与酸对纤维素的水解作用很相似,形成的水解产物是糊精、麦芽糖和葡萄糖。它使淀粉糊的黏度降低很快,有很强的液化能力,因而又称液化酶或糊精酶。

(2)β-淀粉酶:β-淀粉酶是从淀粉大分子的非还原性末端顺次进行水解(图2-20),产物为麦芽糖,又称糖化酶。β-淀粉酶对支链淀粉处的α-1,6-苷键无水解

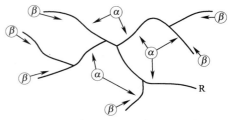

图2-20　α-淀粉酶和β-淀粉酶对支链淀粉的作用方式

Ⓐ为α-淀粉酶　Ⓑ为β-淀粉酶

R为还原性末端

作用,因此对淀粉糊的黏度降低没有α-淀粉酶快。

另外,淀粉酶中还有支链淀粉酶和异淀粉酶等,支链淀粉酶只水解支链淀粉分支点的α-1,6-苷键,而异淀粉酶能够水解所有支链或非支链的α-1,6-苷键。

在退浆工艺中主要使用α-淀粉酶产品,但其中会含有微量的其他淀粉酶成分,如β-淀粉酶、支链淀粉酶和异淀粉酶等。α-淀粉酶分为普通型(中温型)和热稳定型(高温型)两大类,我国长期以来使用的中温型品种有枯草杆菌α-淀粉酶BF—7658和胰酶。枯草杆菌α-淀粉酶BF—7658属于细菌淀粉酶,其最佳使用温度为55～60℃;胰酶的使用温度为40～55℃。目前商品化的耐高温型α-淀粉酶多为基因改性酶品种,推荐的最佳使用温度范围很大,在40～110℃之间,特别适合于高温连续化退浆处理。

2. 酶退浆工艺 酶退浆工艺随着酶制剂品种、设备和织物品种的不同而有多种形式,有轧堆法、浸渍法、轧蒸法和卷染(机)法。尽管酶退浆的工艺有多种,但总的来说,都是由四个加工步骤组成:预水洗、浸轧或浸渍酶退浆液、保温堆置和水洗后处理。

(1)预水洗:淀粉酶一般不易分解成淀粉或硬化淀粉。皮膜预水洗可加快浆膜的溶胀,使酶液较好地渗透到浆膜中去,同时可以洗除有害的防腐剂和酸性物质。因此α-淀粉酶退浆工艺是在烧毛后,可以先将原布在80～95℃进行水洗。为提高水洗的效果,可在洗液中加入0.5g/L的非离子表面活性剂。

(2)浸轧或浸渍酶退浆液:经过预水洗的原布,要尽量去除水分,在70～85℃的温度和微酸性至中性(pH＝5.5～7.5)的条件下浸轧、浸渍或喷淋酶溶液。所用酶制剂的性能不同,浸渍的温度和pH值不同。酶的浓度与采用的工艺有关,一般连续轧蒸法的酶浓度应高于堆置和轧卷法的。织物的轧液率控制在100%左右,并加入适量的金属离子(钙离子或钠离子),如氯化钙,可对酶起活化作用。

(3)保温堆置:淀粉分解成可溶性糊精的反应从酶液开始接触浆料就发生了,但淀粉酶对织物上淀粉的完全分解需要一定的时间,保温堆置可以使酶对淀粉进行充分的水解,使浆料易于洗除。保温堆置的时间与温度有关,而温度的选择视酶的稳定性和设备条件而定。织物在40～50℃堆置需要2～4h,而直接在100～115℃下汽蒸只需要15～120s(高温型酶)。

轧堆法就是将织物保持浸渍温度(70～75℃)卷在有盖的布轴上或放在堆布箱中堆置2～4h,浸渍温度低时需堆置过夜。浸渍法多使用喷射、溢流或绳状染色机进行退浆,卷染法是在卷染机上退浆,它们都是浸渍和堆置交替进行。一般卷染机退浆是先在浸渍温度下卷绕2～4道,再逐步升温15～20℃卷绕2～4道,总处理时间取决于交替卷绕的次数。轧蒸法是连续化的加工工艺,适合于高温酶,可在80～85℃浸轧酶液,再进入汽蒸箱汽蒸,90～100℃,1～3min;或者在85℃浸轧酶液,100～115℃汽蒸15～120s。

(4)水洗后处理:退浆只有将浆料或其水解物充分从织物上去除才算完成,淀粉浆经淀粉酶水解后,仍然黏附在织物上,需要经过水洗才能去除。因此酶处理的最后阶段,要用洗涤剂在高温水中洗涤,对厚重织物可以加入烧碱进行碱性洗涤,以提高洗涤效果。如轧堆法、卷染法和浸渍法可采用90～95℃,10～15g/L的洗涤剂或烧碱进行水洗;而轧蒸法的洗涤条件应更剧烈一些,采用95～100℃和15～30g/L的洗涤剂或烧碱洗涤。

3. α—淀粉酶的活性与稳定性

(1)pH 值:酶反应都是在一定的 pH 值条件下进行的,酸、碱可以影响酶的催化活性和稳定性。pH 值对酶催化反应速度的影响很大,在某个特定的 pH 值下,酶反应有最大的速度,一般将反应速度最大的 pH 值称为"最适 pH 值"。另外,酶都有一定的酸碱稳定性范围,超过这个范围,酶就会变性失效。要了解酶的最适 pH 值和在酸碱中的稳定性,通常要绘制一条酶活性(反应速度)和稳定性 pH 值曲线。图 2-22 显示了 pH 值对细菌淀粉酶活性和活性稳定性的影响。从图 2-21 可以看出,当 pH 值为 6 时,细菌淀粉酶的活性最高(反应速度最大)。当 pH 值为 6～9.5 时,细菌淀粉酶的活性稳定性最好。因此在选择时要兼顾酶的活性和活性稳定性,例如细菌淀粉酶退浆的 pH 值为 6～6.5。

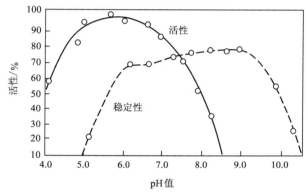

图 2-21 pH 值对细菌淀粉酶的活性和活性稳定性的影响

目前商品纺织淀粉酶中,高温型酶不仅在 80℃ 以上温度具有很高的活力水平,而且其活性稳定性 pH 值范围较宽,这对工艺处理非常有利。其退浆的 pH 值为弱酸性和中性范围,一般在 5.5～7.5 之间。

(2)温度:温度可以改变酶反应本身的速度,也能导致酶蛋白变性失效。因此,酶退浆时应从这两方面来确定退浆温度(酶液和保温温度),保持在酶的最大活性和活性稳定性(指活性的保持程度)的温度范围内进行退浆,才能达到快速和高效的退浆效果。α—淀粉酶根据其热稳定性的不同分为普通型(中温型)和热稳定型(高温型)两类。普通型的细菌淀粉酶的活力与温度的关系如图 2-22 所示。从图中可以看出,细菌淀粉酶在 40～85℃ 之间活性较高,一般退浆时酶液的温度选为 60～70℃,保温温度随处理时间和设备而定,但不能超过 85℃。目前一些热稳定型的α—淀粉酶的性能十分优良,在 80℃ 以上可以达到非常高的活力水平;在 85℃ 处理

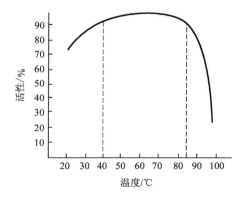

图 2-22 温度对细菌淀粉酶活性的影响

20min 仍可以保持 70% 的酶活性;在 110℃ 仍能液化淀粉。这种酶可以用于轧蒸退浆工艺,缩

短处理时间,并使酶退浆工艺连续化,提高生产效率。

(3)活化剂和阻化剂:活化剂的作用是提高酶的活性,阻化剂的作用是降低酶的活性。Ca^{2+}是活化剂,它对细菌淀粉酶和胰酶有活化作用,因此可加氯化钙来提高酶的活性,或在退浆时不用软水。除了Ca^{2+}外,其他一些金属离子如Mg^{2+}、Ba^{2+}、Sr^{2+}等和食盐也有提高α-淀粉酶活力的作用。

离子型表面活性剂对α-淀粉酶的活性有抑制作用,所以退浆时要用非离子型的表面活性剂作渗透剂或润湿剂。另外一些重金属离子如铜、铁的盐类,对淀粉酶的活性有阻化作用,使活性减弱,甚至完全丧失。

(四)氧化剂退浆

氧化剂退浆可用于任何天然或合成浆料的退浆,退浆率比碱退浆高,一般可达到$90\%\sim98\%$。原布上的浆料组成往往是未知的,所以氧化剂退浆的适用性比酶退浆高。用于退浆的氧化剂有过氧化氢、亚氯酸钠、次氯酸钠、亚溴酸钠、过硼酸盐和过硫酸盐等,工业上常用的为过氧化氢、过硫酸盐(过硫酸钠、过硫酸铵和过硫酸钾)和亚溴酸钠。退浆时多在碱性条件下进行,可以与精练或漂白同浴处理。在短流程前处理中,氧化退浆和精练可以同时进行,或者氧化退浆、精练和漂白一步完成。

在碱性条件下,氧化剂可与淀粉大分子中的α-1,4-苷键和α-1,6-苷键、伯羟基和C—C键反应,使苷键断裂,伯羟基被氧化为羧基,葡萄糖环发生开环、分裂,最终生成二氧化碳和水(图2-23)。在退浆的同时,纤维素纤维也会被氧化,因此退浆的工艺条件须严格控制,以免损伤纤维。聚乙烯醇(PVA)和聚丙烯酸酯(PA)等合成浆料被氧化剂氧化后,大分子链发生降解,水溶性增大,洗液黏度迅速降低(图2-24)。

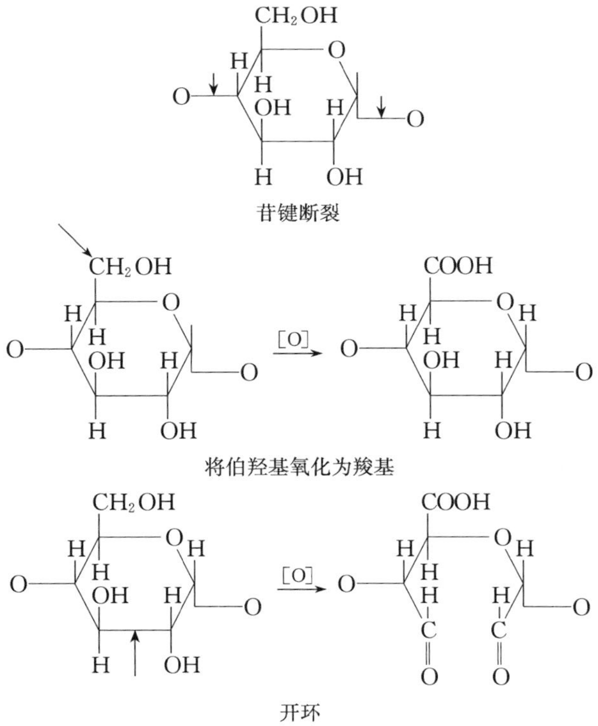

苷键断裂

将伯羟基氧化为羧基

开环

图2-23 氧化剂对淀粉的氧化分解示意图

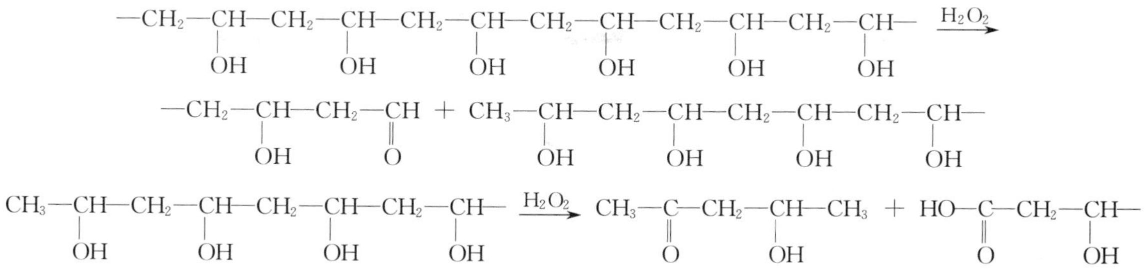

$$-CH_2-CH-CH_2-CH-CH_2-CH-CH_2-CH-CH_2-CH-CH_2-CH- \xrightarrow{H_2O_2}$$

（各 CH 下为 OH）

$$-CH_2-CH-CH_2-CH + CH_3-CH-CH_2-CH-CH_2-CH-CH_2-CH-$$

$$CH_3-CH-CH_2-CH-CH_2-CH-CH_2-CH- \xrightarrow{H_2O_2} CH_3-C-CH_2-CH-CH_3 + HO-C-CH_2-CH-$$

图 2-24　过氧化氢对 PVA 浆料的氧化降解示意图

过氧化氢退浆不仅对各种类型的淀粉,而且对 PVA 浆料也有较好的退浆效果。碱性的过氧化氢溶液可使 PVA 被氧化、降解,使其相对分子质量降低而溶于水,再经水洗,很容易被洗除。

氧化剂退浆有冷轧堆和轧蒸两种加工工艺,冷轧堆工艺的流程是室温浸轧——→打卷——→室温堆置(24h)——→高温水洗,多使用过氧化氢作为退浆剂。当织物上含浆率高和含有淀粉与 PVA 混合浆时,则使用过氧化氢与少量的过硫酸盐混合进行退浆。轧蒸工艺的流程是浸轧——→汽蒸——→水洗,一般单独使用过氧化氢或过硫酸盐进行退浆(多采用过氧化氢退浆)。

氧化退浆多在碱性条件下进行,过氧化氢在碱性条件下不稳定,分解形成的过氧化氢负离子具有较高的氧化作用,因此氧化退浆兼有漂白作用。使用过氧化氢时应加入稳定剂,如硅酸钠、有机稳定剂或螯合剂,用软水时需要加入硫酸镁,用于吸附重金属离子。

过氧化氢退浆轧蒸的具体工艺流程为:

浸轧退浆液(NaOH 4~6g/L,27.5% H_2O_2 4~10mL/L,渗透剂 2~4mL/L,稳定剂 3g/L,轧液率 90%~95%,室温)——→汽蒸(100~102℃,10min)——→水洗

过氧化氢与少量的过硫酸钠混合也可以用冷轧堆工艺进行退浆。冷轧堆工艺是在室温下浸轧退浆液——→打卷——→室温堆置——→水洗的加工过程,其反应温度低,所用化学剂的浓度较高(表 2-3)。冷轧堆工艺省去了相应的设备投资,节约能源、水和人力资源,占地面积小,适应小批量生产,工艺简单,白度高且吸水性好。实际生产中,可在烧毛后(干进布)或预洗后(湿进布)浸轧氧化剂溶液。如果是湿进布,应采用较高的轧液率。原布的疏水性较高,在氧化退浆液中应选择加入高渗透和润湿性的、具有良好乳化和分散能力的表面活性剂;烧毛车速很快,在烧毛机的灭火槽中浸轧退浆液时,可加入少量的消泡剂。为了防止布卷的表层和边缘风干,浸轧打卷后要用塑料薄膜将布卷包住,并保持布卷在堆置期间一直缓慢旋转,以防止布卷上层溶液向下滴落而造成处理不匀。

表 2-3 显示了过氧化氢与少量过硫酸钠混合进行冷轧堆退浆时,硅酸钠对退浆质量的影响。

从表 2-3 可见,不加硅酸钠的处方中烧碱浓度高,有利于杂质的去除(蜡状物质的皂化、果胶和棉籽壳的分解),所以其吸水性好。而且硅酸钠在布和设备上沉积,易造成布的手感发硬和染色不匀。

表 2-3   冷轧堆氧化剂退浆的工艺条件与退浆质量①

无硅酸钠的冷轧堆退浆处方		加硅酸钠的冷轧堆退浆处方	
35g/L NaOH		10g/L NaOH	
40mL/L H$_2$O$_2$(35%)		40mL/L H$_2$O$_2$(35%)和5g/L 过硫酸钠	
5g/L 过硫酸钠		10mL/L 硅酸钠 33%(38°Bé)	
16mL/L 混合助剂②		16mL/L 混合助剂	
退浆质量	原　布	冷轧堆工艺(无硅酸钠)	冷轧堆工艺(加硅酸钠)
白　度	—	67	68
吸水性/s·cm^{-1}	—	2	3.5
退浆度(TEGEWA)③	1	3	4
聚合度	2290	1960	1990

① 采用含浆率为12%的淀粉浆料,全棉斜纹原布(330g/m^2);工艺条件:20℃浸轧,轧液率90%,堆置24h,95℃水洗;

② 16mL/L混合助剂为渗透剂、乳化及分散剂及净洗剂、螯合剂等;

③ TEGEWA为德国标准色卡,是采用碘显色法制作的,用来判定退浆效果,分为5级,1级为未退浆,5级为完全退浆。

亚溴酸钠作为工业用退浆剂的历史很长,它的水溶液在 pH 值大于 9 时稳定,等于 8 时分解。亚溴酸钠用于变性淀粉和 PVA 混合浆料(10∶3)上浆的纯棉织物退浆工艺如下:

烧毛(85～90℃热水灭火,轧液率70%～80%)──→浸轧亚溴酸钠退浆液(含亚溴酸钠,按有效溴计为 0.5～1.5g/L,润湿剂 JFC 2mL/L,pH=9.5～10.5,室温,轧液率100%)──→堆置(室温,15min)──→ 80～90℃碱洗(烧碱 4～5g/L)──→热水洗──→冷水洗──→烘干

(五)低温等离子体退浆

在化学湿处理加工(如退浆)中,不但要消耗大量的水和排放几乎相同量的污水,而且还要使用蒸汽和排放废气,给环境造成了严重的负担。低温等离子体技术属于物理方法的干态加工,不用水、蒸汽和化学品。其在纺织染整中的应用研究已有 40 多年的历史,目前尚未工业化。它利用气体放电产生的高能量等离子体处理织物,对织物纱线表层进行刻蚀和分裂,使纤维表层中的浆料、油蜡、果胶等杂质的化学键断裂和形成游离基。带有游离基的浆料和杂质与空气中的氧原子和氮原子发生反应,形成新的极性基团,水溶性增大,易于被洗除。

有人比较了在连续化的加工过程中(车速 6m/min),用低温等离子体(真空条件)退浆替代常规化学退浆/精练工艺的处理效果,发现低温等离子体退浆可去除 87%～93%的淀粉浆料和100%的 PVA 浆料,可去除 50%～70%的蜡状物质,因此等离子体退浆还兼有精练的作用。此外,在染色性能、机械强度和手感方面与常规化学退浆/精练工艺的处理效果相同。

第五节   棉及棉型织物的精练

一、概况

棉及棉型织物(棉与其他天然或合成纤维混纺或交织织物)经过退浆后,大部分的浆料、油

剂以及小部分的天然杂质已被去除,但是大部分天然杂质的存在和浆料、油剂的残留,使织物色泽发黄,吸水性很差,同时由于棉籽壳的存在,也影响了织物的外观和手感。因此棉及棉型织物退浆后,还要进行以去除天然杂质为主要目的的精练(对棉布也称煮练),同时也除去退浆中未退净的浆料和油剂,使织物获得良好的吸水性和较洁净的外观,以利于后续加工。

精练通常是用稀烧碱溶液(用丝光后的淡碱配制)作精练剂,并加入乳化和分散剂、络合剂、还原剂等组成精练液,在高温下(100℃或更高温度)处理纤维制品的加工过程。烧碱在适当的条件下能与纤维上绝大部分的天然杂质发生反应,使它们转变为可溶性产物而被洗去。精练后的水洗非常重要,碱处理后,首先要用80℃以上的热水洗涤,若低于此温度,已溶解的杂质的溶解度降低,又重新沾污到织物上去。在热水洗涤过程中还要用酸中和。

棉型织物的精练也主要是去除棉纤维中含有的天然杂质,但在较浓的烧碱和长时间较高温度的作用下,有可能导致棉型织物中的合成纤维(如涤纶)有损伤的倾向,因此,不能完全按纯棉织物的处理条件进行精练,必须适当照顾合成纤维的性能,采取条件比较温和的碱处理条件。

碱精练消耗大量的水和能源,而且产生的碱性废水使化学需氧量/生化需氧量(COD/BOD)相当高。近年来发展的使用生物酶去除棉纤维中杂质的酶精练技术,属于环保和节能的新工艺;还可以将酶精练与酶退浆合并为一步完成,目前此项技术正在工业化实验中。为了降低精练废水中碱的浓度,一些企业还在开发少碱或无碱的精练(使用低浓度烧碱或不使用烧碱而使用表面活性剂和螯合剂等)工艺。

由于过氧化氢的漂白是在碱性条件下进行的,所以精练和漂白常被合并为一个工序进行,也有将碱退浆、碱精练和过氧化氢漂白合并为一步处理,这些工艺统称为短流程前处理一浴(一步)法。为了进一步节约能源,生产中将短流程工艺中的高温处理(汽蒸堆置)改为室温堆置,即冷轧堆前处理一浴法,该工艺极大地节约了能源和在设备上的投资,而且适合于小批量和多品种的加工要求。

织物精练的工艺和质量与加工设备密切相关,在生态、经济和工艺再现性的市场需求下,近年来精练和漂白等湿处理设备有了许多较重大的技术革新。

为了便于掌握各种精练方法的原理,下面首先将纤维素共生物的化学组成、有关性能和在棉纤维中的分布情况做一必要的阐述。

二、棉纤维中的天然杂质

天然棉纤维中除了含有90%～94%的纤维素外,还含有6%～10%的天然杂质(也称纤维素共生物或伴生物)。棉纤维是由角皮层(极薄的最外层)、初生胞壁、次生胞壁(纤维主体部分)和中空的胞腔组成,棉纤维中的角皮层和初生胞壁一起组成棉纤维的外膜。很多资料指出,角皮层中主要含有果胶和蜡状物质,初生胞壁中果胶和蜡状物质的含量也很高,果胶的作用像胶水一样,将蜡状物质黏结在纤维中。角皮层和初生胞壁的疏水性在棉纤维的生长过程中,起了抵抗外界环境的作用;在纺纱和织造过程中又起了润滑作用,但它却阻碍了染料和整理溶液的渗透。

表2-4显示了棉纤维中的天然杂质主要存在于纤维的初生胞壁中,在初生胞壁中果胶和蜡状物质的含量较高,使纤维具有疏水性。

表 2 - 4　纤维素共生物在棉纤维中的分布

组成成分的名称	棉纤维的组成/%	初生胞壁的组成/%
纤维素	约 94.0	约 54.0
果　胶	约 1.2	约 8.0
蜡状物质	约 1.3	约 14.0
蛋白质	约 0.6	约 8.0
灰　分	约 1.2	约 3.0
其他物质	约 1.7	约 2.0

(一)果胶物质

果胶物质广泛地存在于自然界的植物体中,是植物合成纤维素和半纤维素的营养成分,也是植物细胞间质和初生胞壁的重要组成部分,在植物细胞组织间起黏合作用,棉和麻中均含有此类物质。如前所述,棉纤维中的果胶物质主要存在于纤维的初生胞壁中。棉纤维中果胶物质的含量与棉纤维的成熟度有关,成熟的棉纤维中果胶物质的含量为 0.9%~1.2%,在不成熟的棉纤维中可高达 6%。另外,随着棉花品种的不同,果胶物质的含量也有所差异。

果胶物质的主要组成部分是果胶酸的衍生物,果胶酸的化学组成是 α-D-半乳糖醛酸彼此以 1,4-苷键相连的线型大分子,果胶物质中有部分果胶酸是以甲酯或钠盐、镁盐(图 2 - 25)的形式存在,所以其亲水性比纤维素低。果胶中的羧基也有可能与纤维素大分子中的羟基以酯键结合在一起,封闭了纤维素中的羟基,使棉纤维的润湿性受到影响。另外,棉纤维中果胶物质的存在对纤维的色泽和染品的染色牢度也有不良影响。果胶物质的组成如图 2 - 25 所示。

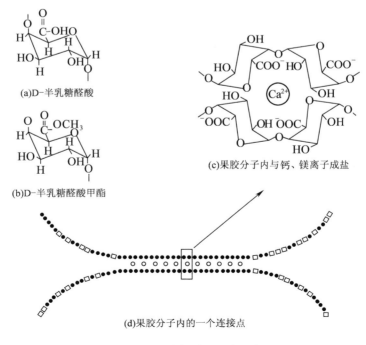

(a)D-半乳糖醛酸

(b)D-半乳糖醛酸甲酯

(c)果胶分子内与钙、镁离子成盐

(d)果胶分子内的一个连接点

图 2 - 25　果胶物质的组成示意图

棉纤维上的果胶含量,可用草酸或柠檬酸铵萃取进行定量测定,也可用硫酸铜处理棉纤维,使其生成果胶酸铜,再与黄血盐 $K_4[Fe(CN)_6]$ 作用,呈现玫瑰红色,或用品红或亚甲基蓝做定性检查。

(二)含氮物质

棉纤维中的含氮物质主要以蛋白质的形式存在于纤维的胞腔中,也有一部分存在于纤维的初生胞壁和次生胞壁中。棉纤维中的含氮物质含量随成熟度的增高而下降,不同来源的棉纤维含氮量在 0.2%～0.6% 之间。

棉纤维中的含氮物质按其溶解去除的难易分为两部分:一部分为无机盐类,如硝酸盐和亚硝酸盐,占含氮物质的 15%～20%,可以溶解在 60℃ 水中或常温的弱酸和弱碱溶液中;另一部分的主要组成为蛋白质,其中可能含有三种带有苯环或杂环的氨基酸(苯丙氨酸、酪氨酸和色氨酸),在烧碱中长时间煮沸才能大部分去除。

纤维中若有蛋白质存在,则织物在服用过程中,经过漂洗,与有效氯接触,很容易形成氯胺,引起织物泛黄。

(三)蜡状物质

在棉纤维中,各种不溶于水但能溶于有机溶剂的杂质统称为蜡状物质或油脂蜡质,它主要存在于初生胞壁中,含量在 0.5%～1.3%。棉纤维中的蜡状物质是一混合物,含有多种成分。其中含有脂肪族高级一元醇,碳原子数在 24～30 之间,如棉醇($C_{30}H_{61}OH$)、褐蜡醇($C_{28}H_{57}OH$)、蜡醇($C_{26}H_{53}OH$)等;另外还含有游离的脂肪酸,如软脂酸、油酸和硬脂酸以及它们的钠盐;高级一元醇的酯;固体($C_{30}H_{62}$ 和 $C_{32}H_{64}$)和液体[其沸点在 3.73kPa(28mmHg)时为 170～220℃,0.13kPa(1mmHg)时为 150～210℃]的碳氢化合物。其中棉醇的含量较大,约占蜡状物质总量的 44%。

从表 2-4 可知,蜡状物质主要存在于棉纤维的表面层,因此,蜡状物质的含量和在棉纤维表面的分布状况,对纤维的润湿性能有重要的影响。但棉布的吸水性并不与蜡状物质的含量完全成正比。表 2-5 显示了采用不同的碱处理条件处理棉布,使棉布上蜡状物质的去除量基本相等时,棉布的吸水性却并不相同;蜡状物质含量略高的棉布(0.26%)反而比含量略低的棉布(0.24%)的亲水性好得多。

表 2-5　棉布上蜡状物质含量与润湿性能的关系

碱 处 理 条 件	织物浸在水中被水润湿所需时间	蜡状物质含量
1%NaOH,压力为 196.4kPa(2kgf/cm²),精练时间为 4h	2.4s	0.26%
6%NaOH,0.43%Na₂CO₃,常压,精练时间为 2h	>1min	0.24%

上述现象的产生与蜡状物质在纤维上的分布有关,已经知道蜡状物质主要存在于棉纤维的表层,如果将棉纤维轻轻摩擦,使其表层破坏,棉纤维的吸水性比摩擦前有显著的提高。这是因为棉纤维的表面被蜡状物质覆盖而有拒水性,一旦破坏了这种连续覆盖的状态,无论蜡状物质

去除与否,纤维的吸水性都会得到改善。可见蜡状物质在棉纤维上的分布状态,对棉纤维的吸水性有很大影响。另外蜡状物质的存在能使织物具有柔软的手感。

(四)灰分(无机盐类)

成熟棉纤维中含 1%～2% 的灰分。灰分由各种无机盐组成,其中包括硅酸、碳酸、盐酸、硫酸和磷酸的钾、钠、钙、镁和锰盐,氧化铁和氧化铝,而以钾盐和钠盐的含量最多,约占灰分总量的 95%。灰分的含量随纤维成熟度的增加而降低,成分也随之变化。成熟的棉纤维的灰分具有碱性反应,例如中和某种棉纤维中的 1g 灰分,大约需要 0.1mol/L 的盐酸 17.27mL。无机盐的存在对纤维的吸水性、白度和手感都有一定的影响,某些盐类和氧化铁对漂白剂的分解有催化作用,从而引起纤维的降解。

(五)色素

棉纤维中天然色素的结构和性质,到目前为止尚不完全清楚,但根据对棕色色素的研究,确定它是由黄檗素或棉色素组成的,具有酸性染料的性质。黄檗素和棉色素的结构如下式所示:

黄檗素(3,5,7,2′,4′-五羟基去氢黄酮)　　棉色素(3,5,7,8,2′,4′-六羟基去氢黄酮)

(六)棉籽壳

棉籽壳本不是纤维素上的共生物,当籽棉经过轧花后,棉籽和棉纤维得到了分离,但是仍有少量轧碎的棉籽壳的残片附在纤维上。纤维经过纺纱后,它们便嵌在纱中,质地硬且颜色较深,严重影响了织物的外观,在练漂过程中应该予以去除。

棉籽壳的化学组成是木质素、单宁、纤维素、半纤维素以及其他的多糖类,还有少量蛋白质、油脂和矿物质,但以木质素为主。关于木质素的化学组成,至今尚未能精密确定,目前仅知道它是属于芳香族化合物,公认的基本单位是苯丙烷,其可能的三种基本结构为:

愈创基结构　　　　　　　　紫丁香基结构　　　　　　　　对羟苯基结构

由以上这些基本结构单元可知,木质素结构中存在着较多的酚羟基。关于这些基本单位的侧链结构情况,以及这些单位怎样连接起来而构成相对分子质量比较高的化合物的问题,至今尚不清楚。棉籽壳是比较难以去除的杂质之一。

三、碱精练

(一)碱精练原理

碱精练就是用稀烧碱溶液作精练剂的加工工艺,除了天然色素外,棉纤维中的天然杂质大部分会在碱精练中除去,因此精练后棉及棉型织物变得比较洁净,吸水性获得显著提高,外观也大有改善。在合适的工艺条件下,杂质与烧碱、助练剂发生化学反应,变为可溶性的产物,并在热水和机械作用下被除去。

烧碱在适当的温度下能使果胶中的酯键水解,成为可溶性的羧酸钠盐而被除去,另外,还可能发生果胶大分子链的断裂,在水中的溶解度提高,以致能比较彻底地被去除。

棉纤维中的含氮物质分为两部分:一部分(约 20%)能与水在 60℃ 共热 1h 即被除去;另一部分需在烧碱溶液中长时间煮沸才能去除。在烧碱溶液中,蛋白质分子中的酰胺键会发生水解断裂,最终形成氨基酸钠盐而被洗去。其反应可用下式表示:

$$H_2N-\underset{H}{\overset{R_1}{C}}-CONH-\underset{H}{\overset{R_2}{C}}-CONH-\underset{H}{\overset{R_3}{C}}-CONH\cdots\cdots+nH_2O \xrightarrow[\triangle]{NaOH}$$

$$H_2N-\underset{H}{\overset{R_1}{C}}-COONa+H_2N-\underset{H}{\overset{R_2}{C}}-COONa+H_2N-\underset{H}{\overset{R_3}{C}}-COONa+\cdots\cdots$$

已知棉纤维中的灰分由无机盐类组成,其水溶性好的部分在精练中溶解去除,而水溶性差的部分,只有经过酸洗和水洗才能去除。

棉纤维中的蜡状物质(或称油脂蜡质)在有机溶剂中能全部溶解,但不溶于水。在精练过程中,蜡状物质中的脂肪酸类物质在热稀烧碱溶液中能发生皂化而溶解,再经水洗便可去除。其余的高级醇(如棉醇)和碳氢化合物是不能皂化的,需要借助乳化作用才能将它们去除。蜡状物质中生成的脂肪酸皂和精练液中的助练剂如肥皂、平平加等净洗剂,将有助于高级醇(如棉醇)和碳氢化合物的乳化去除。

经过精练的棉布蜡状物质含量一般比原来减少 2/3 左右,棉布的吸水性有一定程度的提高。但棉布的吸水性并不与蜡状物质的含量完全成比例(表 2-5),因此,棉织物经过精练后,吸水性有很大的提高,不仅是蜡状物质含量降低的缘故,还与精练处理中纤维表面受到机械力的揉搓,使得蜡状物质覆盖状态遭受破坏有关。

从另一方面看,蜡状物质的存在能使织物具有柔软的手感,还有利于起毛等加工,因此在有些织物如绒布等加工中,不需要过多地去除油蜡,只要轻度精练就可以了。

在烧碱精练过程中,棉籽壳中存在的纤维素几乎不发生变化,而有些组分如油蜡、蛋白质、单宁和一些多糖与烧碱作用后,提高了其在水中的溶解度而被去除。棉籽壳中的主要成分是木质素,它是一种相对分子质量比较高的化合物,在精练过程中,木质素中的酚羟基与烧碱作用,发生结构上的分解,相对分子质量降低,使其在碱液中的溶解度增大,从而被去除。同时,精练液中加入亚硫酸氢钠,能使木质素形成易溶于碱的衍生物而被去除。另外,在高温烧碱液中长时间作用下,棉籽壳发生溶胀,变得松软,由于部分成分已被溶去,残存的部分经过水洗和受到搓擦作用,便从织物上脱落下来。棉籽壳是较难去除的杂质,在常压烧碱汽蒸精练中,由于作用时间和温度不够,棉籽壳不易去尽,但可在以后的漂白过程中进一步去除。

(二)碱精练工艺条件分析

精练的工艺条件和使用的设备密切相关。连续化绳状设备加工生产效率高,但容易产生精练不匀、擦伤、折痕等疵病,染色后更为明显。因此目前生产中除了少数对质量要求不高的产品采用连续绳状设备加工外,大多数的棉及涤/棉等棉型织物都是在连续平幅设备上加工的。一些间歇式的加工工艺如煮布锅精练,因加工效率低已不常用了。而半连续化精练工艺如轧卷法、冷轧堆法,能适应小批量、多品种的市场需求,且设备投资少、节约能源,在生产中也得到较多的应用。

除了设备因素外,影响精练效果的主要工艺因素有:烧碱溶液的浓度、精练的温度和时间以及助练剂的选用和浓度等。

1. 烧碱溶液的浓度　烧碱是精练过程中的主要用剂,其用量的多少与所用的设备和工艺有关。仅从棉纤维中杂质与烧碱反应消耗的碱和纤维本身吸附的烧碱量分析(表2-6),在精练过程中每100g棉纤维共耗碱2.5～3.7g。所以烧碱的用量为3%～4%(owf)。

表2-6　100g棉纤维消耗或吸附的烧碱量

100g棉纤维中消耗或吸附烧碱的物质	消耗或吸附的烧碱量/g
果　胶	0.2～0.3
含氮物质	1.0
蜡状物质(脂肪酸)	0.1
纤维中的羧基	0.2～0.3
100g纤维吸附碱	1.0～2.0
总　计	2.5～3.7

连续化精练时,烧碱浓度与织物浸轧烧碱液的轧液率有关,所谓轧液率也常称作吸液率、轧余率或带液率,它的定义是织物经过浸轧后所带有的溶液的质量占干布(空气干燥)质量的百分率:

$$轧液率 = \frac{浸轧后湿布质量-浸轧前干布质量}{浸轧前干布质量} \times 100\%$$

采用常压平幅汽蒸精练时,轧液率一般在90%左右,烧碱的浓度为25～50g/L。涤/棉织物烧碱浓度一般以10g/L以下为宜,因为涤纶在碱的作用下容易发生由表及里的水解(俗称"剥皮"现象),引起失重,应使用较低的烧碱浓度。

常压绳状汽蒸精练的轧液率较高,在120%～130%,所以烧碱的浓度比常压平幅汽蒸精练的低,为20～40g/L。

煮布锅精练是间歇式生产,精练浴比大多采用3∶1～4∶1。浴比是指使用的溶液质量与织物质量之比,用稀溶液加工时,溶液的相对密度近似于1,这样1kg溶液就可以近似地当作1L来看待,因此浴比也就是指每千克(kg)的织物需要若干升的稀溶液。由于是高温高压精练处理,温度比常压汽蒸精练高得多,时间比较长,烧碱溶液浓度可低一些,为10～15g/L。

2. 精练的温度和时间　烧碱浓度、温度和时间是精练的三要素,三者之间的相关性很强。当轧液率约为90%时,常压平幅连续汽蒸精练在95～100℃下汽蒸堆置30～60min。一般常压绳状连续汽蒸精练也在95～100℃,精练1～2h;煮布锅精练通常在0.2MPa的压力和120～130℃下精练3～5h。表2-7显示了不同的精练温度和时间对去除棉纱中杂质的影响。

表 2-7 温度和时间对去除棉纱中杂质的影响①

处 理 条 件		精练失重率/%	油蜡含量/%	处 理 条 件		精练失重率/%	油蜡含量/%
处理 6h	50℃	4.1	0.49	处理 6h	125℃	7.0	0.20
	100℃	5.2	0.36		134℃	7.2	0.18
	116℃	6.9	0.21		141℃	7.1	0.17
125℃ 处理	2h	6.6	0.30	125℃ 处理	6h	7.0	0.20
	4h	6.7	0.22		12h	7.1	0.23

① 精练液 NaOH 浓度为 1%。

　　从表 2-7 可见,在不同温度下处理 6h,随处理温度从 50℃升高至 100℃时,棉纤维中的油蜡含量下降幅度较快,纤维失重率增大;温度在 100~140℃的范围内精练失重变化很小,油蜡含量随温度的升高而下降,但没有 50~100℃之间的下降幅度大。说明棉纤维中大部分杂质在常压下就能除去。温度在 125℃,不同精练时间处理时,将处理时间从 2h 延长至 4h,精练失重率几乎不变,但油蜡含量下降较大;处理时间从 4h 延长至 12h,精练失重率和油蜡含量的变化很小。因此,可以认为棉纤维中的大部分杂质在常压下就能去除,而处理温度较高和处理时间较长对蜡质的去除是有利的。

　　表 2-8 显示了棉纤维中油蜡的含量对棉布的吸水性(处理后的棉布被水润湿所需时间)的影响。表中数据说明,高温高压精练对油蜡的去除率比常压时高得多;油蜡含量越低,棉布的吸水性越好。生产中采用高温高压平幅精练设备或者配备有高给液装置(轧液率 100%~150%)的常压平幅精练设备,可以使精练时间缩短为 1~2h。如前所述,少部分油蜡的保留对织物的手感有利,一般精练要求残蜡含量在 0.2%左右。

表 2-8 棉布上油蜡含量对棉布吸水性的影响①

处 理 条 件	织物润湿所需时间/s	油蜡含量/%
常压,2h	8.8	0.36
196.4kPa(2kgf/cm²),2h	3.1	0.28
196.4kPa(2kgf/cm²),4h	2.4	0.26
196.4kPa(2kgf/cm²),6h	2.0	0.22

① 精练液 NaOH 浓度为 1%。

　　3. 助练剂　　碱精练液中除了加入主练剂烧碱外,通常还添加表面活性剂、硅酸钠、亚硫酸氢钠等助练剂。

　　(1)表面活性剂:烧毛或退浆原布上含有蜡状物质和果胶等杂质,吸水性很差,在精练过程中,为了使烧碱溶液能快速渗透到纤维内部,需加入表面活性剂。精练用表面活性剂应能耐碱、耐高温,具有良好的润湿、乳化和净洗能力。表面活性剂不仅对疏水性很高的原布有迅速而均匀的润湿作用,而且可以将蜡状物质中的高级醇(如棉醇)和碳氢化合物等物质乳化去除;同时能将洗下来的各种杂质乳化、分散在溶液中,不会重新黏附到织物上去,在机械力作用下被洗去。表面活性剂对棉布上的油蜡的影响见表 2-9。

表 2-9　表面活性剂对去除油蜡物质的影响[①]

表面活性剂	煮布锅精练棉布		连续汽蒸精练织物上油蜡含量/%
	油蜡含量/%	白　度	
—	0.22	72	0.405
肥　皂	0.09	74	0.254
烷基硫酸酯	0.15	77	—
红　油	—	—	0.336

① 未经精练棉布上的油蜡物质含量为 1.11%。

从表 2-9 中可以看出,不论是煮布锅还是汽蒸精练,表面活性剂对油蜡的去除都起了重要作用。同时还可以看出,肥皂比烷基硫酸酯的去杂效果好,但对白度的提高没有烷基硫酸酯的好,这是因为肥皂会在织物上形成难以洗去的钙皂所致。

(2)硅酸钠:硅酸钠(Na_2SiO_3)又称水玻璃或泡花碱,商品硅酸钠多为 35%(40°Bé)的液体。硅酸钠具有吸附精练液中的铁质和其他杂质的能力,因此可防止在棉布上产生锈渍或杂质的沉淀,有助于提高织物的吸水性和白度。一般的加入量为 1.5~3g/L。

(3)亚硫酸钠(或亚硫酸氢钠):在碱精练原理中已经阐述过亚硫酸氢钠去除棉籽壳的原理,它不仅能使木质素变成可溶性的木质素衍生物,还能使蛋白质和果胶等杂质分解而溶于碱液中。亚硫酸钠(或亚硫酸氢钠)在含杂较多的低级棉精练时的去杂效果尤为突出。此外,亚硫酸氢钠具有还原性,有防止棉纤维在高温带碱情况下被空气氧化脆损的作用。

四、酶精练

近十几年来,随着生物技术的发展,生物酶精练的研究已取得了许多进展。大量的实验结果证实,利用酶的高效性、专一性和温和的反应条件来替代高温强碱的精练处理是可行的。在生物酶精练的研究中,多采用单独用果胶酶或果胶酶与纤维素酶等混合酶的工艺。从目前的研究情况看,与碱精练相比,酶精练用水少(约为碱精练的一半),处理液中的污染物少(其废水中 COD、BOD 值比碱精练少50%~75%);但精练效果如吸水性略差一些,特别是对棉籽壳的去除效果差。

(一)果胶酶的种类和作用

果胶酶是分解果胶一类的酶,它主要包括以下四种类型。

1. 果胶酯酶　分解果胶分子中聚半乳糖醛酸酯中的甲氧基与半乳糖醛酸之间的酯键,形成聚半乳糖醛酸。

2. 聚半乳糖醛酸酶　切断聚半乳糖醛酸的 $\alpha-1,4-$苷键。聚半乳糖醛酸酶又分为端解酶和内切酶,端解酶从聚半乳糖醛酸的末端切断 $\alpha-1,4-$苷键,形成 D-半乳糖醛酸;内切酶从聚半乳糖醛酸的分子内部切断 $\alpha-1,4-$ 苷键,生成低聚半乳糖醛酸。

3. 果胶裂解酶　果胶裂解酶发生 $\beta-$ 消除反应,分裂聚半乳糖醛酸的 $\alpha-1,4-$ 苷键,生成不饱和糖。

4. 原果胶酶　原果胶酶能将植物细胞彼此分开(离析),使不溶性的原果胶水解为水溶性果胶。原果胶酶又分为 A 型和 B 型两种,A 型原果胶酶直接作用于原果胶的内部位置(inner site),切断原果胶中的聚半乳糖醛酸分子链;B 型原果胶酶从原果胶的末端位置(outer site)切断其与细胞壁组分的连接而从纤维素分子上分离。

图 2-26 和图 2-27 为果胶酶和原果胶酶分解果胶的示意图。

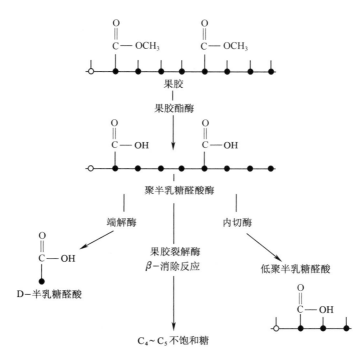

图 2-26　各种果胶酶分解果胶示意图

○ 为非还原分子末端

(二)酶精练原理

已经知道蜡状物质、果胶等杂质主要存在于角皮层和初生胞壁中,由于在棉纤维表面存在着许多微孔和裂缝,使酶能够通过这些微孔和裂缝渗透到角皮层和初生胞壁中,从而接触到杂质并将其降解。在果胶酶的精练中,一般需加入表面活性剂作为助练剂。果胶酶先与果胶形成一个复合物,然后,又与这个复合物继续反应,使其变成水溶性产物而从纤维上溶解下来。纤维表面层的果胶和蜡状物质是相互附生的,果胶具有将蜡状物质黏附在纤维中的功能。随着果胶从纤维表面的角皮层和初生胞壁中溶解下来,残留的蜡状物质结构发生松动,很容易与表面活性剂接触而被乳化去除。

综上所述,果胶酶的精练发生了两步反应,第一步是果胶酶与果胶的水解反应,第二步是表

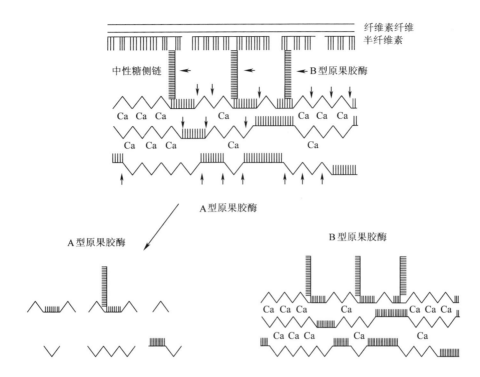

图 2-27 原果胶酶分解果胶物质示意图

面活性剂与棉中的蜡的乳化反应。酶的处理温度和 pH 值受到所用酶制剂的性能所限,如在前述的酶退浆中所介绍的,必须选择最适宜温度和 pH 值,以使酶的活性和活性稳定性都具有较大的数值。另外,酶的浓度、处理时间和活化与阻化剂的影响等也是重要的工艺参数。有资料指出,使用某些络合剂如 EDTA 会降低果胶酶的活性。反应温度对蜡的乳化也很重要,因为蜡的熔点在 70℃,必须高于此温度,才能使乳化反应顺利进行。有资料介绍,在精练时酶处理的温度为 65℃,酶处理后将温度上升至 80℃对蜡状物质去除的效果仍不佳,直到沸点温度处理才使得纤维的吸水性有较大提高。

与碱精练相比,酶精练的效果如吸水性略差一些,另外,对棉籽壳的去除效果较差。为了提高酶的去杂能力,曾研究过果胶酶分别与纤维素酶、脂肪酶和蛋白酶在精练中的协同效应。

(三)酶精练工艺

酶的精练可以采用间歇式、半连续式和连续式的方式进行。在酶精练研究的初期,果胶酶多为中温型的酶,处理温度在 40~65℃之间,需要较长的处理时间,加之机械外力有助于果胶的水解和蜡的乳化,所以一些应用性实验多用间歇式方式,在溢流、喷射或绞盘染色机上进行。也有采用浸轧、堆置和水洗的半连续式方法。果胶酶的最适宜 pH 值在弱酸性范围 4~6.5 之间,碱性果胶酶的最适宜 pH 值在 9~10 之间。目前,市场上已有高温型的果胶酶出现,因此可采用浸轧和 100℃汽蒸的连续化生产酶精练工艺。有资料报道的酶退浆和精练一步法工艺为:使用淀粉酶和果胶酶的混合试剂,在 50~55℃和 pH 值为 5.0~6.5 的条件下浸轧,100℃汽蒸 1~2min,高温(90℃以上)水洗。

☞ **复习指导**

1. 内容概览

本章讲授棉和棉型织物的烧毛、退浆、精练工艺及其原理,包括各种烧毛机的类型和工艺特点,常用的天然和合成浆料的化学组成及其生物降解性,棉布的退浆方法、工艺和原理,棉纤维中天然杂质的化学组成,棉和棉型织物精练工艺和原理,并分析了棉和棉型织物前处理对水的污染,介绍了新型前处理工艺如酶精练等。

2. 学习要求

(1)重点掌握各种浆料的化学组成和性能,棉布的退浆方法、工艺和原理以及棉纤维中天然杂质的化学组成,棉和棉型织物精练方法、工艺和原理。

(2)熟悉烧毛、退浆、精练设备的加工原理。

(3)了解棉和棉型织物前处理对水的污染和绿色环保工艺的研究与发展。

☞ **思考题**

1. 棉织物前处理的目的是什么? 棉织物的前处理包括哪些工序?

2. 烧毛工艺的主要目的和原理是什么? 生产中常用的烧毛机有哪几种类型? 试比较它们的优、缺点。

3. 写出棉及涤棉混纺织物用气体烧毛机烧毛的工艺,并解释之。

4. 简述酸降解和氧化降解淀粉、醋酸酯淀粉的化学组成和特点;并根据其化学结构阐述它们分别适合用于何种纤维纱的上浆?

5. 从 PVA 浆料的化学结构特征,解释 PVA 浆料的醇解度高低对其溶解性能和上浆性能的影响以及其生物可降解性。

6. 聚丙烯酸类浆料有几大类? 作为浆料使用时,其主要的优缺点是什么?

7. 阐述碱退浆和氧化剂退浆对变性淀粉和 PVA、PA 浆料的退浆原理(试写出退浆剂和浆料之间的化学反应式)和优、缺点;举例写出碱退浆和氧化剂退浆的工艺流程和处方各一个。

8. 阐述酶退浆的退浆原理、优点及其局限性,并对其退浆工艺条件进行分析。

9. 何谓低温等离子体退浆? 简述其退浆的基本原理。

10. 试解释下列名词或术语:浴比和轧液率。

11. 阐述纤维素共生物的化学组成和结构,以及在精练过程中它们和烧碱、助练剂之间的化学反应。

12. 阐述酶精练的原理和工艺步骤,分析其在工业中的应用前景。

13. 何谓 COD 值和 BOD 值? 在棉及棉型织物的前处理工艺中哪一个工艺对 COD 值和 BOD 值的贡献最大? 阐述理由。

14. 何谓热轧堆和冷轧堆工艺? 写出冷轧堆工艺基本工艺处方和流程,并阐明其优点和不足之处。

15. 为什么说棉及棉型织物的前处理工艺是 VIP(Very Important Process),你对其有何评价？当前前处理加工中有哪些新的工艺和方法？

参考文献

[1]M. Peter,H K Rouette. Grundlagen der textil veredlung[M]. Germany:Deutscher Fachverlage,1989.

[2]卢润秋.前处理是印染产品的基础[J].染整技术,2005,27(1):1-5.

[3]胡婷莉.棉织物生物催化与化学氧化的节水节能前处理技术研究[D].上海:东华大学,2013.

[4]陈坚,华兆哲,堵国成.新型纺织酶制剂的发酵与应用[M].北京:化学工业出版社,2007.

[5]奚旦立.清洁生产与循环经济[M].北京:化学工业出版社,2005.

[6]中华人民共和国工业和信息化部.印染行业规范条件(2017版)[S].北京:中国标准出版社,2017.

[7]阎克路,李戎,王建庆,等,一种棉及棉型织物的生物催化和受控氧化协同前处理方法:中国,ZL201110082024.2[P].2013-01-02.

[8]王菊生,孙铠.染整工艺原理:第二册[M].北京:纺织工业出版社,1982.

[9]吴立.染整工艺设备[M].北京:中国纺织出版社,1993.

[10]陶乃杰.染整工程:第二册[M].北京:纺织工业出版社,1991.

[11]盛慧英.染整机械[M].北京:中国纺织出版社,1999.

[12]徐谷仓.关于我国染整前处理工艺、助剂和设备的现状和今后发展[C].第六届全国前处理学术研讨会论文集.济南:2004,11-14.

[13]马健,马骦,张大伟,等.FC复合式烧毛精加工火口的结构特征、烧毛工作原理和创新技术设计的研究[C].第二届全国印染行业新材料、新技术、新工艺、新产品技术交流会论文.上海:2003.

[14]Grueninger G. Pretreatment equipment at ITMA 1991,Intern. Textile Bulletin,Dyeing/Printing/Finishing,1991,37(4):58-76.

[15]Iyer N D. ITMA 1991-Some Oberservations. Colourage,1991,Suppl. (12): 77-80.

[16]Nairs G P. Highlights of Wet Processing Machinery[J],2000,47(5):47-60.

[17]Fechner W,Hartmann W. Improved production security and compectitiveness with intelligent machine technology in a pretreatment range,Melliand Textilbetr. /Intern. Textile Reports,2001,82 (10):796-780.

[18]王清安.烧毛工程[J].印染,2001(2):42-47.

[19]王力明,张丙营,马健,等.瓷管电加热接触式烧毛机及其运行初探[C].第二届全国染整行业技术改造研讨会论文.邯郸:2004.

[20]《棉纺织工艺简明手册》编写组.棉纺织工艺简明手册 织造部分[M].北京:纺织工业出版社,1988.

[21]周永元.纺织浆料学[M].北京:中国纺织出版社,2004.

[22]周永元.纺织浆料的现状与发展[J].棉纺织技术,2000,28(7):5-9.

[23]范雪荣,王强,顾蓉英.国外纺织浆料的研究与进展[J].印染助剂,2003,20(3):6-8.

[24]丁奎刚,俞震东,王荣根.纺织浆料的应用情况及发展方向[J].棉纺织技术,1997,25(12):25-27.

[25]王秀珍,等.变性淀粉在纺织品加工中的应用趋势[J].印染译丛,1994(6):5-9.

[26]Nguyen,Martin C C,Pauley V J,et al. Starch Graft Polymers:US5 003 022[P]. 1991-03-26.

[27]惠雅琦.棉织物氧化前处理研究[D].上海:东华大学,2011.

[28]刘海洋.棉织物生物酶前处理工艺研究[D].上海:东华大学,2018.

[29]胡宏纹.有机化学:下册[M].2版.北京:高等教育出版社,1990.

[30]Whister R L,Bemiller J N,Paschall E F. 淀粉的化学与工艺学[M].王雏文,闵大铨,等译.北京:中国

食品工业出版社,1987.

[31]陈石根,周润琦. 酶学[M]. 上海:复旦大学出版社,2001.

[32]宋心远,沈煜如. 新型染整技术[M]. 北京:中国纺织出版社,1999.

[33]周文龙. 酶在纺织中的应用[M]. 北京:中国纺织出版社,2002.

[34]Moghe V V,Khera J. Desizing:processes and parameters[J]. Colourage,2005(7):85 - 87.

[35]Flatau M. Continuous pretreatment-trends in continuous pretreatment[J]. Colourage,2007(3):46 -50.

[36]Rasch G. Aus der praxis der vorbrhandlung von baumwollgeweben[J]. Textil Praxis,1988,43:61 - 64.

[37]Jakob B. Entfernen von staerkehaltigen schlichten:Die oxidative entschlichtung[J]. Melliand Textilber,1998 (10):727 - 732.

[38]徐谷仓. 染整短流程前处理工艺、助剂和设备的现状和发展(上、中、下)[J]. 染整技术,2001,23(5):8 - 11;2001,23(6):10 - 13;2002,24(1):12 - 16.

[39]姚穆. 纺织材料学[M]. 4 版. 北京:中国纺织出版社,2015.

[40]Erm H. Stand der technik bei der biologischen vorbehandlung[J]. Milliand Textilber. ,2003(6):530 -533.

[41]Bach E. Kinetische untersuchungen zum einfluss der enzymatisch katalysierten hydrolyse von pektin und cellulose auf die vorbehandlung von baumwolle[D]. Germany:Uuniversitaet - Gesamthochschule - Duisburg,1993.

[42]包德隆,马蕙兰. 染整工艺学(第一册)[M]. 北京:纺织工业出版社,1985.

[43]蒋挺大. 木质素[M]. 北京:化学工业出版社,2001.

[44]王菊生,孙铠. 染整工艺原理(第一册)[M]. 北京:纺织工业出版社,1982.

[45]阎克路. 新型高带液率平幅连续浸渍设备及工艺设备[J]. 染整技术,1997,19(29):11 - 13.

[46]U Sangwatanarojand K. Choonukulpong. Cotton scouring with pectinase and lipase/protease/cellulase [S]. AATCC ORG,2003(3):17 - 20.

[47]Anis P,Eren H A. Coparison of alkaline scouring of cotton vs. Alkaline pectinase preparation[S]. AATCC ORG,2002(12):22 - 26.

[48]Li Y,Ian R. Hardin. Necessary conditions for enzymatic scouring of cotton[C]. AATCC Book of Papers,1997:444 - 455.

第三章　漂　白

第一节　引　言

　　棉及棉型织物经过精练后,织物的吸水性有了很大程度的提高,外观也变得洁净和柔软,说明精练过程对天然杂质、残存的浆料和油剂的去除十分有效。但是天然色素在精练中未被除去,织物的白度不高,未达到漂白产品和浅色花布鲜艳度的质量要求。因此精练后的棉及棉型织物,还要继续进行漂白处理,以去除天然色素,提高织物的白度和鲜艳度;在退浆和精练中未被 除净的杂质,在漂白中也会进一步被除去。

　　合成纤维织物不含色素,一般不进行漂白。羊毛织物和蚕丝织物,除了漂白产品外,通常也不需要进行专门的漂白处理。本章主要介绍棉及棉型织物的漂白,关于蚕丝的漂白和羊毛织物的缩呢分别参见第七章第六节和第八章第四节的内容。

　　漂白过程中,除了天然色素遭到破坏外,棉纤维本身也会受到损伤。另外,漂白过程中的影响因素很多,例如漂白剂的浓度、pH 值、温度、时间、稳定剂或活化剂等,因此工艺的优化很重要,应在保持纤维最低损伤的情况下,使织物达到最佳的白度。织物经过漂白后,白度虽然有了很大的提高,但看上去还是略呈微黄色。对于白度要求更高的织物,漂白后可以用微量的蓝色染料或荧光增白剂进行增白处理。漂白织物的质量指标有白度、白度稳定性(不泛黄)、毛细管效应(吸水性)、织物的强度和聚合度(纤维损伤)等。

　　漂白剂有还原性和氧化性两大类。属于还原性的漂白剂有二氧化硫、亚硫酸氢钠、连二亚硫酸钠(保险粉)等,它们通过还原色素而产生漂白作用。还原漂白产品的白度稳定性较差,在放置过程中白度会下降。这是因为空气中的氧会氧化已被还原的色素,造成复色所致。除了在羊毛织物的漂白中常使用保险粉外,其他的还原性漂白剂已很少使用。属于氧化性漂白剂的有多种,如过氧化氢、次氯酸钠、亚氯酸钠、过醋酸、过硼酸钠和过碳酸钠等。在工业上使用的主要是前三种,因此本章主要讨论前三种氧化性漂白剂的漂白原理和工艺。

　　在这三种氧化性漂白剂中,最广泛应用的是过氧化氢,其漂白产品的白度和白度稳定性好,污水中 BOD 值、COD 值低。另外,它的适应范围很广,不仅适用于各种纤维的漂白,而且能采用多种加工工艺,如浸漂、淋漂、轧卷漂(冷轧堆)和轧蒸漂等,同时可与碱退浆、碱精练同浴处理,将两个工序(精练和漂白)或三个工序(退浆、精练和漂白)合为一步,即在退浆和精练章节中多次介绍过的前处理短流程工艺。

　　次氯酸钠漂白的工艺和设备比较简便,漂白成本低廉,可用于棉织物和涤/棉织物的漂白,对麻类织物的漂白效果好;但不能用于含氨纶弹力棉型织物和蛋白质纤维的漂白,因为它能使氨纶和蛋白质纤维发生损伤和泛黄。次氯酸钠漂白废水中含有有效氯,会对环境造成污染。许多国家早就规定了废水中活性氯(有效氯)含量不得高于 3mg/L;我国目前废水排放的限制标准更加严格,新建印染厂废水限制排放标准是有机氯载体含量不得高于 0.5mg/L。要达到这个排放标准就不能使用含氯漂白剂。

亚氯酸钠的漂白白度极佳,去杂质能力很强,前处理要求较低,在适当的条件下,对纤维素几乎无损伤,可用于棉、麻和涤/棉织物的漂白,多用于麻类织物漂白,不能用于含氨纶弹力棉型织物和蛋白质纤维的漂白。在漂白中释放出的二氧化氯腐蚀性强、毒性大。因此,采用亚氯酸钠漂白对设备要求很高,漂白成本较高,且有环境污染问题,使其应用受到限制。

在漂白工艺中除了使用漂白剂外,还需加入控制漂白剂分解速度的稳定剂和提高漂白剂作用的活化剂等其他助剂。

漂白设备分为间歇式、半连续式和连续式。间歇式漂白常用的设备有绞盘染色机、喷射和溢流染色机以及淋漂机;半连续式和连续式织物漂白设备基本上与精练工艺的类似。

一般来说,染色布和印花布多数经过一次漂白便达到要求,而白度要求较高的漂白布、浅色和白底花布,有些要采用两次漂白,例如连续两次过氧化氢漂白,简称氧—氧漂工艺。亚麻织物先用次氯酸钠或亚氯酸钠漂白,再用过氧化氢漂白,简称氯—氧漂或亚—氧漂工艺。

另外需要指出的是,棉纤维在漂白过程中可能会受到一种"潜在损伤",在测定漂白前后织物的强力时,这种损伤往往反映不出来,但在后续加工和服用过程中若接触了碱性溶液后,织物的强力才会发生显著的下降,从而暴露出损伤。为了能正确评估这种损伤,可通过测定纤维在铜氨溶液或铜乙二胺溶液中的黏度、流度或聚合度加以确定。在生产中为了操作方便,也可以测定棉织物的碱煮强力(例如经过 1g/L 烧碱溶液沸煮 1h 后的强力),也能比较全面地反映棉纤维所受到的损伤。

第二节　过氧化氢漂白

一、过氧化氢溶液的性质和漂白原理

(一)过氧化氢溶液的性质

过氧化氢又称双氧水,是一种氧化性漂白剂,商品过氧化氢为无色水溶液,浓度一般为27.5%、30% 和35%,也有高达50%的。表 3-1 列出了商品过氧化氢溶液的一些基本物理性质。

表 3-1　商品过氧化氢溶液的基本物理性质

物理性质	$H_2O_2/($%,质量分数$)$			
	27.5	30	35	50
相对密度(20℃)	1.101	1.114	1.131	1.195
冰点/℃	约-22	约-27	约-34	约-52

物理性质	H_2O_2/(%,质量分数)			
	27.5	30	35	50
H_2O_2 含量/g·kg^{-1}	275	300	350	500
H_2O_2 含量/g·L^{-1}	302	334	396	598

纯过氧化氢极不稳定,浓度高于 65%,温度稍高时,与有机物接触很容易引起爆炸。染整厂通常所用的过氧化氢溶液的浓度为 30%~35%。由于过氧化氢在碱性条件下极易分解,但在弱酸性条件下比较稳定,所以商品过氧化氢都加有酸类作稳定剂。

过氧化氢的性质不稳定,在放置过程中会逐渐分解,受热和日光照射分解更快,放出氧气:

$$H_2O_2 \longrightarrow H_2O + \frac{1}{2}O_2 \tag{Ⅰ}$$

过氧化氢是一种弱二元酸,在水溶液中可按下式电离:

$$H_2O_2 \Longleftrightarrow H^+ + HO_2^- \quad K_1 = 1.55 \times 10^{-12}(20℃) \tag{Ⅱ}$$

$$HO_2^- \Longleftrightarrow H^+ + O_2^{2-} \quad K_2 = 1.0 \times 10^{-25}(20℃) \tag{Ⅲ}$$

HO_2^- 又是一种亲核试剂,具有引发过氧化氢形成游离基和氧的作用:

$$HO_2^- + H_2O_2 \longrightarrow HO_2 \cdot + HO \cdot + OH^- \tag{Ⅳ}$$

或

$$H_2O_2 + HO_2^- \longrightarrow H_2O + HO \cdot + O_2 \tag{Ⅴ}$$

或

$$H_2O_2 + HO_2^- \longrightarrow HO \cdot + H_2O + \cdot O_2^- \tag{Ⅵ}$$

H_2O_2 也可能发生自身分解,这个分解反应需要很高的活化能:

$$HOOH \longrightarrow 2HO \cdot \tag{Ⅶ}$$

重金属离子可催化过氧化氢的分解,形成 $HO \cdot$、$HO_2 \cdot$、HO_2^- 及 O_2 等。大约在一个世纪以前,Fenton 报道了铁离子对双氧水的分解起催化作用。Haber 和 Weiss 研究了二价铁/双氧水系统或称 Fenton 试剂化学反应的反应机理,提出了著名的 Haber-Weiss 反应式:

$$Fe^{2+} + H_2O_2 \longrightarrow Fe^{3+} + HO \cdot + OH^-$$

$$Fe^{2+} + HO \cdot \longrightarrow Fe^{3+} + OH^-$$

$$H_2O_2 + HO \cdot \longrightarrow HO_2 \cdot + H_2O$$

$$Fe^{2+} + HO_2 \cdot \longrightarrow Fe^{3+} + HO_2^-$$

$$Fe^{3+} + HO_2 \cdot \longrightarrow Fe^{2+} + H^+ + O_2$$

有高铁离子存在时,则可被 HO_2^- 还原成亚铁离子:

$$Fe^{3+} + HO_2^- \longrightarrow Fe^{2+} + HO_2 \cdot$$

另外,复杂结构的酶、有棱角的固体物质、以至玻璃容器、纤维和胶体等固体表面(特别是表面比较粗糙的物体),都具有加速过氧化氢分解的作用,所以过氧化氢必须在纯铝、不锈钢、陶瓷或塑料容器中储存和处理。利用过氧化氢酶能在很短的时间内迅速将 H_2O_2 分解成水和氧气,可在漂白完成后的水洗工艺中加入过氧化氢酶,以减少水洗次数、缩短水洗时间和降低洗涤温度。

除了铁离子外,铜和其他的重金属离子也有催化作用(表 3-2)。从表中可见,铜离子的催化作用比铁和铬的要大得多。

表 3-2 铜、铁和铬离子对 H_2O_2 分解的催化作用

H_2O_2 溶液中含金属量	回流沸煮 1h 后 H_2O_2 分解率/%	回流沸煮 3h 后 H_2O_2 分解率/%
空 白	0.8	1.1
10mg/L 铜	57.4	96.3
10mg/L 铁	2.6	4.6
10mg/L 铬	1.5	8.0

过氧化氢除了具有上述氧化剂的性质外,遇到比它更强的氧化剂,则又具有还原剂的性质。例如在酸性溶液中,与高锰酸钾可发生如下的反应:

$$2KMnO_4 + 5H_2O_2 + 3H_2SO_4 \longrightarrow 2MnSO_4 + K_2SO_4 + 8H_2O + 5O_2$$

一般对 H_2O_2 做定量分析,就是基于这个反应机理。

(二)漂白原理

在碱性条件下,过氧化氢对棉纤维的漂白是一个非常复杂的反应过程,过氧化氢的分解产物很多,目前对棉纤维中天然色素分子结构的认识和了解还不甚精确,但从已知色素的基本知识来看,认为是天然色素的发色体系在漂白过程中遭到破坏,达到消色的目的。

在碱性条件下,过氧化氢按下式分解:

$$H_2O_2 + OH^- \longrightarrow HO_2^- + H_2O$$

当 pH≥11.5 时,过氧化氢的分子大部分以 HO_2^- 存在。

HO_2^- 可能与色素中的双键发生加成反应,使色素中原有的共轭系统被中断,π 电子的移动范围变小,天然色素的发色体系遭到破坏而消色,达到漂白目的。

但 HO_2^- 是不稳定的,能按下式分解成氢氧根离子和初生态氧:

$$HO_2^- \longrightarrow OH^- + [O]$$

这个"活性氧"与色素发色团的双键发生反应,产生消色作用:

发色团   环氧烷   二醇

所以 HO_2^- 是进行漂白的主要成分,另外,也有可能按反应(Ⅳ)~(Ⅵ)所示,引发 H_2O_2 分解成的 $HO_2\cdot$、$HO\cdot$ 等游离基破坏色素的结构,而具有漂白作用。

(三)纤维的氧化损伤和稳定剂的作用

过氧化氢在漂白过程中除了对色素有破坏作用外,对纤维素也有损伤。纤维素大分子中葡萄糖环上第 6 位的伯羟基被氧化成醛基和羧基,其葡萄糖环上第 2、第 3 位的仲羟基被氧化成

酮基和双酮基,最后发生开环和大分子链的断裂,使棉布的平均聚合度($\overline{DP}$值)降低。用黏度法测得的原棉的$\overline{DP}$值一般在 2600～3200 之间,在生产中漂白棉布的$\overline{DP}$值允许范围是 1600～2000。

重金属离子能迅速将H_2O_2分解产生O_2,不仅使H_2O_2失去漂白作用,增加H_2O_2消耗,而且若O_2渗透到织物内部,在高温强碱条件下,将使纤维素发生严重降解。而形成的各种游离基,特别是活性高的$HO\cdot$,对色素虽然也有破坏作用,但将使纤维素受到损伤。如果有铜、铁屑等存在,可使棉布产生破洞。因此在漂液中要加入一定量的稳定剂,稳定剂的作用是阻止重金属离子对H_2O_2的催化分解,使H_2O_2在总的漂白时间内保持较高的氧化能力,进行有效的漂白,不致浪费有效成分和过度损伤纤维。通常棉纤维漂白常用硅酸钠和其他非硅酸盐稳定剂如无机磷酸盐、有机螯合剂、蛋白质降解产物及有机多元膦酸盐等作稳定剂;对于羊毛等蛋白质纤维,可选用焦磷酸钠作稳定剂。

硅酸钠(水玻璃)等稳定剂的稳定原理至今还不是十分清楚。有人认为可能是硅酸钠能与具有催化作用的金属离子发生结合作用的缘故。在 50 多年前已经知道,硅酸钠的稳定作用必须有适量的钙盐或镁盐的存在时才比较明显,镁盐对有机稳定剂也有这种协同稳定效应。关于水玻璃与镁盐的稳定原理,一般认为水玻璃与镁盐形成的$MgSiO_3$胶体,能吸附重金属离子和其他杂质,达到稳定H_2O_2的目的。也可能是漂液中的Mg^{2+}和HO_2^-结合,起到了保护漂白主要成分的作用,称为直接稳定作用;而硅酸盐胶体会吸附Fe^{2+}等重金属离子,阻止了其对H_2O_2的催化分解,起了间接稳定作用。也有报道说在碱性条件下加入镁盐会生成$Mg(OH)_2$絮状物,这种絮状物对重金属离子具有吸附作用。

二、过氧化氢漂白工艺

过氧化氢可用于纤维素纤维、蛋白质纤维及其与化学纤维混纺织物的漂白,主要用于纯棉和涤/棉等棉型织物以及棉针织物的漂白。

从漂白的方式来说,过氧化氢漂白有浸漂、淋漂、轧卷漂和轧蒸漂四种。漂白时多采用不锈钢设备。轧卷漂属于半连续式平幅加工,即织物浸轧漂液(热或室温的漂液)后打卷,移至汽蒸箱内保温堆置 6～12h,或用塑料布包裹布卷,在布卷缓慢转动下室温堆置 24h。这个工艺属于低温漂白,为了促进过氧化氢分解,烧碱用量很高。针对此问题,一些研究报道了加入促进H_2O_2有效分解的有机活化剂,就可在低温低碱条件下进行漂白处理。

浸漂和淋漂法属于间歇式和绳状加工形式,浸漂时织物浸在漂液中,一般在绞盘、喷射或溢流染色机中进行,淋漂则使用淋漂机,织物放在槽中,漂液不断循环,淋洒于织物上,多用于棉针织物的加工。漂白完成后,布上残存的H_2O_2会对后续工艺造成危害,例如破坏活性染料的结构、造成色浅和色花等染色疵病等。因此漂白完成后,要进行充分的水洗,将残存在布上的H_2O_2洗除。在使用绞盘、喷射和溢流染色机进行间歇式浸漂的工艺中,漂白后可以直接将过氧化氢酶加入漂白废液中,酶能在极短的时间内将H_2O_2分解成水和氧气,因此过氧化氢酶的生物水洗工艺可减少洗涤次数、降低水洗温度和缩短水洗时间,较大程度地节约了能源和水的消耗。

在连续化加工设备中,加工棉织物时,绳状轧蒸漂设备的生产效率很高,但绳状加工易产生折痕和处理不均匀,不利于加工高品质的面料。因此目前棉和涤/棉织物的轧蒸漂工艺都以平幅汽蒸设备为主,汽蒸容布器有 J 形箱式、履带式、辊床式和全导辊式练漂机,而 R 形液下汽蒸箱则属于浸渍和汽蒸相结合的漂白。经过退浆、精练的棉织物用过氧化氢漂白时,先浸轧过氧化氢漂液。漂液浓度可根据织物上含杂情况和设备及工艺而定,一般为 10～40g/L(以30%～35%过氧化氢计),并加有适量的稳定剂如硅酸钠或有机稳定剂等,pH 值为 10～11,轧液率90%(平幅浸轧),然后用饱和蒸汽汽蒸,并在汽蒸箱容布器中(95～100℃)堆置漂白 1h,最后彻底洗净。由于漂白是在碱性条件下进行的,所以也可以将织物的精练和漂白两个工序合并进行,甚至将退浆、精练和漂白合并为一个工序。

涤/棉织物用过氧化氢漂白,主要是针对棉纤维中的天然色素进行的,由于涤纶不耐碱的作用,涤/棉织物不能像棉织物那样进行剧烈的精练,而过氧化氢又兼有精练作用,因而也可以退浆后直接进行漂白。但这种工艺前处理的去杂程度较差,漂白任务较重,因此,过氧化氢浓度可适当提高,必要时可复漂一次,漂白的其他条件与棉布过氧化氢漂白相同。过氧化氢对染料的破坏作用较次氯酸钠小,所以涤/棉色织布多用过氧化氢漂白。氨纶弹力棉织物用过氧化氢进行漂白时,漂液浓度与棉布漂白相似,但织物张力要低,氨纶弹力棉织物不能堆置,可以采用全导辊式汽蒸反应箱。

表 3-3 举例说明了棉织物过氧化氢漂白的设备及相应的参考工艺处方。在实际生产中,由于织物品种和前处理状况、设备和工艺以及助剂种类的不同,所采用的工艺处方有较大不同。

表 3-3 过氧化氢漂白棉织物的设备及相应的工艺处方[①]

设 备		35% H₂O₂/ g·L⁻¹	37%(42°Bé) Na₂SiO₃/g·L⁻¹	NaOH/g·L⁻¹	Na₂CO₃/ g·L⁻¹	温度/℃	时 间
煮布锅		1～3	1.5～5	1	—	100	1～2h
喷射染色机		5～10	4	0.5	1	100	1～2h
绞盘染色机		7～12	9	—	—	90～95	1～2h
卷染机		10～25	7～14	0.5	—	90～95	1～2h
轧卷(热堆置)		30～40	12～20	3～5	5	25～40	12～24h
轧卷(冷堆置)		30～40	30	10		20	20h
轧蒸	J 形箱	8～25	5～15	1～3		98～100	0.5～1h
	辊床式	15～30	10～15	12～18		98～100	15～30min
	高温高压	15～25	10～20	20～30	—	140	40～60s

① 漂液 pH 值为 10～11;浸轧均为湿进布。

轧卷漂中的冷轧堆漂白极大地节约了能源和设备上的投资,且适合于小批量和多品种的加工要求;但冷轧堆的反应温度低,所需的化学品浓度高,增加了化学药剂的使用成本。冷轧堆的加工方式也常用于退浆、精练和漂白一浴的短流程前处理工艺。在生产实践中发现,如果在冷轧堆后再配以热碱处理(NaOH 10~15 g/L,100℃,2min)和充分的水洗,则去除杂质和漂白效果更好。

图3-1是过氧化氢平幅轧蒸漂联合机的示意图,其工艺流程是:退浆后水洗 → 浸轧 → 汽蒸 → 水洗 → 烘干 → 落布。轧蒸漂是连续化加工,生产效率高,是纯棉和涤/棉等棉型织物漂白中常用的方法。

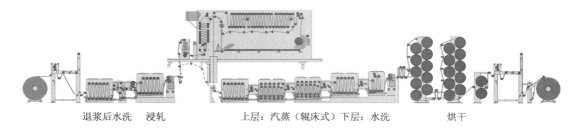

退浆后水洗　浸轧　　　　　上层:汽蒸(辊床式)下层:水洗　　　烘干

图3-1　过氧化氢平幅轧蒸漂联合机

三、过氧化氢漂白工艺条件分析

在漂白工艺中,除了设备因素外,过氧化氢的浓度和漂液的 pH 值、处理温度和时间、漂白后的水洗以及稳定剂是主要的工艺参数,直接影响漂白的质量。下面以棉织物为例,讨论过氧化氢漂白工艺条件。

(一)pH 值的影响

在过氧化氢溶液的性质和漂白原理的章节中已经了解到,过氧化氢在碱性条件下很不稳定,在 pH 值为 11.5 时,其大部分分解为 HO_2^-。在 H_2O_2 漂白过程中,漂液的 pH 值是漂白质量的重要影响因素之一。而在适当的条件下,过氧化氢既能稳定分解出有效成分,又能在总的漂白时间内保持较高的氧化能力,获得最佳的漂白白度和最小的纤维损伤。图3-2~图3-5显示了 H_2O_2 漂液的 pH 值对织物白度、强度、聚合度和 H_2O_2 分解率的影响。

从图3-2中可以看出,当漂液 pH 值在3~13.5 范围内,织物白度在83%~87%之间变动,表明均有漂白作用。漂液pH值在3~9之间,织物白度有随着 pH 值的增大而增加的趋势,pH值为9~10时,织物白度值最高,若进一步提高漂液 pH 值,织物白度反而降低。漂液 pH 值在很宽的范围内(pH 值为3~10),漂白织物的强力保持了较高的水平(图3-3),且变化不大;pH值小于3或大于10时,强度明显下降;这可能是由于 H_2O_2 剧烈分解以及酸的水解所致。漂液

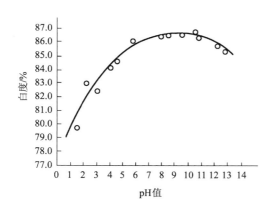

图3-2　H_2O_2 漂液 pH 值对织物白度的影响
经煮布锅精练的棉府绸(4040);H_2O_2 浓度为3g/L;
用 H_2SO_4、HAc、Na_2CO_3 和 NaOH 调节漂液 pH 值;
85℃浸漂1h;药品的纯度全部为化学纯,蒸馏水

pH 值在 3～6 的范围,织物强力较好,但在这个范围内特别是 pH 值在 3～5 时,纤维素的聚合度却较低(图 3-4),其原因不详,可能存在潜在损伤,但未予以证实;漂液 pH 值在 6～10 范围内,纤维聚合度具有最大值;pH 值小于 6 或大于 10,棉纤维素聚合度均发生明显下降。另外,图3-5显示了过氧化氢在 pH 值为 1～9 的范围内比较稳定,分解率较小,而在碱性较强的条件下分解率比较高,特别是 pH 值在 10 以上更为明显。结合织物白度和纤维受损伤程度来看,过氧化氢 pH 值为 9～10 比较合适,如果适当加入稳定剂或其他助剂,漂液的 pH 值可以提高一些,以增加过氧化氢的分解速率,提高漂白速度。一般漂白棉布的 pH 值在 10～11 之间。

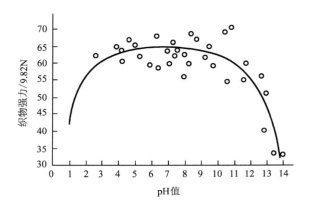

图 3-3　H_2O_2 漂液 pH 值对纤维强度的影响(处理条件同图 3-2)

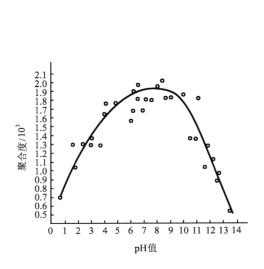

图 3-4　H_2O_2 漂液 pH 值对纤维聚合度的影响(处理条件同图 3-2)

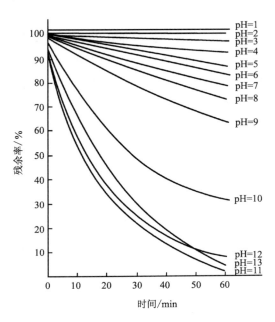

图 3-5　H_2O_2 漂液 pH 值对 H_2O_2 漂液分解率的影响(处理条件同图 3-2)

(二)温度、浓度和时间的影响

从表3-3可以了解到,可采用多种设备和工艺进行过氧化氢漂白,而漂白处理的温度、时间与过氧化氢溶液浓度对漂白效果的影响是相互关联的。

表3-4显示了温度对H_2O_2分解率的影响。从表3-4可知,过氧化氢的分解率随着温度的升高而增加。当然仅从H_2O_2分解的快慢,还不能说明是否有效地进行了漂白,因为其中还包含了H_2O_2对纤维的氧化以及其他无效分解等副反应。但在有稳定剂存在下,温度升高会加速过氧化氢的有效分解,提高对色素的氧化反应速度,缩短漂白处理的时间。

表3-4 温度对H_2O_2分解率的影响[①]

温度/℃	H_2O_2 含量/%		
	开始	1h后	2h后
20	0.69	0.69	0.69
40	0.69	0.69	0.65
60	0.69	0.53	0.39
80	0.69	0.39	0.18

① 用氨水将漂液pH值调到10.2,且不加稳定剂。

(三)稳定剂的选择

1. 硅酸钠 硅酸钠具有使加工产品白度高和价廉的优点,一直是过氧化氢漂白中广泛使用的稳定剂之一。但在使用过程中,一些硅酸盐会沉积在纤维和设备上[图3-6(a)],导致了织物手感发硬、造成染色和印花的疵病以及设备必须定期清洗等问题。沉积在设备上的硅酸盐(硅垢)较难洗除,如果在漂液中加入0.07%~0.25%磺化油(植物油的硫酸化物)或者三聚磷酸盐可使去除硅垢的清洁工作变得容易。但三聚磷酸盐会造成水体的富营养化,应限制使用。

硅垢的产生与硅酸钠在高温汽蒸时生成二氧化硅聚合体,并进一步凝胶化和脱水,形成SiO_2无机网络结构有关,可能的反应如下:

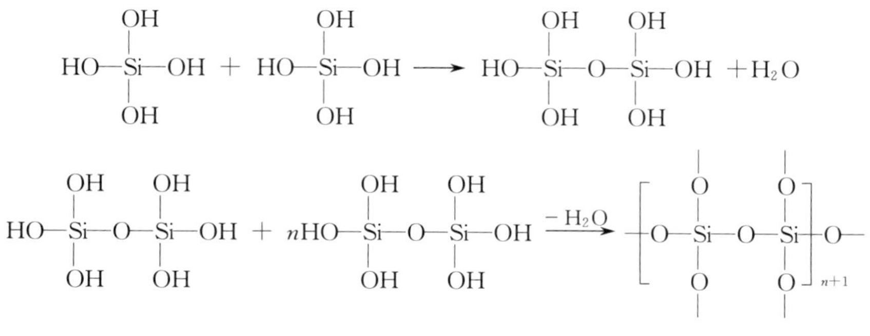

在使用硅酸钠时,加入有些商品化的助剂(如Seclarin®)可以使得硅垢变得松散而不能沉积在织物和设备上,或者具有防止硅垢生成的功效,漂白后织物手感柔软,并避免了清洗设备[图3-6(b)]。因为不用汽蒸,所以冷轧堆工艺的稳定剂使用硅酸钠时硅垢问题不明显。

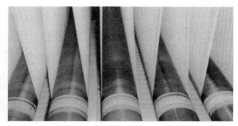

(a)汽蒸箱导辊上形成的硅垢   (b)使用Seclarin®助剂后导辊上无硅垢

（棉布过氧化氢漂白，稳定剂：硅酸钠）   （棉布过氧化氢漂白，稳定剂：硅酸钠和Seclarin®）

图 3-6 汽蒸箱导辊上形成硅垢的情况

硅酸钠对重金属离子的催化具有很好的稳定作用，表 3-5 显示了铜离子和硅酸钠对 H_2O_2 漂白的影响。比较表 3-5 的样品（3）和样品（2）可以看出，含有 0.1g/L $CuSO_4$ 样品（3）中 H_2O_2 的分解十分剧烈，而且白度较低，纤维损伤较大（纤维素黏度值低），这说明铜离子对过氧化氢有催化分解作用；样品（1）和样品（2）比较，样品（1）漂液的碱性虽然高于样品（2），但样品（1）中含有 Na_2SiO_3，其分解率比较低，纤维素的黏度和织物的白度都比较高，可见 Na_2SiO_3 对 H_2O_2 的稳定作用是十分明显的。

表 3-5 铜离子和硅酸钠对 H_2O_2 漂白的影响

漂 浴	样品（1）	样品（2）	样品（3）
H_2O_2 浓度/%	0.15	0.15	0.15
$Na_2SiO_3/g \cdot L^{-1}$	7.0	—	—
$Na_2CO_3/g \cdot L^{-1}$	1.7	1.7	1.7
$NaOH/g \cdot L^{-1}$	0.5	—	—
$CuSO_4/g \cdot L^{-1}$	—	—	0.1
漂白 2h 后 H_2O_2 浓度/v①	0.06	0.02	45min 全部分解
纤维素黏度/$10^{-2}Pa \cdot s$	2.86	2.33	1.18
织物白度/%	95.5	93.1	84.5

① H_2O_2 的浓度表示单位。物理意义是 H_2O_2 所能释放出来的氧气体积占溶液体积的倍数，1%浓度的 H_2O_2 为 3.3v。

在漂白中，水、化学药剂和织物中都可能含有具有催化作用的金属杂质或金属离子，它们对 H_2O_2 都有加速分解的作用。织物经过酸洗后，织物上金属杂质含量减少，因而 H_2O_2 分解速率大幅度降低（表 3-6）。

表 3-6 酸洗对 H_2O_2 分解速率(90℃)的影响

样 品	漂白开始时 H_2O_2 浓度/%	H_2O_2 分解速率常数 $K/10^3$
精练后未经酸洗的织物	1.84（未加稳定剂）	21.3
	1.96（加稳定剂）	10.4
精练后经酸洗的织物 （0.1mol/L HCl，处理 1h）	1.97（加稳定剂）	2.42

从表 3 - 6 可以看出,酸洗和加入稳定剂都有降低 H_2O_2 分解率的作用,此外,还有人发现原棉的某些杂质,对 H_2O_2 有一定的稳定作用,因此当织物上的杂质基本去除后,织物漂白的条件应尽可能缓和些,否则很容易使纤维受到不必要的损伤。

因此织物在进行漂白以前,除了必须充分洗涤,尽可能地降低织物上的金属含量,并注意避免水和溶液中混入某些金属离子外,还要加入适量的稳定剂,漂白过程中硅酸钠的稳定作用如表 3 - 7 所示。

表 3 - 7　漂白过程中硅酸钠的稳定作用

$Na_2SiO_3/g \cdot L^{-1}$	0	2	5	10	49	0	0	7
$Na_2CO_3/g \cdot L^{-1}$	0	0	0	0	0	1.7	0	1.7
$NaOH/g \cdot L^{-1}$	0	0	0	0	0	0	0.5	0.5
漂白开始时的 pH 值	6.8	9.6	9.9	10.3	11.0	10.2	10.2	10.3
H_2O_2 分解百分率/%	1.0	12.5	19.0	25.0	54.2	79.2	82.5	38.5

注　H_2O_2 浓度 0.61%,80℃加热 2h。

从表 3 - 7 可以看出,随着 Na_2SiO_3 用量的增多,溶液的 pH 值上升,H_2O_2 分解率不断增大,但与其他碱剂相比,在相近的 pH 值下加有 Na_2SiO_3 的具有较低的分解率,即使 pH 值高达 11.0,H_2O_2 的分解率也只有 54.2%,稳定作用明显。如前所述,钙盐或镁盐可提高硅酸钠的稳定作用,因而在 H_2O_2 漂白过程中可以使用含有 300～1000mg/L $CaCO_3$ 的硬水,若采用软水,则需要加入 0.1～0.2g/L 硫酸镁。

实际上 Na_2SiO_3 具有双重作用,即一方面由于它的碱性加速 H_2O_2 的分解,另一方面则具有稳定作用。但漂液的碱性不是全靠硅酸钠提供的,还要补充碱剂。通常漂白棉布选用的碱剂是烧碱(NaOH)和纯碱(Na_2CO_3),而羊毛则选用氨(用焦磷酸钠作稳定剂)作碱剂。最佳的碱—硅酸盐平衡是 Na_2O：SiO_2 为 1.3∶1 和 1∶1.6 之间。在硅酸钠中含有 Na_2O 和 SiO_2 两种成分,其含量比与硅酸盐本身的浓度有关,可以通过查表获得,例如在 36%(41°Bé)硅酸钠液体中,Na_2O 和 SiO_2 的平均含量为 8.8% 和 29.3%;烧碱中没有 SiO_2,固体烧碱中含有 77% 的 Na_2O;漂白时可以通过计算碱—硅酸盐平衡量来确定硅酸盐和烧碱的使用量,并使漂液 pH 值调节至 10.5 左右。

2. 非硅稳定剂　使用非硅稳定剂可以避免硅酸钠引起的硅垢问题,一般非硅稳定剂分为三类:无机磷酸盐、有机多元膦酸盐和有机稳定剂。目前应用最多的是有机多元膦酸盐和有机稳定剂,可以替代硅酸钠单独使用,也可与硅酸盐混合使用。使用这些非硅稳定剂时还要考虑它们的生物可降解性和毒性以及是否会造成水体富营养化的问题。有机多元膦酸盐和有机稳定剂中多为有机螯合剂,如乙二胺四亚甲基膦酸(EDTMP)、二亚乙基三胺五亚甲基膦酸(DT-PMP)、二亚乙基三胺五醋酸钠(DTPA)、乙二胺四醋酸钠盐和镁盐(EDTA)、氨三乙酸钠(NTA)等。EDTA 和 NTA 的生物降解性较差,NTA 的毒性较高且有致癌性,而 EDTMP 生物降解性优于 EDTA。供应市场的有机多元膦酸盐多以复配为主(如添加多价螯合剂、净洗剂和柔软剂等),作为非硅稳定剂的还有脂肪酸镁盐、聚丙烯酰胺碱水解物和硫酸镁的混合物、聚丙烯酸盐、丙烯酸和马来酸的共聚物、聚羟基丙烯酸和蛋白质降解产物等。这些稳定剂的稳定原理是对重金属离子有吸附或络合作用。

第三节　次氯酸钠漂白

一、次氯酸钠溶液的性质及其漂白原理

商品次氯酸钠有溶液和粉末两种形式。溶液是无色或黄色液体,其中除了含有约 12.5%(150g/L)的有效氯外,还含有一定量的食盐、烧碱和少量氯酸钠。为了使次氯酸钠溶液具有较高的稳定性,必须保持足够的碱度,pH 值约在 12。商品次氯酸钠粉末(标准型)中有效氯含量为 35%,并混合有 $3Ca(OCl)Cl$、$Ca(OH)_2 \cdot 5H_2O$。

次氯酸钠是具有较强氧化能力的弱酸强碱盐,在水中发生水解,溶液呈碱性:

$$NaOCl + HOH \longrightarrow NaOH + HOCl$$

次氯酸可按下式电离:

$$HOCl \rightleftharpoons H^+ + ClO^-$$

它在 25℃时的离解常数为 3.2×10^{-8} mol/L,是一种弱酸,在盐酸的作用下可发生下列反应:

$$HOCl + H^+ + Cl^- \rightleftharpoons Cl_2 + H_2O$$

此反应的平衡常数为 4.5×10^{-4} mol^2/L^2。由此可见,次氯酸钠溶液的组成是随着 pH 值的改变而变化的。图 3-7 显示了次氯酸钠溶液在不同 pH 值下的成分组成,图中阴影部分为漂白采用的 pH 值范围。从图 3-7 可以推知在不同的 pH 值下,次氯酸钠溶液的组成大致如表 3-8 所示。

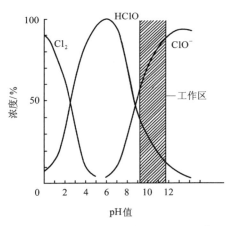

图 3-7　次氯酸钠溶液在不同 pH 值下的成分组成

表 3-8　次氯酸钠溶液在不同 pH 值下的成分

pH 值范围	主 要 成 分
8.4 以上	NaOH、NaOCl、NaCl
8.4～4.6	NaOCl、NaCl、HOCl
4.6 以下	NaCl、HOCl、Cl$_2$

有人对次氯酸钠溶液在不同 pH 值下的 HOCl 的浓度和 Cl$_2$ 与 HOCl 的浓度比做了测定,结果如表 3-9 和表 3-10 所示。从表中可知,随着 pH 值的降低,HOCl 浓度逐渐增高;当 pH 值等于 5 时,HOCl 浓度达到最高值,为 99%,说明次氯酸钠溶液几乎全部水解为 HOCl。当 pH 值继续下降,Cl$_2$ 浓度不断增大,当 pH 值等于 1 时,Cl$_2$ 的浓度比 HOCl 的浓度

约高4.5倍。

表 3-9　次氯酸的含量与溶液 pH 值的关系

溶液的 pH 值	10.0	9.0	8.0	7.43	4.0	6.5	6.0	5.0
HOCl 含量/%	0.3	3	21	50	73	91	96	99

表 3-10　Cl_2/HOCl 与溶液 pH 值的关系

溶液的 pH 值	5.0	4.0	3.5	3.0	2.5	2.0	1.5	1.0
Cl_2/HOCl	0.00045	0.0045	0.014	0.045	0.14	0.45	1.41	4.5

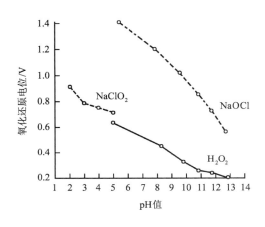

图 3-8　漂白剂的氧化还原电位(标准氢电极)

从次氯酸钠溶液的氧化还原电位(图 3-8)来看,次氯酸钠是一个强氧化剂,比过氧化氢和亚氯酸钠的电位高。而且其氧化还原电位明显地随溶液的 pH 值增大而降低。

从上述分析可知,在不同的 pH 值下,次氯酸钠溶液的组成不同。在碱性条件下,主要是 ClO^-,近中性范围内 HOCl 和 ClO^- 的浓度积为最大,弱酸性条件下则以 HOCl 为主,而 Cl_2 的含量则随 pH 值的降低而增加,特别在 pH 值低于 4 以下更为显著,并成为主要成分。

为了判断是哪一种成分在漂白中起了主要作用,有人将纤维预先用某种染料染色后,再用次氯酸钠漂白,发现染料褪色速率(即漂白速率)随着溶液的 pH 值的降低而加快,当漂液 pH 值达到 4 以下时,漂白速率变得更快。已知次氯酸钠溶液的 pH 值在 4 以下时的组成是以 HOCl 和 Cl_2 为主,因而它们都可能是漂白的主要成分。但随着漂液 pH 值的进一步降低,Cl_2 含量逐渐增多,而漂白速率也就随之增大,则可认为 Cl_2 比 HOCl 对漂白起的作用更大。当漂液的 pH 值大于 4 直至碱性范围内时,HOCl 的含量随着 pH 值的增大而减少,而漂白速率也随之降低,可见在此范围内,HOCl 是主要漂白成分。

综上所述,次氯酸钠的漂白作用比较复杂,在不同的条件下,可能是不同的成分在起作用,漂白的有效成分可能是 ClO^-、HOCl 和 Cl_2。笼统地说,漂白的主要成分是 HOCl 和 Cl_2,而在碱性范围内,可能是 HOCl 起漂白作用。

关于 HOCl 和 Cl_2 在漂白过程中与天然色素发生了怎样的漂白作用而达到消色的问题,由于至今对天然色素的化学结构还不清楚,因此还缺少关于这方面的确切资料。一般认为 HOCl 和 Cl_2 可发生各种形式的分解:

$$HOCl \longrightarrow HO^- + Cl^+$$

$$Cl_2 \longrightarrow Cl^- + Cl\cdot$$

$$HOCl \longrightarrow \cdot OH + Cl\cdot$$

$$HOCl + ClO^- \longrightarrow ClO\cdot + Cl^- + \cdot OH$$

$$HOCl \xrightarrow{\text{光}} HCl + [O]$$

这些分解产物与色素中的共轭双键发生加成反应,使原有共轭系统中断,π 电子的移动范围变小,天然色素的发色体系遭到破坏而消色,达到漂白目的。

在漂白的同时,棉纤维中的其他杂质可能按其化学性质发生不同的化学反应,例如棉纤维果胶质中的醛基可能被氧化成羧基,另外含氮物质、蜡状物质中的脂肪酸和棉籽壳中的木质素都可能被氧化。棉纤维用次氯酸钠漂白时,不仅天然色素会消色,纤维素也会受到一定的氧化作用。有人用原棉(含杂 3.2%)进行漂白试验时,发现漂白开始阶段耗氧速率较快,但当原棉被纯化后,则耗氧速率变慢。由此可知,漂白时,棉中的杂质和纤维素,虽然都可能受到 NaOCl 的作用,但在反应速率上却存在着一定的差异。利用这个差异,可以制订适当的工艺条件进行漂白,做到既能达到漂白的目的,又可使纤维的损伤降至最低。

二、次氯酸钠漂白工艺与设备

漂白粉是一种最早用来进行纺织品漂白的漂白剂之一,以往染整厂多用它进行棉、麻等纤维制品的漂白。漂白粉的化学成分主要是次氯酸钙,其中含有大量的不溶性残渣,溶解和使用都比较麻烦,而且生产上也容易造成一些疵病,已逐渐被次氯酸钠所取代。次氯酸钠是从漂白粉衍变而来的,两者都是次氯酸盐,性能相当类似。

次氯酸钠漂白一般在室温和碱性条件下进行,生产成本较低。习惯上漂液浓度不直接以次氯酸钠的浓度表示,而是以有效氯浓度表示。"有效氯"是指次氯酸盐经过酸化释放出的氯,"有效氯"浓度是用碘量法测得的,即将次氯酸钠溶液加到 KI 溶液中释放出碘,再用 $Na_2S_2O_3$ 溶液滴定。

次氯酸钠连续化工艺(绳状)大致是:将已经退浆、精练和充分轧干后的织物,多次浸轧次氯酸钠漂液(轧液率为 100%~120%),而后在大型容布器(一般为水泥、瓷砖和塑料等制成的堆布池或 J 形箱)中堆置 30~90min,进行漂白。有效氯浓度一般控制在 1~5g/L,视织物的厚薄、白度要求和精练程度而定。漂白时,一般不宜采用过高的漂液浓度,即使对漂白要求比较高的品种,也宜采取复漂的办法来解决。复漂的漂液浓度比第一次漂白可稍低一些。漂液的 pH 值以控制在 10 左右为宜。次氯酸钠漂白的常用设备和相应的工艺参数如表 3-11 所示。

表 3-11 次氯酸钠的参考漂白工艺①

设 备	浴比或轧液率	有效氯/g·L⁻¹	温度/℃	时间/min
堆布池	110%~130%	2~2.5	20	90
J 形箱(绳状)	110%~130%	2~3	20~25	20~30
卷染机	(2∶1)~(5∶1)	1~3	20~30	45~60

设　备	浴比或轧液率	有效氯/g·L^{-1}	温度/℃	时间/min
喷射染色机	5:1	1.5～2.5	20～30	60
绞盘染色机	20:1	0.5～1.5	20～30	45～60

① 用氢氧化钠：碳酸钠为1:1调节pH值为9.5～10.5。

漂白后,应先进行水洗,接着用2～4g/L硫酸溶液(温度为50℃以下)进行酸洗,织物浸轧酸液后,最好放在大型容布器内堆置15～30min,以便获得均匀而充分的处理。在酸洗过程中,可使布上的碱性物质得到中和,并可除去在精练过程中织物从烧碱溶液中所吸收的金属性物质以及由于某些原因造成的斑迹。此外,酸洗还有使布上残余的次氯酸钠发生分解的作用,分解反应如下:

$$NaOCl+NaCl+H_2SO_4 \longrightarrow Na_2SO_4+H_2O+Cl_2$$
（商品次氯酸钠中含有一定量的 NaCl）

或
$$2NaOCl+H_2SO_4 \longrightarrow Na_2SO_4+2HOCl$$
$$HOCl \longrightarrow HCl+[O]$$
$$2HOCl \longrightarrow H_2O+Cl_2+[O]$$

在反应中释放出来的 Cl_2 和[O],对棉有进一步的漂白作用,织物经过酸洗堆置后,还要再经过反复水洗,将残酸洗净,这样漂白过程便告完成。但经过这样处理的织物上,往往仍含有少量的有效氯成分,对需要进行树脂整理的织物,还会产生不良影响。为了保证布上不带有效氯成分,有时可采用适当的还原剂进行脱氯处理,常用的脱氯剂有硫代硫酸钠、亚硫酸氢钠和过氧化氢等,他们的脱氯作用可表示如下:

$$2Na_2S_2O_3(硫代硫酸钠)+Cl_2 \longrightarrow Na_2S_4O_6(连四硫酸钠)+2NaCl$$
$$NaHSO_3+Cl_2+H_2O \longrightarrow NaHSO_4+2HCl$$
$$H_2O_2+Cl_2 \longrightarrow 2HCl+O_2$$

采用平幅加工的织物漂白水洗后,接着进行轧水、烘干。采用绳状加工的织物则可堆放在堆布池中,然后再经过开幅(将绳状布打展成平幅)、轧水和烘干(一般称为开、轧、烘)。烘干后的织物便可进行丝光加工,但也有些工厂将织物经过开幅、轧水后,湿布直接进行丝光。

前已述及,次氯酸钠中的有效氯会对环境造成污染,如果严格规定废水中有效氯含量不得高于 3mg/L 时,次氯酸钠会被禁止使用。不过目前使用次氯酸钠漂白工艺的已经不多,常常在麻类织物漂白时才使用。

三、次氯酸钠漂白工艺条件分析

用次氯酸钠进行漂白时,棉纤维中的色素和纤维素都会受到氧化作用,为了能在最低的纤维损伤下获得漂白效果,必须选择合适的漂白工艺条件,如漂液的 pH 值、温度、浓度和时间。

(一)漂液 pH 值的影响

次氯酸钠溶液的组成随 pH 值的不同而改变,漂白速率也随 pH 值的降低而加快。但工业上一般不采用酸性或中性进行漂白。因为在弱酸性条件下,漂白速率相当快,有大量的氯气逸出,劳动保护比较困难,所以在棉及其混纺织物漂白中,一般不采用这种条件。如果将漂液的pH值提高到接近中性范围内进行漂白,漂白速率虽然比酸性时慢,但比碱性时快,然而在这样的条件下,纤维素将受到比较严重的损伤,图3-9显示了次氯酸钠漂液 pH 值与漂白后棉纤维聚合度的关系。

从图3-9看出,漂液 pH 值在近中性范围内,棉纤维聚合度最低,表明纤维受到的损伤最为严重(纤维素的最大降解发生在 pH 值为 7.8 左右),应尽量避免在这样的条件下进行漂白。

在 pH 值为 7 的工业化漂白条件下,纤维素获得最高的铜值,这种氧化纤维素具有严重的潜在损伤。图3-10是次氯酸钠溶液 pH 值与漂白棉织物强力的关系曲线,从该图可知,在漂白后和碱煮前直接测试织物强力时,中性漂白后棉布的强力较低,这与聚合度的测试结果基本一致(图3-9)。但若将漂白后的织物经过1g/L烧碱溶液沸煮 1h 后,近中性漂白后的织物强力大幅度下降,这表明该样品中存在着严重的潜在损伤,经过碱煮,这种损伤才暴露出来。所以采用近中性范围进行漂白是比较危险的,棉纤维可能受到严重的损伤,而且这种损伤有部分是属于潜在损伤,仅仅测定织物强力,常不能说明问题的实质,应该受到足够的重视。从图3-9和图3-10还可以看出,在碱性条件下,棉纤维的聚合度和织物强度都保持了较高的水平,说明棉纤维受到的损伤较小。因此,工业化生产普遍采用碱性条件漂白,漂液的 pH 值控制在 10 左右。虽然漂白速率比酸性和近中性时低一些,但便于实际操作并且避免纤维的过度损伤。

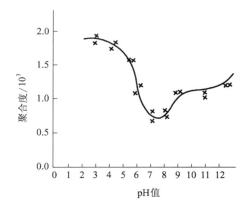

图 3-9 次氯酸钠漂液 pH 值与漂白后棉纤维聚合度的关系

[烧毛、退浆和煮布锅精练府绸(4040)浸漂,2g/L(有效氯),pH=2~12,35℃,1h,0.5mol/L 的磷酸和磷酸三钠为缓冲剂]

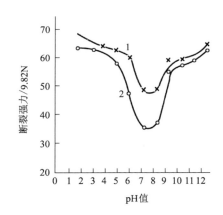

图 3-10 次氯酸钠漂液 pH 值与漂白后棉织物强力的关系

1—碱煮前 2—碱煮后

关于次氯酸钠对纤维素的降解作用,通过动力学的研究,有人认为是形成了高活性的游离基所致,但也有人认为是由于 HOCl 和 ClO⁻ 会迅速形成某种复合物,进而使纤维素氧化:

$$HOCl + ClO^- \longrightarrow 复合物 \longrightarrow 氧化产物$$

该反应的反应速率方程为:

$$- dC/dt = kC_{HOCl} \times C_{ClO^-}$$

式中：C_{HOCl} 和 C_{ClO^-} 分别为 HOCl 和 ClO⁻ 的浓度；C 为复合物浓度。所以 $- dC/dt$ 也代表耗氧速率。

还有人认为在漂白过程中纤维素会发生降解，主要是 HOCl 在纤维素上放出氧，同时生成 HCl：

$$HOCl + Cellulose \longrightarrow Cellulose \cdot [O] + HCl$$

棉纤维漂白时，除了天然纤维会消色和纤维素会发生降解外，其他杂质也会发生不同的化学反应，而且杂质的氧化速度比纤维素的快，所以可以利用这个速度差，达到保护纤维、破坏色素的目的。

（二）温度、浓度和时间的影响

用次氯酸钠进行棉织物漂白时，提高漂白温度，可增大漂白速率，缩短漂白时间。例如，当漂液 pH 值为 11 时，漂液温度每升高 10℃，漂白速率约增大 2.3 倍。升高漂白温度，虽然漂白速率增大，但纤维素被氧化的速率也同时提高，而且比漂白速率提高得更多（每升高 10℃，纤维素被氧化的速率约增大 2.7 倍），十分明显，采用较高的漂白温度，会使纤维素受到较大的损伤，因此在实际生产中，通常将漂白温度维持在 20～35℃ 之间，漂白 30～60min。温度过低，漂白时间过长，也不适合生产的需要。

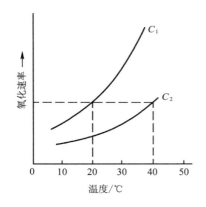

图 3－11　温度对纤维素纤维在不同浓度的
　　　次氯酸钠漂液中氧化速率的影响
　　（C_1，C_2 为不同的漂液浓度，$C_1 > C_2$）

漂液的浓度也是一个重要的因素，浓度过低达不到漂白的要求，或需要较长的漂白时间；浓度过高不仅浪费药品，而且有使纤维受到严重损伤的危险。因此漂液的浓度必须与其他条件相适应。漂液的温度和浓度对纤维素的氧化速率的影响可用图 3－11 定性地表示，该图显示了次氯酸钠对纤维素的氧化速率是随着浓度的增加而增大的。

由此可见，次氯酸钠漂白时，温度和浓度过高，都容易引起纤维素的损伤。在轧漂中可根据织物的厚薄，前处理的程度，将漂液浓度维持在 3～5g/L，煮练不够充分和较厚的织物可采用较高的浓度；在浸漂中由于浴比较大，漂液浓度可以稍低一些，如 0.5～1.5g/L（表 3－11）。

第四节　亚氯酸钠漂白

一、亚氯酸钠溶液的性质及其漂白原理

亚氯酸钠商品有液体和固体两种。纺织工业用的多为液体亚氯酸钠，其浓度有 10%～

26%数种,一般不含食盐,加碱将 pH 值调节至 10 左右,以便长期保存,稳定期为 6～8 个月,一年浓度约减少 1%,不易燃烧,比固体亚氯酸钠在操作与处理方面都方便。表 3-12 列出了 26%的液体亚氯酸钠的一些基本性能。固体亚氯酸钠商品的成分在 80% 左右,此外,还含有食盐和少量的碱,色白,具有吸湿性,室温可以长期贮存,遇到有机物,即使温度很低,也能引起燃烧,贮藏时应注意防火。

表 3-12　商品亚氯酸钠溶液(26%,质量分数)的一些基本性质

性　质	NaClO₂ (26%,质量分数)	性　质	NaClO₂ (26%,质量分数)
外　观	黄色透明液体	NaClO₂ 含量/g·kg⁻¹	260
相对密度(20℃)	1.23	NaClO₂ 含量/g·L⁻¹	317～320
水中的溶解度(20℃)/g·L⁻¹	可在任何比例下溶解	—	—

亚氯酸钠在水中的溶解度约为 40%(20℃),溶液呈弱碱性,是一种可水解的盐类。

$$NaClO_2 + H_2O \rightleftharpoons HClO_2 + NaOH$$

随溶液 pH 值的降低,亚氯酸会逐渐增多,如表 3-13 所示。

表 3-13　亚氯酸的含量与溶液 pH 值的关系①

溶液的 pH 值	HClO₂/mmol·L⁻¹	溶液的 pH 值	HClO₂/mmol·L⁻¹
2.6	30	5.5	0.04
3.5	4.4	7.0	0.0014
4.5	0.4	8.5	0.00004

① 亚氯酸钠浓度为 0.2mol/L。

亚氯酸是一个中等强度的酸,在水中能电离。

$$HClO_2 \rightleftharpoons H^+ + ClO_2^-$$

20℃时电离常数约为 10^{-2},因此,当溶液的 pH 值大于 3.5 时,未电离的酸是很少的。

亚氯酸钠在酸性条件下不稳定,可能按下列方程进行分解:

$$5ClO_2^- + 2H^+ \longrightarrow 4ClO_2 + Cl^- + 2OH^- \qquad (Ⅰ)$$

$$3ClO_2^- \longrightarrow 2ClO_3^- + Cl^- \qquad (Ⅱ)$$

$$ClO_2^- \longrightarrow Cl^- + 2[O] \quad (少量) \qquad (Ⅲ)$$

在酸性范围内,亚氯酸可以分解出氯酸和次氯酸:

$$2HClO_2 \rightleftharpoons HClO_3 + HClO$$

氯酸和亚氯酸反应生成二氧化氯气体:

$$HClO_3 + HClO_2 \rightleftharpoons 2ClO_2 \uparrow + H_2O$$

重金属离子对亚氯酸钠的分解无催化作用。

由以上可知,亚氯酸钠溶液的组成和次氯酸钠相似,也是随 pH 值的变化而改变的(图3-12)。图中的阴影部分是生产中漂白工艺使用的最佳 pH 值范围。

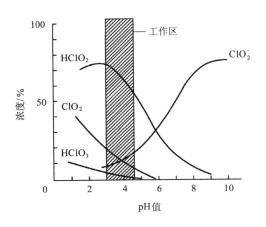

图 3-12　亚氯酸钠溶液的组成随 pH 值的变化情况

关于亚氯酸钠在漂白过程中，究竟是什么成分起漂白作用的问题，至今还不是十分清楚。有人做了实验，将煮练过的棉布投入 pH 值分别是 2.6、3.5、4.6、5.5 和 7 的亚氯酸钠溶液中，于 100℃漂白，发现各溶液均有漂白作用，达到相同白度（87%）所需的时间分别为 0.25h、0.5h、1.5h、5h 和 30h，所需的漂白时间比分别为 1∶2∶6∶20∶120。从这些数据可知，亚氯酸钠的漂白速度随着漂液的 pH 值的降低而增加，在酸性漂白范围内，亚氯酸钠溶液中 ClO_2 的含量较高，所以认为 $HClO_2$ 存在是必要的条件，而 ClO_2 可能是漂白的有效成分。反应（Ⅱ）和反应（Ⅲ）属副反应，应尽量避免，但反应（Ⅲ）也有漂白作用。亚氯酸钠的分解与漂液的温度和 pH 值密切有关，温度越高，pH 值越低，亚氯酸钠分解越快。在漂白过程中，应对亚氯酸钠的分解速率加以控制，否则由于形成二氧化氯的速率过快，来不及起漂白作用便已逸出，不仅造成浪费，而且污染环境。由于漂白反应的活化能很高，所以亚氯酸钠漂白要在较高的温度下进行。

二、亚氯酸钠漂白工艺与设备

亚氯酸钠是一种比较温和的氧化剂，在正常漂白条件下不会损伤纤维，可用于棉、合纤及其混纺织物的漂白，但不适用于氨纶弹力织物和羊毛或其他蛋白质纤维织物的漂白。与次氯酸钠、过氧化氢比较，亚氯酸钠去杂效率高，特别是去除棉籽壳能力强，因此对前处理要求比较低，甚至织物不经过退浆即可进行漂白，工艺路线较短，对涤纶等合成纤维亦有漂白作用，产品白度好。但亚氯酸钠成本高，而且漂白过程中会产生有毒的和腐蚀性很强的二氧化氯（ClO_2）气体，机器设备的材料和劳动保护要求很高，因而受到很大的限制，目前国内仅用于亚麻织物的漂白。关于设备的材料，需用钛板或含钼不锈钢（含碳≤0.05%、铬 18%、镍 18%、钼 2%～5%）。其他如使用聚四氟乙烯、聚乙烯和用玻璃纤维加强的聚酯等材料也获得一定成功，但还存在一些问题。只有陶瓷器和钛板（含钛 99.9%）是极佳的耐 ClO_2 腐蚀的材料，因此以钛板做成的漂白机最为理想，但价格昂贵。

亚氯酸钠漂白的浓度在 15～25g/L，可用酸（硫酸或醋酸）将漂液 pH 值调节到 7～8 后，再加入适量的活化剂和稳定剂。织物在亚氯酸钠溶液中，浸轧后（轧液率 60%～70%）汽蒸 0.5～

1h或保温堆置2～4h,再经充分水洗、脱氯。亚氯酸钠漂白工艺如表3－14所示。

表3－14 亚氯酸钠漂白的工艺

工 艺		浴比或轧液率/%	NaClO$_2$/g·L^{-1}	pH 值	温度/℃	时间/h
浸漂(绳状浸漂机)		20:1	1～2	4	40～80	1～1.5
热轧堆	精练棉织物	100	10～20	5.5	90	2～4
	原棉织物	100	30	5.5	90	2～4
轧 蒸		100	15	3～5	95～100	0.5～1

常用的活化剂有酸类(如醋酸、蚁酸),释酸盐类(如硫酸铵、氯化铵、过硫酸铵),氧化后形成酸(如甲醛)及其衍生物的有机胺如六亚甲基四胺以及水解后形成酸的酯类(如酒石酸二乙酯、乳酸乙酯等)。用某些活化剂制成的漂液,由于pH值较低,往往有二氧化氯气体逸出,为了改善配液时的劳动条件和提高浸轧液的稳定性,可加入少量的过氧化氢或肼类(硫酸肼,在汽蒸时有活化作用)等稳定剂以抑制二氧化氯的形成。ClO$_2$是有毒的黄色气体,沸点11℃,比空气重2.3倍,比氯气具有更强烈的刺激臭味,能侵蚀人的黏膜,损害人体健康。在8h劳动的场所,空气中ClO$_2$允许浓度为0.1mL/m^3。当ClO$_2$浓度为5～17mL/m^{3}时,人便有明显的感觉;浓度为45mL/m^{3}时时间稍长一些,即有致死的危险;浓度超过150mL/m^{3}10min内可发生死亡。ClO$_2$冷却后形成红褐色液体,易溶于水,能溶解木质素和果胶物质,这便是NaClO$_2$去杂能力较强的原因。

烧毛后未经退浆直接进行亚漂的织物,一般吸水性较差。但只要在漂前或漂后经过比较温和的碱处理便会有所改善。若漂液中加入适量非离子型表面活性剂,有提高织物吸水性的作用。亚漂后再经过一次碱性过氧化氢漂白,也就是通常所称的亚一氧漂,对织物的白度和吸水性均有提高。当然,织物经过退浆后再经过精练,则可适当降低亚氯酸钠浓度,降低成本,但过程比较复杂,而且还需充分兼顾到棉型织物中合成纤维如涤纶的耐碱性。

三、亚氯酸钠漂白工艺条件分析

亚氯酸钠漂白的有效成分是毒性和腐蚀性极强的二氧化氯,因此必须正确控制有关的漂白工艺条件。既要使亚氯酸钠获得最有效的利用和保证纤维少受损伤,又要保护工作环境和减少设备的腐蚀。

(一)漂白的 pH 值

有人将织物用浓度相同、pH值为2.6～8.5的亚氯酸钠漂液浸轧后,在无气体逃逸的封闭容器中汽蒸漂白,亚氯酸钠的消耗、漂后纤维素的黏度和白度如表3－15所示。

表3－15 不同 pH 值的亚氯酸钠漂液对纤维损伤的影响

漂液 pH 值	消耗 NaClO$_2$/g·(100g 织物)$^{-1}$	黏度/10^{-2}Pa·s	白度/%
2.6	1.7	2.50	84
3.7	1.7	2.86	87

续表

漂液 pH 值	消耗 $NaClO_2$/g・(100g 织物)$^{-1}$	黏度/$10^{-2}Pa \cdot s$	白度/%
4.6	1.7	3.33	89
5.5	1.6	2.86	91
7.0	1.5	1.43	88
8.0	0.8	1.43	86
8.5	0.9	0.71	82

由表 3-15 可知,当漂液的 pH 值达到 8.0~8.5 时,亚氯酸钠虽可获得较大的利用,但棉纤维受损程度明显增大,而且织物白度也差。在较强的酸性条件下,显然 ClO_2 产生的速率过快,造成浪费,而且环境污染较为严重。此外,试验表明,在这种条件下,亚氯酸钠转化为无漂白作用的氯酸钠的百分率很大,例如 pH 值在 2.6 和 3.5 时,被分解的亚氯酸钠中 34% 和 23.8% 转化为氯酸钠。因此在生产中,可采用 pH 值为 5.5 进行漂白,但为了取得较大的漂白速度,通常可将漂液 pH 值调节到 4.0~4.5。

漂液 pH 值过低,二氧化氯产生过快,不仅会造成浪费,而且严重腐蚀设备。为了减轻腐蚀作用,可加入一定量的 $NaNO_3$ 作保护剂或 H_2O_2 作 ClO_2 的抑制剂等,但汽蒸时仍会造成环境污染,严重影响工人的健康。

棉纤维在 pH 值小于 5、用亚氯酸钠进行漂白时,一般不会受到严重损伤,但条件过于剧烈,纤维素也会发生降解,并形成酸性氧化纤维素。若漂液 pH 值过低,如 pH 值为 2.6 时,纤维素还可能被水解。

(二)活化剂

常用的活化剂已如前述,为了比较它们的特点,将已经烧毛和退浆的涤/棉(65/35,55/45)织物在不同处方的漂液中浸轧后,再在碱性的碘化钾吸收液的封闭汽蒸箱中汽蒸一定时间,测定被吸收的二氧化氯,漂白后的织物白度、强力和棉纤维素聚合度,另外用蒸馏水将布洗净,分析洗液中残存的亚氯酸钠。所得结果见表 3-16。现结合表 3-16 的结果,介绍活化剂的性能。

表 3-16　各种亚漂活化剂的比较

试验编号	活化剂和稳定剂	汽蒸时间/min	$NaClO_2$ 分解率/%	$NaClO_2$ 转化逸出的 ClO_2/%	织物经向强力/N	织物白度/%
1	硫酸铵 10g/L、H_2O_2(30%)0.2mL/L	30	39.5	7.9	584.3	80.6
		90	58.8	17.1	564.7	84.8
2	六亚甲基四胺 1.5g/L	30	74.1	12.8	576.4	83.3
		90	85.2	14.4	576.4	83.4
3	六亚甲基四胺 1.5g/L、过硫酸铵 0.5g/L、H_2O_2(30%)0.2mL/L	30	51.0	8.6	568.6	80.3
		90	79.0	14.8	557.8	82.7

1. 酸类活化剂　常用的酸类活化剂有醋酸、蚁酸和乳酸等，单纯用 HAc 调节漂液 pH 值至 5.5，除了在配制漂液时，需将醋酸稀释后缓缓加入，并应有良好的搅拌以防止局部酸化过度产生 ClO_2。从表 3-16 的 5 号和 6 号实验中可见，单纯用 HAc 作活化剂的漂液稳定性比较好，放置 36h 后，亚氯酸钠浓度没有降低。在漂白过程中虽然分解率较低，但织物白度仍然比较满意，而且逸出的 ClO_2 的数量显著减少，药品的用量也比较少。用这个处方在叠卷式漂白机上进行大样试验，织物白度在 86%～87%，能达到漂白的质量要求。

2. 铵盐活化剂　铵盐活化剂有硫酸肼、硫酸铵、氯化铵、过硫酸铵等，它们是释酸盐类，或在氧化后形成酸（甲醛）及其衍生物的有机胺化合物如六亚甲基四胺。

无机铵盐常温下较稳定，水解速度较慢，高温汽蒸时水解速度加快，释放出酸性物质，降低布上漂液的 pH 值，使 $NaClO_2$ 在配液时不发生分解，而在高温汽蒸时缓慢地分解出 ClO_2，与纤维中色素反应，达到漂白的目的。此类活化剂对于劳动保护、减少对设备的腐蚀和提高漂白效率都很有利，且价格不高。

$$(NH_4)_2SO_4 + H_2O \longrightarrow 2NH_3 \cdot H_2O + H_2SO_4$$

$$2(NH_4)_2S_2O_8 + 2H_2O \longrightarrow 2(NH_4)_2SO_4 + 2H_2SO_4 + O_2$$

六亚甲基四胺是一种无色晶体，具有氨的特性，易溶于水，遇热分解。

$$(CH_2)_6N_4 + 6H_2O \longrightarrow 4NH_3\uparrow + 6HCHO$$

在酸性介质中，发生如下分解：

$$(CH_2)_6N_4 + 4H^+ + 6H_2O \longrightarrow 4NH_4^+ + 6HCHO$$

生成的甲醛是还原剂，遇氧化剂则发生氧化而生成酸：

$$HCHO \xrightarrow{[O]} HCOOH \quad 或 \quad CO(OH)_2$$

在表 3-16 中，比较 1 号和 2 号的试验结果，可以看出六亚甲基四胺的活化速率比硫酸铵快；使用六亚甲基四胺的 2 号试验，当汽蒸时间从 30min 延长至 90min，亚氯酸钠的分解率虽有提高，但织物的白度都在 83%～84% 之间，无显著改进，因此可适应短蒸要求。从使用硫酸铵的 1 号试验结果看，汽蒸时间从 30min 延长至 90min，亚氯酸钠的分解率、转化为逸出的 ClO_2 量和织物的白度均有明显的增加，可适应长蒸设备，如履带式漂白机的要求。

根据上述以及其他一些试验结果可以看出，亚氯酸钠在适宜的条件下，不致使纤维发生严重的损伤。漂白后，织物上均无棉籽壳残迹，而棉纤维的聚合度均在 1.8×10^3 以上。

3. 酯类活化剂　酯在常温的溶液中较稳定，可使漂液维持在中性范围，汽蒸时酯发生水解，缓慢释放出有机酸和醇类物质，同时醇类物质又被氧化成羧酸，使 $NaClO_2$ 缓慢地分解出 ClO_2，达到漂白的效果：

$$CH_3COOC_2H_5 + H_2O \longrightarrow CH_3COOH + C_2H_5OH$$

$$C_2H_5OH + [O] \longrightarrow CH_3COOH$$

酯类活化剂反应温和，漂白效果好，对劳动保护有利，但价格较高，在生产中不常用。

第五节　其他漂白剂漂白

除了上述的过氧化氢、次氯酸钠和亚氯酸钠三种漂白方法外,还有其他的氧化性漂白方法,如过醋酸、高锰酸钾和臭氧漂白等,但应用不广,仅做简单介绍。

一、过醋酸漂白

过醋酸是易爆的危险性化合物,对皮肤有刺激,商品过醋酸是过氧化氢、乙酐、氢氧化钠和稳定剂的混合物。因此人们也将此工艺称为酸性过氧化氢漂白。表3-17列出了商品过醋酸的基本物理指标。

表 3-17　商品过醋酸的基本物理指标

项　目	指　标	项　目	指　标
CH_3COOOH 浓度/%（质量分数）	36 或 40	相对密度（20℃）	1.135
		闪点/℃	约 40
H_2O_2 含量/%（质量分数）	3.5～4.5	溶解性	在水和极性有机溶剂中溶解

过醋酸漂白的白度不是很高,对棉籽壳的去除不如过氧化氢和亚氯酸钠,但手感柔软,对纤维损伤小,在弱酸和中性范围漂白,可适用于色织物漂白。

二、高锰酸钾漂白

高锰酸钾漂白的应用范围很窄,在柞蚕丝上有应用。其与纺织品接触放出活性氧:

$$2KMnO_4 + 3H_2O \longrightarrow 2KOH + 2MnO(OH)_2 + 3[O]$$

生成的水合过氧化锰使纤维变成褐色,所以漂白后要用二氧化硫处理:

$$MnO(OH)_2 + SO_2 \longrightarrow MnSO_4 + H_2O$$

三、臭氧漂白

在臭氧发生器中于很高的电压下从空气中产生臭氧,用这种方法制得的是氧和臭氧的混合物,在一般应用中不必进行分离。臭氧为浅蓝色、有刺激性臭味的气体。臭氧不稳定,在常温下缓慢分解为氧。臭氧的氧化能力比氧强得多,是最强的氧化剂之一。臭氧在漂白过程中可分裂出活性氧,可使色素消色,臭氧漂白方法多为实验室研究,尚未生产应用。但在工业废水处理中,臭氧能将酚、苯、醇等氧化为无害物质,可使染色废水褪色。

☞ 复习指导

1. 内容概览

本章主要介绍过氧化氢、次氯酸钠和亚氯酸钠对棉及棉型织物的漂白工艺技术,阐述过氧化氢、次氯酸钠和亚氯酸钠溶液的性质和漂白原理,并对这三种漂白剂的漂白质量、生态和经济性进行了评价。

2. 学习要求

(1)重点掌握过氧化氢溶液的性质、漂白原理和工艺条件,了解各种漂白工艺和设备加工原理,并能对漂白工艺条件如 pH 值、浓度、时间和稳定剂和活化剂等进行分析。

(2)了解漂白纺织品质量的检测技术指标和方法,能从漂白质量、生态和经济性对过氧化氢、次氯酸钠和亚氯酸钠漂白工艺进行比较。

思考题

1. 从生态、经济和高品质的角度出发,分析次氯酸钠、过氧化氢和亚氯酸钠这三种漂白工艺的优、缺点,并指出它们的适用范围。

2. 阐述过氧化氢的化学性质和在碱性条件下的漂白原理(写出化学反应式,并用文字加以阐述)。

3. 在过氧化氢漂白中稳定剂的作用原理是什么? 工业上常用的氧漂稳定剂有哪些? 各有何特点和优、缺点?

4. 简述过氧化氢酶在双氧水漂白中的应用原理和优点。

5. 试分析过氧化氢漂白的工艺条件(主要阐述 pH 值、温度、浓度和时间对漂白白度和纤维强度的影响)。

6. 试述过氧化氢漂白中控制质量的技术标准和测试方法与步骤。

7. 何谓短流程前处理工艺? 请设计一个棉布的退、煮、漂短流程前处理工艺,写出相应的处方和操作步骤,以及预测的漂白白度、吸水性和纤维强度。

8. 阐述次氯酸钠溶液的化学性质和漂白原理,并写出次氯酸钠漂白的工艺流程和处方。

9. 试述亚氯酸钠溶液的化学性质和漂白原理,以及漂白时加入活化剂的作用。

参考文献

[1]Warren S. Perkins. Textile coloration and finishing[M]. Carolina Academic Press,1996.

[2]DUFFIELD P A,Rep No. 4,IWS Development Centre,Ilkley,West Yorkshire,England,1986. 1 – 34.

[3]Franz Gruener. Fiber blends with elastane – recommendations for pre – treatment and dyeing[C]. 28th Aachen Textile Conference. Germany:28~29 November,2001.

[4]徐谷仓. 含氨纶弹力织物的染整工艺[J]. 纺织导报,2003(1):54 – 58.

[5]中华人民共和国生态环境部 . 纺织染整工业水污染物排放标准(GB 4287—2012)修订版[S]. 北京:中国标准出版社,2012.

[6]王菊生,孙铠. 染整工艺原理:第一册[M]. 北京:纺织工业出版社,1982.

[7]蔡再生. 纤维化学与物理[M]. 北京:中国纺织出版社,2004.

[8]刘昌龄. 染整实验教程[M]. 北京:纺织工业出版社,1988.

[9]王菊生,孙铠. 染整工艺原理(第二册)[M]. 北京:纺织工业出版社,1982.

[10]姚凤仪,郭德威,桂明德. 氧硫硒分族[M]. 北京:科学出版社,2015.

[11]Novozymes. 诺和过氧化氢酶氧漂生物净化工艺[J]. Prospect,2002.

[12]P Ney. Chemismus der alkalischen bleich von textilen cellulosefasern mit wasserstoffperoxid[J]. Melliand Textilber,1982,63,443 - 450.

[13]W Zoellner. Iron as a decomposing agent,magnesium as a stabilizer in cold - bleaching liquors containing hydrogen peroide[J]. Melliand Textilber,1999(1~2):46 - 49.

[14]陶乃杰. 染整工程(第一册)[M]. 北京:纺织工业出版社,1991.

[15]N Ç Gürsoy,et al. Evaluating hydrogen peroxide bleaching with cationic bleach activators in a cold pad-batch process[J]. Textile Research Journal,2004,74(11):970 - 976.

[16]K Liu,X Zhang,K Yan. Bleaching of cotton fabric with tetraacetylhydrazine as bleach activator for H_2O_2[J]. Carbohydrate Polymers,2018(188):221 - 227.

[17]陈浩,邵冬燕,向中林,等. 阳离子漂白活化剂非水液体的制备及低温活化性能[J]. 印染,2017(13):1 - 3,21.

[18]孔繁超. 针织物染整[M]. 北京:中国纺织出版社,1997

[19]Kuesters. Division Textile,Prospect for Wet Finishing,Sept,2004,Krefeld,Germany,10.

[20]Cognis. Prospect for pretreatment agents,2004,Shanghai.

[21]陈荣圻. 前处理助剂的生态问题[C]. 第五届全国染整前处理学术讨论会论文集. 扬州,2001:35 - 40.

[22]陈傅,王志刚. 纺织染整助剂实用手册[M]. 北京:化学工业出版社,2006.

[23]商成杰. 新型染整助剂手册[M]. 北京:中国纺织出版社,2002.

[24]邢凤兰,徐群,贾丽华. 印染助剂[M]. 2 版. 北京:化学工业出版社,2008.

[25]J A Epstein,M Lewin. Kinetics of the oxidation of cotton with hypochloride in the pH Range 5~10[J]. J. Polymer Sci. ,1962,58:991 - 1008.

[26]M Prabaharan,J Venkata Rao. Study on ozone bleaching of cotton fabric - process optimization,dyeing and finishing properties[J]. JSDC,2001,117(2):98 - 102.

第四章　丝　光

第一节　引　言

　　丝光是针对纤维素纤维(棉、黏胶和麻)的特定加工工艺,棉织物或棉纱经过丝光后,棉纤维发生了超分子结构和形态结构上的变化,除了获得良好的光泽外,棉纺织品的尺寸稳定性、染色性能、拉伸强度等都获得一定程度的提高和改善。

　　丝光是在张力条件下,用浓烧碱溶液处理纤维素纤维纺织品的加工工艺,有织物丝光和纱线丝光两种加工形式。

　　麦瑟(Mercer)在 1844 年发现,利用浓烧碱溶液能改善棉纺织品的性能;1850 年,在关于丝光的第一个专利中,他描述了棉织物经过浓烧碱处理后,会发生织物收缩、织物厚度和对染料的吸收增加以及强度提高的现象。1890 年洛尔(Lowe)发现在浓烧碱溶液处理时施加张力,可提高棉布的光泽。1895 年浓烧碱溶液处理棉布的工艺技术开始工业化,以后逐步成为棉及棉型织物前处理的一个重要工序之一,称为麦瑟处理(Mercerizing)。麦瑟处理分为两种:一种是在处理过程中施加张力,纺织品获得丝一般的光泽,习惯上称为丝光;另一种是纺织品以松弛的状态经受处理,结果纺织品变得紧密,并富有弹性,称之为碱缩,多用于棉针织物的加工。对棉型织物如涤/棉织物的丝光,实际上也是针对其中棉纤维而进行的,所以它们的丝光过程基本上和棉织物的相似,但要考虑其他组分纤维的性能,以免造成对纤维的损伤。如涤纶对烧碱比较敏感,因而对涤/棉织物进行处理时烧碱的浓度应适当降低。

　　织物丝光的基本设备类型有布铗丝光机、直辊丝光机和弯辊丝光机。为了较好地控制布幅,对直辊丝光机设备做了不少革新,如在直辊丝光机上设计了针盘式伸幅转筒或者安装了针铗链伸幅淋洗装置。棉纱丝光也有专门的设备,本章以介绍织物丝光为主。丝光工艺按浸碱时的温度划分,有冷丝光(15~20℃)和热丝光(60~70℃)。根据加工设备和工艺的不同,丝光采用的烧碱溶液浓度也不一样,一般在 260~280g/L 之间;一些新型设备采用的烧碱浓度较高,有采用 300~350g/L 的,甚至有采用 530g/L 的(高载液装置),涤/棉织物则采用较低的烧碱浓度,如 220~240g/L。过去我国普遍使用冷丝光和布铗丝光机工艺,目前使用直辊丝光机和热丝光工艺的正在逐步增多。

　　从进布状态看,棉布丝光又分干布丝光(干进布)和湿布丝光(湿进布)两种,可根据各公司的设备条件和加工品种要求加以选择。湿布丝光时,浓碱液对织物的渗透好、处理均匀,因此缩水率低、染色均匀性好,而且减少了一道烘燥工序。但存在织物上水分与丝光机轧碱槽中的碱液发生液体交换的问题,增加了碱液回收的负担,因此生产中多以干布丝光为主。使用连续高给液装置时，因为没有液体交换问题，以湿布丝光为主。

丝光的工序安排有坯布丝光、漂前丝光、漂后丝光和染后丝光。一般棉布丝光安排在前处理的最后，漂白以后进行，即漂后丝光，这样丝光效果较好，但织物白度稍差。因此，对白度要求高的织物，也可采用先丝光后漂白或丝光后再漂白一次的工艺。另外，丝光后棉织物手感较硬，上染速率较快，对后续加工中容易产生表面擦伤和染色不匀的品种来说，也可以在染色后进行丝光。个别深色品种如苯胺黑，可在烧毛后直接丝光，但废碱含杂多，回收比较麻烦。丝光效果常采用测定钡值的方法来鉴别，即测定丝光棉试样与未丝光棉试样吸附氢氧化钡的比值，再乘以 100，一般丝光棉的钡值在 130～150 之间。

生产中也有用液态氨进行丝光处理的工艺及设备。在常压和 −33℃ 的温度下，棉布用液态氨处理，具有快速、均匀和手感柔软的优点。约有 90% 的液氨可被回收，因此需配备较庞大的回收系统。

第二节 丝光原理

一、浓烧碱对纤维素的作用

浓烧碱溶液对棉织物的处理是一个不可逆的化学改性过程，当烧碱的用量达到较高浓度时，才会引起棉纤维的剧烈溶胀，使纤维素大分子的分子取向、结晶度、结晶尺寸和形态发生重大的改变。这些变化增强了纤维的吸附能力、拉伸强度、光泽和尺寸稳定性，同时也会影响织物的手感和悬垂性。

在浓碱液中的剧烈溶胀，使棉纤维的横截面增加、纵向收缩；纤维的截面由扁平的腰子形或耳形转变为圆形，胞腔也几乎缩为一点，纵向的天然扭转消失，在适当的张力下使纤维得到拉伸而不发生收缩；这样纤维表面的皱纹消失，变成十分光洁的圆柱体，对光线产生规则的反射，显现出光泽。所以，在浓碱液处理时施加张力对增进织物的光泽起了重要作用。另外，浓烧碱不仅可以渗透到纤维的无定形区，而且可以渗透到晶区，使晶格发生一定程度的改变，将部分晶区转变为无定形区。经过水洗去碱和干燥之后，虽然在纤维直径方向还会发生一定程度的收缩，但仍不能回复到原来的状态，基本上把溶胀时的形态保存了下来，成为不可逆的溶胀，以致所获得的光泽具有耐久性。同时由于无定形区的含量增大，纤维的吸附性能和化学活泼性提高。

纤维在浓碱液中产生不可逆的溶胀，使纤维素大分子间的作用力遭到破坏，氢键断裂。随着张力的增大，纤维中无定形区分子伸展得较为平直，或排列得趋向于整齐。在去碱水洗和干燥后，纤维分子间形成新的结合力和氢键，纤维的取向度获得提高。因此纤维的强度增大，形态稳定，缩水率下降。同时，不论有无张力，浓碱液处理能消除纤维中一些弱的结合点，使纤维受力均匀，减少了由于应力集中而造成的纤维断裂，提高了纤维的强度。

二、膜平衡原理

有两种理论解释了棉纤维在浓碱液中产生不可逆溶胀的原因，分别称为水合理论和膜平衡原理。水合理论主要认为棉纤维在浓碱液中能与氢氧化钠形成纤维素钠盐(CellONa)和醇钠化合物(CellOH·NaOH),由于钠离子是水化能力很强的离子,当它与纤维素结合时,会有大量的水分被带入纤维的内部,从而引起纤维的剧烈溶胀。当碱液浓度过高或碱液中带有食盐一类的电解质时,会导致纤维溶胀减小。

有关报道,利用膜平衡来阐述丝光原理,是把纤维内部视作膜内系统,外部的碱液视作膜外系统。当纤维用含有食盐的烧碱溶液处理时,便有纤维素—O^-、Na^+、OH^- 和 Cl^- 等离子存在。其中纤维素—O^- 只能留在膜内,不能扩散到膜外去,而其他的离子都是可移动的,并按照一定的条件在膜内、外建立平衡。假设纤维素与碱作用前的 NaOH 浓度为 C_2,NaCl 浓度为 C_3,平衡后纤维素与碱作用形成的纤维素—O^- 离子的浓度为 C_1,而 x,y 分别为平衡后膜内 Na^+ 和 OH^- 的浓度;同时假设平衡过程中膜内、外体积相等且不变。则平衡时,膜内和膜外[O]的离子总和应分别保持电中性,所以膜内氯离子的浓度 $[Cl^-]_I$ 为 $x-y-C_1$,而膜外氯离子的浓度 $[Cl^-]_O$ 为 $C_3-x+y+C_1$;则达到平衡时,膜内和膜外[O]的离子浓度可表示如下:

膜　内		膜　外	
[纤维素—O^-]$_I$	C_1	[Na^+]$_O$	C_3+C_2-x
[Na^+]$_I$	x	[OH^-]$_O$	C_2-C_1-y
[OH^-]$_I$	y	[Cl^-]$_O$	$C_3-x+y+C_1$
[Cl^-]$_I$	$x-y-C_1$		

同时,可移动的任何一价阳离子(如 Na^+),其膜内、外浓度的比值应相等,而且反比于阴离子浓度,即:

$$\frac{[Na^+]_O}{[Na^+]_I}=\frac{[OH^-]_I}{[OH^-]_O}=\frac{[Cl^-]_I}{[Cl^-]_O}=\lambda \tag{4-1}$$

λ 称为分配系数,将平衡时膜内、外的离子浓度代入式(4-1)得:

$$\frac{C_3+C_2-x}{x}=\frac{y}{C_2-C_1-y}=\frac{x-y-C_1}{C_3-x+y+C_1}=\lambda \tag{4-2}$$

从式(4-1)可得:

$$\frac{[Na^+]_O}{[Na^+]_I}=\frac{[OH^-]_I+[Cl^-]_I}{[OH^-]_o+[Cl^-]_O}=\lambda \tag{4-3}$$

若将平衡时膜内、外的离子浓度代入式(4-3),可得:

$$\frac{C_3+C_2-x}{x}=\frac{x-C_1}{C_3+C_2-x} \tag{4-4}$$

令 $x'=C_3+C_2-x$,则有:

$$x'^2=x(x-C_1) \tag{4-5}$$

因此,必然:

$$2x-C_1>2x' \tag{4-6}$$

而 $2x-C_1$ 为膜内可移动离子的总浓度,$2x'$ 为膜外离子总浓度,因此必有渗透压产生。产生的渗透压的大小应是:

$$P=RT(2x-C_1-2x') \tag{4-7}$$

由式(4-5)可得：

$$x^2 - C_1 x - x'^2 = 0 \qquad (4-8)$$

解 x 得：

$$x = \frac{C_1 + \sqrt{C_1^2 + 4x'^2}}{2} \qquad (4-9)$$

将式(4-9)代入式(4-7)得：

$$P = RT(-2x' + \sqrt{C_1^2 + 4x'^2}) \qquad (4-10)$$

从上述分析和公式推导可知，平衡后，可移动的离子在膜内的总浓度大于在膜外的总浓度，因而产生了渗透压(P)，导致了水向纤维内部渗透，使纤维发生溶胀。离子浓度差越大，所产生的渗透压也越大。

根据式(4-10)可以明显地看出，当 C_1 越大，而 x' 越小时，P 值越大。所谓 C_1 越大，也就是纤维素和碱的结合量大，x' 小，也就是指膜外 Na^+ 浓度小。十分显然，若有盐存在，它不但不能提高 C_1，而且还增加了膜外 Na^+ 的浓度，使渗透压减小，不利于溶胀。同样的原因，过度提高碱液浓度，也会使纤维的溶胀减小。特别是在 C_1 很小时，x' 很大时，渗透压趋向于零。这种结论与实验事实基本一致。

第三节　丝光机及丝光工艺

织物丝光工艺使用的设备有布铗丝光机、直辊丝光机和弯辊丝光机等，应用比较普遍的是布铗丝光机。布铗丝光机的主要特点是可对织物进行扩幅，经向张力和扩幅范围可调，处理后织物的光泽好，织物缩水率小。但操作不当时易产生破边、铗子印等。对宽幅织物扩幅时，会造成布的两边和中间经向密度不一(布边密中间稀)，造成色织面料的花型变形，或染色布产生色差。所以布铗丝光机不适宜宽幅织物的丝光处理。直辊丝光机可对织物多浸多轧，碱液渗透较均匀，不会发生破边，但不能对织物进行伸幅，织物的缩水率特别是纬向缩水率较大。前已述及，一些新型的直辊丝光机克服了上述缺点，保证了织物的门幅和尺寸稳定性。丝光机的种类不同，所采用的加工工艺也不相同，本节将通过各种不同的丝光设备来介绍丝光工艺。

一、布铗丝光机及丝光工艺

布铗丝光机多用于冷丝光工艺(10~20℃)，织物在布铗丝光机上处理时一般要经过三个基本过程：浸碱溶胀(或称膨化)、溶胀下伸幅和伸幅下洗碱。根据布铗丝光机的结构，其丝光工艺为：

浸轧碱液(260~280g/L,20℃)──→绷布(施加张力)──→伸幅和淋洗(张力下洗碱至每千克干织物上烧碱含量 70g 以下)──→去碱蒸箱去碱(洗碱至每千克干织物上烧碱含量 5g 以下)──→中和水洗(50℃水洗,20℃加醋酸中和水洗)──→洗涤(20℃水洗)──→轧水烘干

布铗丝光机一般有单层和双层之分，单层布铗丝光机如图 4-1 所示，是由前轧碱槽──→绷

布辊—→后轧碱槽—→布铗伸幅装置(包括4～5套冲水淋洗和真空吸水装置)—→去碱箱—→平洗机等部分组成。

(一)轧碱和绷布

从图4-1可见,轧碱槽有前、后两台,在两台轧碱槽的上方安装有10余只绷布辊。轧碱槽是由盛碱槽和三辊重型轧车组成,槽内装有多只导辊,以延长布在碱液中浸渍的时间。一般前轧车用杠杆和油泵加压,后轧车用油泵加压。盛碱槽是有夹层的,夹层内可通冷水冷却槽内碱液,以便维持碱液温度在20℃左右。两个盛碱槽间有连通管,以便碱液的流动。盛碱槽中的碱液浓度可根据品种要求的不同,一般控制在280g/L左右。但由于织物在其中浸轧后,吸附大量的烧碱,碱液浓度会逐渐降低,因此需补充浓碱液(为300～350g/L)以维持必要的浓度。有的厂将浓碱液补充到前轧碱槽中,并让碱液通过液位差,溢流到后轧碱槽中去,也有的厂恰好反过来,两种方法各有利弊。绷布辊的作用是为了延长织物带浓碱的时间,绷布辊为空心铁制,直径为560mm左右,上下交替排列,可转动。

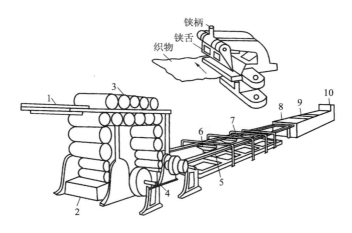

图4-1 布铗丝光机示意图

1—进布架 2—前轧碱槽 3—绷布辊 4—后轧碱槽 5—布铗链
6—吸水板 7—冲洗管 8—去碱箱 9—平洗机 10—出布架

织物先通过进布架透风冷却并调节好张力,然后进入丝光机的前轧碱槽,织物出前轧碱槽后便绕经绷布辊,再进入后轧碱槽中,织物的轧液率保持在120%～130%。

前已述及,在浓烧碱溶液中,棉纤维的横截面增加和纵向收缩,而棉和涤/棉等棉型织物是由经纬纱交织而成,棉纤维的纵向收缩导致了织物会在经纬方向的剧烈收缩,为了防止或减少这种收缩,织物沿绷布辊的包角面应尽可能大些;后轧车稍有超速,能给织物以适当的经向张力;同时可加装一些扩幅辊。然而即使如此,织物的纬向仍然会发生收缩。在一般运转条件下,织物从进入前轧碱槽到出后轧碱槽,历时30～40s。

(二)伸幅和淋洗

织物出后轧碱槽后,立即进入布铗伸幅装置进行伸幅。因为从后轧碱槽导出的织物带碱量很高,织物的收缩倾向仍然很大,此时必须将带有浓碱液的织物拉伸至规定的宽度,并在这样的条件下将织物上的烧碱含量淋洗至规定值以后再放松,才能控制织物的收缩,保证织物和烧碱有充分的作用时间,使织物具有稳定的规定幅宽和提高产品的丝光效果。在布铗丝光机上是通过布铗链伸幅装置来完成这个过程的。

布铗伸幅装置主要是由左、右两排各自循环的布铗链所组成,布铗链是由许多布铗用销子串联起来并敷设在轨道上,绕经前、后转盘(有开铗作用,后转盘是主动的)而循环运转前进,一般长 15～20m。左、右轨道都分为数段,通过螺母套筒套在横向的倒顺丝杆上,摇动丝杆便可调节轨道间的距离。布铗链轨道呈橄榄状,中间大,两头小。当织物两边分别通过前转盘处时,转盘触动铗柄,使铗舌抬起而开铗,布边伸入布铗并随着布铗链前进。由于铗链间的距离增大,铗舌的刀口将布边咬住一起前进,布幅随铗链间的距离增大被逐渐拉伸。当布边到达后转盘处,由于后转盘的开铗作用,布便可脱离布铗而出铗链。布铗伸幅装置的优点是可以较好地控制张力和伸幅的程度,但布的两边和中间所受的伸幅拉力会不一样,对宽幅织物易造成布的经向密度不均匀。另外,伸幅过大易造成破边。

当织物在布铗链上运行到布铗链总长度的 1/3 处时,织物与浓碱的作用时间已比较充分,可以开始淋洗去碱,此时布从前轧碱槽轧碱开始到第一次淋洗之间的带浓碱时间为 50～60s。淋洗的方法一般是每隔一段距离,布面上方就有一横跨布幅的淋冲器,将稀热碱液(70～80℃)冲淋在布面上。在淋冲器的后面紧贴在布的下面,有布满小孔或狭缝的平板真空吸水器(或称吸水盘,与真空泵相连),可使淋冲下的稀碱液穿透织物。这样冲、吸配合,可强化织物中液体的交换,有利于洗去织物上的烧碱。一般丝光机配置有 4～5 套淋吸装置。机身下有铁或水泥制的槽子,分为数格,由吸水器吸下的碱液依次排入槽中,槽内各格的碱液,顺次用泵送到前一淋冲器去淋洗织物。最前一格槽内的碱液浓度最高,当槽内碱浓度超过 50g/L 时,便由泵送至蒸碱室回收。当然,冲洗用的烧碱溶液浓度稀一些,能提高去碱效果,然而烧碱回收设备负担必然增加;相反,如果太浓,织物出伸幅装置后将发生较大的收缩,达不到丝光加工的目的。

伸幅淋洗的去碱量对织物质量的影响很大,为了保证织物不发生大的收缩,在出布铗链时,织物上烧碱含量应洗至每千克干织物上 70g 以下。

(三)去碱与平洗

为了洗去织物上残留的烧碱,在经过伸幅淋洗之后,织物进入洗碱效率较高的去碱箱(图4-2)进一步洗碱。

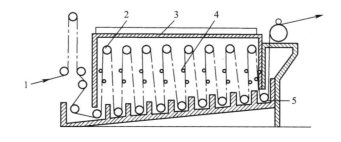

图 4-2　去碱箱示意图

1—织物　2—主动导布辊　3—箱盖　4—直接蒸汽管　5—去碱箱水封口

一般单层布铗丝光机只有一台去碱箱,而双层布铗丝光机则用两台去碱箱。去碱箱是有盖的箱体,箱体进出口处均有水封口,以阻止箱内蒸汽外逸;箱内上下有导布辊各一排,上排主动,下排被动,下排导辊之间有板隔开,分成 8～10 格;箱底呈倾斜状,箱底部盛有低水位的水,洗液从箱的后部逆向逐格倒流,与织物运行方向相反;织物层间装有直接蒸汽管,向织物喷射蒸汽,部分蒸汽在织物上冷凝成水,渗入织物内部,起着冲淡碱液和提高温度的作用。下导辊浸在去碱箱下部的水中,当织物进入下辊筒附近时,织物上较浓的碱液与箱中含碱量较低的水发生交换作用,结果织物上的含碱量降低,而水中含碱量升高。经过多次交换,织物上的烧碱大部分被洗去,每千克干织物的烧碱含量可降至 5g 以下。

接着便用水洗机进行水洗,继续洗去织物上残存的烧碱。在水洗过程中,可采用醋酸或稀硫酸来中和织物上的烧碱,但水洗必须充分,使织物出水洗机时呈中性,以避免织物的损伤。水洗后再经轧水烘干,就完成了丝光过程。

二、直辊丝光机及丝光工艺

直辊丝光机主要用于冷丝光(20℃)工艺,它的主要组成部分与布铗丝光机有较大的不同,它是将平幅织物包绕在多只直辊上浸轧碱液和冲洗去碱的,其工艺流程为:

进布─→ 弯辊扩幅─→ 直辊渗透区(碱液浸轧槽)─→ 轧车─→ 直辊稳定区(冲洗去碱槽)─→ 去碱蒸箱─→ 平洗烘燥

图 4-3 是直辊丝光机的示意图,它主要靠直辊的圆周摩擦力阻止织物幅宽的收缩,无扩幅作用。因此织物先用弯辊扩幅,将织物扩展去皱后进入直辊渗透区浸轧碱液,再在直辊稳定区冲洗去碱。从图中可见,直辊渗透区由不锈钢板制成的槽体和多对上下交替、相互轧压的直辊组成,上排直辊为空心橡胶辊,穿布时可以提起,运转时靠自重压在下排直辊上。下排直辊为耐腐蚀和耐磨的钢管辊,表面车制有细条纹,起到阻止织物纬向收缩的作用。在槽体的直辊之间

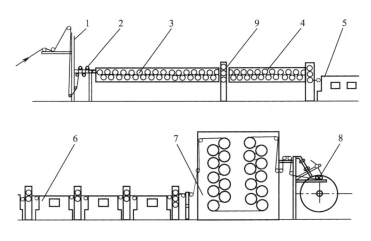

图 4-3　直辊丝光机示意图

1—进布装置　2—扩幅装置　3—直辊渗透区　4—直辊稳定区　5—去碱蒸箱
6—平洗机　7—烘燥机　8—落布装置　9—重型轧车

装有多道碱液喷淋管,下排直辊始终浸在浓碱液中。织物包绕在上下直辊表面运行,一对上下直辊相当于一对轧点,织物即可受到碱液的喷淋,又始终在浓碱液中得到反复多次的浸轧,因此碱液易渗透到织物内部,处理效果均匀。

直辊稳定区的结构与直辊渗透区的结构相似,只是直辊数量比前者少,在槽体的直辊之间装有的多道喷淋管喷淋淡碱液,下排直辊浸在稀碱液中。织物出直辊膨化区后,先经重型轧液机轧去多余的碱液,然后进入直辊稳定区,织物包绕在上下直辊表面,由喷淋淡碱液和多次的浸轧稀碱液洗碱。出直辊稳定区时,织物上烧碱含量应洗至每千克干织物上 70g 以下。接下来织物通过碱蒸箱去碱、水洗和烘干。

图 4-4 是带有针板扩幅装置的直辊丝光机示意图,可提高织物的纬向张力和防止收缩,用于热碱(60℃)和湿进布丝光、冷丝光(室温,20℃)和干布进布等多种加工形式。它是由直辊浸渍槽、直辊膨化槽、针板扩幅装置、直辊去碱槽和水洗机组成。

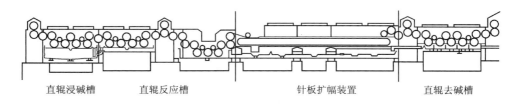

直辊浸碱槽　　　　直辊反应槽　　　　　　针板扩幅装置　　　　直辊去碱槽

图 4-4　带有针板扩幅装置的直辊丝光机示意图

采用湿进布时,湿织物先经过重型轧车轧水,然后进入直辊浸碱区浸渍碱液(烧碱浓度为 300~320g/L)。浸碱之后织物的收缩由直辊膨化槽中的直辊来控制,接下来织物再进入针板扩幅装置;去碱过程在针板扩幅装置的中部开始,出针板扩幅装置时,织物上带碱量为 120~130g/kg 干织物;然后织物进入直辊去碱槽进一步去碱,从直辊去碱槽导出的织物带碱量为 50~60g/kg 干织物,最后进入高效水洗装置中继续洗碱、中和、平洗和干燥。

该机的最大特点是能对织物纬向进行拉幅,保证了落布幅宽。4m 长的针板扩幅链板可将织物的纬向拉幅至所需的宽度,并消除布面的褶皱,对降低织物的纬向缩水率有明显的效果。另外,与布铗扩幅相比,针铗链扩幅系统使整个织物纬向的经密度一致,克服了布边经密度比中间高的缺点,避免了由于经密度不同而造成色织物面料的变形以及丝光后染色布的色差。

三、弯辊丝光机简介

弯辊丝光机一般可以加工两层织物,它的浸轧、去碱和平洗装置都与布铗丝光机相同,所不同的是它依靠弯辊进行伸幅和冲洗去碱(图 4-5)。

弯辊丝光机的弯辊伸幅部分,由一个浅平铁槽和 10~12 对弯辊组成。铁槽前半部的位置较高,上下并列着 5~6 对被动硬橡胶弯辊,其作用是对浸轧过浓碱液的织物进行扩幅,并延长织物带浓碱的时间;铁槽的后部,位置较低,上下并列着 5~6 对主动铸铁弯辊,辊的大部分浸在由去碱箱倒流出来的热稀碱液中,具有使织物在紧张状态下洗去碱液的作用。

弯辊的轴心是固定的,上面有许多节固定的轴套,每节轴套外面有可以转动的铸铁套筒,轴

套和套筒之间有滚珠轴承。套筒外面可包以
耐碱橡胶,并在表面车有周向槽纹。弯辊的伸
幅作用是依靠织物绕经弯辊套筒弧形斜面时,
所产生的纬向分力将布幅拉宽。

织物经进布架进入前轧碱槽,再包绕过绷
布辊,然后从后轧碱槽导入弯辊伸幅装置中,
在被动硬橡胶弯辊上进行扩幅,接着在主动铸
铁弯辊上洗去碱液。

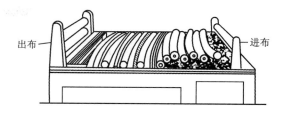

图 4-5　弯辊丝光机弯辊伸幅部分示意图

弯辊丝光机的优点是占地面积较小,但弯辊伸幅时容易使纬纱变成弧状,从而造成经纱密
度分布不匀,布的中间经纱密度低,布的两边经纱密度高,同时由于布是双层叠在一起加工,洗
碱效率也不及布铗丝光机的淋吸装置的高,在工业实践中应用得不多。

四、液氨丝光机简介

使用无水的液态氨对棉布进行处理也是一种丝光的方法,氨的沸点是−33.4℃,在常压和−
33℃的温度下,棉布用纯的液态氨处理,液氨的分子较小,纯度高,所以渗透快、处理效果均匀。
液氨处理产品的光泽和染色性能不及浓烧碱丝光,但手感柔软,尺寸稳定性和抗皱性较高。一
般处理后约有90%的液氨被回收,可以循环再用。液氨处理与树脂整理结合,可以加工出手感
柔软和抗皱的棉及棉型织物的高档面料,近年来液氨处理的工艺正在增多。图 4-6 是液氨丝
光机及其回收装置的示意图。

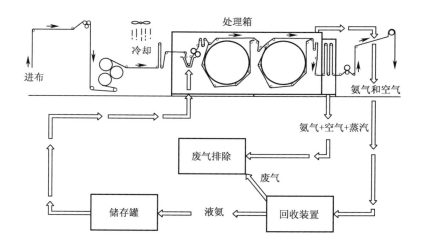

图 4-6　液氨丝光机及其回收装置示意图

如图 4-6 所示,织物进入液氨丝光机的处理箱之前先要降温,织物导入密封的处理箱后进
入轧液槽浸轧液氨,然后绕过两个加热大辊筒表面,一方面阻止纬向收缩,另一方面将液氨汽
化。导出处理箱后织物用热水洗涤,然后干燥。

第四节　丝光工艺条件分析

一、冷丝光工艺条件分析

　　冷丝光时,织物在一定的张力和室温(10~20℃)条件下,浸轧 260~280g/L 的烧碱溶液,保持带浓碱的时间为 50~60s。然后在张力条件下洗去烧碱,直至每千克干织物上的带碱量小于 70g 后,才可以放松并继续洗去布上的烧碱。色织布的丝光一般都采用冷丝光工艺,织物上的颜色在温度较低的碱液处理时不易脱落和褪色。现以布铗丝光机为主,分析和讨论冷丝光的工艺因素(碱液浓度、温度和张力等)对丝光效果的影响。

(一)碱液浓度对棉纤维溶胀和吸附性能的影响

　　烧碱的浓度是影响丝光效果的重要因素之一,因为只有当烧碱溶液的浓度达到某一临界值以后,才能引起棉纤维发生显著不可逆的溶胀。图 4-7 显示了棉纤维在不同浓度的烧碱溶液中的变化。从图中可以看出,棉纤维在 8% 以下浓度的稀烧碱溶液中只有很小的溶胀,当碱液浓度大于 8% 时,棉纤维的直径和长度随碱液浓度的提高而分别急剧增加和缩短,直至碱液浓度为 14.5%(约为 170g/L)时达到最大值。棉纤维的长度在较浓的碱液中发生收缩的规律与直径增大的规律非常相似,但程度不同,后者比前者约大 5 倍。棉纤维经浓碱处理后,体积的增加最大可达 140%以上。

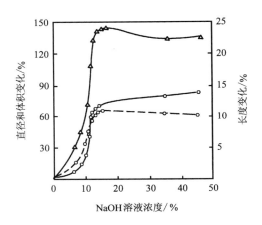

图 4-7　棉纤维用不同浓度的 NaOH 溶液
处理后形状的变化

处理条件:经水和纯碱沸煮处理的棉纤维用不同
浓度的烧碱溶液浸渍处理。以水处理
的棉纤维作为基础进行比较

--○-- 长度　—○— 直径　—△— 体积

　　用显微镜观察棉纤维的溶胀现象,可以看到未经烧碱溶液处理的成熟棉纤维的纵向呈扁平的带状,并且具有均匀的天然扭转;横截面呈腰子形,中间是胞腔。棉纤维用烧碱溶液处理,当碱液浓度达到 7% 时,纵向的天然扭转大部分消失,横截面变成椭圆形;当碱液浓度在 7%~11% 之间时,纤维向内外发生明显的溶胀,除了直径增大外,胞腔也缩小;浓度为 11.3% 时,纤维向内已经胀足;浓度达到13.5% 时,纤维向外溶胀已达到最大值;继续提高碱液浓度至 37%,棉纤维不再发生明显的变化。图 4-8 是丝光前后棉纤维横截面的扫描电子显微镜(SEM)照片。根据显微镜观察的结果,图 4-9 描绘了棉纤维的横截面在丝光过程中的溶胀过程。棉纤维在浓碱液中逐步发生溶胀,若再经过水洗和干燥,直径会缩小一些,另外长度也会有所增长,但已不能回复到原来的状态。

　　棉布在松弛状态下用不同浓度的烧碱溶液处理后的收缩率和钡值情况,如图 4-10 所示。

(a)丝光前

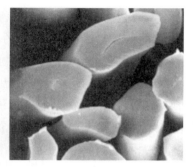
(b)丝光后

图4-8 棉纤维丝光前后的横截面比较(SEM照片)

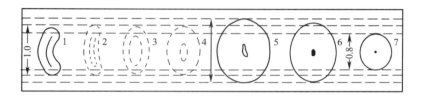

图4-9 棉纤维在丝光过程中横截面变化示意图
1~5—纤维在碱液中继续溶胀 6—溶胀后再浸入水中开始发生收缩 7—完全干燥后

从图中可以看出,烧碱浓度从110g/L开始,棉布的收缩率和钡值随着烧碱浓度的增大而急剧增加,到270g/L左右,棉布的收缩率和钡值随碱浓度增加而提高的趋势大幅度减慢,并且基本达到最大值。若要达到钡值为150的处理效果,只需要170g/L的烧碱浓度即可,但考虑到光泽和棉布本身要吸附一定的烧碱量,所以生产中棉布丝光的烧碱浓度多为260~280g/L。

(二)张力对棉纤维光泽、机械性能和吸附性能的影响

棉纺织品用浓碱液处理时,纤维的光泽、强力和延伸度会发生显著变化。施加张力和松弛处理相比,前者对光泽的改善明显比后者好,而且对棉纱强度的提高幅度更大,其原因在本章第二节中

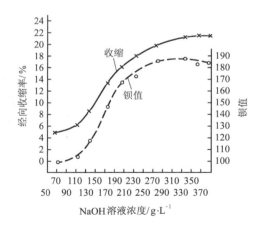

图4-10 NaOH溶液浓度对棉布的收缩率和钡值的影响
棉布练漂半制品在10℃温度下松弛状态碱处理

已做过一些阐述。表4-1显示了浓碱处理时张力的大小对棉纱线光泽以及某些机械性能的影响。从表中可以看出,丝光时张力的增大,有利于提高产品的光泽和强度,而棉纱的断裂延伸度则随着张力的增大而降低。但张力过大,对产品的光泽增加不多,却使断裂延伸度下降。浓碱

松弛处理对织物光泽和强度的提高较小,由于处理后织物的弹性提高,使断裂延伸度有了较大的增加。

在丝光中,织物的断裂延伸度则随经向张力和纬向伸幅程度(即纬向张力)的增大而降低,而断裂延伸度过于减小是不适宜的。一般在丝光之前,棉布先经过练漂处理,使织物的经向反复受到张力而发生相当大的伸长,断裂延伸度已显著变小。如果在丝光时再采用过大的经向张力,这样不仅会造成纬向伸幅困难,而且还会因织物的断裂延伸度过小而影响到棉布的使用性能。因此要根据织物品种的不同,选择合适的经、纬向张力。

表 4-1　张力对棉纱线丝光后性能的影响

处　理　条　件	断裂负荷/N	断裂延伸度/%	光泽[①]
未处理	6.01	5.40	24.30
无张力碱处理	7.16	16.10	20.40
原长丝光	7.47	5.50	55.80
比原长拉伸3%丝光	7.28	4.80	62.00
比原长拉伸6%丝光	7.37	4.30	68.80
比原长拉伸9%丝光	7.57	4.00	70.00

① 数值越大,表示光泽越好;烧碱浓度297g/L(30°Bé)。

在浓烧碱处理时,施加的张力大小对棉纤维的吸附性能也有一定的影响,棉纱用不同浓度的烧碱溶液处理时,张力与其钡值间的关系,如图 4-11 所示。从图 4-11 中可知,与松弛处理相比,施加张力起了降低棉纤维的吸附性能的作用。

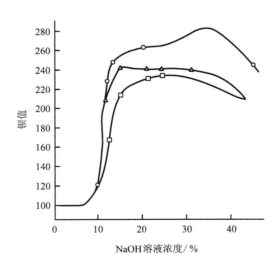

图 4-11　棉纱丝光时的张力、NaOH 溶液浓度和钡值间的关系

——○—— 无张力丝光　　——□—— 保持原长丝光　　——△—— 先无张力收缩后,再拉回原长丝光

吸附染料能力的影响见表 4-2。表 4-2 所示的结果与表 4-1 的相同,张力和松弛碱处

理都改善了棉纤维对染料的吸附性能,但与松弛碱处理相比,施加张力减少了棉纤维对染料的吸附量。

表 4-2　浓烧碱处理时张力对棉纤维吸附染料量的影响[①]

处 理 条 件	染料吸附量/g·(100g 纤维)$^{-1}$
未处理	1.5
张力条件下处理	2.9
松弛碱处理	3.5

① 采用苯并红紫 4B 直接染料,在相同染色条件下染色。

另外,丝光时采用的经、纬向张力,对棉布的经、纬向缩水率影响很大。已知在布铗丝光机上,纬向张力是靠布铗链之间的伸幅距离控制,经向张力则由调节前后轧碱槽轧车的线速度来控制。

由于丝光是通过棉纤维的剧烈溶胀以及纤维素分子能适应外界的条件进行重排而实现的,因此,纤维内原来存在着的应力已经消除,从而有增加织物尺寸稳定性的作用,而这种定形作用对纬向来说有特别重要的意义。表 4-3 显示了丝光时纬向张力对织物缩水率的影响,表中的数据表明,控制棉布丝光过程中的伸幅程度(即纬向张力),是提高成品纬向尺寸稳定性的一个重要措施。

表 4-3　丝光时纬向张力对织物缩水率的影响[①]

纬向张力[②]	丝光后幅宽/cm	成品幅宽/cm	缩水率/%
较小	78	85	7.8
较大	82	85	2.8

① 2020 漂白平布半制品;

② 除了伸幅条件不同之外,其他条件完全相同。

实际上,不仅伸幅程度对成品纬向尺寸稳定性有重要的影响,伸幅速率也是一个重要的因素。一般来说,伸幅应逐渐进行,不宜太快,因为棉布在练漂和丝光的浸轧碱液过程中,经向反复经受拉伸,纬向发生了较大的收缩。在伸幅阶段进行重新调整时需要有一定的时间,伸幅太快,应力往往集中在布边上,容易拉破布边。在某些情况下,即使不拉破布边,也会因应力分布不匀,造成布的纬向经纱密度不均匀,布边的经纱密度高,布中间的经纱密度低(边密中稀),从而引起色织物面料的变形以及染色布的边中色差。所以丝光机的伸幅装置应具有足够的长度,例如,布铗丝光机的总布铗部分一般长约 20m,而伸幅部分(喇叭口)约 5m。

综上所述,丝光时增加张力虽有提高产品光泽和强力的作用,但吸附性能和断裂延伸度都有所下降,因此生产上应掌握好丝光时的经、纬向张力,使各项指标之间取得综合平衡。

(三)温度

烧碱与纤维素纤维之间的反应是放热反应,图 4-12 显示了棉纤维与 NaOH 作用时,随着

NaOH 浓度的提高，体系的反应热增加，因此降低温度有利于纤维的溶胀。提高碱液温度，有减小棉纤维溶胀的作用，从而引起纱线收缩率的明显降低(图 4-13)；但在较高的烧碱浓度下(290～350g/L)，温度对钡值的影响程度不大，10℃丝光与 60℃丝光的钡值近乎相等(图 4-14)。

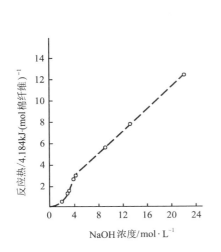

图 4-12　棉纤维与 NaOH 作用的反应热
（经过精练后的棉纤维）

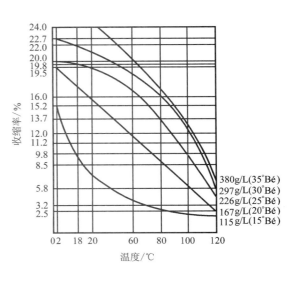

图 4-13　棉纱在各种碱液浓度和温度下的
收缩情况

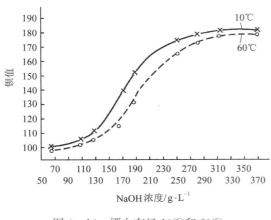

图 4-14　漂白布经 10℃和 60℃
无张力处理后的钡值

烧碱和纤维素纤维的作用是一个放热过程，在碱液浓度相同的条件下，温度越高，产品的收缩率和钡值越小，因而提高丝光轧碱的温度，有降低丝光效果的作用。但要保持较低的碱液温度，就需要相当大的冷却设备和电力消耗，同时，温度过低，碱液黏度显著增大(图 4-15)，往往会使碱液难以透入纱线内部，特别是有张力的情况下更是如此。因此冷丝光时，在夏季通常用水进行冷却，保持碱液温度在 20℃左右为宜。

冷丝光时，由于织物中纱线表面的纤维首先接触烧碱溶液，发生剧烈的溶胀，加上碱液的黏度很大，从而造成碱液继续向纱线内部渗透困难，以致丝光不透，造成表面丝光。

(四)时间

在丝光过程中，必须使烧碱溶液均匀地透入织物、纱线和纤维内部，与纤维素大分子作用，才能完成丝光作用。实验结果证明，碱液渗透过程所需时间与织物的前处理质量(润湿性能)、组织结构和碱液的浓度、温度等因素密切有关，其中，以温度和织物润湿性能的影响最为突出。如果棉布的润湿性能很差，即使经过轧车的浸轧，碱液也往往不能浸透。若在碱液中加入适当

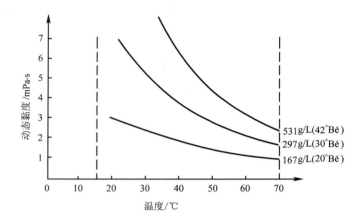

图 4 - 15 温度和烧碱浓度与碱液黏度的关系

的润湿剂(一般是酚类化合物和环己醇的混合物)可以大大加速碱液的渗透过程,如图 4 - 16所示,但润湿剂较贵,而且会增加丝光废液浓缩回收的困难,又造成环境负担,所以生产上很少应用。

为了加速碱液的渗透过程,除了应加强前处理以提高织物的润湿性能外,适当提高碱液温度和反复浸轧碱液也是有效的措施。

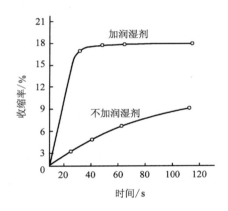

图 4 - 16 丝光碱液中加入润湿剂对渗透过程的影响
(烧碱浓度 281.7g/L)

二、热丝光工艺简介

热碱丝光降低了棉纤维的溶胀(膨化)程度,但能促进碱液的快速和均匀渗透。那么,在生产中究竟应该用热丝光还是冷丝光?这个问题一直是人们讨论的话题。随着热丝光理论和工艺设备的发展以及生产实践的技术积累,热丝光工艺正在逐步得到人们的认可和应用。本节对热丝光的一些研究工作及其工艺做一介绍。

(一)棉纤维在浓碱液中的溶胀行为

棉纤维在浓烧碱溶液中发生不可逆的剧烈溶胀,是棉织物获得性能改善的根本原因。因此,研究棉纤维的溶胀行为是研究丝光理论的重要内容。

1. 平衡溶胀 在研究纤维的溶胀行为时,首先了解棉纤维的最大溶胀即平衡溶胀是必要的。图 4 - 17 显示了在不同温度下,纤维的平衡溶胀(最大溶胀率)与浓度的关系。从图 4 - 17 可见,在低温(5℃)时,棉纤维的平衡溶胀值最高,随着温度的升高,平衡溶胀明显下降。达到 60℃时,平衡溶胀几乎不再随温度上升而下降。

另外从图 4 - 17 还可以看出,在[NaOH]=320g/L 时,温度分别为 5℃、20℃、50℃、60℃时的平衡溶胀 Q_{max} 分别为 145%、110%、80% 和 80%。在达到同一平衡溶胀时,低温所需的

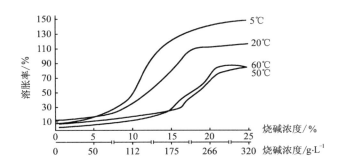

图 4-17　烧碱浓度和处理温度对棉纤维平衡溶胀的影响

NaOH 浓度低，高温所需 NaOH 浓度高。这些均说明了棉纤维不仅在低温时的平衡溶胀比高温时大，而且低温时棉纤维的溶胀程度也大于高温时的溶胀度。图 4-17 还显示出当[NaOH]=266g/L(20%)时，各温度下的平衡溶胀不再随浓度的上升而提高。

那么，需要多长时间才能达到平衡溶胀，这是生产者极为关心的问题。图 4-18 是[NaOH]=250g/L 的条件下，对退浆棉布和经漂白处理棉布在 20℃和 60℃下的溶胀行为做的研究结果。从图 4-18 可见，退浆布在低温(20℃)时的溶胀很慢，经过约 45min 后才达到平衡溶胀，20℃时漂白布在 20min 后达到平衡溶胀。在高温时(60℃)纤维的溶胀非常快，退浆布在 2min 已几乎达到平衡溶胀，而漂白布在 5min 内也近乎达到平衡溶胀。不论在 20℃还是在 60℃，漂白布的溶胀均比退浆布的快，但其平衡溶胀比退浆布的小。这说明棉织物前处理的好坏直接影响纤维的溶胀行为，前处理越好，溶胀越快，平衡溶胀越低。

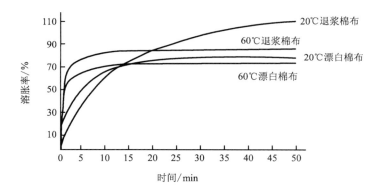

图 4-18　退浆和漂白棉布在 20℃和 60℃的总溶胀率

(烧碱浓度为 250g/L)

2. 溶胀速度　在工业实践中，考虑到经济和设备设计方面的原因，丝光时浸碱溶胀的时间一般限定在 30~60s 内，也就是说，纤维的溶胀不可能达到最大溶胀，必须考虑纤维的溶胀速度。影响棉纤维溶胀速度的因素很多，而温度是最重要的影响因素。

图 4-19 显示了在无任何助剂的浓碱液中，退浆棉布在不同温度下的相对溶胀(Q_t/Q_{max})与时间的关系。从图 4-19 可见，在 60s 的时间内，随温度升高，Q_t/Q_{max}增大，溶胀速度提高；

在 60℃、60s 时,退浆棉布的溶胀已达到最大溶胀的 90%;而在 15℃、60s 时,退浆棉布的溶胀是其最大溶胀的 15%。

图 4 - 20 显示了如果要求织物上的烧碱浓度达到 300g/L,那么冷丝光(15~20℃)的渗透较慢,在浸轧碱液后需要至少 50s 的渗透时间才能达到这个浓度;而热丝光需要 35s 左右;采用高给液装置的热丝光设备只需要 25s 左右。也就是说,热丝光比冷丝光的浸碱渗透时间缩短了一半(25s 左右),因此可以大大缩短渗透区设备的长度。

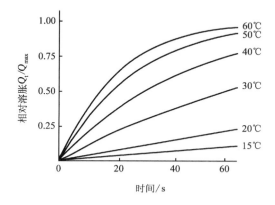

图 4 - 19　烧碱处理时间对退浆棉布相对溶胀的
　　　　　影响

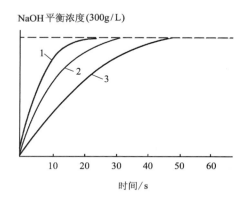

图 4 - 20　冷丝光和热丝光的浸碱渗透所需时间
1—高给液丝光(60~70℃)　2—热丝光(60~70℃)
3—冷丝光(15~20℃)

3.溶胀的均匀性　冷丝光时,纱线芯层丝光化程度比表面层低,因为低温时,当浓 NaOH 首先吸附于纱线表层的纤维时,由于纤维发生剧烈的溶胀,使纱线表面层密度增高,从而阻碍了浓 NaOH 从纱线表面层向芯层的扩散,导致了纱线芯层丝光化程度降低。加入耐碱润湿剂会改善这一状况,但耐碱润湿剂价格昂贵,且又会造成环境负担。

纤维和纱线在冷丝光和热丝光中的溶胀行为被 Bechter 形象地绘制成图形(图 4 - 21)。图 4 - 21(a)显示了在冷丝光(10~20℃)中,棉纤维溶胀速度慢,但溶胀程度剧烈,使纤维直径增大较多,这一剧烈的溶胀增加了纱线边缘层的密度,阻碍了碱液向纱线芯层的渗透。冷的 NaOH 黏度很高,这也增加了向芯层扩散的阻碍,导致了芯层丝光化程度低,光泽不如热丝光好。由于纱线表面层纤维排列紧密,使手感较硬。在图 4 - 21(b)中,热丝光的 NaOH 温度为 60℃,棉纤维溶胀速度加快,但溶胀程度小,纤维直径增大的程度比冷丝光小,纱线边缘层密度没有冷丝光大,因而碱液向芯层的渗透变好;另外在 60℃时,NaOH 黏度大幅度降低,使碱液向芯层的扩散渗透更容易,因而使纱线芯层和外层的丝光度一致,即达到整个纱线截面的均匀丝光,从而使光泽提高,由于纤维在纱线中排列较疏松,手感变得柔软。

(二)丝光效果

1.光泽　前已述及,热丝光对棉纤维光泽的改善比传统冷丝光更好。这是因为在低温时,对一根棉纱来讲,棉纱表面层中纤维溶胀剧烈,而棉纱的芯层由于碱的渗透受阻而使纤维溶胀变小;在高温时,浓碱对棉纱表面层和芯层纤维的渗透都很均匀。这种均匀的渗透导致了均匀

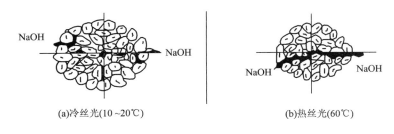

(a)冷丝光(10～20℃)　　　　　(b)热丝光(60℃)

图4-21　冷丝光和热丝光时 NaOH 对棉纱的渗透

的溶胀,使光泽的改善更为明显。

2. 染色性能、强力和尺寸稳定性　热丝光与传统冷丝光一样也改善了棉纤维的染色性能。20℃冷丝光的染色性能与 60℃热丝光几乎相等。在 5～55℃温度范围内分别对棉纱丝光,发现浸碱的温度没有影响丝光棉纱的上染率,各温度下处理棉纱的上染率相差不大,而且它们的 X 衍射图像也没有明显的变化。

丝光纺织品的强力与丝光工艺密切相关,丝光处理提高了织物的断裂强力。分别在 70℃及 20℃和烧碱浓度 20%下处理织物,热丝光后的拉伸强力比冷丝光的略高。

热丝光和冷丝光都使棉织物的缩水率下降,织物尺寸稳定性获得提高。

3. 手感　纯棉织物的手感是服用性能的一项指标。在热丝光研究中发现,丝光棉的手感随温度下降而变硬,随温度升高而变柔软。图4-22 显示了在 20℃和 60℃丝光处理时,碱液浓度对织物手感的影响。手感用抗弯刚度指标来衡量,抗弯刚度越低,手感越柔软。

从图4-22 可见,60℃丝光织物的抗弯刚度比 20℃丝光的低得多,说明 60℃丝光织物手感比 20℃丝光的柔软。

综上所述,热丝光工艺与冷丝光工艺相比,具有以下四个显著的优点:光泽更好(因溶胀均匀),手感变柔软(溶胀小和均匀),染色均匀性获得提高(溶胀均匀)以及溶胀速度快。热丝光可以加速溶胀,使浸碱溶胀时间缩短一半,可使设备单元变短,这引起了机械制造商的极大兴趣,因此,热丝光机也应运而生。

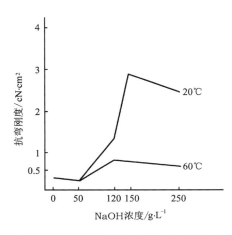

图4-22　NaOH 浓度和处理温度对棉织物手感的影响

☞ **复习指导**

1. 内容概览

本章主要讲述纤维素纤维(棉、黏胶和麻)的丝光加工工艺,阐述了丝光原理和丝光处理后棉纤维发生的变化及其变化的原因,介绍了各种常用丝光机种类及其丝光工艺,阐述了热丝光工艺及其设备的发展,并对冷丝光工艺和热丝光工艺条件进行了分析。

2.学习要求

(1)重点掌握丝光原理、丝光目的和加工原理,并能解释丝光处理后棉纤维发生变化的原因。

(2)重点掌握布铗丝光机和直辊丝光机的基本构造、加工原理及丝光工艺参数。

☞ 思考题

1.试解释丝光和碱缩的定义。丝光和碱缩处理的目的是什么?

2.试述棉纤维经丝光处理后其性能发生了哪些变化。

3.试以膜平衡理论解释棉纤维在浓烧碱溶液中发生剧烈溶胀的原因。

4.写出丝光处理的基本过程和常用的丝光机种类;比较这些机械的适用范围和特点。

5.写出布铗丝光的工艺条件。试分析烧碱浓度对棉纤维溶胀的影响,以及丝光时张力对纤维光泽和机械性能的影响。

6.试分析丝光处理时,温度对棉纤维的平衡溶胀、溶胀速度、溶胀均匀性的影响。

7.比较冷丝光(10~20℃)和热丝光(50~60℃)的处理效果。

8.什么叫液氨丝光? 试述其工业应用的优、缺点。

参考文献

[1]M Peter, H K Rouette. Grundlagen der textilveredlung[M]. Germany: Deutscher Fachverlage, 1989: 420-428.

[2]孔繁超.针织物染整[M].北京:中国纺织出版社,1997.

[3]S Greif. Die additionsmercerisation - entscheidungskriterien fuer investitionen[J]. Melliand Textilber, 1996, Sonderdruck,(9):594 - 598.

[4]Kuesters technology spans wet finishing systems, What's new from the ideas factory[J]. Textile Month,1996(11):26 - 27.

[5]王建明.贝宁格 DimenSa 直辊丝光机性能及效果分析[J].染整技术,1994(2):37 - 43.

[6]陶乃杰.染整工程(第一册)[M].北京:纺织工业出版社,1991.

[7]陈立秋.现代丝光设备(一)[J].印染,2004(5):37 - 41.

[8]徐谷仓.染整织物短流程前处理[M].北京:中国纺织出版社,1999.

[9]陈立秋.湿布丝光[J].染整技术,2008(2):54 - 55.

[10]王清安.略论丝光工程(一、二)[J].印染,2000(10):43 - 50.

[11]林燕.丝光工艺及丝光设备[J].纺织机械,2002(4):10 - 13.

[12]金咸穰.染整工艺实验[M].北京:纺织工业出版社,1987.

[13]王菊生,孙铠.染整工艺原理(第一册)[M].北京:纺织工业出版社,1982.

[14]蔡再生.纤维化学与物理[M].北京:中国纺织出版社,2004.

[15]王菊生,孙铠.染整工艺原理(第二册)[M].北京:纺织工业出版社,1982.

[16]盛慧英.染整机械[M].北京:中国纺织出版社,1999.

[17]吴立.染整工艺设备[M].2 版.北京:中国纺织出版社,2010.

[18]任冀灏. 染整工程多媒体系列素材库——原理篇[R]. 北京:北京东方仿真控制公司,2003.

[19]S H Zeronian,H Kavabata,K W Alger. Factors affecting the properties of nonmercerized and mercerized cotton fibers[J]. Textile Research J. ,1990,60(3):179 − 183.

[20] D Bechter. Ueber die heissmercerisation von baumwolle[J]. Textilveredlung, 1986,21(7/8): 256 −261.

[21]A Niaz,K D Tahir. Effect of temperature of alkali solution on mercerization[J]. Textile Research J. , 1989,59(12):772 − 774.

[22]V Raja,V Subramaniam. Effect of mercerisation on cotton fabrics' properties[J]. The Indian Textile J. ,2003(3):18 − 20.

第五章　热定形

第一节　引　言

　　热定形是利用合成纤维的热塑性,将织物保持一定的尺寸和形态,加热至所需的温度,使纤维分子链运动加剧,纤维中内应力降低,结晶度和晶区有所增大,非晶区趋向集中,纤维结构进一步完整,使纤维及其织物的尺寸热稳定性获得提高。在后续加工或服用过程中,遇到湿、热和机械的单独或联合作用,都能保持定形时的状态。

　　本章主要讨论合成纤维及其织物的热定形,而合成纤维混纺或交织织物的热定形,如涤/棉、锦/棉和棉/氨纶弹力织物等,也是针对其中的合成纤维而进行的。

　　合成纤维在纺丝成型中热处理时间短,存在内应力;在织造和染整加工中,又受到拉伸和扭曲等机械力的反复作用,发生某种程度的变形,也存在内应力。这使得合成纤维及其织物遇热会发生收缩和起皱。

　　热定形的主要目的是消除织物上已有的皱痕、提高织物的尺寸热稳定性(主要指高温条件下的不收缩性)和不易产生难以去除的折痕。此外,热定形还能使织物的强力、手感、起毛起球和表面平整等性能获得一定程度的改善或改变,对染色性能也有一定的影响。因此,合成纤维织物和合成纤维混纺或交织织物,在染整加工过程中都要经过热定形处理。而且根据品种和要求的不同,有些合成纤维织物还需要经过两到三次的热定形处理。

第二节　织物热定形的工艺与设备

　　热定形工艺可根据加热介质的不同分为干热定形(热空气)和湿热定形(热水或饱和蒸汽)两大类。采用汽蒸定形工艺时,比干热定形手感丰满。但湿热定形是间歇式加工,且定形时间较长,生产效率比干热定形低。在生产中,涤纶织物的定形多采用干热定形工艺。

一、干热定形设备和工艺
(一)热定形机

　　干热定形设备被广泛用于机织物和针织物的热定形处理中。图5-1是干热定形机的示意图,它是由进布、针铗链伸幅、加热室和冷却落布等装置组成。在定形过程中,加热室的温度可以调节到所需温度,织物进入加热室时,经向可以超喂,纬向则靠两串针铗链扎住布边逐渐拉幅,并通过上下风道的喷风口喷出的高温热风,对织物进行对流加热。织物被加热到规定的温度后,再在此温度下处理一段时间,然后导出加热室,冷却后落布。这种热定形机也被称为针铗链式拉幅定形机。在进布装置中设有自动整纬装置、超速喂布装置和自动布边涂胶装置(用于针织物加工)。针织物进布时,自动布边涂胶装置在布边涂上 2~3cm 宽的快干胶,布边变得硬挺平整,可防止卷边。

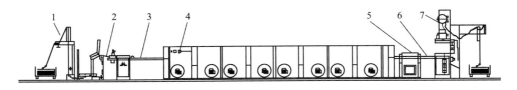

图 5-1　针铗链式热定形机示意图

1—进布架　2—超喂装置　3—针铗链伸幅装置　4—烘房　5—冷风　6—输出装置　7—冷却落布

1. 加热室　热定形机由多节加热室组成,每节加热室内有上下两排喷风管道,如图 5-2 所示,织物在两排喷风管间通过时呈浮动状态,由风机吹出的热风从上下两排喷风管道的喷风口中喷出,垂直、均匀地吹向布面,对织物进行加热处理。

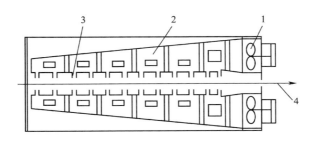

图 5-2　热定形机加热室的结构示意图

1—轴流风机　2—楔形风道　3—喷风口　4—织物

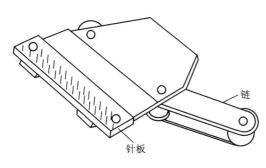

图 5-3　针板和针铗链示意图

2. 针铗链和超喂装置　在定形过程中很重要的一点是织物的长度和门幅要能够调节,特别对某些针织物来说,要求长度方向具有更大的调节能力,例如从拉伸 10% 到超喂 30%。要完成这样的任务,只有针铗链能够适用。对厚重织物或要求布边不留下针孔的织物可以采用布铗链式,但不能进行超喂。

针铗链由不锈钢针板(图 5-3)连接而成,针板上植有两排不锈钢细针。在针铗链运行过程中,有部分运行路程是在加热室外,因此针板的温度往往比加热室内的温度低,约为 50℃。超喂上针装置(图 5-4)可使织物喂入速度大于针铗运行速度,即超速送(喂)布,它能降低织物的经向张力而有利于纬向扩幅。织物进入针铗链之前先经过超喂辊 1(线速度为 V_1),再经过左右各一套三指剥边器 2 将织物去皱展平,然后通过主动毛刷压布轮 5(线速度为 V_2)和两只小导辊组成的柔性托持带 4 之间,由主动毛刷压布轮 5 分别将织物的两个布边刷压到针板上,再由毛刷压布轮 6 继续深压到针板根部以避免脱针。其中主动超喂辊 1 和主动毛刷压布轮 5 可变速,用作超喂时,主动毛刷压布轮的线速度略大于超喂辊的线速度;若使织物有一定的经向张力,则可调节主动毛刷压布轮的线速度稍快或与超喂辊的线速度同步。这种设备超喂率的调节范围很宽,可以在 $-10\% \sim +50\%$ 之间,但对机织物而言,超喂率常控制在 $3\% \sim 8\%$ 之间,视具体产品而定。

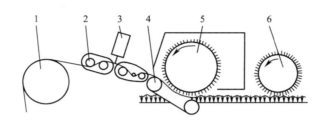

图 5-4　超喂装置示意图

1—超喂辊　2—剥边器　3—探边装置　4—柔性托持带　5—主动毛刷压布轮　6—毛刷压布轮

3. 加热的方式　干热定形机采用热风对流加热织物,热定形机加热室的加热系统大多设计在机器的下部,分为直接加热和间接加热两种方法,分别如图 5-5 和图 5-6 所示。

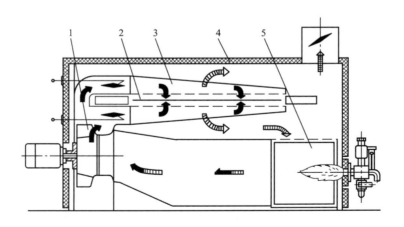

图 5-5　热定形机加热室直接加热结构示意图

1—风机　2—织物　3—喷风管　4—隔热门板　5—加热室

直接加热通过燃烧煤气、丙丁烷或柴油来加热空气,再由鼓风机送入加热室。燃烧气体的烟气比热空气轻,可与热空气分离,从烟道排出机外。间接加热以道生油(用 26.5% 的联苯和 73.5% 的二苯醚组成)作为载热体将空气加热后,送入加热室;也可以采用电加热或蒸汽管道加热空气。但蒸汽加热的热空气温度较低,约在 100℃ 以下,不能用于合成纤维的热定形,可以用

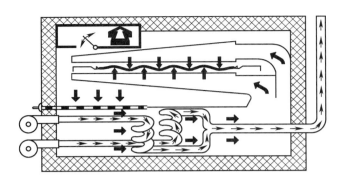

图 5-6 热定形机加热室间接加热结构示意图

于纯棉织物的拉幅定形整理。间接加热的热空气纯净不带烟气,对织物不会产生负面影响,同时热风温度比较稳定,热处理效果均匀。

干热定形机的加热方式是靠对流传热,加热效率低,热定形机一般要有 4 个或 4 个以上的加热室。热定形机的喷口形状和位置设计,废气的排放、回用及热能的利用等,对于提高热效率是很重要的。

(二)热定形工艺

1. 工艺概况 织物在针铗链式定形机上进行干热定形时,一般是使具有自然回潮率的织物以一定的超喂进入针铗链。针铗链间的距离可以调节,以控制织物的门幅,通常是将织物的宽度拉得比成品的要求略大一些,如大 2~3cm。织物上了针铗以后,紧接着便进入热风加热室。加热室内往往又用挡板隔开,分成前后数节。由于织物是带有一定的水分进入加热室的,因此前部比较潮湿的空气可排出室外,而后部比较干燥的热空气则可回用。通常将织物进出加热室所经过的距离称为加热区或定形区。实际上,织物进入加热室后并不能立即升温至热定形所需要的温度,而是要经过一定的时间后才能达到,所以也可把织物表面达到所需定形温度前经过的距离称为预热区,而把预热区后一直到出加热室的这段距离称为定形区。通常根据织物的品种和要求、机械设备情况等,控制定形区的温度。

合成纤维热定形的温度很高,以热风作为加热介质时,一般加热温度在 190~230℃,时间为 30~45s。变形纱织物的温度要适当降低,干热定形时聚酯变形纱织物的温度在 160~180℃,聚酰胺变形纱织物的温度为 150~175℃。在织物的热定形中,不同纤维组成的织物,热定形所需的温度和时间亦不同,而且与织物品种和含湿量以及热源和设备的热效率等密切相关。

合成纤维混纺织物需要在何种条件下热定形,主要取决于合成纤维的比例和纤维的品种。对于涤/棉织物,往往定形温度控制在 180~210℃,时间为 20~30s。含有聚酰胺纤维的织物可在 190~200℃(锦纶 6)或 190~230℃(锦纶 66)处理,便能获得较好的尺寸稳定性。含有聚丙烯腈纤维的织物经 170~190℃定形后,可以防止后续加工中形成难以消除的折皱,并能限制严重收缩的产生,但是往往有泛黄倾向。涤/毛织物的定形是根据各自纤维的特点分开进行的,先用蒸汽(蒸呢工艺)对其中的羊毛定形,然后再用热空气(干热定形法)对涤纶部分热定形。含氨纶弹力织物的热定形温度一般在 150～185℃ 之间,如超过 195℃,会引起纤维弹力的较大损失。

织物离开定形区后,要将它保持在定形时的状态进行强制冷却。冷却的方法可采用向织物喷吹冷风或使织物通过冷却辊,一般要求落布温度在 50℃ 以下,否则,织物在堆入布箱或打卷后,会因热的作用发生收缩,而且还可能产生难以消除的皱痕。

2. 工序安排 热定形在织物染整加工中的工序安排,一般随织物品种、结构、洁净程度、染色方法和工厂条件等的不同而不同,大致有四种安排:坯布定形、碱减量前定形、染色或印花前定形、染色或印花后定形。一般合成纤维及其混纺和交织织物需要经过两至三次热定形,即坯布定形、碱减量前定形或染色和印花前定形一次或两次,属于前处理的范畴,常称为预定形;然后在染色或印花以后再进行一次拉幅热定形,这样对保证染色、印花质量和成品的尺寸稳定性以及平整的外观都有好处。

在预定形中如果采用坯布定形,由于织物在进行染整加工前已经过热定形,处于一种比较稳定的状态,因此在后续加工中不致发生严重的变形。但织物上的 PVA 或聚丙烯酸酯等浆料被固化,使其水溶性变差,而难以除去,另外一些纺丝油剂经高温挥发后,污染设备,并带来废气问题。

采用碱减量前定形和染色或印花前热定形的品种较多,对于需采用碱减量处理的涤纶仿真丝织物,有采用三次热定形的工艺,即在精练(预缩)后和碱减量处理前先热定形(预定形)一次,碱减量后和染色或印花前再热定形(预定形)一次;然后在染色或印花后又经过拉幅热定形。涤/棉织物的热定形安排,有时是作为前处理的最后一道工序,或在丝光前进行,也有时是插在两次漂白之间进行(多用于漂白或染浅色品种)。

染色或印花后热定形的工序,可以消除前处理及染色或印花过程中所产生的一些折痕;而且染色或印花后的工序较少,可使成品保持良好的尺寸稳定性和平整的外观。如果只采用染色或印花后热定形,而在前处理中未经过热定形(预定形)的织物,则要求定形前的加工过程要用平幅设备加工,尽量少产生折痕,因为绳状高温染色时若造成折痕,在热定形时难以去除。并且所采用的染料要求在热定形条件下不变色,而且升华牢度要高。如涤/毛织物可采用染色后热定形,并且常将热定形过程安排在更后一些,如在剪毛后进行。另外,对采用热熔法染色的织物,由于染色时需将织物加热到比较高的温度,如 190℃ 左右或更高些,这样,染色前是否需要进行热定形,则视织物的类别和前处理的方法而定。在采用导辊式热熔染色机时,若前处理过程采用不产生折痕的平幅设备加工,而织物本身在导辊式热熔机上加工时又不会产生折痕,那么,染色前可不进行热定形。一般导辊式热熔机经向张力较大,织物经热熔染色后门幅会发生不同程度的收缩(随采用的染色前定形和热熔染色时的条件而异)。为了使门幅符合成品的要求,往往在染色以后需要再进行一次高温热风拉幅定形。

总之,热定形工序可根据以上讨论的各方面因素,进行合理的安排。

二、湿热定形

湿热定形可分为水浴定形和汽蒸定形两类,表 5-1 和表 5-2 分别列出了锦纶湿热定形的一般工艺和热定形条件对纤维热稳定性的影响。从表中可以看出,与干热定形工艺相比,以水为溶胀剂对锦纶进行湿热定形时,处理温度较低,但处理时间较长。水浴定形中最普通的方法是将织物在沸水中处理 0.5～2h,其定形效果较差,仍有较大的热收缩;另一种方法则是在高压釜中进行,可将定形温度提高至 125～135℃,处理 20～30min,则可获得较好的效果。饱和蒸汽定形的效果与高温水浴法接近,其处理效果接近于干热定形。

表 5-1 锦纶湿热定形的一般工艺

纤　维	加热介质	温度/℃	时间/min
锦纶 6	饱和蒸汽	130±4	15～30
	热水	120	10～25
锦纶 66	饱和蒸汽	130±19	10～25
	热水	130±5	15～30

表 5-2 热定形条件对锦纶剩余收缩的影响

纤　维	未处理纤维 剩余收缩/%	水浴定形		汽蒸定形		热空气定形	
		温度/℃	剩余收缩/%	温度/℃	剩余收缩/%	温度/℃	剩余收缩/%
锦纶 6	12～14	98	6～8	130	0	190	0～1
锦纶 66	12～14	98	7～9	131	0～1	225	0～1

含锦纶织物多采用湿热定形,比经干热定形后的织物手感丰满、柔软。某些聚酯变形纱织物也采用湿热定形。对于锦纶针织纬编织物,可以在经轴染色机上进行热定形。加工时通常是将织物卷绕在多孔的可抽真空的辊上,然后放入汽蒸设备中进行处理。为了获得均匀的处理效果,在通入蒸汽 2～3min 后,停止通入蒸汽,并抽真空,如此反复多次,尽量将空气排除,再汽蒸处理。处理条件随织物品种而异,如采用 130～132℃ 的温度,处理时间需 20～30min。但采用湿热定形工艺时更要注意定形前织物上不能带有酸或碱,以免造成纤维的损伤。

第三节　热定形机理

一、热定形过程中大分子间的作用力变化

从纤维大分子链的结构分析可知,对于聚酯纤维,大分子间的作用力是极性酯键—COO⁻以及苯环之间的相互作用;聚酰胺纤维则主要是氢键: C=O……NH;聚丙烯腈纤维分子间只有强极性的侧键—CN 基的作用。从分子间结合能的观点出发,合成纤维的热定形包括以下三个阶段。

第一阶段(图 5-7,Ⅰ),用加热或增塑(增塑剂如水和蒸汽)的方法使存在于纤维中的分子间作用力减弱,并使纤维达到高于玻璃化温度(T_g)以上的温度,由于传热的速度很快,分子间

作用力的减弱在几秒钟内便可完成。此阶段称为"松弛"阶段，"松弛"阶段分子间结合能的降低只发生在无定形区，而较牢固的超分子结构（结晶区）则并不被减弱或拆散。

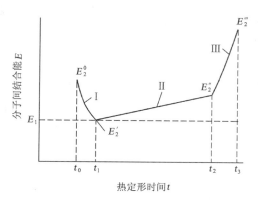

图 5-7　热定形过程中分子间结合能的变化

第二阶段（图 5-7，Ⅱ）是热定形过程的主要阶段，亦即定形阶段。此时，分子间结合能 E 自发地由 E_2' 增大至 E_2''。由于"松弛"和热振动的结果，一些大分子链节和链段周期性相互靠近并重新相互排斥。振动时，大分子中的某些活性基团与其他大分子中同样的基团相遇，靠近到原子间相互作用的距离，就形成新的键。此时由于处在高温下，这些键很弱，但随其数目不断增加，分子间作用力逐渐增大。在结晶高聚物中会发生进一步的结晶，使非晶区减少，结晶度和结晶完整性有所提高。由于相邻大分子的活性基团发生结合需要时间，因此第二阶段的时间比第一阶段长好几倍。第二阶段的速度取决于大分子链节或链段的活动性，即取决于热定形温度。

第三阶段（图 5-7，Ⅲ）使纤维冷却至玻璃化温度以下或除去增塑剂（干燥），此时在第二阶段所产生的新键以及大分子的新位置得到固定。新生结构的固定发生得很快，可在几秒内完成，因为此过程取决于冷却或除去增塑剂的扩散速度。

根据上述观点，定形的基本过程是分三步进行的。第一步是大分子链段间的作用力（包括键）迅速被减弱或拆散，内应力发生松弛；第二步是大分子在新的位置上迅速重建新的分子间键和再结晶；第三步是将大分子的新键以及新位置固定下来。

显然热定形的温度应高于 T_g 和低于软化温度，因为达到软化温度时，纤维发生裂解和变形，而温度低于 T_g，则分子链段还不能产生位移而发生重排，达不到定形的目的。

热定形使纤维产生了永久定形的效果，但纤维无定形区分子间的作用并不能产生永久的定形，比如聚酯中酯键以及苯环之间的分子间力和聚酰胺纤维的氢键，它们在温度稍高时就会舒解，永久定形与纤维中晶区的局部熔融和再结晶有关。热定形使形变状态下纤维的内应力获得松弛，并通过再结晶使纤维稳定在形变的状态。

既然热定形过程中纤维的分子链段进行了重排，那么纤维的微结构必将会发生相应的变化。不同品种的合成纤维，由于其结构上的差异，因此热定形时发生的变化也不完全一样，其中涤纶、锦纶的结构特征有相似之处，但与腈纶、丙纶相差较大，腈纶和丙纶之间又有不同。关于丙纶的热定形机理研究很少，在此不多讨论，以下主要对涤纶、锦纶、腈纶的情况作一说明。

二、聚酯纤维和聚酰胺纤维的热定形机理
（一）热定形的原理

有人认为，用物理学的"能量最低原理"可以描述涤纶等合成纤维的热定形原理。在纺织和染整加工中，涤纶及其织物受到各种外力的作用而产生形变，纤维中存在着内应力，纤维位于较高的能级而处于不稳定状态。在热定形过程中，当织物被加热到高于 T_g 以上（170～230℃之

间)时,由于分子链段的热运动加剧,纤维大分子内旋转极易发生,分子运动的结果,使涤纶分子内部的能量被释放,内应力获得松弛,纤维处于能量最低状态。同时,加热过程中,涤纶晶区的局部熔融和再结晶,使得涤纶的结晶度和结晶的完整度提高。结晶是一个放热过程,而且结晶的潜热量较大。结晶化过程使得涤纶内的能量大大降低,整个体系处于新的能量最低状态。此时迅速冷却,受热后发生变化的纤维微结构便被固定下来,在以后受到热处理时能保持定形时的状态或很少发生变化。

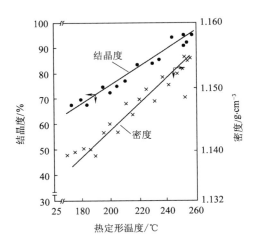

图 5-8 锦纶 66 的结晶度和密度随热定形温度的变化关系

(二)纤维微结构的变化

1. 结晶度的变化 前已述及,锦纶、涤纶的结晶度随处理温度的提高而增加,这种变化对纤维稳定性的提高有很大的关系。图 5-8 表明锦纶 66 松弛热定形时,随着热定形稳定性的提高,纤维的密度和结晶度直线上升。图 5-9 显示了不论是松弛热定形还是张力(定长)热定形,涤纶的结晶度随着热处理温度的升高而提高,且提高的趋势也呈线性关系。

2. 晶粒尺寸和完整性的变化 从图 5-10 可见,在松弛和张力状态下热定形时,涤纶中微晶尺寸都随着定形温度的提高而增大,松弛热定形对结晶度提高的效果更明显。显然,微晶尺寸的增大,会使纤维中晶区缺陷减少,晶区完整性得到改善。

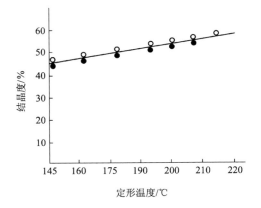

图 5-9 涤纶长丝结晶度与定形温度的关系
(定形时间为 30s;结晶度:经 45.05%,纬 45.14%)
○松弛热定形 ●定长热定形

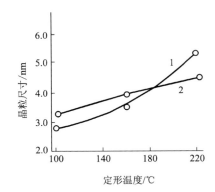

图 5-10 涤纶晶粒横向尺寸与热定形温度的关系
1—松弛热定形 2—张力热定形(定形时间 1min)

涤纶或锦纶中晶区(微晶体)的大小(或称尺寸)和分布各不相同,晶区和晶区之间由非晶区联结,每个晶区中存在着结晶不完整的地方(缺陷)。在定形过程中,晶区缺陷可能得到消除,或同时晶区发生长大。大小和完整性不同的晶粒,具有各自的熔点,小和不完整的晶区较易熔融。

图 5-11 用图示的方法显示了热定形过程中纤维晶区的局部熔融和再结晶情况。在图中，若将纤维加热到 T_1，小而完整性比较差的结晶（图 5-11 中标明 I 的画线部分）将首先熔融，比较大而且完整的晶体非但不熔化，相反还会得到增长，即增大或变得比较完整，从而纤维的结晶度得到提高；这样便使晶粒的大小及完整性的分布达到了一个新的状态，使原来的分布 I 变为定形后的分布 II。若将定形温度继续提高至 T_2，则标有 II 的画线部分晶体将熔融，分布将进一步变成 III。每提高一些温度，定形的程度也随之提高。当然，定形的温度不能超过其纤维的熔点，否则会使结晶组织所

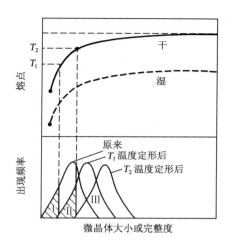

图 5-11　纤维中晶区大小和完整性示意图

构成的网组织解体，引起纤维机械性质的恶化。图 5-11 还表明，水分或其他溶剂的存在会使整个熔点曲线降低。因此湿热定形时，热定形温度应相应降低。

假如将图 5-11 中经过 T_1 定形后的纤维，再经受 T_1 松弛处理时，由于纤维中能发生熔化的结晶数量已大大减少，因而纤维的尺寸稳定性获得提高。如果纤维在一定形变下经受热处理，同理，纤维便能稳定在这一形变状态。经过 T_1 定形后的纤维，若再经受更高温度如 T_2、T_3 的热处理，则可在新的状态下获得更高的尺寸稳定性。

（三）涤纶的有效温度（T_{eff}）

经过热定形处理后的涤纶，在差热分析曲线上会出现一个特征峰，德国的学者们将此峰的峰顶温度命名为 T_{eff}（有效温度），有效温度 T_{eff} 总是出现在涤纶的玻璃化温度以上，并低于其结晶熔融温度（T_m，约为 255℃）。图 5-12 是涤纶长丝经过不同温度干热定形 20s 后的差热分析曲线，从图中可以看到，除了涤纶的熔点峰（256℃）外，在每条曲线上都还有一个有效温度 T_{eff} 的峰，随着处理温度的升高，此峰向熔点靠近，即涤纶的 T_{eff} 增大。T_{eff} 可以看作是热定形过程中新生成的结晶的熔点，热定形温度越高，分子链段的动能越大，链段进入较规整晶格的可能性也越大，结晶的完整性越高，相应的 T_{eff} 就越高。

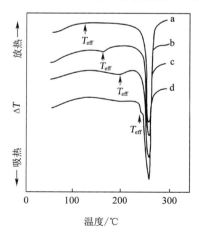

图 5-12　热定形后涤纶纱的有效温度在差热分析曲线上的位置

热空气定形温度：a—110℃　b—150℃
c—190℃　d—230℃

涤纶纱规格：10tex/36f 长丝

有关资料分别对有效温度及其规律做了较详细的叙述，T_{eff} 的高低受热定形四大工艺因素（温度、时间、张力和溶胀剂）的影响，热定形温度越高，T_{eff} 越高（图 5-12）；热定形时间越长，T_{eff} 越高；热定形时张力越小，越有利于 T_{eff} 升高。

热定形处理后纺织品的尺寸热稳定性等效果与热定形的四大工艺因素密切相关，而热定形的效果是涤纶的

微结构发生变化的结果,有效温度(T_{eff})可以定量地描述涤纶超分子的变化,它将热定形的效果与涤纶微结构的变化联系了起来。使用T_{eff}研究涤纶的受热史和比较热定形的效果十分方便,差热分析法的效率高,而且不用考虑具体的热定形设备和织物规格(厚薄疏密)等条件。

三、聚丙烯腈纤维的热定形机理

腈纶的结构和对热处理的高度敏感性是独特的,定形机理也与涤纶、锦纶不相同。腈纶蕴晶区的含量(也可称为结晶度)并不因热定形而发生显著变化,但晶体的尺寸变大,缺陷减少。腈纶非晶区的取向度随热定形温度的提高而下降,而蕴晶区的取向度无显著变化。

另外,拉伸和热定形能在很大程度上减少腈纶中微细孔穴的含量,这些孔穴是湿纺中大分子沉淀时分子状态的剧烈变化所造成的,孔穴的减少导致纤维密度增大。

根据这些结构上的变化,说明热定形时腈纶非晶区的大分子因热运动加剧而重排,原来可能存在于这些大分子中的内应力得到消除,分子间的交联点得到加固(位能降低,稳定性增大),同时也重建一些更为强固的新联结点,使蕴晶区的结晶完整性提高,缺陷减少,使纤维的结晶组织更为强固,从而提高纤维的热稳定性。

第四节　热定形工艺条件分析

合成纤维织物热定形时,纤维的超分子结构发生显著的变化,如密度和结晶度增大、晶粒尺寸变大和完整性增大等。而这些结构上的变化,很大程度上取决于热定形的工艺条件,主要是温度、时间、张力和溶胀剂等。改变这些工艺参数,可在一个较宽的范围内影响纤维的结构,改善纤维的力学性能。

一、温度

从热定形机理的讨论中已知,温度是影响热定形质量最主要的因素。织物的尺寸热稳定性和其他服用性能都与热定形温度的高低有着密切的关系。

(一)热定形温度对织物尺寸热稳定性的影响

将经过精练的涤纶长丝织物在不同的温度下热定形,然后放置在不同温度下任其自由收缩(即在热空气中松弛收缩),其试验的结果如图5-13和图5-14所示。从两图中可以看出,未定形织物的尺寸热稳定性很差,热定形能提高织物的尺寸稳定性,定形温度越高(120~220℃),织物在指定温度下(120~220℃)的收缩率越低。例如未定形和在120℃、170℃、220℃定形的织物,在175℃下的自由收缩率分别为15%、10%、5.5%、1%。从图中可以进一步看出,如果需要织物在150℃下具有良好的尺寸稳定性,定形温度必须提高到180℃;如果需要织物在175℃下具有良好的尺寸稳定性,则需要把定形温度提高到200℃左右。但继续提高定形温度,对织物的尺寸热稳定性并无显著的改善。所以,为了保证涤纶长丝织物在某一后续处理温度下具有

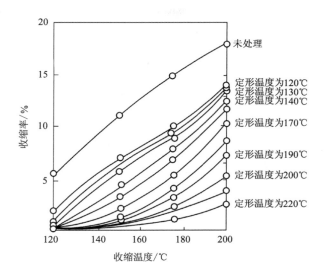

图 5-13 热定形涤纶长丝织物在不同温度下的收缩率

良好的尺寸稳定性,定形温度往往要比这一后续处理温度高 30～40℃。

经不同温度热定形处理的锦纶 66 经编针织物,在 1g/L 的皂液中于 93℃处理 1h,它们的单位面积收缩率如图 5-15 所示。从图中可知,锦纶 66 的热性能与涤纶长丝相似,随着热定形温度提高,织物的单位面积收缩率越小,尺寸热稳定性越高。

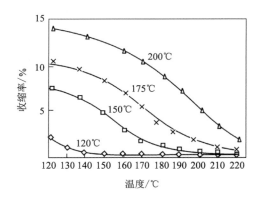

图 5-14 热定形温度对涤纶长丝织物尺寸
稳定性的影响

(曲线上标明的温度是自由收缩温度)

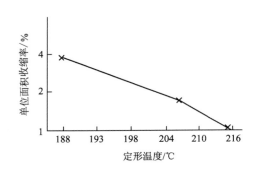

图 5-15 热定形温度对锦纶 66 经编针织物
尺寸稳定性的影响

(未定形织物的单位面积收缩率为 18.2%)

对于混纺织物来说,由于短纤维与长丝性能上的差别,同时又是与其他纤维混纺,因而混纺织物的热稳定性能比长丝织物的好,一般来说,涤棉混纺织物的尺寸热稳定性比涤纶长丝织物要高。因此,涤棉混纺织物的热定形温度比后续处理温度只要高出 20℃,便具有良好的尺寸热稳定性,例如 200℃定形的涤棉混纺织物,在 180℃下的自由收缩率仅为 1.5%。

表 5-3 列出了未定形和经 180℃、200℃定形后涤棉混纺织物,在热熔染色时经、纬向的尺寸变化率和涤纶的临界溶解时间(CDT)。临界溶解时间是指涤纶圈形试样(直径 5mm)在

60℃、从开始接触苯酚直至溶胀解体所需要的时间。从表5-3可以看出,当热定形温度比热熔染色温度高15～20℃时,可以提高热熔染色过程中的尺寸稳定性;当热定形温度与热熔染色温度相近时,对织物尺寸稳定性的提高作用不明显。另外,表中数据还表明,未定形涤纶的CDT很小,随定形温度的提高,CDT明显增大。CDT与涤纶的结晶状态,包括结晶度、结晶尺寸和结晶完整性有关,能反映涤纶的"受热史",CDT越大,表示涤纶所经受的热处理条件越剧烈。

表5-3 热熔染色对涤棉混纺织物尺寸热稳定性及涤纶CDT的影响①

| 织　　物 | 热熔染色后织物的尺寸变化/% | | CDT/s | | | |
| | | | 定　形　后 | | 热熔染色后 | |
	经	纬	经	纬	经	纬
未定形	+3.1	-7.5	(20)	(11)	69	68
180℃定形	+1.9	-3.2	55	63	84	80
200℃定形	+1.8	-2.8	99	107	102	109

① 涤(中强中伸)棉混纺织物,导辊式热熔染色机染色条件:180～185℃,2min;该织物的加工过程为烧毛、轧碱、汽蒸、氯漂、热定形、丝光、热熔染色;( )中的数字表示未定形样品的CDT值。

(二)热定形温度对织物防皱性能的影响

将未定形和在100～220℃定形的涤纶长丝织物,在水中挤压状态下沸煮1h,发现未定形织物上产生的皱痕多而深,经过一般条件熨烫后也不易去除;而经过定形的织物,随着定形温度的提高,皱痕变得少而轻,并且经过熨烫后也易于消除。如果将该织物放在含有净洗剂(2g/L)和纯碱的溶液中,在45℃用手搓洗,也发现类似的情况,但比上述沸煮的程度要轻些。这些现象说明,经过热定形后织物的湿防皱性提高了。

涤纶长丝织物经过热定形后变得比较粗糙或硬挺,影响织物的手感和悬垂性。织物的硬挺度随定形温度的上升而直线上升;干防皱性也发生一定的变化,当热定形温度低于170℃时虽无明显变化,但超过170℃以后则显著下降。然而热定形后织物硬挺度的提高和干防皱性的下降,只是一种暂时的现象,织物经过后续加工的湿热处理后,或将织物用手搓揉或在水中用手搓洗便可得到改善。

干热定形锦纶织物的湿防皱性与定形温度、时间的关系如图5-16所示,锦纶织物的湿防皱性随热定形温度的增高和时间的延长而提高。

(三)热定形温度对织物的吸湿和染色性能的影响

热定形时的温度对织物吸湿和染色性能的影响较为复杂,由于水分子和染料一般只能渗透到纤维的非晶区,所以吸湿和染色性能主要取决于纤维的结晶度、晶粒尺寸和微孔结构等。对不同类型的

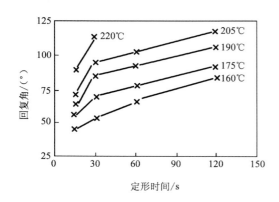

图5-16 干热定形锦纶织物的湿防皱性与定形温度、时间的关系

纤维,热定形温度对吸附性能的影响也不尽相同。

经不同温度(120～230℃)定形的涤纶长丝织物,用浓度为2%(owf)的染料(C.I. Disperse Red 92)于100℃染色60min,热定形温度对分散染料上染百分率的关系呈马鞍形曲线,如图5－17所示。从图中可以看出,随定形温度的升高,织物对染料的吸收不断降低,当定形温度为175℃左右时,对染料的吸收降到最低值,超过175℃后重新又上升,甚至超过未定形的织物。这个发现早在1954年就已报道,此后20年中的许多研究发现,这一马鞍形曲线不是特殊情况,而是具有普遍规律;但直到1978年,R. Huismann等才从涤纶微结构的变化规律入手,对热定形温度超过175℃后呈明显上升趋势的原因做了较圆满的解答。

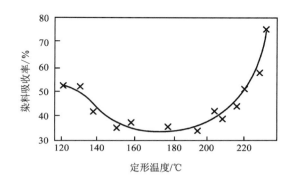

图5－17　热定形温度对涤纶长丝织物染色性能的影响

涤纶染色性能的变化,与聚对苯二甲酸乙二醇酯在不同定形温度下结晶时无定形区发生的变化关系密切。100℃左右聚对苯二甲酸乙二醇酯才开始结晶,在较低的温度热处理(低于175℃)时,随着处理温度升高,涤纶的结晶度增大,但晶粒尺寸增加不多,而是晶粒数目增加,无定形区比率减少(参见图5－18中的曲线1),因而使分散染料的上染百分率减少。高温热处理(高于175℃)时,结晶度几乎不再增加,但晶粒尺寸明显增大。因此高温处理时,晶粒长大而晶粒数目减少,反而使非晶区集中,促使无定形区之间发生合并,其总的结果是单个无定形区的尺寸呈上升趋势(参见图5－18中的曲线2)。因此175℃定形后,虽然纤维密度仍进一步增大,但上染百分率和上染速率却又有所提高。也可以说在定形过程中当温度低于175℃时,主要是形成一些尺寸比较小的结晶,超过175℃,继续增加热定形温度,则纤维中结晶尺寸突然增大,因此在晶区之间形成较多的裂缝,从而有利于染料分子的扩散。根据X射线衍射法对涤纶进行广角和

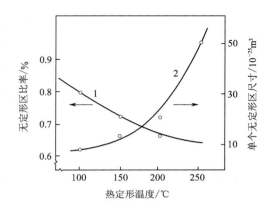

图5－18　热定形温度对无定形区的比率和
尺寸大小的影响
1—无定形区比率随热定形温度的变化
2—单个无定形区尺寸随热定形温度的变化

小角衍射的研究结果,R. Huismann 提出了如图 5-19 所示的热定形前后涤纶的结构模型示意图。

热定形温度对锦纶 66 染色性能的影响(图 5-20)与涤纶的类似,当热定形温度较低时,随定形温度的升高,染色饱和值降低,在达到最小值后,随处理温度升高,染色饱和值增大。

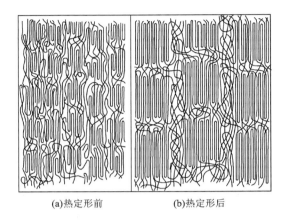

(a)热定形前　　　　(b)热定形后

图 5-19　热定形前后涤纶微结构模型

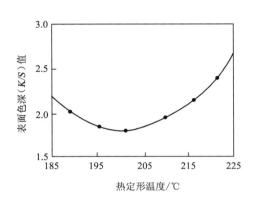

图 5-20　干热定形温度对锦纶 66 染色性能的影响
用酸性染料(C. I. Acid Black 52)在 pH=9 染色

另外,热定形对染色的均匀性影响很大,不均匀的热处理将导致染色疵病。使用性能良好的设备可以精确地控制热定形温度(±0.5℃),从而保证在热定形工艺中对织物的均匀热处理。

二、张力

除了温度以外,热定形过程中织物所受到的张力对织物的物理—机械性能的影响较大。从表 5-4 的数据可以看出,经向尺寸热稳定性随着定形时经向超喂的增大而提高,而纬向尺寸热

表 5-4　张力对涤棉混纺织物质量的影响

张　　力		干热收缩 /%		平均单纱强力/cN	断裂延伸度/%
		180℃,2min	205℃,2min		
经向 (超喂)	1.0%	1.64	2.85	253	24.3
	2.5%	0.98	2.36	252	25.5
	未定形	5.07	7.27	243	22.5
纬向 (门幅)	92cm	1.24	1.98	262	25.9
	94cm	1.48	2.58	255	24.8
	96cm	1.87	3.84	260	23.2
	未定形	3.15	4.97	245	29.2

稳定性则随着门幅拉伸程度的增大而降低。不论定形时经向超喂和纬向拉伸的程度如何（在试验范围内），定形后织物的平均单纱强力比未定形的略有提高，纬向的变化比经向明显。定形后织物的断裂延伸度，经向随着超喂的增大而变大，而纬向随着伸幅程度的增大而降低。当然，强力和断裂延伸度的变化还与织物、纱线和纤维的结构以及织物的前处理条件有关。从织物的服用性能来看，强力和断裂延伸度都是重要的因素，尤其是断裂延伸度过低是不适当的。因此，为了使织物获得良好的尺寸热稳定性和有利于提高织物的服用性能，热定形时经向应有适当超喂，通常为 2%～4%，纬向伸幅不宜太高，通常比成品幅宽大 2～3cm。

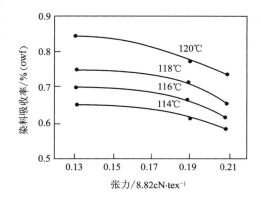

图 5-21　锦纶 6 对染料（Solar Cyanine 5R）的吸收量与定形张力的关系

　　热定形时纤维所受到的张力也影响对染料的吸收率。从图 5-21 可以看出，锦纶 6 在试验的温度范围内，随张力增大，染料吸收率降低，但随温度的提高而增加。而图 5-22 显示了涤纶的染色性能也随着热定形张力的提高而下降的趋势，而温度对染色性能的影响与图 5-17 的结果相似。

　　热定形时张力的不同也会对纤维的微结构产生较大的影响，从而造成织物的物理—机械性能的变化。图 5-23 是利用红外光谱技术，研究热定形温度和张力对涤纶超分子结构影响的结

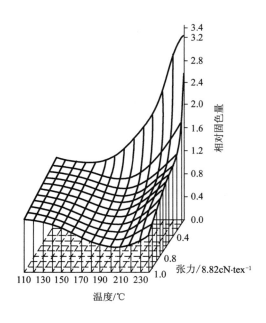

图 5-22　热定形温度和张力对涤纶长丝染色性能的影响

（100dtex 涤纶长丝，20s 干热定形，染色温度 130℃）

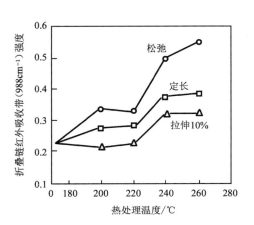

图 5-23　张力对涤纶热处理过程中折叠链形成的影响

果,红外光谱中 988cm⁻¹ 波数的吸收峰是 PET 中有规折叠链的特征峰。从图中可看出,随热定形温度的提高,涤纶中有规折叠链的数目有所增加,而以松弛热定形增加最多,定长热定形次之,张力热定形增加得最少。这说明张力阻碍了分子链的再折叠。

图 5 - 23 的结果解释了张力会降低热定形效果的原因,热定形时形成的再结晶主要是折叠链结晶,而张力不利于大分子链段自身的来回折叠,进而形成结晶。热定形时超喂或增加张力会分别引起织物经向或纬向尺寸热稳定性的提高和下降(表 5 - 4)。所以,热定形时的超喂很重要,它能保证良好的热定形效果。

三、时间

定形时间是影响热定形效果的另一个主要因素,有资料报道,织物在整个热定形过程中所需要的时间大约可分为以下几个部分:

(1)织物进入加热区后,将织物表面加热到定形温度所需要的时间,或称为加热时间。

(2)织物表面达到定形温度后,热量向织物内部渗透,使织物内外各部分的纤维都达到定形温度所需要的时间,称为热渗透时间。

(3)织物达到定形温度以后,纤维内部的大分子按定形条件进行调整所需要的时间,称为分子调整时间。

(4)织物出加热室后,使织物的尺寸固定下来进行冷却所需要的时间,称为冷却时间。

通常所指的定形时间是指前三项所需要的时间,而不包括第四项在内,定形时间一般在 30~45s 之内。关于加热和热渗透所需要的时间取决于热源的性能、织物单位面积质量、纤维导热性和织物含湿量等因素。当纤维原料相同,并在指定的设备上进行加工时,织物越厚,含湿量越高,所需要的定形时间越长。因为织物上含湿量大时,有较多的水分需要蒸发,加热时间也要长些,加热所需时间与织物单位面积质量成比例。织物热渗透所需要的时间,根据试验,随热源性能、织物厚薄、纤维粗细和导热性而异,需要 2~15s。至于分子调整所需要的时间,有些人认为这个过程是很快的,平均需要 1~2s,可以忽略不计。

表 5 - 5 显示了热定形时间对涤棉混纺织物的尺寸稳定性和白度的影响。从表 5 - 5 可以看出,当热定形时间从 30s 延长到 40s,涤棉混纺织物的尺寸热稳定性已无明显改善,而白度降低,织物泛黄较严重。另外合成纤维的强度也会随热定形时间的延长而下降。

表 5 - 5　热定形时间对涤棉混纺织物尺寸稳定性和白度的影响

热定形时间/s	干热收缩率/%				白度/%	
	180℃,2min		205℃,2min		棉	涤棉混纺
	经	纬	经	纬		
0	5.07	3.15	7.27	4.97	81.9	84.0
20	1.65	1.58	3.47	3.04	81.6	83.2
30	1.02	1.51	2.39	2.67	79.2	82.4
40	1.08	1.50	2.26	2.68	75.7	81.2

织物经过加热后,应以适当的速率进行冷却。如果冷却速率太慢,可能引起织物发生进一步的变形;如果冷却速率太快,将产生内应力,使织物变得容易起皱并且缺乏身骨。

四、溶胀剂

热定形时织物上有无溶胀剂存在与定形的效果有一定的关系,前已述及,水分或其他溶剂的存在会使纤维中整个晶区的熔点曲线下移(图5-11),因此湿热定形时,热定形温度应相应降低。

常用的溶胀剂是水或蒸汽,水分存在与否对锦纶染色性能有明显的影响。图5-24是锦纶6拉伸纤维分别经不同温度的汽蒸和干热定形后,染色时染料在纤维中的扩散速率。与未定形纤维相比,染料在汽蒸定形纤维中的扩散速率是增加的,而在干热定形中是减少的,这是纤维微结构的变化所引起的。

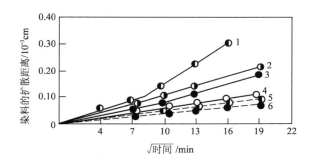

图5-24　松弛干热和汽蒸定形对染料在锦纶6拉伸纤维中扩散的影响

染料:分散橙G

1—135℃汽蒸定形　2—120℃汽蒸定形　3—110℃汽蒸定形

4—未定形　5—160℃干热定形　6—140℃干热定形

图5-25是经不同张力和温度处理的锦纶6的核磁共振测试结果示意图。从图5-25可看出,水分有"松散"纤维结构、增强大分子链段流体般运动的作用,甚至在室温时便十分明显。说明水分在热定形过程中有增塑作用,从而影响纤维的超分子结构和物理性能。

热定形时水分对涤纶性能的影响也较大,如图5-26所示,先将涤纶丝分别用不同温度进行干热定形,然后将这些处理过的丝在130℃的高温高压条件下染色90min,测得这些丝的T_{eff}均为170℃左右,说明涤纶的T_{eff}比高温高压染色处理时的温度(湿处理130℃)高出30～40℃。

从图5-12可以看出,涤纶干热定形时,其有效温度只比处理时的温度高10℃左右,而湿热定形时,水的增塑作用使大分子链段的活动性增强,从而使新形成结晶的规整化程度比干热定形的高,湿热定形作用的T_{eff}比干热定形作用的T_{eff}高出30～40℃。因此湿热定形比相应的干热定形有更好的定形效果,但需要较长的处理时间。另外在测量时发现,如果第一次热定形的T_{eff}比第二次的T_{eff}低,则第二次定形后第一次的T_{eff}消失,只出现第二次较高的T_{eff};如果第一次热定形的T_{eff}比第二次的T_{eff}高,则第二次定形后两个T_{eff}都会存在。

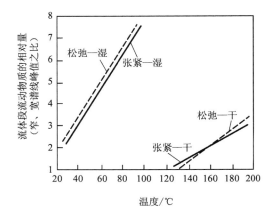

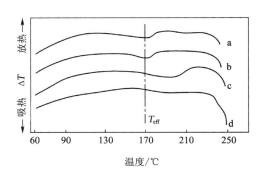

图 5-25　不同张力和温度处理的锦纶 6 的
核磁共振测试结果示意图

图 5-26　经不同温度干热定形后再进行 130℃、
90min 染色的涤纶丝的 T_{eff}

定形温度:a—110℃　b—150℃　c—190℃　d—230℃

☞ 复习指导

1. 内容概览

本章主要讲述合成纤维织物的热定形,阐述不同合成纤维的热定形机理。分别介绍干热(热空气)和湿热(热水或饱和蒸汽)的定形工艺和设备,重点阐述针板拉幅定形机结构和工作原理及工艺,并对热定形工艺条件做了分析。

2. 学习要求

(1)重点掌握合成纤维织物的热定形机理和热定形后纤维发生变化的原因。

(2)重点掌握各种热定形工艺、热定形设备的构造和加工原理、工艺参数。

☞ 思考题

1. 为什么要对合成纤维织物进行热定形处理? 热定形的目的是什么?

2. 试比较丝光和热定形的相同点和不同点。

3. 阐述涤纶热定形的基本工艺流程和条件(温度、时间、张力和溶胀剂),并说明选择这些条件的依据。

4. 试述热定形的加工方式和相应的设备及其加工原理。

5. 何谓涤纶的有效温度 T_{eff}? 它的实用意义是什么?

6. 阐述涤纶热定形的机理。

7. 阐述热定形对涤纶染色性能的影响,并解释之。

参考文献

[1]吴立.染整工艺设备[M].2 版.北京:中国纺织出版社,2010.

[2]盛慧英. 染整机械[M]. 北京:中国纺织出版社,1999.

[3]A. Richard Horrocks,Subhash C. Anand. Handbook of Technical Textiles,Volume 1:Technical Textile Processes(Second Edition)[M]. Woodhead Publishing,2016.

[4]杨静新. 染整工艺学:第二册[M]. 2 版. 北京:中国纺织出版社,2004.

[5]王菊生,孙铠. 染整工艺原理:第二册[M]. 北京:纺织工业出版社,1982.

[6]徐谷仓,沈淦清. 含氨纶弹力织物染整[M]. 北京:中国纺织出版社,2004.

[7]M Peter,H K Rouette. Grundlagen der Textil Veredlung[M]. Germany:Deutscher Fachverlage,1989: 133 −137.

[8]徐谷仓. 含氨纶弹力织物的染整工艺[J]. 纺织导报,2003(1):54 − 58.

[9]绍兴县科技局. 绍兴县 2004 年度印染面料参赛产品技术资料汇编表[G]. 绍兴,2004.

[10]A Ziabicki. 纤维成形基本原理[M]. 华东纺织工学院化学纤维教研室,译. 上海:上海科学技术出版社,1983.

[11]董纪震,罗鸿烈,王庆瑞,曹振林,等. 合成纤维生产工艺学(上册)[M]. 2 版. 北京:纺织工业出版社,1993.

[12]G Heidemann,H − J Berndt. die substrat − und prozess − spezifischen groessen der fixierung von synthesefasern,eine analyse am Beispiel der thermofixierung von polyesterfasern[J]. Chemiefasern/Textil − industrie,1974(1):46 − 50.

[13]H − J Berndt,A Bossmann. Thermal analysis of heat set poly(ethylene terephthalate) fibres. Polymer [J],1976,17(3): 241 − 245.

[14]沈淦清. 分散常压可染改性涤纶热定形及染色特性探讨[J]. 纺织学报,1987,8(12):29 − 34.

[15]H − J Berndt. Thermomechanische analyse in der textilpruefung − methodik und anwendung[J]. Textil Praxis International,1983(11):1241 − 1245.

[16]H − J Berndt. Thermomechanische analyse in der textilpruefung − methodik und anwendung[J]. Textil Praxis Internatinol,1984(1):46 − 50.

[17]金咸穰. 染整工艺实验[M]. 北京:纺织工业出版社,1987.

[18]Warren S Perkins. Textile Coloration and Finishing[M]. Carolina Academic Press,1996.

[19]陶乃杰. 染整工程(第二册)[M]. 北京:纺织工业出版社,1990.

第六章　合成纤维织物的前处理和整理

第一节　引　言

常用的合成纤维有涤纶、腈纶、锦纶、氨纶等,其中涤纶占有相当大的比重,在整个纺织纤维中占有很重要的地位。

与天然纤维相比,普通合成纤维具有独特的性能,例如耐用、高强、光泽好、耐霉蛀、化学稳定性强等,但它们在吸湿性、耐热性、导电性、舒适度以及手感等方面也存在着一定的缺陷。为了改善化学纤维的固有缺点,从 20 世纪 70 年代以来,研究人员对合纤合成和加工整理方法进行改进,开发出了超细旦纤维、复合超细纤维以及功能性纤维等各种新品种。

一般合成纤维的线密度在 2dtex 以上,我国把 0.9～1.4dtex 的纤维称为细旦丝;0.55～1.1dtex 为微细旦丝;而 0.55dtex 以下的纤维称超细旦丝。采用细旦、超细旦纤维,可使合纤织物具有柔和的光泽、超柔软的手感以及蚕丝般的纤细感;通过复合纺织新技术得到的复合超细纤维,则会赋予合纤织物超天然的悬垂性;热处理具有不同收缩率的异收缩纤维,可使织物热收缩后更柔和、滑爽和细腻;通过添加无机物共混纺丝可使织物具有超悬垂性;采用多重混纤、复合、高功能性加工技术可使织物具有干燥感、清凉感、吸水性、抗静电性、抗菌除臭等性能。这些新合纤所表现出的优良特性,如超柔软感、新型的真丝样感觉以及吸水性、抗静电性、抗菌除臭等性能,大大改变了普通合纤的固有缺陷,性能上更加贴近甚至超越天然纤维,极大地提高了合纤产品附加值。通过对聚合物进行化学和物理改性,并运用纺丝和后加工新技术得到新型合成纤维,再通过织造、染整深加工得到的高性能织物总称为新合纤。

合成纤维织物的前处理工艺一般包括:退浆精练、松弛加工、预定形和碱减量处理;后整理工艺主要包括:桃皮绒整理、仿麂皮整理和舒适性整理(柔软整理、亲水整理、抗静电整理及防污整理等)。随着超声波、等离子体、纳米技术、微胶囊等技术的不断成熟,这些绿色环保的新技术也逐渐应用到合纤加工的前处理与后整理阶段,大大促进了合纤产业的发展。由于腈纶、锦纶等合成纤维织物的前处理和后整理工艺与涤纶织物类似,因此本章节主要以涤纶织物为主,介绍合成纤维前处理和后整理加工的原理和技术。新合纤织物由于纤维结构以及加工工序不同,其前处理和后整理工艺与普通合纤织物也略有差异,在此章节介绍中也会介绍。

第二节　合成纤维织物的前处理

合成纤维本身不含天然杂质,合成纤维织物的前处理工艺不像棉织物的那么复杂,但其织物上有纺丝油剂等一些人为的杂质,例如在纤维制造和纺纱织造过程中施加的油剂和浆料、为了识别品种和分批用的着色染料、在运输和贮存过程中沾污的油迹和尘埃等。因此,合成纤维织物的第一道湿处理就是以去除这些杂质为目的的退浆和精练。

　　合成纤维织物的退浆是去除织物上的合成浆料(包括聚丙烯酸酯、聚酯、PVA 和 CMC 等),精练主要是为了去除织物上的纺丝油剂和上述的其他杂质。所以退浆和精练的任务轻,条件温和,工艺简单,一般退浆和精练合并为一个工序来进行。

　　合成纤维的松弛加工是将纤维纺丝、加捻织造时产生的内应力消除,从而形成绉效应。而预定形则是利用合成纤维的热塑性,消除织物中的应力和预缩时产生的皱痕,提高织物的尺寸热稳定性,以利于后续加工的顺利进行。

　　合成纤维的碱减量是将碱剂在张力的条件下作用到涤纶织物上。碱剂的水解作用是从纤维表面向纤维内部渗透,纤维表面出现坑穴,腐蚀织物使组织松弛,织物弯曲及剪切特性发生明显变化,从而获得真丝绸般的柔软手感、柔和光泽和较好的悬垂性和保水性,使织物滑爽而富有弹性。

一、合成纤维织物的退浆和精练

(一)织物上的杂质以及退浆和精练的原理

　　合成纤维织物用的浆料品种有聚丙烯酸酯、聚乙烯醇、聚酯、聚醋酸乙烯、变性淀粉和羧甲基纤维素等,其中前三种用得最多。涤纶短纤纱和长丝使用含有酯基的化学浆料,常用的浆料有部分醇解的聚乙烯醇、聚丙烯酸酯和水分散性聚酯等。锦纶使用的浆料有 PVA、聚丙烯酸盐和聚丙烯酰胺等。关于上述合成浆料和接枝淀粉的结构和性质,可参见第二章的内容。

　　合成纤维的疏水性强,静电大,导致上浆困难。因此在上浆液中,除了浆料之外,还要加入一些辅助剂如油剂和表面活性剂,以提高上浆效率。浆料中加入辅助剂,可使丝身润滑,减少静电现象和经丝粘并及粘搭烘筒现象。但是,辅助剂和油剂的引入,增加了退浆的难度。

　　细旦及超细涤纶、异形涤纶丝由于纤维表面积的增大,纺丝中吸附油剂量大,上浆时吸附浆料多,如超细纤维织物的上浆率可达 15%以上。另外超细纤维对浆料、油剂亲和力特别强油剂成分复杂,往往是矿物油、脂化油、石蜡等的复合物。这样就增加了退浆精练的难度,尤其是高密度的织物。需根据织物上浆料和油剂的种类选择不同的退浆剂和精练剂,退浆、精练剂和助剂的选用以及退浆精练方法的确定是退浆精练工序的关键。

　　常用的退浆剂是氢氧化钠或纯碱,因常用的聚丙烯酸酯类浆料,无论是可溶性的,还是不溶性的,它们均能在碱剂的作用下成为低分子量可溶性的聚丙烯酸酯钠盐而溶解去除。如在第二章中所述,聚丙烯酸酯是以聚丙烯酸乙酯(或丁酯)、甲基丙烯酸甲酯和丙烯酸铵盐为主要单体聚合而成,并形成铵盐,具有水溶性,在上浆过程的湿浆纱烘燥时氨气挥发,则—COONH$_4$ 变成羧基,从而降低了水溶性或吸湿性,即使在喷水织机的织造时发生吸湿,浆料也不至于溶解。而在碱退浆中,羧酸侧链变成钠盐,使其水溶性增大从而可退浆。

　　对于 PVA 或 CMC 类浆料,通过热碱的作用可增加浆料的膨化,从而使浆料与纤维之间的作用力降低,在机械力的作用下,浆料易脱离纤维;另一方面,碱也能增加浆料的溶解度。碱还能使部分油剂如脂化油、高级脂肪酸等皂化，成为水溶性物质而去除。

超声波在织物的退浆前处理工艺中已得到一些应用。有研究显示，将织物的上浆和退浆两个相反过程，通过超声波进行处理，均获得较好效果。超声波可以加速织物上淀粉浆膜的膨化和脱离，并且具有显著的节能节水效果。超声波在退浆过程中，只对浆料产生作用，不会降解纤维，处理后的织物白度和湿润性与常规退浆效果相同。

精练时对纤维或织物上的油剂、油污以及乳化石蜡和平滑剂的去除，则需采用表面活性剂（主要是阴离子型和非离子型），通过它们的润湿、渗透、乳化、分散、增溶、洗涤等作用，将油剂和油污从纤维和织物上除去。除此之外，为避免金属离子与浆料、油剂等结合形成不溶性物质，精练时还可加入金属络合剂或金属离子封闭剂。

精练时，由于油剂的多样化和纤维种类及织物组织结构的变化，因此要选择合适的精练剂。一般根据织造时上浆的实际情况，并结合加工设备及精练原理，挑选各种功能的表面活性剂，其中尤其要注意表面活性剂的协同作用，因单一表面活性剂难以达到精练的目的。同时，还要选择对油剂、蜡质乳化力强的助剂，如果要求精练后残留脂蜡率在0.2%以下，表面活性剂的HLB值需在8~15范围内，染色时才不会发生拒水和色斑。一般精练剂均由非离子型和阴离子型表面活性剂复配而成。

(二)影响退浆精练的工艺参数分析

影响退浆精练的工艺参数包括：退浆剂和精练剂的选择，退浆精练的pH值，退浆时的温度、压力和张力等。

1. 退浆剂和精练剂的选择

(1)退浆剂：前已述及，合纤和新合纤织物上的浆料通常为聚酯、聚丙烯酸酯、聚乙烯醇等，此外还添加蜡质、矿物油、脂化油和非离子表面活性剂。由于这些纤维的线密度和间隙小，织物组织紧密，通常经纱的上浆量较大，将对退浆增加一定的难度。不同组成的浆料可采用不同的退浆剂，其中碱剂是退浆剂的主要成分。

为了使浆料退尽和使水解后的水解物不再沾污在纤维上，常在退浆剂中添加非离子表面活性剂作为渗透剂和乳化剂，它们主要的作用是协助退浆剂对织物进行退浆。最常用的非离子表面活性剂为氧乙烯醚类，如脂肪醇、脂肪酸、脂肪胺、脂肪酰胺、烷基苯酚等聚氧乙烯醚类的表面活性剂(其中烷基苯酚聚氧乙烯醚的生物降解性差和毒性高，属于禁用产品)。这些表面活性剂具有良好的润湿、净洗作用，可将被碱和热水溶胀的浆料乳化呈分散状态而除去。由于退浆温度一般在90~95℃，所以选择时要注意非离子表面活性剂的浊点不能太低。同时还应考虑到新合纤织物组织紧密，溶液的润湿与渗透困难，所以，添加的非离子表面活性剂必须具有强渗透性。为此常选用一类能耐碱、耐高温的渗透性、乳化性和扩散性均好的阴离子和非离子表面活性剂组成的复配物。若退浆和精练同时进行，则退浆时加入的表面活性剂兼有精练的作用。

(2)精练剂：一般精练剂均由非离子型和阴离子型表面活性剂复配，并添加少量防止再沾污的助剂组成。这是因为阴离子表面活性剂形成胶束时，由于离子端基之间电性斥力，使胶束量比非离子表面活性剂小，临界胶束浓度(CMC)大，而表面张力 γ_{CMC} (即表面活性剂形成临界胶束浓度时的表面张力)也较大。当添加了非离子表面活性剂后,通过它们的疏水基之间范德瓦尔斯力作用而引入混合胶束,非离子表面活性剂分子"插入"阴离子表面活性剂的胶束中,使原来的阴离子表面活性剂的"离子端基"之间电性斥力减弱,形成的胶束量增加。并且较易形成胶束,CMC 下降,界面吸附的表面活性剂更加密集,因而可使表面张力随之下降。在非离子表面活性剂溶液中加入阴离子表面活性剂后,由于两者疏水性之间的引力,而使阴离子表面活性剂分子在胶束及界面吸附层上插入到非离子表面活性剂分子中,使吸附膜变得比较坚实,温度对它的影响减弱,使非离子表面活性剂的浊点上升到精练温度以上。同时,在溶液中加入非离子表面活性剂后,与原来的阴离子表面活性剂一起,被吸附在油污颗粒表面上,形成混合界面膜,使脱落油污颗粒不易重新黏附到织物上。

新合纤织物所用浆料和油剂与普通合纤不同,精练净洗机理也不同,故所用的精练剂应有所差异。对新合纤主要使用复合油剂为主的上浆剂,所以精练剂要以具有渗透、润湿、乳化、分散的洗净作用的表面活性剂为主,而以碱剂为辅的复配体系。在精练过程中,主要利用表面活性剂的浸透、乳化、分散和增溶等作用将油剂去除。

2. 退浆和精练的 pH 值　一般聚酯类浆料的退浆在 pH 值为 8 时最佳,聚丙烯酸酯浆料含有丙烯酸剩基,可用烧碱调节 pH 值至 8.0～8.5,使之形成可溶性钠盐而除去;聚乙烯醇浆料的退浆则以 pH 值为 6.5～7.0 为宜;精练的 pH 值一般为 8.5～9。因此实际退浆精练工艺,应根据不同浆料和油剂的组成,添加不同碱剂,调节不同的 pH 值。

3. 温度、压力和张力的影响　在合纤织物退浆和精练时,纤维间的间隙对退浆精练效果有很大的影响。张力和压力的增加,会降低或缩小纤维间的间隙,从而使浆料、油剂等杂质去除困难,因而要尽量保持纤维间隙的扩大状态,故加工时应保持松弛状态,即无张力状态。另一方面,从洗涤角度考虑,加工温度影响很大,这是因为升温能降低表面张力和液体黏度,提高物质的扩散性,有利于杂质的去除。因此在退浆和精练时,温度应控制在 90～100℃。

(三)常用的退浆精练设备和工艺

1. 精练槽间歇式退浆和精练工艺　一般的涤纶等合纤的长丝织物或仿真丝织物,若采用精练槽退浆精练,工艺条件为:纯碱3～4g/L,净洗剂雷米邦 2g/L,保险粉 0.5g/L,浴比(30∶1)～(40∶1),于98～100℃处理 30～40min;续缸时上述化学品分别加 2g/L、1g/L 和 0.5g/L。退浆和精练后用热水洗、酸洗、冷水洗、脱水、烘干。

若坯绸有较多铁渍,则可在退浆精练前先用草酸处理(草酸 0.2g/L,平平加 O 0.2g/L,70～75℃处理 15min),然后加 0.5g/L 纯碱中和(于 40～45℃处理 30～40min),再退浆和精练。

2. 喷射溢流染色机间歇式退浆精练工艺　在喷射溢流染色机上退浆精练是目前国内常用的工艺。最简单的如涤双绉退浆精练工艺,采用净洗剂 0.25g/L,纯碱 2g/L,30%(36°Bé)烧碱 2g/L,保险粉 1g/L,浴比 10∶1,于 90℃处理 20min。

高性能的精练剂也是目前常用的,如精练剂 Ultravon GP/GPN 1～2mL/L、Iragalen PS 0.5～1mL/L,用氢氧化钠调节 pH 值至 10～11,在喷射溢流染色机中于 90℃处理 20～30min,而后温水洗 5min,40℃水洗 10min。又如用精练剂 Daisurf Mol-305(30%含固率)2%～3%,加氢氧化钠1%,浴比 10∶1,在高温高压喷射溢流染色机中于 120℃处理 15min,然后用 80℃

热水洗 5min,60℃热水洗 2min,冷水洗后烘干。此种工艺,随精练剂浓度的增加,织物上残脂率降低,精练效果增加。

3.连续式松式平幅水洗机精练工艺 连续式松式平幅水洗机退浆时,可用 Ultravon GP1~2g/L,纯碱 1g/L 于 40℃浸轧(轧液率 70%),并在 90~95℃汽蒸 60s,80℃热水洗,60℃和 40℃热水洗,冷水洗并烘干。

在平幅松弛精练机中进行退浆和精练同浴处理时,可采用 30%(36°Bé)烧碱 4g/L、磷酸三钠 0.5~1g/L、精练剂 2g/L、渗透剂 0.5g/L、70~75℃预浸渍,然后用 30%(36°Bé)烧碱 4g/L、渗透剂 0.5g/L 煮练(98℃,36s),再采用振荡水洗(第 1、第 2 槽 70~80℃,第 3 槽室温),真空吸水并烘干。

连续式松式平幅水洗机对上浆多的织物往往不能充分退浆和精练,所以需要堆置后进行第二次精练。

二、松弛加工

(一)松弛加工的目的和原理

充分松弛收缩是涤纶等合纤仿真丝绸产品获取优良风格的关键。松弛加工的目的是将纤维纺丝、加捻、织造时所产生的内应力消除,并对加捻织物产生解捻作用而形成绉效应。

纺丝、捻丝及织造过程均会使纤维产生一定的内应力,尤其是强捻织物。丝线一经加捻,即产生旋转,纤维分子的高分子链沿加捻方向扭曲,但此时纤维大分子链排列未遭破坏,从而使丝线内部产生一回复的内应力。为便于织造,需让加捻丝在加捻的状态下固定下来,而印染加工中,则必须将这些内应力释放出来,一方面产生绉效应,另一方面提高织物的手感及丰满度。即使是无捻或弱捻织物,这种应力较小,但纺丝和织造时的内应力同样存在,而这些应力的存在,降低了织物的活络感,使织物手感粗糙。因此,也需要通过松弛释放存在的内应力。由此也说明松弛处理对改善织物的风格影响极大。

织物在湿热、助剂和机械搓揉等作用下,使加捻纬丝内部的内应力在无张力状态下得以松弛释放,纬丝发生充分的收缩,沿纬向呈现不规则的波浪形屈曲,经向也呈现规则的波浪形屈曲,绸面上形成凹凸不平的屈曲效应。如果用不同收缩性能的纤维组成的丝线,则在湿热状态下,纤维产生不同的收缩率,从而呈现经、纬线的屈曲,产生双层空间,使坯布原来板结的"薄片"状态变得厚实和蓬松。显然,上述收缩所产生的经、纬屈曲程度会随张力的提高而降低。同时,纤维、丝线的应力增加,影响织物的风格。因此,织物需在松弛状态下加工,加工张力越小越好。

要释放所形成的内应力,则松弛加工时的条件必须超过内应力形成的条件,这样才能使分子间作用力破坏而导致分子运动。对强捻织物,由于强捻丝有较强的回复扭力,从而使丝线不平整而不利于织造,因而织造时需让丝线加捻产生的扭矩暂时固定下来,这样就需对加捻丝进行定形处理,若定形过度,虽可织性好,但松弛时难以退捻而使织物发硬,绉效应降低,穿着舒适性差;若定形过浅,则丝线捻度不伏,平整度差,可织性差。

织物在松弛状态下热处理时,随着温度的升高,收缩增大,亦即温度提高,纤维大分子运动性能增加,从而促进了内应力的释放。但要注意的是,过于激烈的升温,会使处于绳状的织物产生收缩不匀及皱印,并随温度升高,这些皱印最终会被固定而造成次品。从这个意义上来讲,希望纤维大分子运动及织物收缩变化缓慢且一致,因而在松弛处理时需严格控制升温速率,从低温开始慢慢地升温,尤其对细旦涤纶丝及异形和异收缩丝更应如此。如细旦涤纶丝与普通涤纶丝织物松弛加工的升温曲线见图6-1所示。

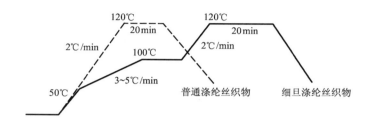

图6-1　细旦涤纶丝与普通涤纶丝织物松弛加工工艺曲线

(二)松弛加工的设备和工艺

松弛加工必须在无张力、全松弛状态下进行,因此对加工设备有一定要求。高温高压转笼式水洗机为全松式加工设备,处理效果特别好,但加工织物需圈码钉线,操作烦琐。松式平幅连续精练设备,松弛加工效果均匀、产量高,但一次性投资大和能耗高,后部水洗部分仍有一定张力,不适用于强捻织物。高温高压喷射溢流染色机通用性强,但多少也有些张力,松弛效果不如转笼水洗机;且绳状下松弛精练,易造成折皱印。不同的松弛加工设备有不同的松弛工艺,常用的合成纤维松弛设备及工艺有以下几种。

1. 平幅松式连续精练机　平幅松式连续精练机可以退浆、精练及松弛同步进行,加工工艺一般为:织物在40℃浸轧由0.5~1g/L润湿剂、1~3g/L精练剂和一定量纯碱(根据不同浆料调节pH值)组成的工作液,于80~90℃汽蒸60s,然后分别经过热水冲洗和冷水冲洗等工序。考虑到退浆难度,可先使浆料充分膨化,并增加预浸轧堆放工序,浸轧退浆液后,在室温下堆放16~24h,再进行洗涤。

2. 喷射溢流染色机　喷射溢流染色机是国内进行退浆、精练、松弛处理最广泛使用的设备。运用该设备加工,织物的张力、摩擦和堆置与浴比和布速有很大的关系,而松弛处理的产品质量与上述因素密切相关,因而除合理地控制升降温速率外,还要选择合理的浴比和布速。涤纶仿真丝织物松弛精练时,布速不宜太高,一般以200~300m/min为宜。而浴比则需根据设备及织物特性而定。超细纤维织物由于纤维表面积大,单纤细,因而其浴比应大于普通丝织物,布速慢于普通丝织物。

高温高压喷射溢流染色机精练松弛起绉工艺,以涤双绉仿丝织物为例,工艺处方为:

30%(36°Bé)NaOH	4%
Na_3PO_4	0.5%
去油剂	x
浴比	(10:1)~(12:1)
布速	300m/min

3. 高温高压转笼式水洗机　高温高压转笼式水洗机是精练松弛解捻处理最理想的设备,织物平放于转笼中松弛处理,经此设备处理,织物的缩率可达 12%～18%,强捻类织物可达 20%,使织物手感丰满度及其风格更为理想,是其他机械所不能达到的。但此设备操作烦琐,劳动强度大,加工批量小,周期长,操作处理不当可能产生折皱和起绉不匀、边疵等疵病。

转笼式水洗机用于松弛解捻起绉,其工艺条件为:浴比（10∶1）～（15∶1）,温度 135℃,时间 30～40min,缸体转速 5～20r/min。若精练起绉一浴,则精练一般含 30%（36°Bé）NaOH 2～5g/L,络合软水剂 0.1～0.5g/L,H$_2$O$_2$ 1～2g/L,润湿渗透剂、低泡助练剂 0.5～1g/L 及少量除斑剂（对含浆及杂质高的织物）。

三、预定形

(一)预定形的目的

在染整加工中,合成纤维织物要经过两到三次热定形,而退浆精练和松弛加工后所进行的热定形,称为预定形。预定形的目的主要是消除织物在松弛起绉时产生的皱痕和提高织物的尺寸热稳定性,有利于后续加工。

经过预定形后织物的热稳定性提高和不发生收缩,对决定产品风格起了关键作用。经碱减量处理的织物纱线变细,但由于织物结构稳定而经纬纱之间的织缩不变,使经、纬纱之间的自由度增大,织物结构变得活络而柔软,不需要加重碱减量处理就可以获得好的手感。另外,预定形后织物结构趋于稳定,碱减量处理的减量均匀,染色时不易形成折皱、缠结和卷边。

经松弛收缩处理的织物干热定形后会降低绉效应。因为要消除折皱、提高分子结构排列的均匀度,必定要对织物施加张力,而张力的增加,又会使绉效应降低,柔软度、回弹性、丰满度等也会发生变化。所以,定形时可通过经向超喂来弥补纬向增加张力所引起的织物风格变化。

(二)预定形的工艺

预定形工艺应根据不同织物特点,从组织规格、密度、捻度和原料种类等来确定适宜的工艺条件。预定形一般采用干热定形工艺,设备以针铗链式热定形机（参见第五章图 5-1）为好,可控制缩率。经、纬向拉力要小,经向要尽量超喂,以保证织物充分蓬松。

定形温度一般控制在 180～190℃。若预定形温度过低,则布面皱痕不易去尽,织物抗皱性较差,易产生染色病疵,严重时门幅稳定性不够,乃至影响成品的手感和风格。若预定形温度过高,则布面发硬,增加了以后减量的难度,还会产生色边疵。定形时间一般为 30～60s,若定形时间过长,则减量率相应降低,虽有利于减量均匀,但生产效率相应降低。车速为 40m/min,经向超喂 1%左右。若织物厚度和含湿率增加,则时间可适当延长。

对于目前发展迅速的海岛型超细纤维热定形有染前预定形,磨绒前预定形以及最后的后定形。其主要目的是使纺织品平挺,门幅一致和消除内应力,以便于后道加工。开纤前定形温度不能高,时间也不宜太长,张力大小也只需使织物达到规定门幅即可。一般预定形温度控制在 155～165℃。起毛、开纤和染色后的热定形温度宜高些,温度可提高到 185～195℃,但也不宜太高,温度过高,超细纤维收缩大,结晶度提高过多,会增加其后的后整理难度,热定形的车速为

30m/min 左右,适当超喂。

第三节　涤纶织物的碱减量处理

涤纶是合成纤维中产量最大和应用最多的品种,涤纶织物具有强度高、弹性好、耐磨和实用性好等优点,但它的吸湿性及服用性能较差。对涤纶织物进行碱减量处理,可赋予产品丝一般的风格和改善其吸湿性。

碱减量是在高温和较浓的烧碱液中处理涤纶织物的过程,涤纶表面被碱刻蚀后,其质量减轻,纤维直径变细,表面形成凹坑,纤维的剪切刚度下降,消除了涤纶丝的极光,并增加了织物交织点的空隙,使得织物手感柔软、光泽柔和,改善了吸湿排汗性,具有蚕丝一般的风格,故碱减量处理也称为仿真丝绸整理。

不论是普通涤纶还是超细涤纶织物,凡是加工涤纶仿真丝织物,特别是仿真丝绸织物都要进行碱减量处理。仿真丝涤纶织物纺丝前在原液中加入微粒(第二成分),碱减量时微粒溶解,纤维表面布满微孔,不仅使纤维具有丝鸣特性还能增加染色上色性和吸湿性,碱减量后的纤维手感柔软,具有真丝般的光泽和飘逸的悬垂性。

涤纶新合纤织物也需要进行碱减量加工,其目的是进一步提高织物的柔软性和悬垂性。由于新合纤往往由超细丝、变形丝、高收缩丝等原料组成,其减量速度较快,各组分的减量速度也相差很大。这种织物的减量加工难度很大,碱减量的方法也有多种,选用合适的加工方法就显得非常重要。

在碱减量加工时,除了加入了烧碱外,为提高处理效果,还要使用碱促进剂和耐碱渗透剂等。碱减量污水的 COD 值(化学需氧量)、BOD 值(生物耗氧量)分别为 25800mg/L 和 1300mg/L,大大高于普通印染污水,若直接与生产污水混合,势必增大污水的处理难度和费用。因此,碱减量后对环境污染带来的极大危害,应引起生产企业的高度重视。

一、涤纶碱减量的加工原理

(一)涤纶碱减量处理的目的和原理

涤纶分子由于主链上含有苯环,从而使大分子链旋转困难,分子柔软性差。同时苯环与羰基平面几乎平行于纤维轴,使之具有较高的几何规整性,因而分子间作用力强,分子排列密集,纺丝后取向度和结晶性高,纤维弹性模量高,手感硬,刚性大,悬垂性差。

涤纶碱减量是一复杂的反应过程,主要发生聚酯高分子物与氢氧化钠间的多相水解反应。聚酯纤维在氢氧化钠水溶液中,纤维表面聚酯分子链的酯键水解断裂,并不断形成不同聚合度的水解产物,最终形成水溶性的对苯二甲酸钠和乙二醇。其总反应可表示如下:

$$H + O - \overset{O}{\underset{\|}{C}} - \overset{O}{\underset{\|}{C}} - O - CH_2CH_2 \frac{1}{n} OH + 2nNaOH \longrightarrow nNaO - \overset{O}{\underset{\|}{C}} - \overset{O}{\underset{\|}{C}} - ONa + nHOCH_2CH_2OH$$

碱起了催化作用,其反应历程如下:

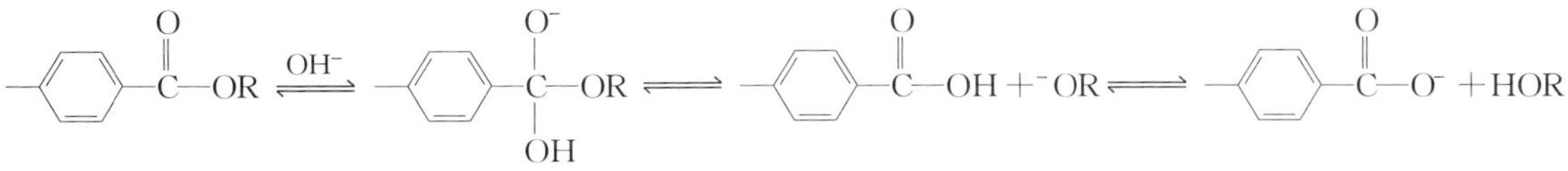

OH⁻先与羰基碳原子亲核加成,形成四面体中间物,然后消除—OR,最后在碱的存在下形成羧酸盐和醇产物。在涤纶碱减量处理中碱起了双重作用,一方面在反应过程中起催化作用,加快水解反应;另一方面,碱可以中和水解生成的羧酸,所以每水解生成一分子对苯二甲酸就要消耗两分子氢氧化钠。在充分水解时,涤纶减量率与氢氧化钠消耗量呈线性关系。

(二)涤纶碱减量处理后纤维结构的变化

由于涤纶分子取向度高,分子排列密集,碱对涤纶酯键的可及度较低,从而使酯键水解几率也较低。因此,一般情况下,涤纶具有较强的耐碱性。但在较强烈条件及浓碱作用下,这种可及度随之提高,反应加快。显然水解反应首先是从纤维表面开始的,然后逐渐向里层发展,使纤维表面产生凹凸不平坑穴的挖蚀现象。减量处理后纤维对光产生了漫反射,织物的光泽因此变得柔和。另外,由于在涤纶织物纱线交叉处吸碱液比较多,导致了该处被碱腐蚀也比较严重,使得织物的交织阻力下降,组织结构变得松弛,织物刚性变小,产生了真丝所特有的悬垂感。

(三)减量率的确定

涤纶碱减量处理程度一般用减量率来表示,减量率的计算公式如下:

$$减量率 = \frac{减量前布质量 - 减量后布质量}{减量前布质量} \times 100\%$$

在碱减量处理时,从理论上讲,聚酯与烧碱的水解反应中,1mol 聚酯单元要消耗 2mol 的烧碱,即每 192g 涤纶进行水解反应要消耗 80g 烧碱。因此,涤纶减量率与烧碱用量之间存在下式所示的关系。

$$减量率 = \frac{涤纶分子单元相对分子质量 \times 烧碱用量}{2 \times 烧碱相对分子质量} \times \frac{1}{减量前布质量} \times 100\%$$
$$= \frac{192 \times 烧碱用量}{80 \times 减量前布质量} \times 100\% = \frac{2.4 \times 烧碱用量}{减量前布质量} \times 100\%$$

式中涤纶减量率与烧碱用量之间的关系计算是根据在完全水解反应的情况下计算的,实际上,由于涤纶结构紧密且具有疏水性,只有在较剧烈的反应条件下(加热和使用较高的浓度等),才会逐渐分解成对苯二甲酸和乙二醇小分子,产生剥离。又由于纤维表面的不规则性,在剥离过程中不仅是单分子从纤维表面被去除,而且也有较大的碎片被成片剥离,故涤纶织物减量率并不完全按照水解反应式进行。实际上,受外界条件的影响,涤纶的实际减量率要低于理论减量率。

二、影响涤纶碱减量处理的因素分析

影响涤纶织物减量率的因素很多,主要有碱剂、处理温度、时间、浴比和促进剂等。

(一)碱剂的种类和浓度

在弱碱性条件下,涤纶分子具有一定的稳定性,没有减量效果。在强碱作用下,涤纶分子酯键会发生不同程度的水解,然而,不同的碱剂对涤纶的水解程度也有较大差异。有机碱对涤纶酯键水解能力小于无机碱,但它对纤维强度的破坏却很大。因此,一般主要使用无机碱。无机碱对涤纶的减量效果如下表。从试验的几种碱剂来看,减量效果 KOH＞NaOH＞Na_2CO_3,考虑到生产实际,则以采用 NaOH 为宜。

表 6 - 1　碱剂种类对涤纶碱减量加工的影响①

碱剂种类	减量率/%	回潮率/%
NaOH	13.37	0.44
KOH	17.87	0.54
Na_2CO_3	0.61	0.26

① 碱浓度 20g/L,温度 95℃,时间 30min,浴比 20∶1。

NaOH 浓度对涤纶碱减量加工的影响见图6-2。图 6 - 2 表明,随着 NaOH 用量的增加,涤纶的减量率提高。这是由于 NaOH 的用量增加,OH^-浓度增大,吸附到纤维表面的 OH^-量增加,在一定的减量时间内减量率也就提高。由于涤纶表面积的有限性,吸附到纤维表面上的 OH^- 数量不是一直随着 NaOH 浓度的增加而成比例增加的,NaOH浓度增加到 10g/L 时,减量率变化较小;NaOH 浓度继续升高至 30g/L 时,纤维表面出现大量的凹穴和树皮状的沟壑,增加了纤

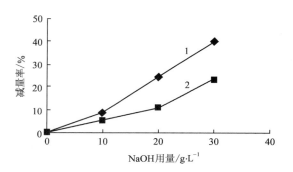

图 6 - 2　NaOH 用量与减量率的关系
1—超细涤纶　2—普通涤纶

维的表面积,引起减量速度的提高,减量率也随之提高。在实际生产中,NaOH 用量以 20～30g/L 为宜,这样有利于控制减量率,防止减量不匀。

另外,从图 6 - 2 还可知,随着碱浓度的增加,超细涤纶和普通涤纶的减量率都增加,并且超细涤纶比普通涤纶增加得更为明显;碱浓度越高,超细涤纶与普通涤纶减量率之间差别也就越大。造成这一现象的原因主要是在一定温度条件下,碱水解反应的速度与碱的浓度和纤维同碱液的接触面积成正比。由于超细涤纶比普通涤纶的单丝线密度要小得多,根据比表面积计算公式,单丝线密度越小,其比表面积越大。所以在减量过程中,超细涤纶与碱液的接触面积大,其减量率比普通涤纶的减量率要大。

(二)碱减量促进剂

碱减量促进剂常采用阳离子表面活性剂,它可促进碱对涤纶的反应。将它加到涤纶碱减量浴中会被迅速吸附到纤维表面,使浴液中 OH^- 转移并富集在纤维表面,更容易进攻涤纶分子中带部分正电荷的羰基中的碳原子,造成涤纶分子断裂,从而完成水解反应。在选择促进剂时,主要考虑下列几个方面。

（1）能高效促进涤纶水解。

（2）具有较高的耐碱、耐硬水性。

（3）减量后织物不泛黄，使白织物具有良好的白度。

（4）具有较高的渗透性和易洗涤性。

（5）对织物的强力损伤尽可能小。

（6）环保和价格低廉。

常用的碱减量促进剂有季铵盐阳离子表面活性剂和阳离子聚合物两大类。

1. 季铵盐阳离子表面活性剂　碱减量加工过程中应用最多的一类促进剂为季铵盐阳离子表面活性剂，其通式为：

$$\left[R_1 - \underset{\underset{R}{|}}{\overset{\overset{R}{|}}{N}} - R_2 \right]^+ X^-$$

式中：R 为甲基；R_1 为 $C_{12} \sim C_{18}$ 烷基；R_2 为甲基、羟乙基、苄基或其他含碳长链；X 为 Cl^-、Br^-、NO_3^- 等。

常用的季铵盐阳离子表面活性剂的促进剂有阳离子表面活性剂 1227（十二烷基二甲基苄基氯化铵）；阳离子表面活性剂 1627（十六烷基二甲基苄基氯化铵）；促进剂 SN（十八烷基二甲基羟乙基硝酸铵）等。

2. 阳离子聚合物　阳离子聚合物促进剂是一类聚胺类物质，它是含有多个阳离子基团，并含有多碳长链的大分子，除具有促进作用外，还兼有柔软作用。其一般结构为：

$$R - \underset{\underset{CH_3}{|}}{\overset{\overset{CH_3}{|}}{N^+}} - \left[(CH_2)_n - \underset{\underset{CH_3}{|}}{\overset{\overset{CH_3}{|}}{N^+}} \right]_m CH_3$$

式中：R 为 $C_{10} \sim C_{14}$ 烷基；n 为 $2 \sim 20$；m 为 $1 \sim 5$。

阳离子聚合物具有较高的促进涤纶水解的能力，比季铵盐类的促进剂高 $4 \sim 5$ 倍。常用的阳离子聚合物促进剂有甲基二乙基铵烷基苯、甲基聚乙二醇、醚苯磺酸盐、聚二甲基二烯、丙基氯化铵等。

同时在碱减量过程中，尤其在连续碱减量中，由于碱液黏度大，表面张力大，常加入渗透剂以帮助碱液渗透入纤维中，使水解作用加速且均匀。这种渗透剂要求对高浓度的 NaOH 溶液有好的稳定性和相容性，能降低浓 NaOH 的表面张力，有优越的渗透力，而不妨碍碱减量速度。常采用磷酸酯或硫酸酯的阳离子型化合物。另外，丝光渗透剂 DP、MP 等也可使用。

另外，烷基咪唑类双子型 Gemini 离子液体作为涤纶碱减量加工促进剂也可显著降低氢氧化钠的用量，促进涤纶的碱减量，且碱减量加工后涤纶表面形成凹槽，纤维变细，比表面积增大。

（三）处理温度的影响

聚酯纤维是热塑性纤维，在温度低于玻璃化温度时，反应只能在纤维的最外层，而当温度高于玻璃化温度后，反应可发生在一定深度的区域，因此随着反应温度的提高，不仅使速率加快，水解反应剧烈，而且水解产物的相对分子质量较低，可溶性组分的数量较高，在相同减量率的水平上,碱耗量相对较高,反之,反应温度就低,在相同的减量率的情况下,碱耗量较低。温度对涤纶减量率的影响如图6-3所示。

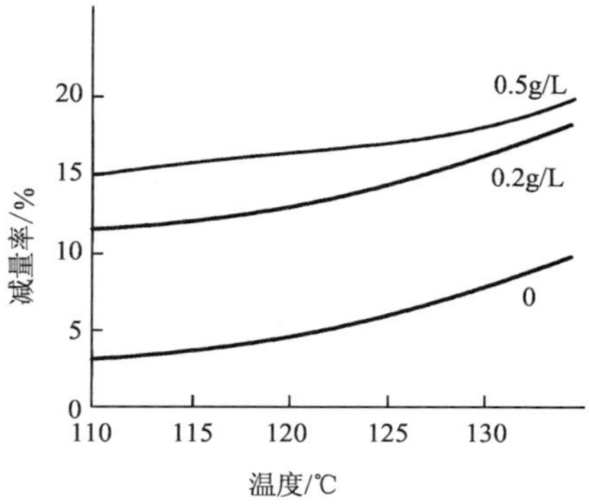

从图6-3中可以看出,随着减量温度的升高,减量率增加,碱的利用率也增加。这是由于温度的升高有利于涤纶的膨化。同时温度的升高,NaOH中OH⁻的活动能力增加,OH⁻与涤纶分子反应活性增加,反应速率增加,使碱减量速率及减量率提高。另外,当有促进剂存在时,影响减量率的温度明显降低,且影响程度远大于未加促进剂时。由于温度对减量率影响很大,因而必须严格控制温度,否则极易产生减量不匀。

(四)处理时间的影响

随着处理时间的增加,减量率提高,见图6-4。在处理的后期,减量率变化减小,其主要原因是涤纶水解产物增多,促使碱液黏度增大,降低了OH⁻的扩散速度,导致反应速度减慢,减量率降低。然而时间是与温度及碱浓度相对应的,温度越高,则所需要的时间越短;碱浓度越高,所需时间越短、温度越低。同样,促进剂的加入,也可缩短时间。但是,温度升高和促进剂的加入,虽然可加快反应速度,缩短减量时间,但反应的均匀性及涤纶织物的手感将受到一定程度的影响。因而,应在保证一定生产效率的前提下,采用较低温度,较浓碱液和较长时间进行减量处理。

(五)浴比的影响

在烧碱和促进剂浓度以织物的量计算时,随着浴比的减小,碱减量率提高,但是容易产生减量不匀。一般要根据加工条件来选择适当的浴比。

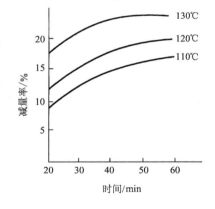

图6-3 温度对减量率的影响

减量工艺条件:NaOH用量10%(owf)
促进剂SN用量0、0.2g/L、0.5g/L
温度110~130℃;时间60min;浴比30:1

图6-4 时间和减量率的关系

处理条件:NaOH 10%(owf)
促进剂1g/L;浴比25:1

三、预定形条件的影响

如前所述,预定形就是采用干热定形设备的热定形处理。在碱减量前和退浆、精练及松弛处理后的预定形,会使涤纶大分子更好地定向排列,消除织物的皱印和内应力以及分子结构的不均匀性,使纤维内部不易受到碱的腐蚀,有利于减量均匀。

减量率与热定形温度和时间的关系如图6-5所示。热定形时纤维分子链运动加剧,晶区和非晶区都趋向集中,结晶度和晶区完整性有所提高,同时,随着热定形温度的升高,这种变化更加明显。结晶度的提高,将使碱减量反应速率降低和水解物不易脱落,这样就造成了减量速度的降低;而当温度高于180℃后,由于结晶体增大使其周围无定形区的空隙增大,水解速率增快,减量率增加。另外,从图6-5中还可知,定形时间越长,减量率越小。

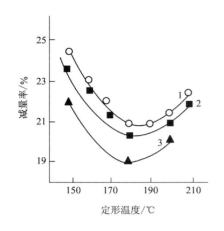

图6-5 定形温度与减量率的关系
1—定形1min 2—定形2min 3—定形3min

四、碱减量对涤纶性能的影响

涤纶织物经碱减量加工后,织物的性能会发生很大变化。

(一)织物力学性能

涤纶织物经碱减量后,随减量率的提高,纤维变细,吸湿回潮率提高,断裂强度降低,杨氏模量有所提高。图6-6表明涤纶织物强力下降与减量率基本呈线性关系,减量率提高,强力下降率增加,这是因为纤维变细和纤维表面产生凹穴造成了应力集中,从而导致强力下降,因此应控制适宜的减量率。

另外,减量后涤纶织物的强度、回弹性、剪切速度、剪切滞后矩、弯曲刚度、摩擦系数、织物厚度等力学指标均有不同程度的改变。这些力学性能的变化会引起织物风格的改变,如涤纶经碱减量后,随减量率增大,织物的蓬松性、爽挺性、悬垂性、丰满度、柔软度和粗糙度均有增加,尤其是柔软度,而织物弹性和身骨有所下降。

(二)织物空隙率

经碱减量后,织物纤维变细,因而织物空隙率提高,从而改善了织物的透气性、吸湿性、手感和光泽。

(三)纤维的染色性能

涤纶经碱减量加工后,纤维的染色性能会发生变化。随着减量率增大,纤维表面形成凹坑,使染料溶液与纤维之间的接触面积增加,上染率提高;若减量率进一步增加,尽管上染率会提高,但视感颜色却变浅。这是由于减量增加后纤维变细,单位质量的表面增大,凹凸表面使光发生漫反射所致。

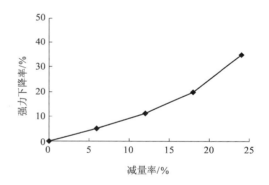

图6-6 涤纶织物强力下降率与减量率的关系

另外,若减量后纤维上残留碱,会使分散染料(特别是偶氮类的染料)水解和还原分解,而残留的促进剂等会对染料进行吸附,从而妨碍染料的上染和发色,造成色牢度下降。因此,减量后织物上的残留物必须洗净。

五、涤纶碱减量的加工方式及设备

涤纶碱减量的加工方式有间歇式加工法、半连续加工法、连续式加工法。比较常用的是连续式加工法。

连续式加工法适用于大批量生产,有利于提高劳动生产率和降低生产成本,包括浸轧烘燥法和浸轧汽蒸法。下面介绍一下浸轧烘燥法的工艺流程。

浸轧烘燥设备可采用辊筒烘燥机和热风烘燥机,分别如图 6-7 和图 6-8 所示。

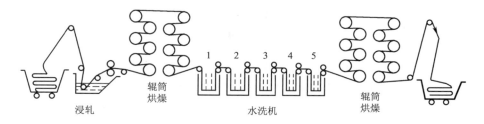

图 6-7　采用辊筒烘燥机的浸轧烘燥设备
1,2,5—水洗　3—酸中和　4—热水洗

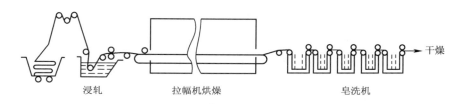

图 6-8　采用热风烘燥机的浸轧烘燥设备

织物浸轧前要经过精练和定形,这样在浸轧时吸液才均匀。烘燥时间宜短,否则碱液会渗开,造成减量不匀。第一只烘辊温度可高达 180～200℃,车速 30m/min。减量率可用烧碱的浓度和热烘时间来调节。当烧碱浓度为 5%～10%(对溶液)时,可得 5%～10% 均匀的减量率。热烘时间延长,即使不用催化剂,也能充分发挥烧碱的作用。热烘后必须马上水洗,用酸中和,否则残余碱会继续反应。浸轧液中添加润湿剂(不用促进剂时)可增加作用效果。轧液应均匀,最好采用均匀轧车。轧液率要尽可能低,否则碱液易渗化或飞溅,产生斑疵。如果轧液率较高或在加工强捻织物时,可添加耐碱的糊料,用量 2%～4%,以防碱液渗化。加糊料后,由于烘燥温度较高,糊料的水溶性下降,为此应加强水洗。

六、涤纶碱减量的新型加工方式

目前,大多数涤纶面料的染整加工都是采用先退浆精练、碱减量,然后水洗中和,再在酸性下染色的工艺。该工艺流程长,工序多,生产周期长,水、电、汽消耗大。在有机溶剂的存在下,可以显著降低碱剂用量,将碱剂、耐碱性分散染料采用一浴法工艺可实现涤纶超细纤维的退浆、碱减量和染色同时进行;也可以将离子液体与耐碱分散染料、和碱剂在高温高压条件下对涤纶进行碱减量和染色一浴加工,碱减量处理后涤纶纤维表面变化明显。这些新工艺既适合当前环境保护、节能减排的大趋势,又大量缩减生产成本,经济效益和社会效益明显,具有广阔的发展空间。

第四节 合成纤维织物的整理

为了提高合成纤维和新合纤织物的风格，改善其外观和手感，使之与各种天然纤维织物更加相似，可通过各种整理加工赋予织物许多优良的服用性能，并使织物门幅整齐，尺寸稳定，使织物具有舒适、柔软、亲水、防污和抗静电等性能，从而提高产品的附加价值。

一、合成纤维织物的磨绒整理

通过磨绒设备使磨绒砂皮辊与织物紧密接触，磨粒和夹角将弯曲纤维割断成小于一定规格（如小于1mm）的单纤，再磨削成绒毛掩盖织物表面织纹，达到桃皮、麂皮或羚羊皮等特殊效果的整理，称为磨绒整理。由于合成纤维织物强度高、弹性好、耐磨，因此磨绒整理后，可使织物获得丰满的手感、优良的悬垂性和形状尺寸稳定性，提高了织物的附加值。磨绒整理对织物半制品有一定的要求，半制品退浆应净，煮练应透，涤纶的减量率应一致，布面应平整，无色差，手感柔软。磨绒整理一般可分为桃皮绒整理和仿麂皮整理。

（一）磨绒整理的原理和主要工艺参数对加工质量的影响

1. 磨绒机磨绒原理 磨绒是通过高速运行的磨毛辊上的磨粒，对织物产生磨削作用，使织物表面形成绒毛，如图6-9所示。磨粒的大小是不规则的，分布是随机的。

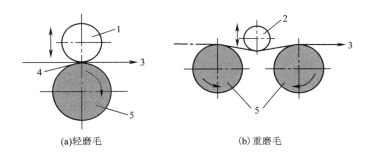

(a)轻磨毛　　　　　　　　　　(b)重磨毛

图6-9 磨毛机
1—橡皮压辊（布带动） 2—调节辊 3—织物运行方向 4—可调节的砂磨切线 5—砂磨辊

在磨绒过程中，比较凸出和锋利的磨粒首先将弯曲的纤维割断，形成单纤维状态，再磨削成绒毛，掩盖织物表面的织纹，产生密集、细腻的绒面状态。在磨绒过程中，尚有摩擦和滑动作用，会产生大量的热，易引起合成纤维基布熔融，必须以冷却水对磨毛辊进行冷却。

磨毛机通常由进布、磨毛、刷毛和吸尘几部分组成，以砂磨辊或砂磨带为磨毛部分。其磨料的主要成分为碳化硅和金属氧化物如三氧化二铝、氧化铁等。磨料的几何形状是随机的，其大小以粒度表示，磨料的粒度越高则磨料越细。经磨绒的织物必须通过刷毛去除毛屑，同时梳理织物表面的毛向，改善外观和手感。为了提高磨绒效果，一般采用多辊式磨毛机。

2. 影响磨绒效果的主要因素分析　磨绒工艺条件,如砂磨辊和织物的速度、磨粒的大小、织物的张力及与砂磨辊的接触面,以及织物的组织规格、纤维的类型等都会影响磨绒效果。

(1)砂磨辊和织物的速度:在磨绒时,砂磨辊的速度一般需超过织物的运行速度,两者速度差越大,形成的绒毛越短,密集性越好,手感也越柔软丰满,但强力损伤较大;速度差小,绒毛稀长,手感粗硬。必须按产品要求,调节砂磨辊和织物速度。

(2)磨料的粒度:磨料的粒度越高,则形成的绒毛越短匀,手感也越柔软,且基布的强力损失较小。在仿麂皮整理中,通常应用磨料粒度为 100#。

(3)砂磨辊与压辊间隙:磨绒时,织物与砂磨辊(或砂磨带)的接触程度对磨绒效果有较大的影响。一般以砂磨辊与压辊之间的间隙来调节。间隙小,磨绒效果好,手感柔软,但不宜过小,否则磨削作用太大,织物强力损失大,如为线接触时,以大于磨毛织物厚度 0.1~0.3mm 为宜。

此外,磨绒时织物与砂磨辊(或砂磨带)相接触的包覆角大小及磨绒次数也影响磨绒效果,必须根据织物性能和产品风格进行适当选择。

(二)桃皮绒整理

桃皮绒整理是指织物经过整理后,使其具有酷似桃子皮的外观和触感的加工方式。影响织物磨绒效果的主要因素除了砂纸的目数、磨辊转速以及磨辊与织物的接触面积外,还与磨绒次数、磨辊转速与织物运行速度的平衡、织物的含潮率和磨绒后的处理及磨绒专用设备的选择等因素有关。下面为常见两种桃皮绒织物的整理工艺。

1. 涤纶超细桃皮绒织物磨绒工艺　桃皮绒织物采用 SE—4 型磨毛机磨绒时,砂纸目数为 280~500目,前低后高。磨辊转速 800~1000r/min,第一、第四磨辊的旋转方向与织物前进方向相同,第二、第三磨辊的旋转方向与织物前进方向相反,车速控制在 10~15m/min。其压紧辊接触总弧长(包覆角)在 150~175mm。0~3 刻度为空载,4~10 刻度为加载部分。每刻度代表 25mm 弧长,根据不同品种,控制好织物张力和包覆角,一般织物张力控制在 4~5N,包覆角为 4~8 刻度。使用新砂纸时,包覆角可小些。随着使用时间的延长,包覆角也逐渐加大,直至更换砂纸。磨绒后的定形温度为 170~180℃。若采用先磨后染工艺,则应加强水洗,以除去织屑、粉末、尘埃等。如需要可再增加砂洗工序,其砂洗浴由膨化剂、膨化促进剂、增磨剂组成,砂洗剂 20g/L,金刚砂 40g/L,砂洗温度 80℃,时间 90min。

2. 涤/棉复合超细织物磨绒工艺

(1)砂纸选择:采用 100~150 目砂纸磨第一道,然后再用 400~500 目细砂纸磨第二道。

(2)磨辊的选择:兼顾考虑织物的柔软性和织物的强力,一般选择三辊磨毛,如为多辊磨毛机则两辊之间最好空一个辊,以防止纤维过热熔融而影响磨绒质量。布速控制在 12~18m/min,织物张力可根据用户要求和实践经验进行控制,若采用新砂纸张力可小些,然后逐渐加大直至更换砂纸。一般生产 5000m 布应更换一次砂纸。

(三)仿麂皮整理

仿麂皮整理是指织物通过磨毛,使其具有类似麂皮的外观和手感的加工方式。仿麂皮绒是以细旦合成纤维制成的机织物或针织物的磨毛产品,手感柔软、丰满,穿着舒适并具有绒面织物的风格。

1. 仿麂皮整理的一般工艺　涤纶超细织物仿麂皮整理工艺流程一般为:

基布准备──→松弛──→(碱减量)──→起绒──→预定形──→染色──→干燥──→树脂整理──→磨毛──→拉幅──→焙烘(兼热定形)──→成品

仿麂皮绒的基本结构为缎纹(纬纱浮在2～3根经纱上面),松弛处理可促进复合纤维的分离,使基布收缩率达5%～15%。其工艺为:在沸水中将织物浸渍30min,然后在无张力下烘干。织物在钢丝起绒机上起绒,速度30m/min,形成短、密、匀的起绒效果。织物经170℃、30s的预定形,以确保织物平整。

染色后进行树脂处理:采用聚氨基甲酸酯(PU)进行处理,若采用溶剂型聚氨基甲酸酯时,则将它溶于二甲基甲酰胺(DMF)中,制成工作液。织物经此溶液浸轧[用量为4%(owf),轧液率70%],溶液渗入织物微孔中,可提高织物的弹性,然后通过水浴,使DMF分离,并通过回收装置回收DMF。聚氨基甲酸酯沉积凝聚于纤维上,然后再进行烘干、磨毛、焙烘。在焙烘前最好再增加一道揉绸工序,以免树脂在织物中凝结而影响手感。

常见的仿麂皮整理中树脂处理的工艺配方为:

Elastoron F—29	30%(owf)
Elastoron C—52	20%(owf)
Elastoron E—200	0.5%(owf)
催化剂32	1.5%(owf)
碳酸氢钠	0.1%(owf)

工艺流程:

浸轧聚氨酯树脂(轧液率80%)──→预烘(120℃,3min)──→焙烘(150℃,1min)──→磨绒──→皂煮──→烘燥

磨毛是仿麂皮绒的关键工序,根据织物的最终用途,选择不同目数的砂纸(40～600目),磨辊的旋转方向可顺转也可逆转,既能使毛绒伏下,又能以对立状态起绒,这样可提高磨绒效果。

2. 影响仿麂皮整理织物风格的主要因素分析

(1)纤维直径:仿麂皮整理已进入超细纤维时代,超细纤维具有优于普通纤维的特性,如织物手感特别柔软、具有很好的悬垂性、纤维表面摩擦系数小、绒面感强、透气透湿性能好,因此仿麂皮整理一般均采用超细纤维作为基材,纤维线密度宜选用0.11～0.22dtex范围内。

(2)基布组织结构:人造麂皮织物基布的组织结构有无纺布、机织布、针织布和非织造布与机织布的复合布四类。织物的组织结构对仿麂皮效果有很大的影响。非织造布的结构与麂皮相似,特点是成本低,结构较为疏松,因而整理后织物的手感较机织物柔软,起绒性也好,但强度不如机织布;机织布虽然能保证强度,但由于结构紧密,使织物手感变硬,起绒性也不如非织造布;针织布的伸长、弹性和起绒性均较好,但尺寸稳定性差,加工难度大;非织造布与机织布的复合布既有内部粗纤维作骨架,以确保强度,又有外层的非织造布结构,提供较为柔软的手感,该基布在国内虽然已经存在,但仅限于作过滤材料用,在仿麂皮整理方面用得还不多。根据以上分析,从基布的组织结构上看,应根据仿麂皮织物的不同用途,选用合适的基布。相对来说,非织造布与机织布的复合布作基布较为理想。

（3）树脂整理剂类型：为了提高仿麂皮织物的弹性，必须进行树脂整理，这是影响产品质量的重要环节。目前，应用于仿麂皮整理的树脂大多采用聚氨酯。聚氨酯在性能上具有独特之处，它能得到柔软、富有弹性而强韧的薄膜，不但透气透湿性能好，而且耐磨、耐低温。

（4）树脂整理剂用量：树脂整理剂的用量影响着织物的仿麂皮效果。同一种组织结构的织物，用同一种聚氨酯树脂整理，随树脂用量的增多，仿麂皮织物皮质感增加，弹性增大，但用量过多，手感便会发硬。因而，应根据聚氨酯树脂的软硬，选择合适的用量，如聚氨酯树脂属软型，用量可大些；若树脂稍硬，则用量大了会造成手感发硬。

二、合成纤维织物的舒适性整理

利用化学方法对纤维进行改性，从而赋予织物柔软、亲水、防污和抗静电性能的整理叫做舒适性整理。由于合纤和新合纤织物强度高、手感硬、亲水性差，并具有静电积累现象而产生静电，因此对合纤和新合纤织物要进行柔软整理、亲水整理、抗静电整理和防污整理等，以改善织物的穿着舒适性。本节主要讨论亲水整理和抗静电整理，柔软整理及防污整理将在以后章节中进行讨论。

（一）亲水性整理

合纤和新合纤织物经亲水性整理后，其带电性和易污性的缺陷在相当程度上可得到解决。合纤织物经过亲水性整理后，除具有良好的亲水性外，还会兼有一定的柔软性、抗静电性和防污效果。

1. 亲水性整理的原理　液体在涤纶等合纤织物表面上能否扩散，可用下式近似地表示：

$$S = \gamma_f - \gamma_l$$

式中：S 为扩散系数；γ_f 为纤维的表面张力；γ_l 为液体的表面张力。

若 $S > 0$，则液体在纤维表面扩散。已知水的表面张力为 $72.8 \times 10^{-8} N/cm$，而涤纶的临界表面张力为 $43 \times 10^{-8} N/cm$，如通过化学加工等使涤纶的临界表面张力大于 $72.8 \times 10^{-8} N/cm$，则涤纶就能被水润湿和扩散。

纤维的吸水速度快、透湿性好和保水率高，有利于汗液的散发。天热时，衣服的吸湿、透湿和放湿越快，人体的热量减少得越快，穿着者越感到舒适。涤纶正因为吸湿、透湿和放湿性差，作内衣穿着时极不舒适。经亲水整理后，由于吸湿、透湿和放湿性改善，因而其服用舒适性自然相应改观。

2. 化学亲水性整理工艺　合成纤维亲水性整理除了可在纤维本身的分子构造中导入具有亲水性的单体，形成功能性的亲水性纤维外，还可通过后整理的方法对纤维进行加工处理，使其具有亲水性。

用亲水性整理剂对织物进行整理，是目前应用最广泛的方法。实践证明，可有效地用作亲水性整理的化合物有：聚酯聚醚树脂、丙烯酸系树脂、亲水性乙烯化合物、聚亚烷基氧化物、纤维素系物质和高分子电解质等。对涤纶有相当耐久的高度亲和性的亲水整理剂 Permalose TM，就属于聚酯聚醚树脂系，其分子结构为：

$$HO \left(CH_2CH_2 - O - \overset{\overset{\displaystyle O}{\|}}{C} - \text{[苯环]} - \overset{\overset{\displaystyle O}{\|}}{C} - O \right)_m \left(CH_2CH_2O \right)_n H \quad (m=3, n=20\sim35)$$

目前，随着环保压力的加大，绿色环保的亲水性整理剂的开发势在必行，有研究发现，将天然化合物如壳聚糖、丝胶或丝素水溶液接枝到涤纶织物的表面后，涤纶织物的亲水性和吸湿性会有明显提高。

工艺流程（浸轧工艺）：

浸轧工作液（轧液率60%）——→烘干（110～120℃）——→焙烘（150～170℃，40～60s）

深色织物可用130℃焙烘，但耐洗性略差。

工艺处方：

Permalose TM	50～60g/L
醋酸	1～2g/L

（二）抗静电整理

1. 静电产生的原因 两物体相互摩擦，物体表面的自由电子通过物体界面互相流通。若物体为良导体，则两物体分离时，多余电子通过连接点逸散而消失；对不良导体，电子逸散力低，电荷难以逸散消失而聚集积累，产生静电。不同纤维其导电性有明显差异，所以产生静电能力不一。一般纤维吸湿性越好，导电性越强。

从静电产生的原因可知，要防止静电，可通过增加电荷的逸散速度或抑制静电产生来加以实现。如涤纶的体积比电阻为 $10^{14}\Omega \cdot m$，比含电介质的水合离子（比电阻为 $10^3\Omega \cdot m$）导电水高 10^{11} 倍，而金属导电体积比电阻为 $10^8\Omega \cdot m$，因此，若增加涤纶的吸湿性，必定导致其导电性的剧增，从而使积累和产生的电荷迅速逸散，抑制静电的产生。涤纶的抗静电性就是运用了此原理。若在纤维中导入导电性纤维或物质，其导电性也可得到提高，同样可起到抗静电效果。

目前比较普遍采用的抗静电方法与亲水性整理类似，是将亲水性的物质（抗静电剂）施加在纤维表面，以提高织物的亲水性，赋予织物吸湿性，使其导电性增加，从而防止带电。

对采用的抗静电剂必须要与其他加工助剂具有良好的相容性，不影响色牢度和色光，不伤害皮肤，没有刺激性的臭味，且应用方便。

2. 抗静电剂的选用 抗静电剂一般选用阴离子表面活性剂、阳离子表面活性剂和非离子表面活性剂。阴离子表面活性剂包括烷基磺酸盐、烷基酚磷酸酯盐，其中烷基磺酸盐的抗静电效果良好，能赋予涤纶织物优良的抗静电性能。阳离子表面活性剂包括脂肪胺无机酸盐和有机酸盐、脂肪胺的环氧乙烷加成物和季铵盐、咪唑啉衍生物等，它们不仅能赋予织物良好的抗静电性能，而且对降低色牢度的影响较小。非离子表面活性剂包括聚乙二醇、烷基酚的环氧乙烷加成物、高级脂肪酸酰胺的环氧乙烷加成物等。其中抗静电剂 XFZ—1 和 Permalose T 等都是由聚对苯二甲酸乙二酯和聚乙二醇缩聚而成的缩聚物（与 Permalose TM 有类似的分子结构），与涤纶的化学结构相似，因而对涤纶有较好的吸附性，有较高的牢度和耐洗性，能在涤纶织物表面形成亲水性薄膜，增加了纤维的吸湿性，降低了纤维表面的电阻，故可收到良好的抗静电效果。

以抗坏血酸为还原剂，将硝酸银溶液通过化学还原制备纳米银粉分散液，并对涤纶织物进行抗静电处理,可有效地提高涤纶抗静电能力;将生态友好型的天然化合物整理到织物上,其抗静电整理效果也非常优异,研究学者发现用角蛋白、壳聚糖、丝胶改性剂对涤纶织物进行整理后也有较好的抗静电效果。

3. 抗静电整理工艺　抗静电剂 331 或 Permalose TG 整理的工艺流程及条件:

二浸二轧[抗静电剂 331 4% 或 Permalose TG 4%,$MgCl_2 \cdot 6H_2O$ 2%(对整理剂重)]——→
预烘($120℃$)——→焙烘($180℃$,$30s$)

(三)新技术应用于涤纶的舒适性整理

低温等离子体用于涤纶的亲水性改性主要是利用低温等离子体的高反应性,在纤维表面引入亲水基团(如—OH、—SO_3H、—COOH)。当等离子体处理涤纶时,在各种高能粒子作用下,纤维表面形成了极性基团。例如,在氧气和空气等离子体中,涤纶表面可形成含氧的极性基(包括羧基离子基团),纤维表面被氧化;在氮气等离子体中,涤纶表面可形成含氮的极性基。所形成的这些基团,能够改善涤纶的表面张力,提高润湿和吸水性。

对于超细纤维,通过等离子体刻蚀处理,还可以改变其比表面大、具有较强反射、不易染深的特性,使纤维表面粗糙化,降低对光的反射,达到颜色增深的目的。

另外,对于一些多组分纤维的合纤织物,不同的纤维需要的整理剂种类也不一样。在同一加工过程中,不同种类的整理剂互不相容,这些问题对常规整理方法是比较困难的,有研究表明采用微胶囊技术可以获得较好的处理效果。

☞ 复习指导

1. 内容概览

本章主要讲授一般合成纤维织物的前处理工艺(退浆精练、松弛加工、预定形和碱减量处理)和后整理工艺(桃皮绒整理、仿麂皮整理和舒适性整理如亲水整理、抗静电整理等)。重点阐述各个工艺技术包括工艺原理、加工设备和工艺参数。

2. 学习要求

(1)重点掌握一般合成纤维织物的前处理工艺和后整理工艺的加工原理、设备和主要工艺参数。

(2)了解各种化学试剂、助剂和整理剂的化学结构和对织物的加工原理。

☞ 思考题

1. 试述合纤织物常用的浆料;聚丙烯酸酯浆料的性能与其共聚时所用单体的关系。

2. 试述合纤织物退浆精练的目的和原理,并分析影响退浆精练效果的主要工艺因素。

3. 试述合纤织物松弛加工的目的和原理,松弛加工的主要设备和工艺各有哪些特点?

4. 试述涤纶碱减量处理的目的和机理,经碱减量处理后的涤纶结构和性能发生了哪些变化?

5. 如何确定和计算涤纶碱减量处理时的减量率。

6. 讨论涤纶碱减量处理时,处理温度、时间和浴比对减量效果的影响。

7. 举例说明涤纶碱减量的加工方式及设备。

8. 试述磨绒整理的目的和机理,其主要包括哪些整理;并分析影响磨绒整理效果的主要因素。

9. 什么是仿麂皮整理,影响仿麂皮整理织物风格的主要因素有哪些?

10. 试述合纤织物的亲水性整理机理和影响涤纶等合纤织物吸水性的主要因素。

11. 试述合成纤维织物的主要化学亲水性整理方法和工艺。

12. 分析合纤织物静电产生的原因和抗静电整理的主要方法及工艺。

参考文献

[1]王曙中,王庆瑞,刘兆峰.高科技纤维概论[M].上海:东华大学出版社.2000.

[2]周永元.纺织浆料学[M].北京:中国纺织出版社,2004.

[3]刘江坚.染整节能减排新技术[M].北京:中国纺织出版社,2015.

[4]宋心远.新合纤染整[M].北京:中国纺织出版社,1997.

[5]罗巨涛.合成纤维及混纺纤维制品的染整[M].北京:中国纺织出版社,2002.

[6]宋心远.海岛型超细纤维的开发及其纺织品染整(四)[J].印染,2005(10):45-47.

[7]周文龙.新合纤与涤纶仿真丝技术[J].丝绸技术,1996,4(4):33-35.

[8]戴日成,张统,郭茜,等.印染废水水质特征及处理技术综述[J].给水排水,2001,26(10):33-37.

[9]Method of recovery of terephthalic acid and ethylene glycolfrompoly/ethylene temphthalate/wastes:US 6239310[P].2001-03-29.

[10]Moo Hwan Cho. Biological Tmatmem of Ethylene Glycol in Polyester Weight—Loss Wastewater using Jet—Lop Reactor[J]. Korean J. Biotechnol. Bioeng. 1999,14(1):119-123.

[11]廉志.改性聚酯纤维碱减量研究[J].印染,2005,31(6):1-5.

[12]徐蔚.涤纶仿真丝连续碱减量工艺研究[J].东华大学学报(自然科学版),2002,28(2):26-32.

[13]陈子芬,刘志斌.超细涤纶织物的碱减量[J].丝绸,2000(11):26-28.

[14]曹机良,孟春丽,曹毅,等.烷基咪唑类双子型离子液体对涤纶织物的碱减量处理[J].纺织学报,2018,39(1):79-83.

[15]王光明,汪进前.涤纶织物定量减量新技术[J].印染,2001,27(6):23-26.

[16]周宏湘.涤纶仿真丝绸织造和印染[J].北京:纺织工业出版社,1990.

[17]王娜,李娟,曹毅,等.苯甲醇用于涤纶退浆、碱减量和染色一浴加工[J].染整技术,2018,40(5):12-16.

[18]吕名秀,梁爽,赵宇静,等.苯甲醇和氯化钠用于涤/粘交织物碱减量工艺研究,上海纺织科技[J].2018,46(8):25-27,47.

[19]曹机良,孟春丽,陈云博.涤纶高温高压碱减量和染色一浴加工,染整技术[J].2016,38(9):26-32,35.

[20]陶乃杰.染整工程(第四册)[M].北京:中国纺织出版社,1994.

[21]穆艳霞,陈英,付中玉,等.人造麂皮解析[M].印染,2001,27(1):29-32.

[22]杨栋梁.超细旦和新合纤织物的染整加工(七)[M].印染,1993,19(12):32-35.

[23]锅岛,敬太郎.清凉快适新合纤[J].繊維と工业,1995,51(7):290-293.

［24］魏赛男,党宁,吴焕领,等. 涤纶亲水性后整理的现状［J］.合成纤维工业,2007,30(6):47－49.

［25］李淑芳,夏冬,刘文静.环保型亲水整理剂对涤纶湿巾吸湿性的改善［J］.染整技术,2018,40(2):37－39.

［26］刘雷艮,顾伟.涤纶织物的壳聚糖亲水整理［J］.印染,2014,40(02):37－39.

［27］赵斯梅,贾高鹏,蚕丝蛋白对涤纶织物的亲水整理研究［J］.丝绸,2015,52(7):24－27.

［28］吴红玲,张成.浅谈纺织品抗静电整理技术［J］.四川丝绸,2007,111(2):30－32.

［29］王春梅,尹宇.涤纶织物亲水抗静电剂 B 的应用工艺［J］.印染,2006,32(22):27－30,44.

［30］李珂,许志忠,王明.涤纶织物纳米银粒子抗静电整理［J］.印染,2017,43(15):34－36,43.

［31］王明.角蛋白对涤纶织物的抗静电整理,染整技术［J］.2016,38(11):26－30.

［32］王海梦,张春花,刘建平,等.汽车内饰用纺织品壳聚糖抗静电整理［J］.山东化工,2015,44(10):106－108.

［33］周青青,张峰,戴杰,等.丝胶改性剂对涤纶织物抗静电整理的研究［J］.丝绸,2014,51(7):11－15.

第七章　蚕丝织物的前处理和整理

第一节　引　言

　　蚕丝中除了纤维的主体丝素外，还含有丝胶、脂蜡、色素、无机物和碳水化合物等天然杂质，以及因织造所需添加的浸渍助剂、为识别捻向所用的着色剂和操作中沾染的油污等人为杂质。这些杂质的存在不仅有损于丝绸柔软、光亮和洁白等优良品质，而且还会使坯绸难以被水及染化料溶液润湿而妨碍染色、印花和整理等后加工。因此蚕丝织物一般都要经过前处理，即精练和漂白，简称练漂。蚕丝织物精练的主要目的是去除丝胶，同时也除去其他天然杂质和人为杂质。因此蚕丝织物的精练又称为脱胶。

　　蚕丝织物经过练漂、染色和印花等工序，最后进入整理工序。与其他织物一样，蚕丝织物的整理也可分为机械整理和化学整理。机械整理主要是采用呢毯整理机、定形拉幅机、汽蒸预缩机和轧光机等机械设备进行整理加工，使蚕丝织物具有规定的门幅、稳定的形状、柔和的光泽、丰满的手感和良好的悬垂性等特点。化学整理主要是用某些化学药品处理织物，同时结合适当的机械整理，赋予蚕丝织物增白、增重、桃皮绒外观、防缩抗皱、柔软、防纰裂等性能以及防泛黄、抗菌、阻燃等功能，从而提高蚕丝织物的附加值，拓宽其应用领域。本章主要介绍蚕丝织物的练漂以及部分化学整理，其机械整理可参见第九、第十章的内容。

第二节　蚕丝中杂质的组成及化学性质

　　蚕丝主要由丝素和丝胶两部分组成，它们占茧丝总质量的90%以上，此外还含有少量的脂蜡、色素、无机物和碳水化合物。桑蚕丝和柞蚕丝的各组分含量见表7-1。

　　蚕丝中除了有丝胶、脂蜡、色素、无机物和碳水化合物等天然杂质外，还含有在泡丝、捻丝和织造中添加或沾染的人为杂质，如浸渍助剂和着色剂等。

表 7-1　桑蚕丝和柞蚕丝的各组分含量

品　　种	丝素/%	丝胶/%	脂蜡、色素/%	无机物/% （以灼烧残留灰分表示）
桑蚕丝	70～80	20～30	0.6～1.0	0.7～1.7
柞蚕丝	79.6～81.3	11.9～12.6	0.9～1.4	1.5～2.3

一、天然杂质

(一)丝胶

丝胶由 18 种氨基酸组成。就桑蚕丝丝胶而言,其中的丝氨酸、天门冬氨酸、谷氨酸、乙氨酸、苏氨酸和赖氨酸的含量较高,如表 7－2 所示。柞蚕丝丝胶的氨基酸组成与桑蚕丝丝胶相似,主要也是乙氨酸和谷氨酸,但精氨酸和组氨酸的含量稍多,而丙氨酸、缬氨酸、丝氨酸和酪氨酸的含量较少。

表 7－2　桑蚕丝丝胶的氨基酸组成和含量①

氨基酸组成	氨基酸含量/$g \cdot (100g)^{-1}$	氨基酸组成	氨基酸含量/$g \cdot (100g)^{-1}$
乙氨酸	8.8	脯氨酸	0.5
丙氨酸	4.0	苏氨酸	8.5
亮氨酸	0.9	丝氨酸	30.1
异亮氨酸	0.6	赖氨酸	5.5
苯丙氨酸	0.6	精氨酸	4.2
缬氨酸	3.1	天门冬氨酸	16.8
半胱氨酸	0.3	谷氨酸	10.1
蛋氨酸	0.1	组氨酸	1.4
酪氨酸	4.9	总　计	100.9
色氨酸	0.5		

① 采用微生物定量法测定。

由于丝胶蛋白分子肽链的排列不太规整,结晶度较低,具有由无规则卷曲到 β-折叠构象的结构;又因为丝胶含有的多数氨基酸都带有羟基、羧基和氨基等较强极性的侧基,所以丝胶蛋白是一种水溶性球状蛋白,能在水中溶解,而溶解度的大小与处理温度、处理时间、溶液的 pH 值以及所加的电解质等因素都有关系。

一般而言,提高处理温度会使丝胶在水中的溶解度增加。当水温低于 90℃ 时,丝胶仅在水中溶胀;当水温高于 90℃ 时,丝胶迅速溶胀,并在水中溶解;当水温超过 105℃ 时,丝胶的溶解速率剧增;蚕丝在 110℃ 处理 1.25h,就能完全脱胶。但是处理温度过高,会使丝素受损。

由于丝胶蛋白具有两性性质,其溶解性与溶液的 pH 值紧密相关。当溶液的 pH 值等于丝胶的等电点时,丝胶的溶解速率和溶解度最低;当溶液的 pH 值偏离丝胶的等电点越远时,丝胶的溶解速率和溶解度越高,丝胶蛋白分子肽链的降解也越厉害。如在 pH 值为 9~10.5、温度为 95~98℃ 的弱碱性溶液中,蚕丝能较快地脱胶,因此蚕丝织物的精练也常在该条件下进行。

丝胶蛋白质的溶解性对于丝胶理论和蚕丝精练机理的研究都具有非常重要的意义。日本学者小松计一在其《关于丝胶溶解特性和结构特性的研究》中,提出了为我国学者熟知的四种丝胶论;国内张时康的《论丝胶结构》一文,对此及以前的研究做了较全面的综述。其后,丝胶的研究又有新的进展,多为根据其溶解特性来划分丝胶的种类。近期的研究,常用聚丙烯酰胺凝胶电泳法和高效液相色谱等方法分析丝胶的组分。尽管目前对丝胶种类的划分尚无定论,但丝胶多元论仍占主导地位。根据小松计一的研究,丝纤维上的丝胶从外到内由Ⅰ、Ⅱ、Ⅲ和Ⅳ四种蛋白质组成,Ⅰ∶Ⅱ∶Ⅲ∶Ⅳ为41.0∶38.6∶17.6∶3.1。其中丝胶Ⅰ在热水中40min即可溶解,丝胶Ⅱ在热水中3h可溶解,丝胶Ⅲ和丝胶Ⅳ则需在碱液中溶解,丝胶Ⅳ在精练后还可能残留一部分。这说明越是表层的丝胶越容易溶失,越是内部的丝胶越难溶解,但这种变化是不连续的。国内陈文兴教授通过分析中部绢丝腺不同部位分泌的丝胶蛋白质组分以及从茧丝上分阶段溶解的丝胶蛋白质组分,证明丝胶蛋白质组分在蚕丝径向的分布是不均匀的,同时进一步揭示:小松计一划分的四种丝胶,每一种不是单一蛋白质,而是不同相对分子质量的蛋白质的混合物。除了溶解特性外,丝胶还具有湿热变性变质、黏着性及吸湿性等。

(二)脂蜡、色素、无机物和碳水化合物

在桑蚕丝中含有0.4%~0.8%的脂肪和蜡质,它们主要存在于丝胶中,且在丝胶Ⅱ层中居多。其中脂肪来自蛹体,主要成分是脂肪酸的甘油酯,饱和与不饱和脂肪酸的比例约为25∶75。饱和脂肪酸为棕榈酸、异棕榈酸和硬脂酸,不饱和脂肪酸为油酸、蓖麻油酸和异蓖麻油酸。而蜡质大部分集中在靠近丝素的丝胶层里,主要成分为蜂蜡酸以及一些高级脂肪酸和蜡醇等高级醇的酯类。这些脂蜡的存在将影响蚕丝织物的吸湿性和后续加工,应尽量除去,而半脱胶方法主要就是去除脂蜡等杂质的。

蚕丝根据不同的来源,含有浅黄到淡褐或深褐色的天然色素。这些色素多为黄酮类和胡萝卜素类,且大部分存在于丝胶中。一般精练后基本脱尽了丝胶,蚕丝织物也就比较洁白了,故不需单独漂白。只有对那些白度要求高的产品才需另外进行漂白;若欲获得更高的白度,还可进行增白整理。而柞蚕丝织物的色素含量较高,呈灰黄褐色,其色素不仅存在于丝胶中,而且还存在于丝素中,因此柞蚕丝织物精练后一般都需要进行漂白。

无机物主要以钙、镁、钠和钾的氧化物或盐类存在于蚕丝中,多以灼烧后残留的灰分来标志其含量。一般来说,柞蚕丝中的灰分含量高于桑蚕丝的灰分含量。蚕丝中的灰分主要存在于丝胶中,少量则存在于丝素中。

蚕丝中还含有少量的碳水化合物。它们的主要成分为葡萄糖及其衍生物,如葡萄糖酸等,其中大部分与丝胶蛋白结合成复合蛋白质,以及与色素结合为配糖体的形式存在;也有一部分碳水化合物具有纤维素结构,呈微细的纤维状,亦称微茸,主要存在于丝胶中。这些微茸不仅影响蚕丝织物的外观质量,还会使染色及印花产品的光泽和鲜艳度降低。

二、人为杂质

(一)浸渍助剂

为了提高经丝的平滑性和耐磨性以及纬丝的柔软性,减少织造断头率,在蚕丝络丝前必须进行浸渍处理。而浸渍助剂就成为蚕丝织物的一种人为杂质。

蚕丝的浸渍助剂实际上经历了从经丝揩蜡、有蜡浸渍剂、无蜡浸渍剂发展到高速浸渍助剂的四个阶段。有蜡浸渍剂如乳化蜡、乳化木蜡、柔软剂HC和柔软剂101等,它们的化学性质比较稳定,但由于是高熔点物质,不溶于水,容易悬浮在练液中而沾污绸面,从而形成蜡渍,故目前应用很少。无蜡浸渍剂主要是油剂,在浸渍中起柔软和滑爽作用,如植物油、动物油和矿物油,

在早期浸渍中常单独使用,现只作为配制混合油剂的原料。常见的无蜡浸渍剂有水化白油、锦纶油、乳化白油,以及整经时用的上油剂 ZY—锦油等。当前常用的高速浸渍助剂是为了适应高速剑杆织机的需要,由多种非蜡类油剂和表面活性剂等助剂综合而成,如综合浸泡助剂 M(用于无捻经丝)、综合浸泡助剂 L(用于加捻纬丝)、综合浸泡助剂 TS(用于经丝)、综合浸泡助剂 WS(用于纬丝)、HJ—891 经纱用高速浸渍剂和 HJ—892 纬纱用高速浸渍剂。又如 SF 泡丝剂,就是采用高级脂肪酸和有机硅为主要原料,通过酯化、缩聚、乳化而成。该助剂能满足自动机械快速浸泡的要求,又能提高丝织物的内在质量。

(二)着色剂

为了区别捻度、捻向、等级以及不同用途的原料,往往在生丝的浸渍液中加入着色剂,使着色与浸渍同时完成。这些着色剂实际上是一些易于脱色的弱酸性染料或食用染料,一般采用酸性湖蓝、淡黄、桃红等颜色,色泽柔和淡雅。由于着色剂的牢度不好,下水后极易褪色,故对真丝绸的精练妨碍不大。

第三节 蚕丝织物的精练原理及影响精练的因素

一、精练原理

由于蚕丝织物的精练主要是脱去丝胶,本节所讨论的精练原理仅限于脱胶原理。

丝素和丝胶都是蛋白质,基本组成单位均为 α-氨基酸,但是它们的氨基酸种类和含量、分子排列、超分子结构以及所处位置都存在着很大的差异。丝胶蛋白属球形蛋白,其中的极性氨基酸含量远比丝素蛋白的多,且分子排列紊乱,结晶度较低。而丝素蛋白分子呈直线形,结构简单且紧密,取向度和结晶度均较高。由于丝胶和丝素的组成和结构的差异,导致了它们在溶解性、水解性和化学稳定性等若干性质上的不同。如在水中,丝素不溶解,丝胶则能膨化和溶解;在酸、碱或酶的作用下,丝胶更容易被分解,丝素则显示出相当的稳定性。蚕丝织物精练的实质就是利用丝素和丝胶的这些差异,采用适当的工艺和设备,除去丝胶而保留丝素,从而达到脱胶的目的。

在不同的条件下,蚕丝织物的精练原理有所不同,现一一加以讨论。

丝胶是典型的两性高分子物质,在酸或碱的作用下都会发生膨化、溶解和水解,具体反应如下:

$$S\begin{smallmatrix}+NH_3\\COOH\end{smallmatrix}\ \underset{H^+}{\overset{OH^-}{\rightleftharpoons}}\ S\begin{smallmatrix}+NH_3\\COO^-\end{smallmatrix}\ \underset{H^+}{\overset{OH^-}{\rightleftharpoons}}\ S\begin{smallmatrix}NH_2\\COO^-\end{smallmatrix}$$

(Ⅰ) (Ⅱ) (Ⅲ)

(一)碱的作用

碱在蚕丝织物的精练中起着极其重要的作用。碱能促使丝胶剧烈膨化,提高丝胶的溶解性;碱能与丝胶结合生成蛋白质盐,即使(Ⅱ)转化成(Ⅲ),减弱甚至破坏肽链间的盐式键;碱也

可使 —OH 变为 —O⁻ ，以及肽键由酮式转变为烯醇式：

$$-\overset{\underset{\displaystyle O}{|}}{C}-\overset{\underset{\displaystyle H}{|}}{N}- \xrightarrow{OH^-} -\overset{\underset{\displaystyle O^-}{|}}{C}=N-$$

破坏肽键之间形成的氢键，降低肽键间的结合力，促使丝胶进一步膨化而溶解；碱还可催化丝胶的肽链水解，加速丝胶脱离丝素。

（二）酸的作用

与碱的作用类似，酸也能促使丝胶蛋白的膨化和溶解，以及催化丝胶蛋白的水解。如丝胶在酸性介质中能与 H⁺ 结合生成蛋白质盐，即从（Ⅱ）转化成（Ⅰ），提高其溶解度。还有资料介绍，稀酸对蛋白质的水解反应方面有专一性，已知稀酸能打断天门冬氨酸和谷氨酸的肽键。因此无机酸和有机酸都可作为促使丝胶蛋白质膨化、溶解和水解的精练剂。

（三）酶的作用

酶是一类由生物体产生并可脱离生物体而独立存在的、具有特殊催化作用的蛋白质，又称生物催化剂。酶不但催化效率高，而且专一性强。其专一性是指酶对被作用物具有严格的选择性，即一种酶只能催化一种或一类物质。因此可选择仅对丝胶蛋白分子的肽键起催化作用的某些蛋白水解酶，在精练中使丝胶蛋白质成为易溶的蛋白肽或进一步水解成氨基酸，从而达到脱去丝胶而不损伤丝素的目的。

蚕丝织物的精练大致可分为三步：首先丝胶吸湿膨化；然后碱、酸或酶等助剂加速丝胶的溶解和催化其水解；最后丝胶在表面活性剂的帮助下脱离纤维并稳定地分散在练液中。

脱胶后的蚕丝织物称为熟坯或熟织物，其脱胶程度可用苦脂红指示剂的显色反应来判断，更常见的是用练减率（脱胶率）来检验，其公式为：

$$练减率 = \frac{精练前织物的干燥质量 - 精练后织物的干燥质量}{精练前织物的干燥质量} \times 100\%$$

桑蚕丝织物全脱胶时的练减率一般在 23% 左右。还可通过扫描电子显微镜观察脱胶纤维来定性评价纤维的脱胶程度和损伤程度。

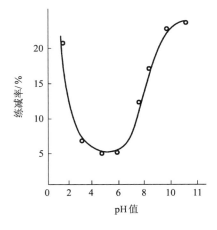

图 7 - 1　桑蚕丝织物的练减率与
练液 pH 值的关系

二、影响精练的因素

在蚕丝织物的精练过程中，诸多因素都会影响精练效果，其中主要因素有练液 pH 值、精练温度、精练剂及其浓度、精练时间、浴比和中性盐等。

（一）练液 pH 值

丝胶的溶解度与练液 pH 值的关系密切，因此蚕丝织物的练减率也与练液 pH 值紧密相关。图 7 - 1 表示桑蚕丝织物在不同 pH 值的练液中以近沸点温度精练 30min 后的练减率。

从图 7 - 1 可知，当 pH 值为 4～7 时，桑蚕丝织物的练减率最低。这是因为该 pH 值位于丝胶的等电点（pH =

3.9~4.4)附近,故丝胶的溶解度最低,从而也导致练减率最低。随着练液的酸、碱度逐渐增加,织物的练减率也逐步增加。当 pH＞9 或 pH＜2.5 时,丝胶的溶解度显著增加,在 30min 内可充分脱胶。

但练液 pH 值过高(11 以上)或过低(2 以下),都会使蚕丝纤维的强力显著下降。为了使蚕丝织物在精练中既有效地脱去丝胶,又不损伤丝素,练液 pH 值不宜过高或过低。综合考虑织物的练减率和强力两项指标,可选用在 pH 值为 1.75~2.5 的酸性溶液或 pH 值为 9~10.5 的碱性溶液中精练。又由于酸浴精练不能除去脂蜡等杂质而使精练成品的手感粗糙发硬,且对设备腐蚀严重,所以蚕丝织物一般采用在 pH 值为 9~10.5 的弱碱性溶液中精练。

(二)精练温度

无论在酸性还是在碱性溶液中,练液温度对脱胶速率的影响都很显著。例如用 pH 值为 10.2 的肥皂溶液和 pH 值为 1.1 的盐酸溶液处理桑蚕丝织物 1h,其质量损失和练液温度的关系见图 7-2。

如图 7-2 所示,两条曲线的变化趋势基本一致,即蚕丝织物的质量损失均随着练液温度的升高而上升。但是在 77℃ 以下,丝胶很少脱去;当温度升至 85℃ 以上时,脱胶率急剧增加;当温度达到 95℃ 时,丝胶基本脱尽。若将精练温度提高到 100℃ 以上,除了因练液沸腾使织物相互摩擦而造成擦伤和起毛外,还会引起丝素的泛黄和损伤。所以,一般较适宜的精练温度为 95~98℃,此时练液沸而不腾。

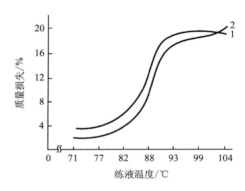

图 7-2　桑蚕丝织物用肥皂及盐酸精练时
质量损失与练液温度的关系
1—肥皂(pH＝10.2)　2—盐酸(pH＝1.1)

(三)精练剂及其浓度

精练剂的性质往往会直接影响到蚕丝织物的精练效果,即脱胶的程度和精练成品的性质。以当今使用较多的复合精练剂为例,该类精练剂包括碱剂和表面活性剂两个重要组分。其中碱剂对脱胶起着重要作用,即促使丝胶溶解和水解,故增加精练剂的浓度有利于脱胶,但浓度过高又会影响真丝绸的强力。假如将皂液的脱胶强度定为 1.00,那么磷酸钠溶液的脱胶强度为 3.49,碳酸钠溶液的脱胶强度为 8.73,而氢氧化钠溶液的脱胶强度为 9.84。说明氢氧化钠溶液的脱胶最为剧烈。又如在 95℃,用 0.1mol 的碳酸氢钠与 0.1mol 碳酸钠的混合溶液处理生丝,需 20min 脱尽丝胶;而当混合溶液的浓度降低一半时,则需 30min 才能达到同样效果。由于表面活性剂具有润湿、分散和去污等作用,所以它在帮助碱剂完成脱胶的同时,主要是提高精练成品的毛效和改善织物的手感。

(四)精练时间

精练时间不仅取决于练液 pH 值、精练温度、精练剂和精练设备等精练条件,而且还与坯绸的厚薄和组织的松紧有关。如用 Miltopan SE 快速精练剂对真丝织物进行精练,欲达到 22% 的练减率,12102 双绉只需 60min,12103 双绉需要 70min,H4158 双宫绸($200g/m^2$)则需 130min。由此可见,电力纺等组织紧密的织物需较长的精练时间,而洋纺类轻薄织物则需较短的精练时间。

(五)浴比

浴比为精练时练液容积与织物质量之比。一般来说,浴比大,有利于加快脱胶速率、增加脱胶均匀性和减少织物的擦伤,但产量低且精练药剂和蒸汽耗量大;浴比小,有利于加强练液循环、降低成本和节约能量,但脱胶不均匀,容易造成织物擦伤。因此应视精练设备、精练工艺和织物品种来选择适当的浴比。例如在挂练槽中,轻薄型织物(东风纱、洋纺等)的浴比为 60：1,中型织物(电力纺)的浴比为(40：1)～(50：1),厚重型织物(双绉、层云缎等)的浴比为(30：1)～(35：1)。而对电力纺而言,采用挂练槽的浴比为(40：1)～(50：1),采用星形架精练桶的浴比为(50：1)～(60：1),采用平幅精练机的浴比则在 200：1 以上。

(六)中性盐

精练液中的中性盐也会影响丝胶的溶解度。这是因为某些中性盐的金属离子具有较强的水合能力,它们的周围存在着一定厚度的水化层,当它们进入蚕丝无定形区时就会带入大量的水分,从而导致蚕丝纤维的溶胀和丝胶溶解度的提高。同时中性盐的存在还会加强酸或碱对丝素的作用,造成丝素的损伤。该原因可用膜平衡的原理来解释:蚕丝纤维表面类似于半透膜,中性盐的加入使练液中的 H^+ 和 OH^- 向纤维内渗透,造成纤维内与练液中的 H^+ 和 OH^- 浓度相近,从而提高膜内(纤维内)的酸度或碱度,促进酸和碱对丝素的损伤。不同的中性盐对丝素的破坏程度不同,其中以具有强水合能力的 Ca^{2+} 和 Mg^{2+} 危害最大,所以精练时应尽量避免使用硬水。

第四节　蚕丝织物的精练工艺

精练是蚕丝织物加工中的重要环节之一,它直接关系到蚕丝最终产品的质量。一般而言,蚕丝织物精练方法是基于精练剂对丝胶中主要氨基酸所形成的特定肽键反应,有碱精练、酸精练、皂碱精练、复合精练剂精练、酶精练和高温高压精练等。由于单独用碱精练的效果不理想,若工艺处理不当还容易损伤丝素而降低蚕丝织物的强伸度,故不常用。又由于酸精练不能除去油脂和杂质,且生产中有挥发性刺激气味,易损伤皮肤、衣服和设备,因此在生产中极少使用。本节重点介绍以下四种精练工艺。

一、皂碱精练

皂碱精练是一种传统的蚕丝织物精练方法,至今已有 200 多年历史,并不断得到改进。由于肥皂属于高级脂肪酸的盐类,它能水解生成游离碱而使溶液呈碱性(pH 值为 9～10),故常与碱一起用于精练,当精练液的 pH 值降低时,由肥皂水解出的游离碱可起缓冲作用而控制精练液的 pH 值。肥皂又是一种表面活性剂,它不仅能减小溶液的界面张力还有助于均匀脱胶,且因乳化作用能去除丝纤维上的油脂。长期以来，以马赛皂（由椰子油、葵花籽油和甘油的三油酸酯构成）为代表的肥皂被视为最合适的蚕丝精练剂之一。皂碱精练不仅脱胶效果好，而且精练后织物的强力、弹性和手感等性能优异。

皂碱法常以肥皂为主练剂，碳酸钠、磷酸三钠、硅酸钠和保险粉为助练剂，并采取预处理、初练、复练和练后处理等工序对蚕丝织物进行精练。预处理使丝胶溶胀，有助于均匀脱胶和缩短精练时间。初练是精练的主要过程，在较多的精练剂和较长时间条件下除去大部分丝胶。复练的主要目的是漂白以及除去残留的丝胶和杂质。练后处理则为水洗、脱水和烘干等，以除去黏附在蚕丝织物上的肥皂和污物等。皂碱精练后的蚕丝织物手感柔软滑爽，富有弹性，光泽肥亮，但精练时间较长，不适用于平幅精练，且精练后的白色织物易泛黄。

二、复合精练剂精练

由于真丝绸的精练目的不仅是脱胶，还要除去诸多杂质，故需在精练液中加入若干种起不同作用的精练剂。为了便于精练操作和提高精练质量，国内外在皂碱精练的基础上开发出不少复合型精练剂。若按主要成分来分，可分为以肥皂为主和以合成洗涤剂为主的复合精练剂；若按适用的精练设备来分，可分为普通复合精练剂和适用于平幅精练机的快速精练剂。

由法国某研究室于1970年开发、后来又获得专利的P-400精练剂就是以油酸钠（肥皂）为主要成分的复合精练剂的代表。国内属于此类复合精练剂的还有上海的AR-617、苏州的SR-852、绍兴的821和辽宁的SJR，它们主要由油酸钠、螯合剂、碱剂、丝素保护剂和还原剂等组成。在德国某公司的Miltopan SE的带动下，国内也相继开发出一批真丝绸快速精练剂，其中有代表性的是适用于平幅精练机的ZS-1丝素保护快速精练剂等。这类高效精练剂一般由非离子表面活性剂、阴离子表面活性剂（包括肥皂）、金属螯合剂、丝素保护剂和碱剂等组成，并通过协同效应而达到既快速脱胶又不损伤丝素的目的。为了全面提高蚕丝织物的精练质量，精练剂正朝着多功能、高效率和复合型的方向发展。

三、酶精练

酶精练是将蛋白质分解酶应用于蚕丝织物精练的方法，又称为生物酶精练法。生物酶精练的主要原理是不同酶对蛋白质的水解具有专一性和高效性。与皂碱精练相比，酶精练使废水中的COD和BOD值明显降低，是一种节能减排的精练方法。随着生物技术的发展和对环境保护的重视，蚕丝织物的酶精练工艺又有了新的进展。酶精练对丝织物的作用温和，脱胶均匀，手感柔软。许多研究表明：酶精练的效果优于传统的酸或碱性介质中沸煮精练的效果，尤其在降低起毛方面尤为明显。目前国内用于蚕丝织物精练的酶主要有ZS724、S114和1398中性蛋白酶；209、2709碱性蛋白酶和胰酶。各种酶皆有最适宜的作用条件。以桑蚕丝织物用2709碱性蛋白酶脱胶为例，可用含 3.5×10^4U 的酶 1g/L，碳酸钠 1g/L，pH值为 $10 \sim 10.5$ 的练液，在 $40 \sim 50$℃ 处理 $40 \sim 60$min，即可脱去蚕丝织物中的大部分丝胶。

由于酶的专一性强，对纤维中的天然蜡质、油污和浸渍助剂等其他杂质不能去除，分解后的丝胶也不能很好地与丝素本体分离,所以也很少单独使用酶精练。因此往往在酶精练的基础上再结合其他精练方法,如酶—皂精练、酶—合成洗涤剂精练、酶—微波精练和碱预处理—酶精练等。还有资料介绍:采取混合蛋白水解酶对真丝绸进行精练,其精练品的练减率、强力等质量指标均优于皂碱精练法的产品质量指标。

目前关于蚕丝织物的蛋白酶精练研究比较深入,已达工业应用水平,生产上对于蚕丝织物的酶精练一般分三步:前处理、酶处理及水洗。

四、高温高压精练

国外对真丝绸高温高压精练的研究表明:在 125℃ 左右的高温高压条件下,仅用水就可使丝胶溶解,再添加碱可使丝胶溶解时间更短。据介绍,日本对 $43g/m^2$ 以下的坯绸,在清水中不加助剂,经高温高压精练机加工,同样可以达到脱胶的目的。国内接触该技术较晚,曾有一些实验和研究,都力求开发真丝绸的高温高压环保型精练工艺,即在不加助剂的条件下用高温高压(110～130℃)精练真丝绸,使练液对环境无害,并有利于丝胶的直接回收和利用。

另外,在高温高压环保型精练中,还可以在水中添加一些助剂,如日本报道:用乳酸、酒石酸、苹果酸和单宁酸等有机酸作精练剂,可以提高练白绸的白度,减少泛黄现象,并大大提高精练效果。

第五节　蚕丝织物的精练设备

一、挂练槽

挂练槽(俗称练槽或练桶)是最常用的蚕丝织物精练设备。它是用不锈钢板制成的长方形槽,底部装有蒸汽管和多孔不锈钢板。为了减少加热蒸汽的冲击作用,目前的精练槽一般为夹层精练槽,以改变练液的循环方向和保持槽内温度均匀。

按照工艺操作要求,精练槽一般为 7～9 只排列,形成练漂一条龙。在一条龙上方还装有电动吊车,用来升降织物和移动织物到下一槽处理。该设备结构简单,造价较低,故沿用持久;但劳动强度较高,操作时间长,批与批之间质量不稳定,且易产生擦伤、白雾和皱印等病疵。

用挂练槽精练时,先要将坯绸分批、退卷、折码、钉线、扣襻和打印。折码有 S 形折码和圈形折码两种方式。S 形折码在码绸架上手工操作,其坯绸呈折叠状,精练时练液容易渗入织物内层,使脱胶均匀,但在折叠处容易产生折痕,故适用于轻薄疏松织物的折码。圈形折码在圈码机上进行,其坯绸呈圆筒状,可避免折印的产生,但练液较难渗入内层,容易造成内外层精练不一,较适用于厚重织物的折码。织物经折码后,在绸边的一侧钉几道线圈(钉线),再套上较粗的襻绳(扣襻)。精练前将挂绸竿穿入襻绳,精练时将坯绸投入练液,挂绸竿的两端搁置在练槽的槽沿上,坯绸即可停留在液面下一定位置而进行精练处理。

某些企业还对挂练桶做了改进,如在桶口加盖,使练液得到保温,并产生微压,有利于加快脱胶速度。

二、星形架精练设备

真丝绸星形架精练生产设备主要由星形挂绸架、圆形精练桶和打卷机组成,适合于斜纹、纺、绉、缎类真丝织物的精练加工,尤其适用于较厚重的真丝织物。星形架精练脱胶均匀,可防止白雾、生块等病疵,并可有效地克服厚重织物在挂练中常见的吊襻皱和皱印等。

它与精练槽挂练类似,往往也是5~9只练桶为一组。精练时人工将坯绸单层挂在可旋转的星形架的挂钩上,然后用吊车吊入圆形练桶中精练。精练水洗完毕后,仍需人工将织物脱钩取下,故劳动强度大。为此改进星形架精练机的呼声极高。国内有关科研单位和印染企业在设备的设计上大胆创新,使K—L星形架精练后的织物先用机械整体脱钩,再在HL88型水流循环式打卷机内实行连续打卷,其操作方便,工效较高,达到国际先进水平,并于1990年获得国家专利。

三、平幅连续精练机

意大利某公司推出的VBM机,用于蚕丝织物的连续松式平幅精练,并成功地被欧洲和中国所接受。VBM—LT型长环悬挂式平幅连续精练机由进绸装置、预浸槽、成环装置、VBM精练槽、LT平洗槽和出绸装置组成。织物先由进绸装置导入预浸槽,并被练液浸润;再借助超喂辊和成环装置平幅进入精练槽。织物在练槽中完全舒展不折叠,再配合挂绸杆的匀速水平运动在挂绸杆上成环。织物成环后,仍完全浸没在浴中,并以10m/min的速度连续向前移动。精练后的织物直接进入水洗槽进行水洗,最后经出绸装置平幅落绸或卷取落绸。

在20世纪80年代,我国就引进VBM双槽式平幅精练机,开始应用并不广,但随着快速精练剂的开发,平幅精练的优势得到发挥。如用烧碱调节pH值的快速精练剂Miltopan SE、SR875和ZS—1均适用于平幅连续精练机。该机的自动化程度高,劳动强度较低,可用于各类真丝织物的平幅连续精练,且练后成品比挂练成品脱胶均匀,且无灰伤和吊襻印。但是练后成品的手感和白度不及挂练成品的手感和白度好,化学药品和能源消耗也较大。

四、高温高压精练机

日本从20世纪70年代初开始研究真丝绸的高温高压精练,为此各企业都投入了较多的人力和物力,但由于技术等原因,此项工作于70年代中停止,直到1979年才由某公司研制成功高温高压精练机,并迅速在日本国内推广。到90年代初,日本已有70%的真丝绸精练企业采用高温高压精练工艺和设备。

在20世纪80年代,国内有关单位系统研究了真丝绸高温高压精练的各项技术参数,分析探讨了高温高压工艺对蚕丝织物质量的影响,从而确立了加捻厚重宽幅真丝织物的高温高压精练新技术,并进行了多品种的生产实践,对真丝绸高温高压精练新技术的应用和推广起到重要作用。为满足厚重、强捻真丝织物的精练工艺需要,国内某纺织机械厂在借鉴日本进口设备的基础上,于1995年研制出了ASMD 021型高温高压精练机。

国内引进日本技术生产的 YN—1000W 高温高压精练机,其外形为长方形,类似于常压精练桶,可与普通精练桶配套使用。主要性能为:最高精练温度 125℃,最高使用压力 196.4kPa（2kgf/cm²）,容积 3.67m³,容绸量 1000m。其操作过程是:

预热 ——→ 加温加压 ——→ 精练（循环泵启动）——→ 冷却降压 ——→ 开盖（精练结束）

该设备在精练过程中,坯绸不运动,通过循环泵使容器中的练液流动而进行坯绸脱胶。高温高压精练机的特点为:精练时间短,成本较低,精练品蓬松、洁白、弹性好,且练减率均一、强力较高和染色性能好。但机器价格较高,一次性投资大。

第六节　蚕丝织物的漂白和增白

一、漂白

蚕丝织物经精练后,虽然去除了丝胶等天然杂质和人为杂质,但白度仍不能满足要求,因此实际生产中往往将蚕丝织物的精练和漂白同时进行。经过精练兼漂白后的蚕丝织物一般已有相当高的白度,通常不需要再进行专门的漂白处理。但是对于白度要求特别高,或特别厚重难以练白的桑蚕丝织物,则需另外进行漂白处理。除此之外,野蚕茧的生丝和桑蚕茧中的污染茧、着色茧或绢丝等经过精练后往往白度较低,甚至呈黄色或褐色,也需单独漂白。因此应根据最终产品的需求确定是否进行漂白加工。

适用于蚕丝织物的漂白剂有氧化性漂白剂和还原性漂白剂两大类。氧化性漂白剂主要有:过氧化氢（H_2O_2）、过硼酸钠（$NaBO_3 \cdot 4H_2O$）、过碳酸钠（$2Na_2CO_3 \cdot 3H_2O_2$）和过醋酸（CH_3COOOH）。还原性漂白剂主要有:保险粉（$Na_2S_2O_4$）、亚硫酸氢钠（$NaHSO_3$）和二氧化硫脲 $[(NH_2)_2CSO_2]$。在同样的碱性溶液中,二氧化硫脲的还原能力比保险粉强,而且还原电位下降速度比保险粉慢,即稳定性较好,但价格较高,在水中溶解度较低,应用受到一定的限制。

蚕丝织物经还原性漂白剂保险粉处理后虽然可提高白度,但白色中略带黄光,且在空气中长久放置后,已被还原的色素有重新被氧化复色的倾向,因此对白度要求较高的产品仍需要进行氧化漂白。

氧化漂白可安排在精练工艺的初练与复练之间,也可在精练后进行。例如电力纺挂练时可在初练与复练之间插入过氧化氢漂白,具体工艺如表7-3所示。

表7-3　电力纺氧漂工艺

工艺处方	用量/g·L⁻¹		温度/℃	时间/min
	初　桶	续　桶		
30%双氧水	2.0	1.0	80～85	90
平平加 O	0.3	0.1		
35%（40°Bé）硅酸钠	1.5	0.5		

漂白处方中的硅酸钠起稳定双氧水和调节 pH 值的作用(生产中通常通过加适量纯碱来调节 pH 值),但容易产生硅酸垢,一旦清洗不净还会影响织物手感。必要时也可选择其他稳定剂,如焦磷酸钠($Na_2P_2O_7$)、乙二胺四乙酸钠盐(EDTA)、二亚乙基三胺五乙酸钠(DTPA)或复合型氧漂稳定剂(如非硅氧漂稳定剂 RB—3、RB—4 或 AR—750 等)。

由于柞蚕丝有少量色素分布于丝素中,精练后通常仍呈黄褐色,所以柞丝绸漂白时 30% 双氧水的用量可提高到 6～8g/L,硅酸钠用量以维持 pH 值在 9.5～10 为宜,在 90℃ 处理几个小时,然后水洗、稀醋酸溶液酸洗、再水洗。

除此之外,也可采用过硼酸钠漂白蚕丝织物。

二、增白

蚕丝织物一般较少进行增白,除非是对白度有特殊要求的练白绸。

蚕丝织物经精练、水洗后,可直接在挂练槽中增白,一般宜用酸性染料或直接染料型的荧光增白剂。适用于蚕丝等蛋白质纤维的荧光增白剂,一般为香豆素衍生物如 C.I.140 荧光增白剂 SWN 和二苯乙烯联苯变型的如 C.I.351 荧光增白剂 CF-351,可在酸性浴中进行增白处理。上蓝增白和荧光增白的机理、整理剂及整理工艺参见棉织物的增白。

第七节　蚕丝织物的增重

随着蚕丝织物从内衣化向外衣化发展,要求其具有厚实挺括的风格。蚕丝织物经精练后,质量减少约 25%,纤维直径变细,丝之间的空隙增大,致使织物变薄、变软、缺乏挺括感。通过增重整理既可弥补蚕丝织物精练损失的重量,又可以赋予蚕丝织物一定的厚实性、防皱性、悬垂性和挺括性。对于真丝针织绸,尤为适合。蚕丝织物的增重整理主要有锡增重、单宁增重、丝素溶液增重和接枝聚合增重等方法。

单宁增重是一种较古老的整理方法。它是利用蚕丝对单宁酸有较强的吸附性能,经单宁增重处理可赋予蚕丝织物柔软而蓬松的手感,并改善其抗皱性和耐紫外线性能。

丝素溶液对蚕丝制品也具有强烈的吸附作用,因此用丝素溶液增重是蚕丝织物实现自我完善的理想途径。蚕丝织物浸渍丝素溶液后,一般采用戊二醛法和酒精氯化锡法等进行固着处理,增重率可达 10% 以上。经丝素溶液增重后的蚕丝织物,其缩水率大大下降,硬挺度和折皱回复率有所提高,染色后色泽更加鲜艳。

下面重点介绍蚕丝织物的锡增重和接枝聚合增重。

一、锡增重

锡增重是一项传统又常用的整理工艺,即通过锡来增加蚕丝纤维的质量,同时使织物的手感丰满厚实,其光泽、身骨和弹性等均有改善。经过合适的锡增重整理,蚕丝的强力和延伸度等也有所提高，而吸湿性和光泽等几乎无变化。

锡增重主要用于领带、饰带、刺绣品和要求厚重风格的高级女礼服等。锡增重后的领带，式样好，服用中不松弛，解开后折皱迅速消除。以意大利为主的欧洲国家向来盛行锡增重。

（一）锡增重工艺

锡增重处理工艺一般由以下四道工序构成。

1. 氯化锡处理　用 18～30°Bé 氯化锡（$SnCl_4 \cdot 5H_2O$）溶液［浴比（30：1）～（50：1）］，在 10～15℃处理 60min 后，轧液、水洗、脱水，使 $SnCl_4$ 被蚕丝纤维吸附。

2. 磷酸盐处理　用 5%～7%磷酸氢二钠（$Na_2HPO_4 \cdot 12H_2O$）溶液［浴比（30：1）～（50：1）］，在 60～70℃处理 60min 后，脱液、水洗、脱水，使 $SnCl_4$ 被蚕丝纤维固着。

3. 硅酸盐处理　用 3%～5%硅酸钠（Na_2SiO_3）溶液［浴比（30：1）～（50：1）］，在 50～65℃处理 30min 后，脱液、水洗、脱水，使锡增重稳定化。

4. 皂洗　用 0.3%～0.5%皂洗液，在 70～90℃处理 30～60min 后，水洗、脱水、烘燥，以去除未反应的锡处理液。

一般每进行一次锡盐与磷酸盐处理后可获 10%～15%的增重率，因此可将第 1 和第 2 道工序反复进行，直至达到所要求的增重率（通常不超过 4 道），再进行硅酸盐处理和皂洗。例如意大利、法国和瑞士制的高级真丝领带，锡增重率可达 35%～40%。但增重率太高会降低真丝对各类染料的吸附能力，并导致蚕丝纤维脆化、变色，所以要谨慎控制增重程度。

（二）锡增重原理

对于锡增重各道工序的化学原理，至今尚未得到统一解释。一般认为，在进行锡增重处理时，由于纤维的膨化，$SnCl_4$ 分子在水溶液中通过扩散渗入纤维内部，并发生如下水解反应：

$$SnCl_4 + 4H_2O \Longleftrightarrow Sn(OH)_4 + 4HCl$$

其中不溶性的 $Sn(OH)_4$ 沉积于纤维空隙内，HCl 被水洗除去。

继续用 Na_2HPO_4 处理，则发生如下反应：

$$Sn(OH)_4 + Na_2HPO_4 \Longleftrightarrow Sn(OH)_2HPO_4 + 2NaOH$$

增重蚕丝再用硅酸钠处理，则碱式磷酸锡与硅酸钠作用生成最终产物，沉积在蚕丝纤维中：

$$Sn(OH)_2HPO_4 + Na_2SiO_3 \Longleftrightarrow Sn(SiO_3)HPO_4 + 2NaOH$$

也有人认为锡增重是水溶性的氯化锡在蚕丝纤维内发生化学变化，成为不溶于水的锡氧化物（即锡酸凝胶 $SnO_2 \cdot H_2O$）而沉积在蚕丝纤维中。

蚕丝织物的锡增重整理不会产生 Oeko-Tex Standard 100❶ 标准中严格限制的、可萃取的重金属和三丁基锡（TBT）、二丁基锡（DBT）等有机锡化物，符合生态纺织品的要求。

---

❶ Oeko-Tex Standard 100 是由国际环保纺织协会的成员机构——奥地利纺织研究院和德国海恩斯坦研究院于 1992 年共同制定的，并根据市场需求、法律法规的兼容性、生态纺织品技术的最新发展等各方面的变化不断进行更新。Oeko-Tex Standard 100 禁止和限制使用纺织品上已知的、可能存在的有害物质，包括：pH 值、甲醛、可萃取重金属包括锑（Sb）、砷（As）、铅（Pb）、镉（Cd）、汞（Hg）、铜（Cu）、铬（Cr）Ⅵ、钴（Co）、镍（Ni）、杀虫剂/除草剂、含氯苯酚、可分解有毒芳香胺的偶氮染料、致敏染料、氯化苯和甲苯、有机锡化物（TBT 和 DBT）、PVC 增塑剂、色牢度、有机挥发气体、气味。

二、接枝聚合增重

蚕丝的接枝聚合增重是指在蚕丝丝素分子上接上具有双键结构的单体,在适当的条件下进行聚合反应,生成接枝状聚合体(也有部分在纤维内部形成三维网状结构),以增加蚕丝的质量和体积,从而改善蚕丝的品质。

(一)接枝聚合主要单体

蚕丝接枝聚合的单体主要有:乙烯类、甲基丙烯酸酯类和丙烯酰胺类。

乙烯类包括醋酸乙烯、丙烯腈和苯乙烯等;甲基丙烯酸酯类包括甲基丙烯酸甲酯(MMA)、甲基丙烯酸羟基乙酯(HEMA)和甲基丙烯酸乙氧基乙酯(ETMA)等;丙烯酰胺类包括丙烯酰胺(AM)、甲基丙烯酰胺(MAA)、羟甲基丙烯酰胺(M—AM)、羟甲基甲基丙烯酰胺(M—MAA)、甲氧基甲基丙烯酰胺和乙氧基甲基丙烯酰胺等。

对蚕丝具有高聚合作用的单体有 30 多种,但有实用意义的只有 6~7 种。日本在 20 世纪70 年代初期以苯乙烯为单体接枝整理真丝绸,并进行了商品化生产。但采用苯乙烯接枝,若接枝率达 20% 左右,就会严重破坏蚕丝原有的风格与光泽。70 年代末期开始采用甲基丙烯酸羟基乙酯、甲基丙烯酰胺等单体,即使在高接枝率时,对蚕丝原有的触感、光泽、吸湿性及染色性等品质影响也不大,目前国外普遍采用这两种单体进行蚕丝的接枝增重整理。后来又研究采用羟甲基丙烯酰胺、甲氧基甲基丙烯酰胺和乙氧基甲基丙烯酰胺等单体接枝,发现整理后蚕丝织物的柔软度不变,而抗皱性和吸湿性明显提高。

(二)接枝聚合加工方法

蚕丝的接枝聚合通常需要采用聚合引发剂来使不活泼的单体产生连锁反应,以生成聚合物。引发剂可以是射线(如 γ 射线、紫外线)、热(焙烘、汽蒸)或催化剂等。催化剂有过氧化物催化剂,如过硫酸钾(KPS)、过硫酸铵(APS)、过氧化苯甲酰(BPO)和氧化还原催化剂,如过氧化氢/亚硫酸盐、叔丁基过氧化氢/连二亚硫酸钠等。

若单体不溶于水或难溶于水时,可加入适量阴离子或非离子表面活性剂作乳化剂。

目前工业化生产中常用甲基丙烯酰胺(MAA)作为接枝单体,用过硫酸钾引发接枝增重真丝,其工艺简单方便,接枝增重率较高,但增重后真丝会泛黄,其泛黄程度随 KPS 质量浓度增加而加重,影响后续的染整加工。采用具有漂白性能的氧化还原类引发剂引发 MAA 接枝增重真丝,可有效改善真丝接枝增重后的泛黄现象,但氧化还原类引发剂消耗速率太快,单体转化率不高,增重率较低。因此,近年来针对 KPS 与氧化还原引发体系 H_2O_2/Na_2SO_3 组成复合引发体系引发 MAA 接枝共聚真丝的整理工艺进行了研究:在 MAA 相对真丝质量分数为 70% 时,复合引发体系 $KPS/H_2O_2/Na_2SO_3$ 总质量浓度为 2.45g/L,KPS 与 H_2O_2/Na_2SO_3 质量比为 6:4,且 H_2O_2 和 Na_2SO_3 质量比为 1:1,升温到 80℃,先加 KPS,间隔 30min 后加 H_2O_2/Na_2SO_3,反应总时间 90 min,增重率可达 45% 以上,并明显改善 KPS 单独引发接枝增重丝泛黄的问题。

第八节　蚕丝织物的砂洗

蚕丝织物的砂洗整理是通过化学和物理机械作用，使蚕丝织物表面产生一层均匀纤细绒毛的加工工艺。经砂洗整理的蚕丝织物，手感丰满、软糯而富有弹性，抗皱性和悬垂性得到改善，并具有一定的"洗可穿"性和较好的服用性。通常可在染色前或染色后进行砂洗。

一、砂洗原理

蚕丝织物的表面起绒是由砂洗机中的砂洗和烘干机中烘干后并在冷风中磨打实现的。精练后的蚕丝纤维主要由丝素和丝素外围的丝胶Ⅳ构成，而丝素由约 100 根直径为 $1\mu m$ 左右的巨原纤组成，每根巨原纤又由 $6\sim20$ 根直径为 $0.2\sim0.4\mu m$ 的原纤构成。在砂洗过程中，由于蚕丝纤维含有大量羟基、羧基和氨基等亲水性基团，纤维在水和化学砂洗剂作用下剧烈溶胀，杨氏模量和强力下降；再经过反复的机械摩擦作用，蚕丝表面的部分丝胶Ⅳ被除去，丝素表层的巨原纤或原纤结构因分子链降解而部分断裂、帚化，在丝素纤维表面形成微绒。继续用转笼式烘燥机在冷风中磨打织物，使织物不断经受摩擦和揉搓，显现出纤维的潜在损伤，最终使织物表面的绒毛完全挺起，从而获得柔软而丰满的手感。

据有关资料表明：真丝苏吴绉和双绉中的纤维砂洗前表面光滑，而砂洗后织物表面均出现不规则的绒毛，并有整理剂残留。

二、砂洗设备

砂洗设备主要包括砂洗机、脱水机和烘燥机。

砂洗机可采用绳状水洗机、转鼓式水洗机、溢流喷射染色机以及专用砂洗机。

脱水机一般使用离心式脱水机，内胆使用不锈钢材料。

烘燥机宜采用可正逆交换转动的转笼式烘燥机。转笼内有三条肋板，可将织物抬起和落下。织物在转笼内产生逆向翻滚，使织物间相互拍打和搓揉，从而改善烘燥时真丝绸在湿热状态下由于纤维的可塑性而造成的板硬感。由于吹入的蒸汽缓和，使真丝绸在松弛状态下均匀而缓慢地收缩和干燥，从而使砂洗后的产品绒毛挺立、手感柔和、飘逸感强。

砂洗时一般需使用锦纶丝砂洗袋，袋内放置 $60\%\sim70\%$ 的织物，以增加织物间相互摩擦，减少织物间相互缠绕，有利于砂洗均匀。

三、砂洗工艺

（一）砂洗助剂

蚕丝织物的砂洗助剂主要是溶胀剂（或称砂洗剂）和柔软剂。砂洗时为了使蚕丝纤维溶胀均匀，并产生细而稠密的短绒毛，通常还需要加入一些起渗透作用、消泡作用的表面活性剂。

1. 溶胀剂 溶胀剂(砂洗剂)的作用是在一定的温度下使纤维溶胀、结构变疏松,为纤维的水解断裂提供条件,从而使织物表面组织突出点处的巨原纤或原纤发生断裂、帚化而起绒。酸、碱及醋酸锌、氯化钙等中性盐都可促使蚕丝纤维溶胀。为防止纤维损伤过度,一般使用弱碱或弱酸。

纯碱因其价格便宜,溶胀显著,砂洗产品手感好,质量稳定,故使用较多,缺点是织物褪色严重,强力损失较大。酸砂洗剂基本不影响酸性染料染色织物的色泽,但缺点是织物的手感不好,强力有损失,且需要采用耐腐蚀设备。随着生物技术的发展,蛋白酶作为砂洗剂正日益受到重视。

2. 柔软剂 理想的柔软剂可以渗透到砂洗织物的微纤内部,对经过充分溶胀而脆损的丝纤维起到修复和保护作用,既可使砂洗龟裂的原纤不会剥离,又能明显提高织物的弹性、柔软度、蓬松度和厚实感。

砂洗用柔软剂大多为阳离子型柔软剂,常用的有江苏的 SOC、Y—2,上海的 SL—1,浙江的 SO—01,瑞士的 Sapamine OC 和 HCS 等。

(二)砂洗工艺流程

砂洗工艺流程为:

预浸 —→ 砂洗 —→ 水洗 —→ (中和 —→ 水洗) —→ 柔软 —→ 脱水 —→ 烘干 —→ 冷磨

(三)砂洗工艺条件

1. 溶胀剂用量 溶胀剂用量应视砂洗程度和品种进行选择。一般溶胀剂用量越大,溶胀越充分,绒毛也越多,但织物的强力损伤也越大。使用纯碱为溶胀剂时,通常控制溶液的 pH 值在 10.5~11 范围内。例如砂洗电力纺时的纯碱浓度:轻砂为 5g/L,中砂为 7g/L,重砂为 8~9g/L。

用酸作为溶胀剂时,能很好地保留织物原来的颜色,且颜色鲜艳。但若溶液的 pH 值控制不当,也容易产生织物强力损失过大,从而影响其服用性能。使用盐酸为溶胀剂时,一般控制溶液的 pH 值在 3~4 范围内就能较好地平衡各方面的要求。

2. 溶胀时间 控制溶胀时间应使织物砂洗后既有明显的效果,又不造成严重的洗痕和褪色。因此可根据砂洗程度来确定砂洗时间,一般轻砂 15~30min,中砂 30min,重砂 30~60min。

3. 砂洗温度 砂洗的温度越高,溶胀剂和丝蛋白作用越剧烈,丝纤维膨化和损伤就越大,起绒也就越多,但同时伴随着织物褪色程度加剧。若温度太低,则不利于助剂充分发挥作用,砂洗效果也不明显。通常用碱溶胀剂时,温度控制在 40~45℃;用酸溶胀剂时,则控制在 50~55℃。

4. 浴比 砂洗的浴比小,织物相互挤在一起,产生的摩擦力大,砂洗效果较好。但应该以织物完全浸泡在砂洗液中,并处于松弛状态有利于织物运动为前提。一般浴比可控制在(20:1)~(50:1)。

5. 中和 若织物上带有碱或酸,会影响柔软剂与纤维的作用效果,缩短织物寿命,并刺激皮肤,所以溶胀后应对织物进行中和并净洗。

6. 柔软处理 砂洗常用阳离子柔软剂,其用量根据织物品种及成品柔软度而定。一般用量为 3～10g/L，温度 20～45℃，时间 10～40min，浴比（15∶1）～（40∶1）。

7. 烘干温度　烘干温度决定砂洗后织物绒毛的耸立程度、蓬松度与手感。温度太高使砂洗织物不蓬松、手感硬；温度太低则烘不干织物，砂洗效果不明显，且影响生产进度。一般烘干温度为 50～60℃，烘干时间为 30～60min。

8. 冷磨　织物烘干后，在不加热的烘干机中进行打冷风处理。打冷风是为了使蓬松织物上倒伏的短绒毛在冷风的吹动下竖起来，以增加织物的丰满度、柔软性和悬垂性。打冷风时间越长，绒毛越明显，朦胧效果越好。打冷风的时间：一般轻砂为 30min 左右，中砂为 60min 左右，重砂为 90min 左右。

四、砂洗技术的发展

目前真丝绸的染色还是以弱酸性染料为主，而传统的砂洗工艺大多采用碱剂砂洗，pH 值达 10.5 左右。染色绸在这种碱性砂洗液中褪色、变色严重，且强力下降明显，因此既能保持原有色泽，又能保持原有强力的砂洗新技术越来越受到重视。

（一）保色保强砂洗

为解决砂洗褪色和强力下降问题，可通过筛选染料，或针对不同染料品种选用不同的砂洗剂，或从工艺条件上进行控制。但要从根本上解决问题，就需要寻找或开发对蛋白质纤维既能起膨化作用，又不易破坏蚕丝纤维中肽链的砂洗剂。

据介绍，采用 TX—05 砂洗剂对咖啡色 05 电力纺进行砂洗，其褪色程度仅为纯碱砂洗的1/20左右，同时，砂洗后强力下降仅为 2.1%，而用纯碱砂洗后强力下降达 13.6%。又如 SS—01 型砂洗剂与 SO—01 型柔软剂配套使用，保色保强效果也很明显。

将常规的先染色后砂洗工艺改为先砂洗后染色工艺，也能解决砂洗褪色问题。

此外，也可采用先砂洗、后染色、再砂洗工艺。即在第一次砂洗时，适当减轻砂洗程度，所产生的轻度砂洗痕可在染色时掩盖；在染色时注意控制上染速度，以提高匀染性；在第二次砂洗时主要进行柔软整理，使砂洗产品的手感滑糯、丰厚。

（二）酶砂洗

实践证明，酶砂洗真丝织物绒毛细密、丰满、厚实，抗皱性和悬垂性明显改善，强力损伤低于碱砂洗。

蛋白酶作为蚕丝织物砂洗剂进行砂洗时，首先，纤维溶胀，吸附的酶在织物表面形成蛋白酶—丝纤维的复合体，并在吸附位置切断肽键；然后在轻度机械摩擦作用下，丝素纤维微纤露出，使织物表面形成绒毛。由于酶催化作用的专一性，且酶分子通常比水分子大 1000 倍以上，丝素纤维水解仅发生在表面或附近区域，因此砂洗后织物的机械强度损伤相对较小，微绒比较均匀。

真丝砂洗蛋白酶以碱性蛋白酶为主，且可与精练配合进行。用于真丝砂洗的商品酶制剂很多，如瑞士的 Maxacel L、Bactosol SI Conc Liq（酶 SI 浓溶液）和 Novozym 679、Novozym 680 等。

第九节　蚕丝织物的防泛黄整理

一、蚕丝织物泛黄、老化原因

蚕丝织物在加工、服用和贮存过程中容易泛黄,同时纤维发脆、强力降低、服用性能和外观质量下降,即出现老化现象。蚕丝织物泛黄、老化的原因归结如下。

(一)环境因素的影响

真丝织物的泛黄、老化是由于丝素内部蛋白质分子结构在紫外线、水分和氧气等外界多种环境因素的影响下产生变化,使织物外观呈现黄色,强力下降。

真丝绸在日光下曝晒1个月的泛黄程度比在平常室内保存1年要大得多,而将真丝绸装在气体不能透过的薄膜袋内,在无氧状态下即使经阳光长时间曝晒也基本不发黄。能引起泛黄的紫外线波长为200～331nm,其中影响最大的波长为279～292nm,这恰好与酪氨酸和色氨酸的吸收特征相接近。在湿态时,则分别为253～386nm和292～305nm,即向长波方向移动。氧对紫外线照射所引起的泛黄有很大影响,这是由于紫外线照射丝素分子产生自由基,再与氧作用进行光氧化反应生成泛黄基团。丝绸在湿态时的泛黄比干态时要大得多。

一般认为,引起蚕丝泛黄的可能是丝素大分子链中带有芳香支链的氨基酸,如色氨酸、组氨酸、酪氨酸、苯丙氨酸和脯氨酸的作用。从结构上来看,苯丙氨酸和脯氨酸的化学活泼性较低、难以在紫外线照射下发生变化。即使发生变化,生成有色物质的可能性也较小,这一推断已被实验证实。比较蚕丝中几种芳香族氨基酸经紫外线照射后的损失率,以酪氨酸、色氨酸和组氨酸的损失最为明显,而且酪氨酸和色氨酸在紫外线作用下都产生黄色物质,并已经能分离出来,因此,酪氨酸和色氨酸是引起真丝黄变的主要氨基酸。

(二)精练和漂白的影响

在几种真丝绸精练方法中,皂碱法精练的织物泛黄程度最大,其次为酶练法,泛黄程度最小的是碱精练法。皂碱法精练真丝绸泛黄程度大的原因可能是由于残留在织物上的微量肥皂与空气中的氧气发生化学反应转变成有色物质所致。精练中的常用助剂三聚磷酸钠也会增加真丝的泛黄程度,用环状磷酸盐代替三聚磷酸钠不但不影响精练效果,而且精练后的真丝还具有防泛黄效果。真丝绸的氧化漂白(H_2O_2)和还原漂白(保险粉)相比,氧化漂白比还原漂白的泛黄程度小。

(三)所含杂质的影响

蚕丝织物精练后残留的杂质、精练剂和漂白剂、穿着时沾上的污垢以及洗涤后残留的洗涤剂和香水,都可能引起真丝绸泛黄、老化。日本曾试验了30种市售香水,结果发现,约90%的香水有促进泛黄的作用。

综上所述,引起真丝绸泛黄、老化的原因错综复杂,因此要防止真丝绸泛黄、老化,应采取综合措施。

二、防泛黄整理技术

防止真丝织物泛黄是长期被关注的研究课题,20 世纪 70 年代研究主要集中在真丝的泛黄机理上,80 年代中期逐步走向工业实用阶段。

(一)紫外线吸收剂整理

由于引起真丝绸泛黄、老化的最主要因素是日光中的紫外线,故在真丝绸上施加紫外线吸收剂可以防止泛黄。

紫外线吸收剂主要有水杨酸酯类、二苯甲酮类、苯并三唑类、丙烯腈衍生物和三嗪类等。在真丝绸防泛黄整理上应用较广泛的是二苯甲酮类紫外线吸收剂 101—S(2 -羟基- 4 -甲氧二苯酮- 5 -磺酸),它能吸收 235～325nm 的紫外线,吸收能力强,易溶于水,安全性高,并可应用于化妆品中。其结构式如下:

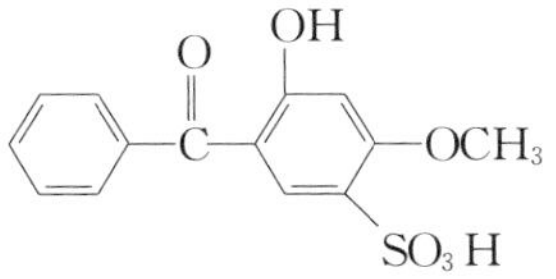

二苯甲酮类化合物具有高共轭结构,能形成内氢键,吸收能量后会重排成醌型结构,再以热的形式释放出获得的能量,结构重新恢复:

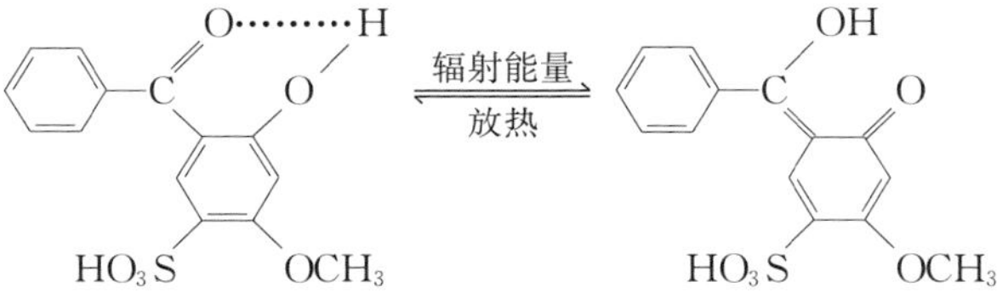

用紫外线吸收剂 101—S 处理织物一般采用浸渍法,较合适的处理条件是浓度 3%(owf),在 20℃处理 40～60min。经 101—S 处理的真丝织物经紫外线照射 200h 也不会泛黄,但由于 101—S 是水溶性的,所以耐洗性很差。

经 101—S 处理的织物可以用金属盐进行固着处理,经 $SnCl_2$ 固着处理后耐洗性尤佳。$SnCl_2$ 固着处理可在 101—S 处理前或处理后,也可以与 101—S 同浴处理,其中用同浴法处理的织物防泛黄和耐洗效果更为显著。

应用紫外线吸收剂 101—S 与含羟基的氨基甲酸酯或硫脲甲醛树脂对真丝进行整理可产生协同作用,显示出显著的防泛黄效果。而且由于树脂与纤维的交联作用及自身缩聚形成的网状结构,可使其耐洗性大大提高。

另外,磺酸化的苯并三唑紫外线吸收剂(如 UV - FastW)能很好地降低氨基酸和染料的光降解率,提高氨基酸和染料的光稳定性,并具有酸性染料的性能,在真丝上吸尽率较高,通过适当的固色处理,可提高其防泛黄效果的耐洗性。

(二)抗氧剂整理

抗氧剂可使丝素分子的光氧化反应受到抑制,从而获得防泛黄效果。

用于真丝防泛黄整理比较典型的抗氧剂是烷基肼衍生物 HN—200(日本肼工业公司),它易溶于水,结构通式为:

$$R \quad \quad \quad \quad R$$
$$N-NH-A-HN-N$$
$$R \quad \quad \quad \quad R$$

（R 为烷基，A 为其他基团）

抗氧剂的游离基抑制作用一般有氢原子给予体、游离基捕获体和电子给予体三种类型。HN—200 分子的两端各有一个叔氨基，可以向游离基提供电子，使其成为低活性的负离子，从而中断大分子链的自动催化氧化过程，抑制真丝绸产生黄色物质的反应，故具有防泛黄作用。有文献认为 HN—200 也可能具有氢原子给予体和游离基捕获体的功能。

抗氧剂 HN—200 整理既可以采用浸渍法处理：HN—200 3%(owf)，浴比(25∶1)～(30∶1)，84～90℃，10～15min；也可采用浸轧法处理：HN—200 20～30g/L，20～50℃，轧液率 100%。HN—200 的防泛黄效果十分显著，但因其水溶性大，耐洗性很差，可以通过增加树脂整理工序来提高其耐洗性。

硫脲也具有良好的防泛黄性能，可采用浸渍或浸轧法处理。由于硫脲容易互变成异硫脲，其分子结构中的 =NH 及—SH 基能作为抗氧剂而终止游离基的自动光氧化作用，从而防止真丝织物的泛黄。

$$S \quad \quad \quad \quad SH$$
$$H_2N-C-NH_2 \rightleftharpoons H_2N-C=NH$$

(三)树脂整理

反应性树脂可以将丝素分子中的活性基团及酪氨酸、色氨酸等易产生泛黄基团的氨基酸残基封闭起来，同时也可隔断丝素分子与外界的联系，从而改善和缓解真丝织物的泛黄现象。因此，树脂整理可赋予真丝织物一定的防泛黄效果，同时使真丝织物获得耐久的抗皱性能。常用的树脂有：硫脲—甲醛树脂、环氧树脂、乙烯脲树脂和其他树脂复合、环状偏磷酸盐等。其中环状偏磷酸盐可以在蚕丝精练时用来代替常规三聚磷酸钠，提高精练效果并降低泛黄指数，也可以用作防泛黄后整理剂。

(四)接枝整理

接枝整理除了能赋予蚕丝织物增重和防缩抗皱性，还能赋予其一定的防泛黄性。接枝单体可与丝素分子中的活性基团发生接枝反应，又能使丝素免受紫外线侵扰，从而达到一定的抗泛黄效果。

用于接枝的单体主要是亲水性单体，如甲基丙烯酸羟乙酯、甲基丙烯酰胺、聚乙二醇二甲基丙烯酸酯和 N-羟甲基丙烯酰胺等。例如用聚乙二醇二甲基丙烯酸酯进行接枝加工，接枝量控制在 10%左右，可获得既不影响手感又有防缩抗皱和防泛黄性的真丝织物。

有文献研究结果表明，用戊二酸酐的 N,N-二甲基甲酰胺溶液浸渍真丝绸，使戊二酸酐接枝在丝素大分子的羟基、氨基等侧基上，也能明显提高真丝绸的抗泛黄性能和抗皱性能。

☞ **复习指导**

1.内容概览

本章阐述了蚕丝中杂质的组成及化学性质，主要讲授蚕丝织物的前处理和整理工艺及其原理,包括精练、漂白和增白、增重、砂洗和防泛黄的工艺原理、设备和工艺,并对各种工艺因素做了分析。

2.学习要求

了解蚕丝中杂质的组成及化学性质,并掌握蚕丝织物的前处理和整理工艺原理、设备和主要工艺参数,了解各种整理剂化学结构和加工原理。

☞ 思考题

1.蚕丝中含有哪些天然杂质和人为杂质? 这些杂质分别具有什么化学性质?

2.利用丝素和丝胶哪些主要性能的差异,可以达到除去丝胶而保留丝素的目的?

3.分别阐述酸、碱和酶对蚕丝织物脱胶的原理。

4.影响蚕丝织物精练的工艺因素有哪些? 它们又是如何影响的?

5.根据真丝绸脱胶时 pH 值与练减率关系图,确定脱胶适宜的 pH 值及选择理由。

6.蚕丝织物常用的精练工艺有哪几种? 写出它们的工艺流程和主要工艺条件,并阐述理由。

7.列举蚕丝织物的精练设备,并简述它们的特点。

8.适用于蚕丝织物的漂白剂主要有哪些? 它们各有什么特点?

9.蚕丝织物的增重整理主要有哪些方法? 它们各有什么优缺点?

10.分析蚕丝织物砂洗整理的基本原理。

11.蚕丝织物的砂洗助剂主要有哪几种? 它们各起什么作用?

12.分析砂洗工艺条件对蚕丝织物砂洗效果的影响。

13.引起蚕丝织物泛黄、老化的原因主要有哪些?

14.简述真丝绸防泛黄整理技术的发展。

参考文献

[1]王菊生,孙铠.染整工艺原理(第一册)[M].北京:纺织工业出版社,1984.

[2]王菊生,孙铠.染整工艺原理(第二册)[M].北京:纺织工业出版社,1984.

[3]苏州丝绸工学院,浙江丝绸工学院.制丝化学[M].2 版.北京:中国纺织出版社,1996.

[4]Virendra Kumar Gupta,Ved Prakash Singh,S K Sharma,R A Sachan. Optimising Degumming[J]. The Indian Textile Journal,1999,65(5):64-68.

[5]陈文兴,尤奇,刘冠峰,等.丝胶研究的一些进展[J].丝绸,1995(6):13-15.

[6]陈海相,顾靖,崔怀珠,等.用高效液相色谱测定丝胶分子量的研究[J].丝绸,1997(4):8-13.

[7]杨百春.丝胶及其应用[J].王祥荣,译.国外丝绸,2000(5):33-37.

[8]M K Vijayeendra,N Prabhuswamy. Wet Processing of Silk[J]. The Indian Textile Journal,2000:34-36.

[9]裘愉发.真丝的浸渍[J].江苏丝绸,2000(6):28-31.

[10]潘云生.SF 泡丝剂的研制[J].印染助剂,1998,15(6):21-23.

[11]周庭森.蛋白质纤维制品的染整[M].北京:中国纺织出版社,2002.

[12]王益民,黄茂福.新编成衣染整[M].北京:中国纺织出版社,1997.

[13]于向勇.纺织业最新染整工艺与通用标准全书[M].北京:北京中软电子出版社,2003.

[14]郭文登.快速精练剂在平幅连续精练机上的应用[J].丝绸,1992(8):28-30.

[15]吴红玲,蒋少军.蚕丝精练工艺探讨[J].江苏丝绸,2002(5):8-11.

[16]凌新龙,林海涛,黄继伟.蚕丝精练方法及工艺技术研究进展[J].蚕业科学,2013,39(6):1186-1192.

[17]储有弘.真丝绸精练技术进展[J].丝绸,1992(11):47-48.

[18]周宏湘.真丝绸染整新技术[M].北京:中国纺织出版社,1997.

[19]J N Chakraborty,Amita Dhand,S K Laga. Effect of Degumming & Bleaching[J]. The Indian Textile Journal,1997(4):70-74.

[20]周宏湘.印染技术350问[M].北京:中国纺织出版社,1995.

[21]曳风.真丝绸前处理助剂的发展[J].2012(3):15-17.

[22]钱崇濂.国外真丝绸酶练脱胶工艺现状[J].纺织导报,2004(6):54-55.

[23]王平,范雪荣,李义有.真丝针织绸蛋白酶二浴法精练工艺研究[J].针织工业,2005(3):24-26.

[24]杨雪霞,劳继红.蚕丝酶精练研究进展[J].丝绸,2007(8):66-75.

[25]师体海,胡海龙,杜峥,等.几种还原剂促进木瓜蛋白酶用于蚕丝精练脱胶的效果[J].蚕业科学,2016,42(5):878-882.

[26]Haggag K,El-Sayed H,Allam O G. Degumming of silk using microwave-assisted treatments[J]. Journal of Natural Fibers,2007,4(3),1-22.

[27]Arami Ma,Rahimi Sa,Mivehie La,Mazaheri Fa,Mahmoodi N Mb. Degumming of persian silk with mixed proteolytic enzymes[J]. Journal of Applied Polymer Science,2007,106(1):267-275.

[28]李志忠,蒋少军.蚕丝蛋白酶精练工艺的理论与实践[J].染整技术,2006(4):13-15.

[29]高温高压精练和普通精练的比较[J].陈庆官,译.国外丝绸,1994(1):44.

[30]周宏湘.真丝绸精练技术发展新趋向[J].染整科技,1994(4):36-39.

[31]浙江丝绸科学研究院,杭州丝绸练染厂.真丝绸星形架精练生产线设备介绍[J].丝绸,1992(5):27-31.

[32]郭文登.双槽平幅连续精练机及精练效果[J].丝绸,1991(6):21-24.

[33]洪小帆.真丝绸高温高压精练技术交流会情况介绍[J].丝绸,1993(8):56-57.

[34]凤增宝,张瑞菁,徐家淦.真丝绸高压精练技术的研究和实践[J].丝绸,1992(1):25-28.

[35]郑建农. ASMD 021型高温高压精练机的研制[J].江苏丝绸,1995(4):23-26.

[36]徐笑梅.对日高温高压精练设备及工艺的考察[J].丝绸,1994(5):55.

[37]汪澜.还原漂白剂的性能及其在真丝绸精练中的应用[J].浙江丝绸工学院学报,1990,7(2):21-25.

[38]解谷声.还原漂白剂的还原性能和它在丝绸精练上的应用[J].辽宁丝绸,1994(3):46-47.

[39]上海市丝绸工业公司.丝绸染整手册(上册)[M].北京:纺织工业出版社,1982.

[40]孙海洋,张健飞,巩继贤,等.纺织用荧光增白剂的研究与应用新进展[J].染整技术,2014,36(3):49-52.

[41]周锦云.真丝绸单宁加工工艺研究[J].针织工业,1995(2):5-7.

[42]王菊英.真丝绸增重整理剂[J].宁波化工,1993(3):28-30.

[43]陈根荣.真丝绸增重增厚整理技术[J].印染助剂,1996,13(3):1-4.

[44]叶华萍,刘今强.蚕丝的HEMA接枝增重和染色[J].丝绸,2004(4):26-28.

[45]白秀娥,陈国强.无引发剂接枝聚合对丝素蛋白纤维性能的影响[J].蚕业科学,2002,28(4):349-351.

[46]张祖钢.真丝(筒子)染色增重丝形态结构与工艺研究[J].丝绸,2004(5):26-29.

[47]江崃,沈一峰,黄晴.复合引发体系引发 MAA 接枝真丝工艺研究[J].丝绸,2012,49(11):11-14.

[48]唐淑娟,陈东生,刘世洲.蛋白酶对真丝织物的砂洗整理[J].印染助剂,1998,15(3):19-22.

[49]黄莺,周志华.砂洗对丝织物结构的影响初探[J].中国纺织大学学报,1993,19(3):82-85.

[50]徐辉.砂洗真丝绸的电镜分析[J].丝绸,1992(6):36-37.

[51]陈东生,王大光,刘辉.真丝织物的砂洗技术及其制品特征[J].天津纺织科技,2000(1):12-19.

[52]真丝绸砂洗保色研究项目组.真丝绸保色砂洗[J].丝绸,1994(7):13-17.

[53]宋肇堂,徐谷良.真丝绸泛黄机理研究[J].苏州丝绸工学院学报,1991,11(3):58-65.

[54]范雪荣,李义有,刘靖宏.真丝织物的泛黄和防泛黄整理[J].印染助剂,1996,13(5):1-6.

[55]郑今欢,周岚,邵建中.蚕丝丝素中色氨酸含量及其在丝素纤维中的径向分布研究[J].高分子学报,2005(2):161-166.

[56]徐从刚,王宗乾,崔志华,等.紫外线吸收剂增进氨基酸光稳定性的作用研究[J].浙江理工大学学报(自然科学版),2014,31(2):112-116.

[57]宋肇棠,徐谷良,谢军.抗氧剂在真丝绸防泛黄中的作用[J].丝绸,1991(3):24-27.

[58]赵国钧,石为一.用戊二酸酐提高丝绸的抗泛黄和抗皱性能[J].丝绸,1998(4):24-25.

第八章　毛织物整理

第一节　引　言

羊毛织物具有优异的悬垂性和保暖性,光泽自然儒雅,手感滑润活络,并富有弹性,一直被用作高档服装面料,在纺织品中占据重要的位置,其独特的加工工艺也在不断发展,加工技术的进步,又不断拓宽其应用范围。

毛织物泛指纯毛织物、毛与其他纤维交织或混纺织物和毛型织物。所谓毛型织物,是指纯化纤仿毛织物,其产品风格和部分加工工序与毛织物相似。

根据使用的原料及加工工艺的不同,可将毛织物分为精纺(梳)织物(Worsted Fabrics)和粗纺(梳)织物(Woolen Fabrics),整理工艺存在明显差异。

精纺织物一般以支数毛(同质毛)为原料,毛纤维平均长度长,通常加工流程中有精梳工序,整理后要求织物身骨紧密、呢面光洁、织纹清晰、富有弹性、手感柔软丰满。常见品种如华达呢、哔叽、凡立丁、花呢等,主要用来制作春秋和夏季的服装,近年来,还被用于运动、休闲服装面料。粗纺织物一般以级数毛(异质毛)为主要原料,毛纱线密度较高,成品厚重,毛纤维长度和细度差异较大,纤维主体长度较短,一般无精梳加工,整理后质地紧密厚重、表面有整齐的绒毛,光泽自然。根据粗纺织物的呢面风格,可以分为纹面、呢面、立绒、顺毛和烤花等大类产品品种。粗纺织物常用作冬季面料,如制服呢、大衣呢、麦尔登和女士呢以及毛毯等。

通常毛纺织企业包括纺纱、织造和染整三大部分,有些还包括洗毛和毛条梳制。在羊毛织物的染整加工中,精纺毛织物与粗纺毛织物在工艺流程上存在较大的差异,一般精纺毛纺织物的染整工艺流程为:

生坯修补──→烧毛──→洗呢──→煮呢──→脱水──→染色──→烘干──→中间检验──→熟坯修补──→刷毛──→剪毛──→刷毛──→给湿──→烫呢──→蒸呢──→电压──→成品──→检验──→打卷──→包装

一般粗纺毛纺织物的染整工艺流程为:

生坯修补──→洗呢──→脱水──→缩呢──→复洗──→脱水──→染色──→烘干──→中间检验──→熟坯修补──→起毛──→刷毛──→剪毛──→刷毛──→烫呢──→蒸呢──→成品检验──→打卷──→包装

通常将烧毛、洗呢、煮呢、缩呢、烘呢、炭化和染色等工序称为毛织物的湿整理,在湿整理车间进行;将刷毛、起毛、蒸呢、热压等工序叫做毛织物的干整理,在干整理车间进行。

本章将讨论毛织物主要加工工序、加工原理和工艺分析,毛织物的染色和印花部分不在本章介绍可参照本书相关章节。

第二节　洗呢和炭化

洗呢(Scouring)就是对毛织物的水洗加工,毛织物在含洗涤剂的水溶液中经过反复压轧、揉搓、冲洗等一般处理,获得洁净、紧密厚实、尺寸稳定的呢坯,并使织物初步形成毛织物所特有的手感和风格。

对粗纺毛织物,洗呢通常安排在第一道工序,作为缩呢前必要的准备。对精纺毛织物,洗呢可安排在煮呢定形前或定形后进行。对于精纺呢绒,洗呢能够改善手感而获得毛织物所特有的风格。根据产品风格特点,洗呢工艺可以有两种安排:先洗呢后煮呢或先煮呢后洗呢。

先洗呢后煮呢可以使织物获得厚实丰满的手感,适用于中厚花呢、哔叽等。对油污较多的呢坯更有必要性。但是对于薄型平纹结构的疏松织物,易产生呢面不平、纱线滑移和呢面发毛等问题,对条格花色织物,容易造成花型变形。

先煮呢后洗呢,织物的一些油污难以完全去除,但织物平整挺括,可以获得滑爽的风格。因为织物定形在先,洗呢中不易产生折皱和收缩变形。要求挺括的品种多采用这一工艺流程,如全毛及混纺凡立丁、薄型花呢、华达呢等。

近年来,一些高效、节能和环保的连续式平幅洗呢、洗(呢)缩(呢)联合、高速洗呢等新型设备已得到较多的应用,这些新型洗呢工艺也有别于传统的加工,工序及加工设备的选择是提升呢绒实物质量、外观光泽的重要因素。

一、洗呢的目的和原理

呢坯中羊毛自身的油脂、汗液及黏附的尘污虽经过洗毛加工,仍有部分残留;在纺纱过程中,为改善纺纱性能而加入和毛油、蜡液及抗静电剂等物质,织造过程中,为降低摩擦,提高经纱强力,要对经纱上浆或上蜡;烧毛后,织物上还会留有灰屑。所有这些杂质都应在洗呢加工中去除,否则将会影响羊毛的光泽、手感、润湿性以及染色性能,为后续加工带来不利影响。

织物在洗呢过程中经受洗涤和挤压的同时,毛纱纤维间也得到了充分的蠕动,羊毛的特性得以充分发挥,因而增进了织物的弹性、身骨和手感,同时也完成了退浆、除蜡的任务。煮呢的目的可归纳为:

(1)去除纤维上的油汗,呢坯上的油污灰尘、烧毛灰等污物。纺纱和毛油剂,织造时经纱上的浆料、蜡等纺织助剂,得到干净的呢坯。

(2)提高织物的润湿性,为染色做好准备。

(3)获得柔软丰满的手感和毛织物固有的弹性。

织物在洗呢过程中,借助表面活性剂的润湿、渗透、乳化、分散和洗涤等作用,辅以辊筒压轧、揉搓等机械作用,使各种污垢脱离,达到净化织物的目的。关于表面活性剂的这些作用原理,可参照第一章的有关内容。

近年来,随着单纱薄型毛织物开发成功,羊毛运动衣、羊毛内衣以及凉爽型羊毛织物受到市场青睐。毛纺产品轻薄化成为时尚,为提高毛单纱强力,多采用单纱上浆来提高其可织造性。毛纱上的浆料多选用变性淀粉、动物胶、聚丙烯酸与 PVA 的组合物,这也增加了对洗呢的要求。

在洗呢过程中,一方面通过摩擦降低了纤维间静摩擦系数,使纤维相对运动较为容易,织物变得柔软;另一方面通过挤压,纱线中的部分羊毛纤维末端游离出来,在织物表面形成一层短绒,改变了手的触感即改善了手感。对于粗纺毛织物和表面有绒毛的精纺面料,如啥咪呢,洗出短绒也是缩呢前必要的一项准备。

二、洗呢加工方式和设备

按呢坯在加工时运行的状态,可分为绳状洗呢和平幅洗呢。

绳状洗呢机属间歇式生产设备,工作时呢坯以绳状进入洗呢机进行轧洗。由于洗呢机中的挤压辊压力大,故洗涤效果好,洗后织物手感好。但费时、耗水,生产效率低,适合于粗纺呢绒及中厚精纺织物的洗呢。如果操作不当,易产生折痕。在传统绳状洗呢机中,织物的运行速度一般为 100m/min 以下。

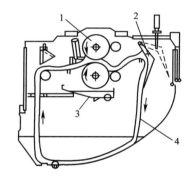

图 8-1　高速绳状洗呢机基本结构示意图
1—挤压辊　2—挡板　3—污水斗　4—织物

为了提高洗呢效率,开发了高速洗呢机,在洗呢机的挤压辊后加装挡板,织物通过挤压辊筒后,以较高的速度撞击挡板,提高了织物中水的交换效率,减少了洗涤时间。图 8-1 是高速绳状洗呢机的结构示意图,高速洗呢机呢坯运行速度可以高达 600m/min,有些高速设备甚至可达到 1000m/min。

与传统绳状洗呢机相比,高速洗呢时织物在洗呢过程中受到的挤压、浸泡周期比较短,水在织物内外交换速度快,洗净效果好,洗涤效率较高。当浴比较小时,织物可产生一定的缩绒效果。但高速洗呢机容易造成织物发毛,产生折痕、皱印。对于一些轻薄织物,最好采用平幅的高速洗呢工艺。

平幅洗呢设备有间歇和连续两种机型,可在微张力和平幅状态下对各种呢绒洗涤,洗后织物的织纹清晰,弹性好,不易发毛和起皱。但手感不够丰厚,适合于以"平、挺、爽"为风格的薄型织物及某些不宜绳状洗呢的粗纺织物。与间歇式平幅洗呢机相比,连续平幅洗呢机速度快,对于较小的订单往往不大适合。但连续机能够节省化学药品和能耗,用水量也可以从 150L/kg 降低到 15~20L/kg。不过平幅洗呢工艺至今使用不多。

三、影响洗呢的工艺因素分析

影响洗呢效果的因素有以下几个方面。

(一)水质

如果水硬度很高,会使肥皂类洗涤剂形成钙皂、镁皂,沉积在织物表面,影响手感,甚至会对染色造成影响,并增大了洗涤剂耗用量,影响洗净效果。

(二)温度

提高温度,可以提高洗液对织物的润湿和渗透力,增强纤维的溶胀,削弱污垢与织物的黏着力,从而可以提高洗呢效果。但温度过高,会损伤羊毛纤维并有使色坯发生褪色、变色的危险,所以在保证洗呢效率的前提下,温度以低些为好,纯毛织物的洗呢温度一般在 35~50℃。

(三)pH 值与碱剂

pH 值高,可使油脂皂化,并增强洗涤剂乳化能力,使肥皂充分发挥洗涤作用。但 pH 值过高,羊毛纤维易受损伤,同样影响织物的手感和光泽。对于油污较多的呢坯,可加入纯碱,起到皂化油脂、防止肥皂水解等作用。加工时应严格控制洗液 pH 值,一般 pH 值控制在 9.0~10.0之间。

(四)浴比

浴比大,呢坯运转顺畅,不易产生折痕,但原材料消耗大;浴比小,虽可节约助剂和水,但用水太少,容易使织物受到刮、磨,并易产生洗呢不匀、条痕,以及产生轻微缩绒作用而使呢面发毛。对于绳状洗呢工艺来说,一般精纺织物浴比为(5:1)~(10:1);粗纺织物浴比为(5:1)~(6:1)。

(五)时间

洗呢时间长短,应视各个因素综合考虑。这对织物洗净效果、织物风格、手感均有影响。如前所述,洗呢好坏在很大程度上决定了精纺面料的手感。对于传统的绳状洗呢工艺来说,一般薄型纯毛面料洗呢时间为 45~90min;中厚织物洗呢时间较长,为 60~120min。对粗纺面料而言,主要任务是洗净呢坯,时间长短视呢坯含污而定,一般约为 30min;高速洗呢的时间则相应缩短。

(六)洗涤剂

洗呢用的洗涤剂一般为阴离子和非离子表面活性剂,常用的洗涤剂有雷米邦 A、胰加漂 T、209 洗剂、105 洗剂以及肥皂、油酸皂等。

1. 雷米邦 A 雷米邦 A(Lamepon A)又称 613 洗涤剂,属阴离子表面活性剂,亲水基是羧基,是油酸氯化物与蛋白质水解物缩合而成的酰胺类化合物,分子结构式如下:

$$C_{17}H_{33}-\overset{O}{\overset{\|}{C}}-NH-CHR_1\left(\overset{O}{\overset{\|}{C}}-NH-CHR_2\right)_n\overset{O}{\overset{\|}{C}}-O^-Na^+$$

(R₁,R₂ 为氨基酸剩基)

雷米邦 A 性能比较温和,被作为提高手感的主要洗涤剂,可使织物获得光泽、弹性、手感俱佳的效果。雷米邦 A 去油污能力不太理想,对硬水稳定,常与其他洗涤剂混合使用。

2. 胰加漂 T 胰加漂 T(Igepon T)又称依捷邦 T,是阴离子表面活性剂,学名 N,N-油酰甲基牛磺酸钠,分子结构式为:

$$C_{17}H_{33}-C-N \begin{matrix} O & CH_2-CH_2-SO_3^-Na^+ \\ \\ & CH_3 \end{matrix}$$

胰加漂 T 是使用较早的阴离子表面活性剂,可获得柔软的手感与纯净的光泽,对蛋白质损伤小,洗呢后滑爽、滋润。也被用作洗发水、洗手液的配料。

3. 209 洗剂　209 洗涤剂结构与胰加漂 T 类似,属阴离子表面活性剂,可作为胰加漂 T 的代用品,洗呢后织物手感滑润、丰满、厚实。

4. 肥皂　肥皂去油、去污力很强,洗后织物手感丰满、厚实,但对硬水敏感,冲洗较难。

5. 净洗剂 105　净洗剂 105 是由三种非离子表面活性剂(脂肪醇聚氧乙烯醚、椰子油烷基二乙醇酰胺、TX—10)复配而成,有芳香味,有良好的润湿、渗透、乳化、扩散、起泡、去油污等性能。但洗后织物手感较粗糙,最好与其他洗涤剂混用。

6. 净洗剂 JU　净洗剂 JU(类似于 Ultravan JU)为脂肪醇聚氧乙烯醚,是非离子表面活性剂,比较适合低温洗涤,可与各种表面活性剂及染料混合使用,单独使用洗纯毛织物时,手感较粗糙。

四、炭化

原毛中常常缠结着植物性杂质,如草籽、草刺和植物碎叶等,虽经过拣毛、开毛、梳毛和洗毛等加工,仍不能完全除去。这些杂质的存在,不但降低毛纱质量,影响织物外观,而且容易造成染疵,尤其是染深色时更为显著,必须通过炭化去除。

炭化(Carbonizing)就是用化学方法从羊毛中除草去杂。炭化过程包括浸轧硫酸、脱酸、干燥、焙烘、机械碾碎除杂(用于散毛炭化)及中和、水洗等。利用羊毛纤维耐酸而植物性杂质不耐酸的特点,将含草散毛(或毛条、呢坯)浸酸,再经烘干和焙烘,草杂就变成易碎的炭化物,再经过碾碎除尘,便与羊毛分离而将之除去。这种方法对于不易去除的草刺十分有效。但经炭化后羊毛强力损伤约 10%,伸长降低 20%,缩绒性也变差。

在酸性条件下,纤维素分子中的 1,4 -苷键迅速水解,使纤维素大分子降解成相对分子质量较小的分子,在烘干和焙烘阶段,酸浓度加大,纤维素脱水成为质脆的炭化物或水解纤维素而被除去。

炭化的方式有散毛炭化、毛条炭化和匹炭化三种。

第三节　煮　呢

一、煮呢的目的和羊毛定形理论

毛织物在纺纱、织造过程中,纤维或纱线受到拉伸、扭曲而导致变形,因而呢坯存在着不平衡内应力,当坯布下织机后,若再进行松式加工,如洗呢、缩呢、染色等,纤维会产生不均匀收缩,使呢面呈现皱缩、不平整及尺寸不稳定的现象(图 8-2)。

 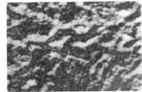 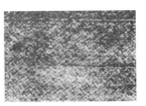

(a)织物原坯　　　　　　　(b)未经煮呢便洗呢　　　　　　(c)经煮呢后洗呢

图8-2　煮呢效果示意图

煮呢(Crabbing)就是毛织物在张力、压力作用下的湿热定形。将呢坯以平幅状态浸入高温水浴,在一定的温度、张力、压力共同作用下,经过一定时间后冷却,其形态就被固定下来,并获得平整挺括的外观和丰满柔软的手感。这种性质为蛋白质纤维所独有,叫定形性质(Setting Property)。当煮呢时间充分,并在煮呢后冷却,其定形效果比较持久,可以防止在后续湿整理过程中呢坯产生组织歪斜、折痕、皱印等疵点,有利于提高产品质量。

煮呢是精纺毛织物整理的重要工序,化纤仿毛产品经过煮呢处理,也可使织物平整,手感和光泽得到改善。煮呢会使织物缩呢性降低,所以粗纺织物很少采用,基本用于精纺毛织物,而且可以安排在洗呢前后或染色前后进行。

煮呢的目的可归纳为:

(1)消除呢坯内部的不平衡内应力,达到永久定形,减轻后期整理产生的皱缩;

(2)使织物具有持久的平整与尺寸稳定性,突出其弹性,发挥羊毛的优良性能。

煮呢时,毛织物在一定的温度、湿度、张力、压力共同作用下经过一定时间,羊毛蛋白分子中的二硫键、氢键和盐式键等逐渐被拆散,内应力消除;羊毛蛋白分子在较长时间的湿处理中,被拆散的化学键还会在新位置上建立起新的交键,产生定形效果。

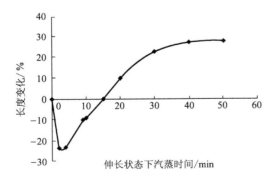

图8-3　羊毛纤维在汽蒸或热水中的
过缩和永久定形

横坐标以下为过缩,横坐标以上为永久定形
横坐标:羊毛纤维拉长40%下汽蒸定形的时间;
纵坐标:羊毛纤维在伸长40%下经不同时间汽蒸
定形,然后在蒸汽中松弛处理1h后的长度变化

羊毛定形机理最早由Astbury和Woods提出,他们研究了拉伸羊毛在蒸汽中的特性,并绘制了如图8-3所示的曲线,该曲线描述了羊毛纤维在伸长40%下经过不同时间汽蒸定形,然后在蒸汽中自然松弛1h后的长度变化。

由图8-3可知,羊毛纤维在伸长40%状态下的汽蒸时间低于15min,再去除负荷让伸长的纤维在蒸汽中松弛处理1h,则纤维发生剧烈地收缩,甚至能缩到原长的75%,这种现象称为过缩。如果在伸长状态下的汽蒸或在热水中的时间大于15min,然后经松弛处理,羊毛纤维的收缩变小,不能回复到原来的长度,比原长要长一些;但在比处理时更高温度条件下,仍可使纤维重新收缩,这种现象称为羊毛暂时定形。当拉伸汽蒸或在热水中的作用时间更长如超过 30min 以上时，然后去除负荷，即使再经蒸汽处理，也仅能使纤维稍微回缩，其伸长保留率较高。这种现象称羊毛永久定形。

图 8-3 的经典曲线揭示了羊毛纤维的过缩和定形现象，科学家用多种理论对其进行了解释。Speakman 证明了在定形开始阶段胱氨酸中二硫键发生断裂，并分别提出在蒸汽、水或碱以及在还原剂存在下，胱氨酸二硫键在定形过程中发生断裂并逐步重建交键的定形理论。目前被广泛接受的毛织物定形机理，是 Burley 提出的硫醇基—二硫键交换理论，反应式为：

$$W_1—S—S—W_2 + W_3—SH \longrightarrow W_3—S—S—W_2 + W_1—SH$$

（W_1、W_2 和 W_3 为羊毛肽链）

在羊毛纤维中始终存在少量的硫醇基，其数量随着热水或蒸汽温度的增高以及碱或还原剂量的加大而增加，图 8-4 所示的过程表示羊毛在蒸呢时，伴随羊毛交键的破坏与重建，促进了羊毛的定形作用。

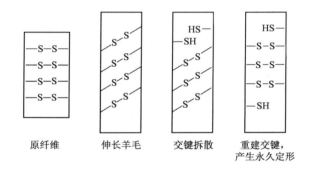

图 8-4　羊毛定形过程中的硫醇基—二硫键交换反应

亚硫酸氢钠等还原剂对羊毛定形有促进作用，二硫键首先被还原而断裂：

$$W_1—S—S—W_2 + HSO_3^- \rightleftharpoons W_1—S^- + HO_3S—S—W_2 \tag{1}$$

$$W_3—S^- + HO_3S—S—W_2 \rightleftharpoons W_3—S—S—W_2 + HSO_3^- \tag{2}$$

合并式（1）、式（2）得：

$$W_3—S^- + W_1—S—S—W_2 \rightleftharpoons W_3—S—S—W_2 + W_1—S^- \tag{3}$$

从式（3）可以看出，$W—S^-$ 是定形反应的引发剂。理论上讲，只要羊毛中存在着少量的 $W—S^-$，在适当的条件下这个反应就能进行，而且反应完成之后羊毛中的 $W—S^-$ 数量保持不变。

由于式（3）是一个可逆反应，生成的新的二硫键 $W_2—S—S—W_3$ 不稳定，在一定的条件下，会重新恢复到原来的二硫键 $W_1—S—S—W_2$，因此定形不稳定。为了使羊毛获得永久定形，需要在定形反应完成之后将反应的引发剂 $W—S^-$ 移出反应体系，可以采用诸如氧化、封闭或交联的方法，发生的反应如下：

$$W—S^- + 3H_2O_2 \longrightarrow W—SO_3^- + 3H_2O \tag{4}$$

现代高分子理论认为，毛织物的定形性能与羊毛高分子存在状态有关；羊毛中 $25\% \sim 30\%$

的肽链排列规整或呈结晶态，其余部分构成无定形区。因此整个纤维可看作许多微小蛋白质晶体分布在网状结构的无定形肽链中，这些肽链靠共价键、盐式键等"强力"与分子间力和氢键等"弱力"结合在一起。在干燥室温条件下，羊毛处在玻璃态，主体肽链被这些"强力""弱力"冻结。

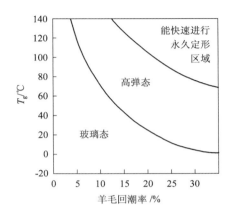

图 8-5　不同回潮率下羊毛玻璃化温度

当环境温度高于玻璃化温度 T_g，羊毛转变为高弹态，羊毛主体肽链得以克服"弱力"，链段开始运动，肽链伸展、缩短变得相对容易进行，织物中形成的内应力得以部分消除。水分是羊毛增塑剂，羊毛含水分越多，玻璃化转变温度越低，见图 8-5。当在高弹态的毛纤维突然降温或干燥，肽链被冻结，织物发生"内聚定形"。

羊毛的永久定形也一定要在玻璃化温度以上才可顺利进行，永久定形的基础是发生相当数量的"强力"——二硫键的拆散与重建。在如图 8-5 所示右上角快速永久定形区域内，毛织物能在 pH 值为 5.5，10min 内完成 50% 以上永久定形。

二、煮呢方式与设备

根据加工方式可将煮呢机分成间歇式和连续式两大类，间歇式煮呢机又分单槽与双槽。单槽煮呢机结构如图 8-6 所示。

单槽煮呢机煮呢时，由电动机直接带动下辊筒，使织物正面向内，反面向外卷绕至辊筒上，包好衬布在热水浴中回转一定时间。其间，由加压辊的自重及杠杆施压来调整不同织物煮呢所需的压力，以张力架来调整对织物的张力需求，而扩幅板则可防止织物上、下机时产生折皱。煮呢完毕，将加压辊筒抬起，并将织物冷却出机。单槽煮呢机的特点是结构简单，占地面积小，织物煮呢时所受的张力、压力较大，能产生良好的定形效果及较好的弹性，煮呢后织物平整，手感滑挺，具有良好的光泽，宜用于薄型织物。但单槽煮呢机呢卷的内外层差异较大，定形不均匀，为减少内外呢卷差异，往

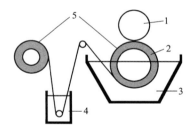

图 8-6　单槽煮呢机示意图
1—加压辊　2—下辊筒　3—煮呢槽
4—冷却槽　5—织物

往要在第一次煮呢后，将织物调头，在相同条件下再煮一次，所以生产效率较低。

双槽煮呢机的结构大体与单槽煮呢机相同，主要由两台单槽煮呢机并列组成。煮呢时，呢坯往复卷绕在两个煮呢槽的下辊筒，生产效率高。织物在煮呢过程中所受到的张力和压力较小，而且在煮呢过程中，织物位置不断变化，效果均匀。煮后织物手感厚实、丰满、织纹清晰，但定形效果不及单槽煮呢机，适用于中厚织物和部分薄型织物。

为提高生产效率，近年来还开发出多种连续式煮呢机。从定形效果看，连续式煮呢机不及间歇式煮呢机，主要是处理时间短，温度很难达到所要求的高温，织物与衬布贴合不紧，压力也显得不足。

三、煮呢工艺因素分析

(一)温度

从羊毛定形效果来看,煮呢温度越高,定形效果越好。当温度接近100℃时,羊毛才会获得永久定形效果。但温度越高,对羊毛损伤越大,表现为强度下降、手感发糙。高温下水会对羊毛纤维造成较大损伤,水会与羊毛纤维发生化学反应,主要使蛋白质分子肽键水解,进而导致其物理机械性能的变化。沸水中经较长时间处理,羊毛蛋白中的二硫键可遭破坏,反应如下:

$$
\begin{array}{c}
\text{CO} \\
| \\
\text{HC}-\text{CH}_2-\text{S}-\text{S}-\text{CH}_2-\text{CH} \\
| \qquad\qquad\qquad\quad | \\
\text{NH} \qquad\qquad\qquad \text{NH}
\end{array}
+\text{H}_2\text{O} \longrightarrow
\begin{array}{c}
\text{CO} \\
| \\
\text{HC}-\text{CH}_2-\text{SOH}
\\
| \\
\text{NH}
\end{array}
+
\begin{array}{c}
\text{CO} \\
| \\
\text{HS}-\text{CH}_2-\text{CH} \\
| \\
\text{NH}
\end{array}
$$

生成的—CH$_2$—SOH不稳定,可继续释放出H$_2$S而本身变为醛基:

$$
\begin{array}{c}
\text{CO} \\
| \\
\text{HC}-\text{CH}_2-\text{SOH} \\
| \\
\text{NH}
\end{array}
\longrightarrow
\begin{array}{c}
\text{CO} \qquad\ \ \text{O} \\
| \qquad\ \ \nearrow \\
\text{HC}-\text{C}-\text{H} \\
| \\
\text{NH}
\end{array}
+\text{H}_2\text{S}
$$

另一方面,它也可以与邻近的氨基反应,生成新的共价键。以赖氨酸的氨基为例:

$$
\begin{array}{c}
\text{CO} \\
| \\
\text{HC}-\text{CH}_2-\text{SOH} \\
| \\
\text{NH}
\end{array}
+\text{H}_2\text{N}-(\text{CH}_2)_4-
\begin{array}{c}
\text{CO} \\
| \\
\text{CH} \\
| \\
\text{NH}
\end{array}
\longrightarrow
\begin{array}{c}
\text{CO} \\
| \\
\text{HC}-\text{CH}_2-\text{S}-\text{NH}-(\text{CH}_2)_4-
\end{array}
\begin{array}{c}
\text{CO} \\
| \\
\text{CH} \\
| \\
\text{NH}
\end{array}
+\text{H}_2\text{O}
$$

$$
\begin{array}{c}
\text{CO} \quad\ \text{O} \\
| \quad\ \nearrow \\
\text{HC}-\text{C}-\text{H} \\
| \\
\text{NH}
\end{array}
+\text{H}_2\text{N}-(\text{CH}_2)_4-
\begin{array}{c}
\text{CO} \\
| \\
\text{CH} \\
| \\
\text{NH}
\end{array}
\longrightarrow
\begin{array}{c}
\text{CO} \\
| \\
\text{HC}-\text{CH}=\text{N}-(\text{CH}_2)_4-
\end{array}
\begin{array}{c}
\text{CO} \\
| \\
\text{CH} \\
| \\
\text{NH}
\end{array}
$$

羊毛在沸水中处理12h,重量损失1%,胱氨酸含量降低11%。

另外,高温煮呢会对有色呢坯造成褪色。对耐煮牢度较差的染色织物,容易变色和沾色。所以白坯煮呢温度一般选择在85～95℃,色坯煮呢选择在75～85℃。

(二)时间

煮呢时间长短应根据煮呢温度来确定,温度高,时间可以缩短,煮呢温度低,则时间应长些。同样温度下,煮呢时间越长,定形效果越好。因为煮呢时间越长,羊毛纤维中内应力松弛越充分,羊毛蛋白分子中的二硫键、氢键和盐式键等旧键的拆散较彻底,在新位置上建立的交键越完全,因而定形效果好。但超过一定时间定形效果提高并不明显,相反,在长时间高温下处理,羊毛会受到损伤。一般单槽呢煮一次为20～30min,然后调头再煮一次;双槽煮呢为60min。

(三)pH值

从羊毛定形理论来看,偏碱性煮呢,定形效果好,但高温碱性煮呢易使羊毛损伤,且色光泛黄、手感粗糙和强力降低。所以要综合考虑，选择合适的酸碱度，煮呢的 pH 值一般为 6.5～8。染色织物煮呢时为了减少掉色，可适当加入醋酸。

（四）张力和压力

煮呢的张力和压力对产品的风格有密切关系。薄型织物宜用较大张力和压力，煮后呢面平整、爽滑。中厚织物宜用小张力、小压力，煮后手感丰厚活络，贡子饱满。

（五）冷却方式

冷却的方法有突然冷却、逐步冷却和自然冷却。突然冷却，即出机时马上过冷水冷却；自然冷却为煮后织物不经冷水，出机后卷在轴上，在空气中自然冷却；在煮槽中缓慢加入冷水或在加热管中通入冷水回流可以实现逐渐冷却。煮后突然冷却，手感挺爽，适用于薄型织物；煮后逐步冷却和自然冷却，手感柔软丰满、弹性足，适用于中厚织物。

（六）煮呢工序安排

煮呢的工序根据产品品种与设计风格的要求来确定，有先煮后洗、先洗后煮和染后复煮三种选择。

先煮后洗是使织物在进行后续加工前初步定形，以减少收缩、变形，一般用于要求挺括风格和一些带格子的品种，可起到提高织物平整度、改善织物身骨的效果。薄型织物如凡立丁、派力司等，呢面平整度要求高，须强调洗呢前煮呢的预定形作用，煮呢时温度应高些，张力应大些，时间应长些，防止洗呢时呢面发皱。但对于呢坯油污较多时，煮后油污渍更难去除。

先洗后煮的织物手感柔软、丰厚，油污渍去除比较彻底。但会使一些薄型织物呢面不平整，容易发毛。

染后复煮是在染色完成后再次定形，可以消除染色时出现的折痕，提高织物平整度，一般用于对定形要求较高的品种。但条件控制不当，很容易造成呢坯褪色、沾色和变色。但也可以利用复煮褪色这个特点，对一些染色色差进行修正。

第四节　缩　呢

一、缩呢的目的和原理

缩呢（Milling Felting Fulling）是毛织物独有的加工工序，在水和表面活性剂作用下，毛织物以极小的带液量，经受反复挤压揉搓，使织物变得结构紧密、手感丰厚、尺寸缩小、表面浮现一层致密绒毛，形成毛织物特有的外观和风格。

粗纺毛织物，下机呢坯结构疏松、手感僵硬、外观粗糙，缩呢前后呢坯外观变化较大。缩呢是粗纺织物整理的基础，它初步奠定了产品的风格。精纺织物一般不缩呢，少数需要呢面有轻微绒毛的品种如啥味呢，可以进行轻度缩呢。

缩呢的目的可归纳如下。

（1）使粗纺呢绒质地紧密、厚度增加、弹性以及保暖性提高，并获得柔软手感。

（2）增加织物强度。

（3）缩呢产生的绒毛覆盖织物组织，掩盖织疵，改善织物外观。

（4）使织物达到设计的规格，如长度、幅宽、单位质量等。

羊毛织物的缩绒性能，主要是由于羊毛具有独特的鳞片结构[图8－7(a)]所致。另外，羊毛纤维的优良弹性和卷曲，对羊毛纤维的缩呢性能也是重要影响因素。

（a）羊毛鳞片形态

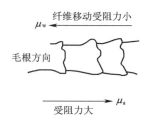

（b）纤维向不同方向移动所受阻力存在差异

图8－7　羊毛鳞片形态定向摩擦效应示意图

羊毛表面鳞片的根部被紧密覆盖，而自由端指向毛尖。当羊毛因受到外力作用而移动时，纤维向毛尖方向（逆鳞片方向）移动所受到的摩擦力（摩擦系数μ_a），远大于向毛根方向（顺鳞片方向）所受到的摩擦力（摩擦系数μ_w），这两种摩擦系数之差，称为定向摩擦效应（简称 D. F. E，即 Directional Frictional Effect）[图8－7(b)]。

$$D. F. E = \mu_a - \mu_w$$

缩呢过程中，水的存在和温度的提高使羊毛鳞片的尖端张开，同时织物受到外力挤压，呢坯中的羊毛纤维被迫发生移动，由于定向摩擦效应，毛纤维移动具有一定的方向性，即由毛尖端向根部顺鳞片方向移动；而当外力去除后，因相邻羊毛鳞片相互咬合锁持，羊毛纤维将停留在新的位置上，缓慢地恢复其卷曲的形态，这种恢复运动，因为羊毛的定向摩擦效应，仍然具有同样的方向性。如此反复地受到外力作用，羊毛纤维的毛尖部相互缠结，使织物发生毡缩；而纤维的根部呈自由状态覆盖于织物表面，使呢面浮现致密的绒毛。

试验表明，鳞片覆盖程度高的细羊毛要比覆盖程度低的粗羊毛缩呢性能好。如果将羊毛表面的鳞片破坏或鳞片受到损伤，则其缩呢性能会大大降低。其次，羊毛纤维的优良弹性即易形变和高回复性，有助于羊毛纤维通过定向摩擦效应发生缠结和毡缩。此外，羊毛纤维的卷曲程度高，促使羊毛受力后杂乱无章的蠕动，易使相邻的纤维因外力而移动时，相互穿插结成网状，有利于缩呢的进行。

二、缩呢工艺与设备

缩呢机有多种，以辊筒式缩呢机为最常用。辊筒式缩呢机如图8－8所示。

缩呢辊筒、缩箱以及缩幅辊等是缩呢机的主要部分。织物经喂入口喂入，经上下一对缩呢辊筒挤压后即进入缩箱，缩箱使织物在经向受到压缩，并控制织物的长度收缩，喂入口的宽度可

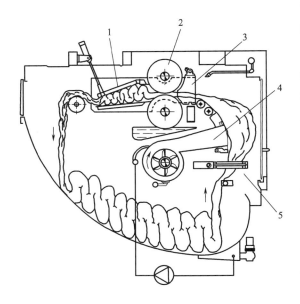

图 8-8 辊筒式缩呢机示意图

1—缩箱 2—缩呢辊筒 3—喂入口 4—风机 5—导布架

调,使织物受到纬向压缩,并导致织物幅宽的收缩。

按织物上缩呢机前的状态,可分成湿坯缩呢与干坯缩呢。湿坯缩呢是指织物湿态进布,即织物经洗呢后不烘干而直接缩呢。由于呢坯在潮湿状态,吸收缩呢剂较为均匀,缩呢效果也比较均匀,但缩呢效率较干坯缩呢稍低。干坯缩呢是指干态进布,因为织物在缩呢前没有经过洗呢处理,可避免织物在洗呢过程中落毛,适用于短毛含量较多的中、低档产品;另外织物干态进布不带水分,不会与缩呢液发生液体交换而降低缩呢剂的浓度,所以缩呢的效率较高。

织物必须浸入含有缩呢剂的水溶液中,才具备缩呢性能,干燥的羊毛织物不具有缩呢性能。缩呢剂可使羊毛鳞片的尖端张开,增加羊毛纤维的定向摩擦效应,提高羊毛纤维的延伸性和回缩性,表面活性剂对羊毛纤维移动有润滑作用,有利于缩呢过程的进行。

新型的洗缩两用机除了可用于缩呢外,还可进行洗呢加工,只需调整缩箱出口即可完成洗呢与缩呢的功能转换,常见的洗缩两用机如图 8-9 所示。

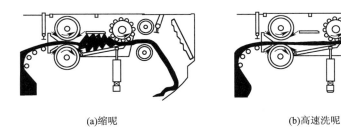

(a)缩呢   (b)高速洗呢

图 8-9 洗呢—缩呢两用机功能转换示意图

洗呢时,缩箱箱口张开,缩呢辊施加较小的压力,起到挤压织物的作用。当洗呢完成,增大缩呢辊挤压力,调节缩箱张口,加缩呢液开始缩呢。这样一机两用,既可降低投资、减少设备,又可减少洗缩设备转换的时间和降低劳动强度。

三、缩呢工艺条件分析

羊毛织物缩呢时,缩呢液的 pH 值、缩呢温度、缩呢剂的种类以及机械压力等都与缩呢效果有密切的关系。此外羊毛的品质、细度以及织物组织结构都会影响缩呢效果。

(一)缩呢液的 pH 值

缩呢液的 pH 值对缩呢的影响显著。羊毛织物在缩呢过程中,当缩呢液的 pH 值小于 4 时,织物的收缩增加,pH 值为 4～8 时,几乎无变化,而 pH 值由 8 增至 10 时,织物的收缩率也随之增加,但当 pH 值大于 10 后则又降低。缩呢的 pH 值对织物面积收缩率的影响见图 8-10。

图 8-10 的现象与羊毛纤维在不同 pH 值区域中的形态改变有关。羊毛纤维的定向摩擦效应在 pH 值为 4～8 时较低;而当 pH 值小于 4 或大于 9 时则增加,但在 pH 值大于 11 后又减小。而定向摩擦效应较大是有利于缩呢的。在溶液的 pH 值较低或较高的条件下,会引起羊毛纤维的剧烈溶胀,变

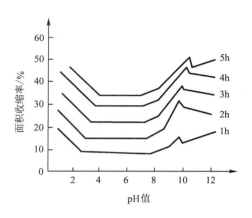

图 8-10　pH 值与面积收缩率的关系图

得易于延伸,有利于缩呢的进行。但当 pH 值大于 8 时,羊毛纤维虽然延伸性很高,而回缩性能却降低,负荷延伸滞后现象严重,缩呢速率反而下降。所以缩呢时的溶液 pH 值可控制在小于 4 或 9～9.5 之间。

(二)缩呢温度

缩呢的温度对缩呢也有较大影响。提高缩呢液的温度,可促进呢坯润湿、渗透和羊毛纤维的溶胀,有利于缩呢。当缩呢温度超过 45℃以后,纤维的负荷延伸滞后现象明显增加,见图 8-11,回缩性能降低,反而不利于缩呢。如果温度过低,会使缩呢液对织物的渗透性能下降,容易产生缩呢不匀的疵病。因而羊毛织物碱性缩呢时,温度一般控制在 35～45℃之间。

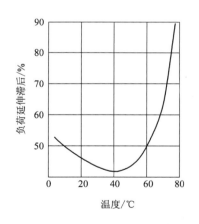

图 8-11　羊毛负荷延伸滞后现象与
温度的关系

(三)机械压力

羊毛纤维织物在缩呢时,如果不施加外力使纤维间发生相对移动,则不会产生明显的缩呢效果。一般是机械压力越大,缩呢速度越快,缩后织物较紧密;机械压力越小,缩呢速度越慢,缩后组织较蓬松柔软。

根据产品的要求,机械压力的大小应适当和均匀,既要考虑织物的门幅、长度达到规定的要求,又要保证呢面丰满、缩率均匀和纤维少受或不受损伤。控制机械作用力的方法包括调节轧辊压力、缩箱压板压力和缩幅辊间距等。

(四)浴比

浴比也是影响缩呢质量的重要因素,浴比小,织物在缩呢机中运行时的带液量小,容易落毛,织物也易受到损伤,并出现缩痕和折皱。但若浴比过大使带液量太大,则缩呢剂的耗量大,且容易引起呢坯打滑,也会损伤羊毛,并产生条痕和折皱疵点。一般控制织物轧液率在 100%～120%。

(五)缩呢剂

干燥的羊毛不能缩呢,织物必须在含有缩呢剂的水溶液中才有好的缩呢效果。缩呢剂水溶液可使羊毛润湿膨胀、鳞片张开,增强羊毛的定向摩擦效应,利于羊毛相互位移及运动累积。同时提高羊毛的延伸性和回缩性,使纤维间易于运动,利于缩呢进行。缩呢剂应当溶解度高、润湿和渗透性能好,且缩呢后易于洗除。常用的缩呢剂有肥皂、碱、合成洗涤剂以及一些酸类。

缩呢剂用量视织物品种和含污情况而定,重缩呢或含污较多时,缩呢剂浓度应高些。但浓度过高,缩呢速度慢且不均匀;浓度过低则润湿差,缩呢效果不好,容易落毛。

按照使用的缩呢剂不同,毛织物缩呢可以分为碱性缩呢、中性缩呢和酸性缩呢三种。在碱性缩呢中,一般是肥皂(或合成洗涤剂)与碱共用或单独使用肥皂缩呢。肥皂是性能优良的缩呢剂,缩呢后的织物呢面平整、手感柔软丰满、光泽好,多用于色泽鲜艳的高、中档产品。用此法缩呢时,缩液的浓度通常为100g/L左右,亦可加入适量的渗透剂及纯碱等;溶液的pH值为9左右;处理温度为35~40℃。

中性缩呢即选择适当的合成洗涤剂,在中性或近中性的条件下缩呢,也有的只用清水缩呢。此法缩呢效率低,缩后的织物较呆滞,但纤维损伤小,色坯不易沾色,适用于轻度缩呢的织物和色坯。

酸性缩呢,缩呢的速度快,纤维之间抱合紧,织物的强力和弹性较好,落毛也少,并可防止某些色坯在缩呢过程中脱色。但织物的光泽和手感比碱性缩呢差,不适于含有纤维素纤维组分的织物,而且要求设备能耐酸性腐蚀,因而使用较少。酸缩呢主要用于对织物强力要求较高的品种,如印花毛衬布、造纸用毛毯以及某些低档织物。酸缩呢时,可在洗呢机中浸酸,如40~50g/L硫酸或20~50g/L醋酸,亦可加入少量的平平加O或其他耐酸类表面活性剂。

第五节 蒸 呢

蒸呢(Decatizing)是毛织物的潮热定形。平幅毛织物在一定张力、压力和温度条件下,经过一定时间的汽蒸,使织物呢面平整、光泽自然、尺寸稳定,同时身骨、手感、弹性都得到改善。蒸呢的作用原理类似于煮呢,只是蒸呢属于干整理,使用蒸汽给予织物一定的回潮而不是浸湿织物,同时靠包布紧密缠绕赋予织物压力和张力。并在汽蒸后配合不同的冷却手段,达到设计要求的织物风格。

蚕丝织物经各种湿处理后变得柔软,但绸面起皱,不够平整、挺括。所以可以使用毛织物的蒸呢设备进行蒸绸处理,在潮热和压烫的综合作用下,使织物组织蓬松、绸面平整、手感柔软和光泽自然。

近年来,蒸呢工艺技术有了很大发展,随着设备的不断改进,特别是化纤仿毛类产品的发展,加速了蒸呢技术的普及。涤/黏仿毛织物、中长仿毛织物经过罐蒸机(高温高压蒸呢机)蒸呢后,毛型感也有较大提高。

一、蒸呢的目的和原理

蒸呢一般安排在整理的最后阶段,根据毛织物的设计风格,调整其加工参数,获得持久的定形效果和尺寸稳定性(图8-12)。蒸呢的目的可归纳如下。

(1)消除呢坯内部不平衡内应力,获得持久定形,以免在制作服装前后产生皱缩。

(2)获得挺括的外观和活络的手感,突出羊毛的身骨、弹性等优良性能。

(3)提高形状和尺寸稳定性,降低缩水率。

(4)消除由辊筒烘燥带来的"极光",使织物的光泽柔和。

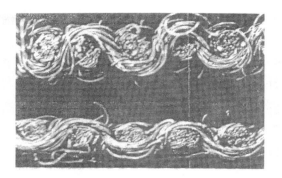

图8-12　织物蒸呢前(上)和蒸呢后(下)横截面

定形原理可参见本章第三节煮呢部分,羊毛中的硫醇基与二硫键的交换和氢键重排反应,对羊毛定形起主要作用;加入还原剂、碱剂,或高温热水、蒸汽,增加了硫醇基数量,使重排更加容易;二硫键与氢键重排消除了织物中的不平衡内应力,使织物呢面平整、尺寸稳定。

二、蒸呢方式和设备

蒸呢设备有间歇式和连续式两大类。

(一)间歇式蒸呢机

间歇式蒸呢设备包括常压单辊筒封闭式蒸呢机、双辊筒开放式蒸呢机和高温高压蒸呢机(罐蒸机)。其中,单辊筒蒸呢机直径大,织物卷绕层较薄,定形效果好,蒸呢后织物有身骨、手感挺爽、光泽柔和持久,较适合于薄型织物。

间歇式蒸呢机,其蒸辊是金属制的多孔大辊筒,被蒸织物随蒸呢包布(棉或棉涤混纺布)一起平整地卷绕到蒸呢机内的蒸辊上,然后关闭罩盖开始蒸呢。在蒸呢辊筒回转状态下向辊筒内通入蒸汽,蒸汽可透过呢层被抽气机抽至机外,称为内蒸外抽工艺;当蒸汽通至呢层外围空间,由抽气机将蒸汽透过呢层吸入汽蒸辊筒的心轴并抽至机外,称为外蒸内抽工艺。汽蒸结束后,通过吸抽室外冷空气降温,使织物冷却后出机。

(二)连续式蒸呢机

连续式蒸呢机有单滚筒、双滚筒蒸呢机和煮呢—蒸呢联合机以及连续式罐蒸机等。采用转塔方式实现连续蒸呢,当将其中一个蒸辊推入高压蒸罐时进行蒸呢的同时,另外两个蒸辊一个卷绕进布,另一个蒸辊将完成蒸呢的织物退卷出布,从而实现连续。连续蒸呢设备由于蒸呢时间、蒸呢温度受到制约,蒸呢效果不如间歇蒸呢机。

三、影响蒸呢的主要因素

影响蒸呢效果的主要因素有蒸汽压力、蒸呢时间、蒸呢温度、织物卷绕张力、抽冷时间以及包布的质量、品种等。

蒸汽压力高、蒸呢时间长,织物定形效果好。蒸后织物呢面平整、手感挺括、光泽强而持久。

但蒸汽压力过高、汽蒸时间过长，也会使织物手感板结、僵硬，影响风格甚至损伤织物强力。对漂白织物还可能引起泛黄。蒸汽压力低、蒸呢时间不足时，蒸汽不能均匀穿透织物，易造成呢面不平、手感粗糙、光泽不良等。制订工艺时，应根据产品风格综合考虑，蒸汽压力一般在150～300kPa，蒸呢时间为5～15min，内外汽蒸各占一半时间。

织物卷绕张力大，可使织物呢面平整、手感挺括、光泽好。但张力过大也会造成织物手感板结、缩水率高，并且易造成"水印"。薄织物蒸呢张力可大些，中厚织物卷绕张力要小，粗纺织物比较厚，卷绕张力可适当加大。

蒸呢后抽冷时间越长，织物冷却越充分，定形效果越好。抽冷时间不够，定形效果差，呢面不平整，手感松软。一般根据出机时呢面温度来确定抽冷时间。抽冷时间为10～30min，织物出机温度应低于32℃。

蒸呢包布有光面、绒面两种，包布的选择对织物的光泽有很大影响。使用光面包布，蒸后的织物光泽强、手感挺括、身骨好；使用绒面包布，蒸呢后的织物光泽柔和，手感柔软。蒸呢包布要求组织紧密，最好采用缎面织物。布面应平整、光洁，纱支均匀，不能有严重的织疵。多选用纯棉或涤棉混纺织物。包布幅宽应比呢坯每边宽10～15cm，长度比蒸呢总长度长40～60m，以保证呢坯能被均匀包覆在里面。

第六节　起毛和剪毛

为进一步改善毛织物的外观和风格，还需要对其进行起毛、剪毛、刷毛（Brushing）、压呢（Pressing）等加工。

一、起毛

起毛（Napping，Raising）属于绒面整理。起毛用的设备有钢丝针布起毛机和刺果起毛机。起毛是利用起毛机的钢针或刺果将织物中纤维的一端拉出，在织物表面形成绒毛或长毛的加工工序，从而使织物获得松厚柔软的风格，隐蔽织纹，提高保暖性。起毛机是一种通用整理设备，不仅可以用于毛织物的起毛，也可用于其他纤维织物如棉织物等的起毛。

在粗纺毛织物整理中，起毛是一道很重要的工序，如大衣呢、制服呢、拷花大衣呢和毛毯等，都要经过起毛。精纺毛织物要求呢面光洁，不需要起毛。

粗纺毛织物经过起毛后，由于受到强烈的机械作用，织物强力会有所降低，质量减轻，在加工时应予以重视。

起毛与缩呢有明显区别，缩呢后虽可得到绒面织物，但得不到长毛；缩呢后织物身骨紧密厚实，而起毛后织物结构无太大变化。

（一）起毛设备及其加工原理

常见的起毛机有钢丝针布起毛机和刺果起毛机两种，钢丝针布起毛机可用于毛、棉和其他多种纤维织物的起毛，而刺果起毛机一般用于毛织物的起毛。

钢丝针布起毛机的主要组成部分是安装在大辊筒上的起毛针辊,起毛针辊数有 20 只、24 只、30 只、36 只之分,起毛针辊外面包覆针布,针辊可以转动。起毛加工时,由金属针布的针尖挑起织物纬纱中的纤维,将纤维勾断后生成绒毛。这些起毛针辊既沿轴方向自转,又围绕于一个被动的大辊筒公转,通过对起毛针辊速度和张力的控制,进行正常的起毛。改变起毛工艺,可产生直立短毛、卧伏长毛或波浪形毛等。按起毛针辊的转动方向和针尖方向,钢丝针布起毛机可分为如图 8-13 中所示的单动式和双动式两种。

图 8-13(a)中,所有起毛辊的针尖指向是一致的,针辊的转向与大辊筒的转向相反,但与织物的运行方向一致。图 8-13(b)中,针辊的针尖指向有顺、逆两种间隔排列,可分别传动。根据需要可调节两者的速度,随着大辊筒、起毛辊的转速、织物运行的速度和张力的不同,可使织物获得不同的起毛效果。单动式起毛机起毛作用强烈,所起的毛易倒伏,而双动式起毛机则绒毛较直,以后者使用较多。

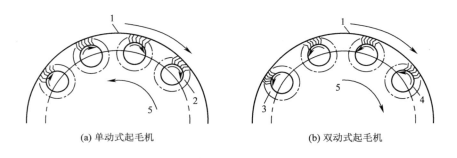

图 8-13　单动和双动式起毛机起毛部分示意图
1—织物　2—起毛针辊　3—顺针辊　4—逆针辊　5—大辊筒

钢丝针布起毛机的起毛力强,生产效率高,适用的织物品种多,但作用激烈,如果条件控制不当,容易拉断纤维,降低织物强力。

刺果起毛机是将刺果均匀固定并顺序排列在大辊筒上,制成起毛辊。起毛时大辊筒的转向与织物运行的方向相反,刺尖要与大辊筒转向一致,起毛作用柔和、损伤小,起出的毛细密、手感光泽好,但效率低。

刺果是一种植物果实,表面长满了锋利的刺,在润湿状态,刺会变得更加柔韧。刺果起毛机一般采用湿起毛工艺,起毛作用缓和,对织物强力影响小,可以获得细密丰满的绒毛,手感和光泽也较好。现在也有采用金属和塑料刺果代替天然植物刺果的,但其效果不如天然刺果好。

(二)起毛工艺

根据所用的起毛设备、产品风格、织物种类和织物干湿状态,起毛可分为干起毛和湿起毛两种工艺。干起毛就是织物在干燥状态下用钢丝针布起毛机进行起毛,纤维在干燥状态下刚性大,延伸性差,针布对织物作用力大,纤维容易被拉断,产生较多落毛,起出的绒毛粗而直立。干起毛是最常用的起毛工艺,适用的纤维种类和织物品种多,在毛织物和毛型织物中多用于中、低档制服呢和毛毯的起毛。

　　湿起毛则是织物在润湿状态下用刺果起毛机起毛。在湿起毛中,毛纤维润湿后,其拉伸和回弹性能增强,使得毛纤维刚性变小而延伸性变大;同时润湿的刺果变得柔韧但仍很锋利。所以与干起毛相比,湿起毛较为缓和,对纤维损伤小,易于拉出长而厚密的绒毛。也可先经钢丝起毛,然后再经刺果起毛,可以获得长而柔顺的绒毛,形成所谓的"水波起毛",即在织物表面形成波浪形状的长毛,如水纹毛毯、水纹羊绒大衣呢等;也可以起出光泽自然的厚密绒毛,用于高级顺毛织物。

　　织物的起毛有单面起毛、双面起毛等,绒毛的密集度取决于织物的运转速度、张力、起毛道数和针辊速比。可根据不同的服用要求设计相应的工艺,以获得所要求的绒毛风格。对于毛织物来说,影响起毛的因素首先是纱线的种类,精梳纱用的纤维较普梳纱长、捻度高,纤维间的抱合力较大,故难于起毛。因此,起毛坯布应含有低度的弱捻纱,且捻合比较松散,这样才易于起毛。另外,织物的结构也是影响起毛的因素,包括织物密度、织物组织等。特别是机织物的组织结构和起毛关系甚大,一般纬纱浮点越多,越易起毛,纬浮纱线长度短,则不易起毛;同时也要求织物的经纱有足够的强力,以保证织物的强度。

　　起毛时,织物张力大小将直接影响起毛效果,因为张力的合力垂直分布于起毛针尖上,张力大,织物对针尖的垂直张力也大,针辊阻力就大,起毛力就小,这时毛绒较短。但如果张力太大,起毛力大而不匀,织物在针辊上跳动,甚至造成纬移。所以,起毛时织物张力应控制适中。此外,织物起毛前的含湿量和温度也有影响,一般在进布处都装有烘筒,以求得一致的布面温度和含湿,在机后装有蒸汽喷雾装置,有利于消除静电和便于起毛操作。

　　此外,起毛机的型号,针布辊的根数和直径,针布材料和磨针锋利程度,钢丝号数,针杆长度、形态和针密度等的合理选择,都是保证起毛效果良好的重要因素。

二、剪毛

　　一般毛织物都需要进行剪毛(Shearing),剪毛也属于绒面整理。对精纺织物,剪去呢面的绒毛,可以使呢面光洁、纹路清晰、改善光泽。粗纺毛织物经过缩呢和起毛后,表面绒毛长短不齐,剪毛后可以将绒毛剪短成为直立、整齐的短毛,或将长毛剪齐,使呢面平整、光泽柔和、改善外观。对于混纺织物,尤其是合成纤维混纺织物,如毛涤、涤黏混纺织物,在烧毛前剪毛,剪除较长的纤维,可避免在烧毛时结成熔融小球,影响手感和染色加工。

　　剪毛机可分经向剪毛机、纬向剪毛机和花式剪毛机三种,以经向剪毛机应用最多。经向剪毛机又分单刀和三刀两种,多与刷毛、烫光等功能组成联合机。

　　剪毛机由其核心螺旋刀(图 8 - 14,螺旋角为 28°~30°,刀片数为 10~24 片)及平刀、支呢架

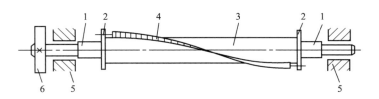

图 8 - 14　剪毛机的螺旋刀示意图
1—辊轴　2—法兰　3—辊芯　4—螺旋刀片　5—滚动轴承　6—皮带

三个部分组成。螺旋刀与固定平刀组成剪口,支呢架支撑受剪织物,并可调节织物与剪口的相对位置,达到剪毛平齐的目的,如图 8 - 15 所示。

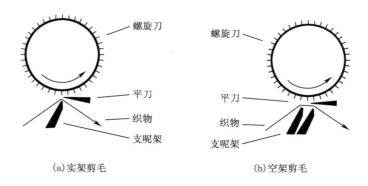

(a)实架剪毛　　　　　　　　　(b)空架剪毛

图 8 - 15　剪毛机的螺旋刀、平刀和支呢架部分的位置图

当织物经过支呢架尖端时发生急剧弯曲,呢面绒毛直立,由高速旋转的螺旋刀与平刀形成的剪刀口将毛剪去。改变支呢架与剪口的距离,可以得到需要的毛绒高度。选择支呢架工作角度、厚度,可以满足超薄短绒或厚重长绒毛织物的需要。

支呢架有实架(单床)和空架(双床)之分,采用实架剪毛效率高,但织物背面有纱结或硬物时,易剪破呢坯,所以实架剪毛对呢面平整度要求较高。空架剪毛不易剪破织物,但效率较低,剪后呢面不易平整,加工时采用实架剪毛较多。剪毛工艺参数包括:螺旋刀与平刀角度、螺旋刀刀片数、螺旋刀转速、进呢速度、织物张力、刀口隔距、剪呢次数等。

第七节　毛织物的防毡缩整理

毛织物在水洗过程中,除了一般的缩水外,还会发生毡缩现象,引起织物尺寸缩小、呢面发毛和增厚、织纹模糊不清等外观变化,严重影响服用性能。所以一般毛织物及其服装只能采用低温手洗或干洗,不能采用洗衣机等剧烈的洗涤方式。

毛织物在水洗过程中的收缩包括松弛收缩和毡缩两部分。毛织物松弛收缩一般称为缩水,纺织品缩水的原因可以参阅第十章的内容,毛织物的缩水可以通过一般防缩整理又称预缩整理来降低。一般防缩处理安排在最后一道工序,或在服装裁制前进行。首先将织物喂入一个带孔的传送带上,在松弛状态和汽蒸加热下达到一定回缩,并使织物自然干燥,经预缩后的精纺织物缩水率不超过 1%。

毛织物毡缩的原因主要是羊毛鳞片层的定向摩擦效应(D. F. E)和羊毛的卷曲、弹性。因此,防止羊毛织物毡缩(Anti-felting,Shrin Kproofing)的方法主要是建立在如何减少 D. F. E 和改变羊毛弹性的基础上。毛织物防毡缩的方法主要有破坏鳞片层(如氯化法)和使聚合物(树脂法)沉积在纤维表面这两个方面,前者称为"减法"防毡缩处理,后者称为"加法"防毡缩处理,在生产中常采用两种方法组合的形式,例如氯化—树脂法。

防毡缩处理能够以多种方式进行,例如以散毛、毛条、机织物或针织物以及服装等形式进行,但以精梳毛条处理占大多数,少部分以针织服装形式处理,织物连续平幅处理亦占很少部分。

氯化法又称氯氧化法,是最早应用的防毡缩技术,生产中用的氯化防缩剂有氯气(Cl₂)、次氯酸钠(NaClO)和二氯异氰脲酸盐(DCCA)等,并配合树脂如聚酰胺−3−氯−1,2−环氧丙烷(商品 Hercosett 系列)一起使用,称为氯化—树脂法,可达到良好的防毡缩效果。这种防毡缩技术已经相当成熟,但存在羊毛易泛黄和弹性受损等缺点,特别是在废水排放中产生有机氯(Adsorbable Organic Halides,AOX)污染,从而限制了这一技术的应用。鉴于这些原因,人们开始研究和开发非氯防毡缩工艺,包括氧化(非氯氧化剂、生物酶或等离子体等)和树脂联合工艺、单独用聚合物处理工艺。本节将对这些工艺及其原理进行讨论。

一、氯化—树脂法防毡缩处理

(一)氯化—赫科塞特防毡缩工艺技术

1. 加工设备和方法　工业上普遍采用的防毡缩方法是氯化—赫科塞特(Chlorine-Hercosett)工艺技术,它是由国际羊毛局/澳大利亚联邦科学与工艺研究组织(IWS/CSIRO)共同开发的,是应用最广的羊毛毛条防毡缩处理工艺。使用的设备是由复洗机改进的,主要包括 5 个带有抽吸辊筒结构的练毛槽和一个烘房。加工时,精梳毛条形成毛网卷绕在多孔辊筒上连续依次通过,整理剂在辊筒内部叶轮的作用下被吸入辊筒内部,穿过卷绕在辊筒上的毛网,从而保证工作液能渗透毛条,纤维与整理剂充分接触。连续处理包括 6 个步骤:氯化——中和及脱氯——中间水洗——聚合物处理——柔软处理——烘燥交联,加工速度可以达到 8m/min。

氯化—赫科塞特防毡缩的加工工艺如下。

(1)氯化:使用酸性次氯酸钠溶液 2%(owf)左右,温度为 15~20℃,用硫酸调节 pH 值为1.3~1.7,润湿剂适量;当 pH 值为 1.5 时,NaOCl 液中主要以溶解的 Cl₂ 和 HOCl 的形式存在,Cl₂ 的含量比 HOCl 的大(参见图 3−7)。氯化的结果是使鳞片中的胱氨酸被氧化成半胱氨酸,伴随有肽链的水解,鳞片被部分剥除。控制反应条件,可以将氯化反应限制在羊毛鳞片的外表层结构中,从而能有效地破坏鳞片和保护纤维主体结构不受氧化损伤。

(2)中和、脱氯和水洗:氯化后酸度较高的羊毛顺次通过含有碳酸钠和亚硫酸钠的处理槽进行中和和脱氯处理,处理浴温度为 25~30℃,溶液 pH 值维持在 8.5~9.5,然后水洗。中和对后面阳离子聚合物处理很重要,脱氯是去除羊毛上的残留氯。

(3)聚合物处理:采用商品 Hercosett 57 水溶液,用量为 2%(owf),处理槽温度保持在35~40℃,加入碳酸钠维持 pH 值为 7.5~8。

聚环氧氯丙烷类防毡缩树脂常用来与氯化组合进行防毡缩处理,是氯化—树脂工艺的重要组成部分。以聚酰胺−3−氯−1,2−环氧丙烷聚合物最为典型,商品 Hercosett 57 就是以己二酸和二乙烯三胺反应生成含仲胺的聚酰胺,再与环氧氯丙烷反应而成。

Hercosett 57 具有低用量、高防毡缩性能是因为它所形成的薄膜层有极好的湿膨润性。观察发现,它在水中的体积可增加至原体积的 4.1 倍。这种良好的膨润能力,使得它在防毡缩整理时只需在纤维表面形成很薄的一层树脂(只需 $0.3 \sim 0.4 \mu m$),加工后的羊毛遇水时,树脂体积增大,厚度由 $0.3 \sim 0.4 \mu m$ 增大到 $0.5 \sim 0.8 \mu m$,此时足以形成覆盖效应,遮盖鳞片,减小定向摩擦效应。

(4)柔软剂处理:在 40℃ 和 pH 值为 7.5 的条件下,对毛条施加 $0.1\% \sim 0.15\%$(owf)的柔软剂进行处理,改善羊毛的手感。

(5)烘燥:羊毛在 $70 \sim 80℃$ 下烘燥到含水率为 $8\% \sim 12\%$,此时聚合物发生交联,覆盖在羊毛鳞片的表面。烘燥后,在羊毛上喷水使其恢复原来状态,然后针梳。一些处理不均匀的毛纤维经针梳后得以均匀混合。

2. Kroy Deepim 羊毛氯化反应箱　氯化—赫科塞特防毡缩技术的一个重要的发展是用 Kroy Deepim 氯化反应箱取代了 NaOCl 氯化处理槽,不仅提高了处理速度,最主要的是改善了处理的均匀性,羊毛的失重减小,成本降低。

Kroy Deepim 氯化反应箱结构如图 8 - 16 所示,毛条组成的毛网被夹在多孔聚丙烯导带中,首先经过喷氯管进入 U 形反应器,整理液静压力将毛条中的空气压出,氯化液可以与纤维充分接触。氯化剂主要是氯气溶解在 10℃ 水中生成的次氯酸和盐酸,氯化液的 pH 值在 $2.0 \sim 2.5$ 之间。溢出液面的氯气被不断从密闭加工箱中抽出,经过水淋洗排除。羊毛经轧辊后进入水洗槽,后面与前述的常规工艺相同,在复洗设备上进行。Kroy Deepim 设备中,羊毛与处理液有效作用时间长,有效氯得到均匀补充,鳞片得到最大程度的改性,氯化均匀,疵点少。

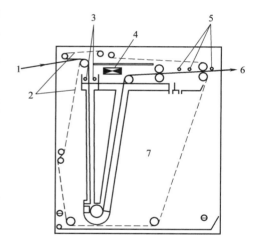

图 8 - 16　Kroy Deepim 氯化反应箱
1—羊毛进入　2—多孔传送带　3—喷洒含氯溶液
4—汽雾滤清器　5—水清洗　6—羊毛输出　7—反应箱

目前该技术已成功运用于织物、散毛的机可洗处理,防缩效果较好。

织物经 Kroy Deepim 氯化防缩处理过程为:

前处理 ——→ 氯化 ——→ 脱氯 ——→ 清洗 ——→ 烘干 ——→ 废水处理

氯化采用氯气和给氯装置,通入水中,在水中存在如下平衡:

$$Cl_2 + H_2O \Longleftrightarrow HCl + HClO$$

脱氯采用焦亚硫酸钠,反应如下:

$$Na_2S_2O_5 + H_2O \Longleftrightarrow 2NaHSO_3$$

$$2Cl_2 + 3H_2O + S_2O_5^{2-} \longrightarrow 4Cl^- + 2SO_4^{2-} + 6H^+$$

$$Cl_2 + H_2O + SO_3^{2-} \longrightarrow 2Cl^- + SO_4^{2-} + 2H^+$$

3. 加工原理　氯化—赫科塞特处理是通过降低羊毛纤维的定向摩擦效应来达到防毡缩效果的。在氯化处理中,羊毛鳞片外表层中的氧化和肽链的水解断裂,胱氨酸被氧化成半胱氨酸,鳞片层受到一定程度的破坏,发生部分剥落,使羊毛纤维的亲水性获得提高。经处理的纤维在湿态时鳞片层的结构变得柔软,纤维的定向摩擦效应减少,纤维单方向运动变得困难。同时由于 Hercosett 聚合物的处理,对单根纤维表面起了包裹作用,在水中溶胀的聚合物将遮蔽纤维粗糙的表面,更进一步减小了纤维的定向摩擦效应,使毡缩率进一步减少,达到机可洗的防毡缩标准。毡缩率测算方法可参见国际羊毛局提出的 IWS TM No. 31 标准。

(二)二氯异氰酸盐防毡缩工艺技术

氯化剂二氯异氰脲酸(Dichlorodicyanuric,DCCA)的钠盐或钾盐在羊毛针织品的机可洗整理、成衣防毡缩处理中获得广泛的应用,其加工流程基本与毛条处理相同,包括氯化、中和脱氯、聚合物处理、柔软和烘燥。DCCA 在有水存在时,发生水解平衡反应,如下式所示:

$$
\begin{array}{c}
\text{Cl} \quad \overset{\overset{\displaystyle O}{\|}}{C} \quad \text{Cl} \\
\text{N} \quad \quad \text{N} \\
\overset{\|}{C} \quad \quad \overset{}{C} \\
O \quad \text{N} \quad \text{ONa}
\end{array}
\;+2H_2O \rightleftharpoons\;
\begin{array}{c}
\text{H} \quad \overset{\overset{\displaystyle O}{\|}}{C} \quad \text{H} \\
\text{N} \quad \quad \text{N} \\
\overset{\|}{C} \quad \quad \overset{}{C} \\
O \quad \text{N} \quad \text{ONa}
\end{array}
\;+2HOCl
$$

水解生成的 HOCl 释出浓度较低的有效氯与羊毛缓慢反应,具有处理均匀和羊毛不泛黄的优点。氯与羊毛反应速率可通过 pH 值(一般 4~6)或温度(一般是室温~30℃)进行控制,反应速率随 pH 值的下降或温度的升高而加快。要使毛织物获得良好的防毡缩效果,有效氯耗用量为 2%~3%(owf)。

二、非氯防毡缩工艺

(一)氧化—树脂法

可以用来作羊毛防毡缩处理的不含氯的氧化剂种类很多,有过氧化氢、高锰酸钾和过一硫酸盐等,其中以过一硫酸盐应用较广。

过一硫酸盐与羊毛鳞片层中的胱氨酸发生反应,使角质大分子间二硫键断裂,羊毛鳞片剥蚀或变软,当然也可能使肽键断裂。处理后的羊毛用不含氯的树脂处理,才能达到防毡缩的要求。

目前,工业上常用的氧化剂是过一硫酸盐,如 Basolan 2448 等,所用的树脂多采用 Basolan SW(含活性基团的聚醚)和 Basolan MW Micro(氨基聚硅氧烷)。Basolan SW 处理后形成一层柔软的亲水性树脂膜,使羊毛具有较好的防缩性和柔软的手感,这种工艺用于处理织物和针织品较多。整理工艺如下。

(1)氧化预处理:Basolan 2448 为 2%~6%(owf),非离子表面活性剂约2g/L,pH 值 3.5~5,15~25℃处理 20~60min。

(2)还原:在同浴中加入亚硫酸钠 3%~6%(owf),pH 值 7~8,于 30℃处理 10min 后水洗。

(3)树脂处理:换新水,加热至 25~40℃,60% 醋酸 1~2g/L,树脂 Basolan MW Micro 2%~5%(owf),pH 值 4~6,40℃处理 15~45min。

采用过一硫酸盐氧化—树脂法的工艺处理后,羊毛织物的手感柔软,防毡缩效果能达到要求,且属于非氯的环保工艺。但过一硫酸盐的价格较高,而且是非连续化加工,时间长,步骤多,操作困难。

(二)单独树脂法

单独树脂法又被称为"加法"防毡缩,主要是利用聚合物的反应性使纤维间粘连或自己在纤维表面聚合成膜,减少纤维间定向摩擦效应,以达到防毡缩的目的。有代表性的产品有 Synthappret BAP(Bayer)、Protolan 367(Rotta)和国内相似的产品等,它们均能单独用于羊毛织物或成衣的防毡缩处理。

聚合物处理的羊毛防毡缩的机理有两种不同观点。一种认为聚合物薄膜遮盖了羊毛表面鳞片层或者使纤维包裹起来,降低了羊毛的定向摩擦效应,达到防毡缩的效果;而另一种观点则认为主要是聚合物纤维之间引入了一些黏结点,纤维被胶合在一起,自由移动受阻,从而获得防毡缩的效果。显微镜观察结果表明,两种机理所描述的现象都存在,因此都有可能是获得防毡缩效果的主要原因。

目前,常见的单独用树脂防毡缩处理中,水性聚氨酯类占 90%。聚氨基甲酰磺酸钠很早就被用于羊毛的防毡缩处理,其结构中含有 $—NHCOSO_3^-Na^+$ 基团。$—NHCOSO_3^-Na^+$ 在碱性条件下通过加热离解为 $—NCO$ 基团:

$$—NHCOSO_3^-Na^+ \xrightarrow{OH^-} —NCO + NaHSO_3$$

生成的 $—NCO$ 基团活性很高,遇水、氨基或羊毛继续发生下列反应:

$$—NCO + H_2O \longrightarrow —NH_2 + CO_2\uparrow$$

$$—NCO + —NH_2 \longrightarrow —NH—\overset{\overset{\displaystyle O}{\|}}{C}—NH—$$

$$Wool—OH + —NCO \longrightarrow —NH—\overset{\overset{\displaystyle O}{\|}}{C}—O—Wool$$

$$Wool—SH + —NCO \longrightarrow —NH—\overset{\overset{\displaystyle O}{\|}}{C}—S—Wool$$

因此当树脂沉积到羊毛纤维表面后,通过以上反应,就形成具有交联结构的聚合物薄膜,覆盖在羊毛纤维的表面(图 8-17),降低了纤维的定向摩擦效应;而且由于与羊毛纤维之间也形成交联,提高了整理的耐久性。

单独树脂法工艺简单,适合于织物和成衣处理,无污染,比过一硫酸盐—树脂的防毡缩效果好,且成本低,但整理后织物手感较硬。

(三)生物酶羊毛防毡缩处理

前已述及,氯化—赫科塞特加工工艺会产生可吸附有机卤化物(AOX),它们不易生物降解,又因其具有亲油性,极易积存于脂肪组织中,从而以多种方式对环境造成严重的危害。按照 Oeko-Tex Standard 100 标准规定,生态毛织物有机氯载体的含量必须低于 1.0mg/kg。

作为生物催化剂,酶对环境是友好的,羊毛用蛋白酶处理后可以降低毡缩倾向,改善光泽和

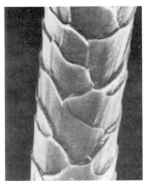 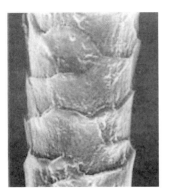

(a) 未处理羊毛　　　　　　　　　　(b) 聚氨酯树脂处理羊毛

图 8-17　未处理羊毛和聚氨酯树脂处理羊毛的 SEM 照片

聚氨酯树脂 50g/L,150℃,5min

柔软性以及减少起毛起球现象等。从目前的研究结果看,单独的酶处理不能达到防毡缩的要求,一般需要经过氧化前处理—蛋白酶处理—树脂处理的联合工艺,才能达到机可洗的防毡缩标准。蛋白酶处理除了能提高防毡缩性能外,还能改善羊毛的手感、光泽。

　　有人研究了蛋白酶对羊毛防毡作用的机理,发现仅用蛋白酶处理羊毛时,很难引起羊毛鳞片层即角质层有效地降解,所以羊毛的毡缩性变化不大。而羊毛纤维角质层的降解,特别是胱氨酸二硫键断裂成吸水性基团,对鳞片的软化,也就是对于羊毛的毡缩率具有重要影响。由于羊毛纤维鳞片外表层的高胱氨酸含量的特殊结构,使羊毛表面具有疏水性,阻碍了酶的进攻。氧化剂可使胱氨酸中的二硫键氧化断裂,使蛋白酶易于进入纤维角质层并进行催化水解作用,因此经氧化前处理后再用蛋白酶处理的毛织物毡缩率显著降低。从扫描电镜照片中可以看出,仅用蛋白酶处理,羊毛的鳞片表面并无什么变化,若预先用氧化剂氧化处理,则鳞片上有条痕,且边缘变得模糊而略为平坦。若再经树脂处理,在纤维表面形成一层柔软的树脂薄膜,可以获得机可洗的防毡缩标准。

　　目前的蛋白酶防毡缩工艺尚存在处理步骤复杂、成本高、处理不均匀和重现性差的缺点,虽然已有不少商品化的蛋白酶可用于防毡缩工艺,目前尚未形成工业化生产。由于其在生态方面的优势和生物技术的不断发展,这方面的研究仍然很活跃。

（四）等离子体羊毛防毡缩整理

　　等离子体是指电离的气体,在加热或放电的条件下,部分气体分子会成为激发态的高能荷电离子,当电离产生的带电粒子密度超过一定值时,物质呈现新状态——等离子态。由于电离后的气体正电荷数与负电荷数相等,体系在宏观尺度内维持电中性。这种气体是一种导电流体,是分子、原子、离子、自由基、电子的集合体,带电粒子间存在库仑力,从而导致体系粒子群的整体运动,等离子体的运动受磁场的影响支配。从化学角度来看,等离子体中的荷电粒子都具有较强的反应活泼性。

　　产生等离子体的方法除了加热、放电外,还可采用高能射线或强光照射,但在纺织上广泛采用的是气体放电等离子体,且由于其聚集体温度在 300～500K,所以又被划归为低温等离子体。

在强电场作用下,气体被击穿而导电的物理现象称气体放电,由此产生电离气体称为气体放电等离子体,其放电方式与电场强度、气体压力和电流密度有关,在低压、强电场、低电流密度下气体产生辉光放电;在常压或高压、强电场、低电流密度下气体产生电晕放电;加大电流密度则均发生弧光放电。

不同气体放电产生的等离子体中有不同的自由基、正负离子,当用它们处理织物时,这些具有较强化学活泼性的粒子会与被处理物表面发生加成、聚合、氧化等多种反应,从而实现了织物表面改性。

有人尝试采用电晕放电、辉光放电以及介质阻挡等方式,以 O_2、Ar、N_2 和 CF_4 等气体的低温等离子体处理羊毛织物,取得较好防毡缩效果,染色性能也有改善,见表 8-1。

表 8-1 经低温等离子体处理的羊毛混纺法兰绒的洗涤收缩率

等离子体处理	输出功率/W	处理时间/s	洗涤收缩率/%
O_2	300	30	6.5
O_2	300	60	6.3
O_2	300	180	6.0
O_2	500	30	6.7
O_2	500	60	6.6
O_2	500	180	6.0
Ar	300	180	7.1
N_2	300	180	6.5
CF_4	300	180	7.2
未处理	—	—	30.6

研究认为,等离子体对羊毛会发生表面刻蚀、表面改性以及表面高分子接枝聚合等作用:处在等离子态的诸多高能粒子喷射于羊毛表面,发生诸如氧化降解等反应,使羊毛鳞片层遭到破坏,反应生成 H_2O、CO、CO_2 等气体挥发,使表层剥蚀;生成的羧基、氨基、酰氨基、羟基等残基则明显增加了纤维表面的亲水性。这种刻蚀作用只局限在 100nm 以下,并不会明显改变纤维的外观。由于等离子体中的自由基、正负离子具有较高化学活性,自由基会引发一些聚合反应,一些简单气体分子可以通过一系列反应生成复杂的化合物,并接枝于纤维表面的大分子侧基或端基上,但由于反应底物、单体随机性较大,接枝聚合比较复杂。

研究发现,经低温等离子体处理的羊毛纤维,表面虽然有一定程度的刻蚀,但鳞片形态与未处理羊毛无明显差异,而纤维的摩擦系数却有非常大的变化,见表 8-2。

可见在经低温等离子体处理后,虽顺反两个方向的摩擦系数 μ_w 和 μ_a 均有提高,然而($\mu_a - \mu_w$)降低了,所得产物应具有较好的防毡缩性能。

表 8－2　经低温等离子体处理的羊毛静摩擦系数

处理条件	μ_1	μ_2	μ_2/μ_1	$\mu_2-\mu_1$	$(\mu_2-\mu_1)/\mu_1$	$(\mu_2-\mu_1)/$ $(\mu_2+\mu_1)$
未处理	0.173	0.445	2.67	0.272	1.574	0.441
O_2	0.358	0.577	1.61	0.219	0.612	0.234
CF_4	0.378	0.576	1.52	0.189	0.523	0.219
$(CH_3)_4Si$	0.416	1.574	1.38	0.158	0.379	0.159
过硫酸	0.273	0.369	1.35	0.096	0.350	0.149
二氯二异氰酸	0.196	0.301	1.54	0.106	0.541	0.213

普遍接受的解释是：羊毛经等离子体处理后，纤维表面的亲水性增加，整理时鳞片很容易受润湿后张开，使顺、逆鳞片方向摩擦阻力都增加，其结果是纤维相互移动困难，累积运动的方向性减小，达到防毡缩效果。

也有人提出等离子体处理羊毛适用于如下理论：未处理羊毛具有不带电荷的疏水表面，因此，纤维置于水或水溶液中，为减少与水接触面积，有集聚到一起的趋势（意味着毡缩）。经过等离子体处理的纤维，具有亲水性的表面，并带有大量的亲水性基团如羟基、羧基、氨基、磺酸基等，当将这种纤维放在水中后，由于纤维间的静电斥力和纤维的亲水表面，因此纤维在水中是分散的（意味着防毡缩）。这一理论并未完善，还在研究中。

等离子体羊毛防毡缩是当前研究热点，目前仍处在试验开发阶段，国内外的研究工作者已做了不少工作，旨在推进该工艺的产业化。

等离子体处理，作为面向未来的整理工艺，具有高效、无水、无污染、低消耗等诸多优点，发展前景非常广阔。

☞ 复习指导

1. 内容概览

本章主要介绍毛织物主要加工工序、加工原理和工艺分析，包括毛织物的湿整理加工工序如洗呢、煮呢、缩呢工序，毛织物的干整理加工工序如刷毛、起毛、蒸呢；并介绍了毛织物的防毡缩整理。

2. 学习要求

了解羊毛纤维的化学结构和形态结构，重点掌握毛织物煮呢和蒸呢的加工原理、设备和工艺过程，以及缩呢和防毡缩整理工艺原理、设备和工艺。

☞ 思考题

1. 写出精纺和粗纺织物染整加工的工艺流程，指出其不同点。

2. 简述洗呢、炭化的主要目的及其基本原理。

3. 试述煮呢、蒸呢的目的、工艺方法和加工条件,并阐述煮呢和蒸呢的原理。

4. 试述缩呢的目的,分析缩呢基本原理。

5. 何为定向摩擦效应? 羊毛防毡缩有几种方法? 目前工业上常用的方法是哪几种? 有何优缺点? 用定向摩擦效应阐述羊毛防毡缩的原理。

6. 蒸呢与煮呢同为定形,两者有什么不同?

7. 压力对蒸呢效果有什么影响?

8. 为什么说氯化防毡缩工艺受到限制,防毡缩工艺有哪些新进展?

参考文献

[1]王菊生,孙铠. 染整工艺原理(第二册)[M]. 北京:纺织工业出版社,1984.

[2]Hans-Karl Rouette. Springer 纺织百科全书[M]. 北京:中国纺织出版社,2008.

[3]Sasquith,Leon N H. Chemistry of Natural Protein Fibers[M]. New York:Ed. A. S. Asquith Plentum Press,1977.

[4]Feughelman M,et al. Permanent Set and Keratin Structure[J]. Textile Research Journal,1966,32(11):913 - 917.

[5]Chunyan Hu Q,Zhang,Ke Lu Yan. Anti-Felting Properties of Wool Fabric Treated with Keratin[J]. Key Engineering Materials,2015(671):14 - 18.

[6]Astbury W T,Woods H J. The molecular structure and elastic properties of hair keratin[M]. London:The Royal Society,1934.

[7]Jeanette M. Cardamone DCCA Shrinkproofing of Wool[J]. Textile Research Journal,2004,74(6):555 -560.

[8] Radetic M,et al. The Effect of low Temperature Plasma Pretreatment on Wool[P]. Printing AATCC,2000, 32(4): 55 - 60.

[9]Kan C W,Yuen C W M. Low Temperature Plasma Treatment for Wool Fabric[J]. Textile Research Journal,2006(4):65 - 78.

[10]Kartick K,Samanta,et al. Environment - Friendly Textile Processing Using Plasma and UV Treatment. [M]. Singapore:Springer,2014.

[11]Jinsong Shen et al. Development and industrialization of enzymatic shrink-resist process based on modified proteases for wool machine washability[J]. Enzyme and Microbial Technology,2007(4):34 - 58.

[12]McKittrick J,et al. The Structure,Functions,and Mechanical Propeties of Keratin[J]. The Journal of the Minerals,Metals & Materials Society,2012,64(4):449 - 467.

第九章　织物的一般整理

第一节　引　言

织物整理是指通过物理、化学或物理和化学联合的加工方法,改善织物的外观和内在质量,提高其服用性能或赋予其特殊功能的加工过程。广义上讲,织物自下织机后所经过的一切改善和提高品质的处理过程都属于整理的范畴。但在实际生产中,常将织物在练漂、染色和印花以外的加工过程称为织物整理。由于织物整理多在染整加工的后期实施,故常被称之为"印染后整理"。

织物整理的历史较久,其加工的方法和内容丰富多彩,有单纯改善和提高纤维固有特性的拉幅、轧光等物理—机械整理;也有赋予纤维特殊功能的防水拒油或阻燃等化学整理;另外,防缩和防皱整理也是整理加工中的重要分支。按其加工方式的不同,可以将织物整理分成化学整理和物理整理两个大类。化学整理主要是对天然和合成纤维进行化学改性而赋予织物各种所需的功能,织物的化学整理对提高产品档次和附加值起了关键作用。近年来,织物化学整理有了较大的发展,其理论和生产技术得到不断的更新和完善;同时,一些对环境造成污染的传统化学整理技术正在被其他环保型的技术所替代。研制和开发清洁生产工艺和多功能化学整理技术,是当前织物整理的发展趋势。相对于化学加工,物理—机械整理的加工方法简单、流程短、不污染环境,而且在改善织物外观、手感和风格方面起了重要的作用,因此,其新工艺和新设备不断涌现。机械整理与化学整理相结合,可以达到耐久的效果。

织物整理的内容丰富,按照整理目的大致可归纳为以下几个方面:

(1)稳定门幅、降低缩水率和稳定形态的整理:属于此类型整理过程的有定(拉)幅、机械或化学防缩、防皱整理和热定形等。

(2)改善织物手感的整理:主要是采用某些化学助剂或机械方法处理织物,使织物获得某种所要求的手感,如柔软、丰满、硬挺、轻薄或厚实等。

(3)增进织物外观的整理:以物理—机械或化学方法增进织物的光泽、白度和悬垂性等,如增白、轧光、电光、剪毛等。或采用机械或化学方法使织物表面产生绒毛,以增进保暖性或柔软性,如起毛、缩呢和磨毛等。

(4)特种功能整理:如采用某些化学助剂,使织物具有防水拒油、阻燃、防霉、抗菌等特殊性能。

本章仅对织物在染整生产中的一般整理做适当的介绍。织物的一般整理指的是常规的物理—机械整理和化学整理,前者是指利用水分、热能等的物理作用和挤压、拉伸等的机械作用,旨在改善织物的外观和某些物理性能,这类整理包括定(拉)幅、轧光、电光、剪毛、起毛和磨毛、机械柔软整理以及合成纤维织物的热定形等。后者是指一些常规化学整理，即通过施加化学整理剂，使之与纤维发生化学或化学与物理的反应，主要有手感整理(柔软和硬挺整理)和增白等。一般化学整理不包括树脂整理和拒水拒油、阻燃、卫生等特种功能整理以及涂层整理。随着化学工业的发展和市场的需求，一般整理中常规的物理—机械整理和化学整理方法往往联合实施，可获得耐久性的整理效果。

有关织物的其他整理内容，如防缩、防皱整理，防水拒油、阻燃和卫生等特种功能整理以及涂层整理和羊毛织物的整理，如缩呢、煮呢、蒸呢等，还有蚕丝织物的整理，如增重等，分别在其他章节中讨论。

第二节　机械整理

一、定幅(拉幅)整理

在纺纱和织造以及练漂、染色、印花等加工过程中，纤维和织物经常要受到各种外力的作用，特别是织物的经向在湿热状态下受到反复的拉伸和经过多次中间干燥的环节，迫使织物经向伸长而纬向收缩，尺寸形态不够稳定，并呈现出幅宽不匀、布边不齐、纬斜以及烘筒烘干后产生的"极光"和手感粗糙等缺点。为了尽可能地纠正上述缺点，织物在完成练漂、染色、印花的基本加工工序后，一般都要进行定幅整理。

定幅整理是利用棉、黏胶纤维、蚕丝、羊毛等吸湿性较强的亲水性纤维，在潮湿状态下具有一定的可塑性以及利用合成纤维的热塑性，将其门幅缓缓拉宽至规定的尺寸，从而消除部分内应力，调整经纬纱在织物中的形态，使织物的门幅整齐划一，纬斜得到纠正；同时织物经烘干和冷却后获得较为稳定的尺寸(主要指纬向)，以符合印染成品的规格要求。

织物的定幅整理在拉幅机上进行，常用的拉幅机有布铗链式、针板式、针板/布铗链两用式等数种。布铗链式拉幅机用于棉织物的定幅，不能进行超喂处理，处理温度较低，最高烘房温度为 90～110℃。针板式拉幅机可以进行超喂处理，多用于蚕丝、羊毛和合成纤维及其混纺织物的定幅整理，烘房温度范围较宽，最高可调至 200℃左右，因此，可以满足合成纤维织物、涤/棉和涤/毛等混纺或交织织物的热定形要求。针布两用式拉幅机配备有针布两用铗及转换装置，其烘房温度在 50～250℃范围内可以调节，除了可以加工合成纤维、蚕丝和羊毛织物外，也可加工不同品种的棉织物，做到了一机多用。

热风针板拉幅机可用于合成纤维织物及其混纺或交织织物的热定形，也可用于棉、毛、丝等天然纤维织物的定幅整理，热风针板拉幅机的构造与热定形机(图 5-1)类似。近年来，为了适应多品种的加工要求，在热风针板拉幅机上又设计了针布两用铗及转换装置，称为热风针板/布铗链两用式拉幅机。例如加工厚重棉织物或要求布边不留下针孔的棉织物(如床上用品和轧光布等)时，可以自动将针板链转换到布铗链的工作位置进行定幅处理，但此时不能超喂。图 9-1 是带有针布两用铗的热风拉幅机示意图，该机的烘房温度在 50～250℃范围内可调，超喂在 -10%～+50% 之间。使用布铗时将烘房温度控制在 100℃进行定幅烘燥整理；采用针板时可以超喂进行高温热定形或定幅处理。

为了使合成纤维及其混纺或交织织物,如涤/棉、锦/棉和氨纶弹力等织物的门幅整齐划一,并满足成品要求,必须进行高温定幅,实际上也就是热定形。

热风针板拉幅机或热风针板/布铗链两用式拉幅机的工作原理与第五章的热风拉幅定形机类似。该机的特点是可以超速喂布,在拉幅过程中减少经纱张力,有利于伸幅,同时又使织物经向有一定的回缩。加工时,织物在一定的经向超喂和纬向伸幅的状态下进入烘房,在两排喷风管间以浮动状态通过,由上下喷风口喷出的热风垂直和均匀地吹向布面,对织物进行加热处理。烘房前部空气的含湿量较高,在烘房中间有横间隔板以阻挡前后部空气的混合,有利于较干空气的循环使用和较湿空气排出室外,达到节约能量的目的。经热定形的织物出烘房后,须先经冷风和冷水辊冷却降温,然后卷装落布或叠层落布。

热风针板拉幅机上一般还装有整纬装置。织物在练漂和印染加工过程中,由于经纱和纬纱受到的外力作用不均匀,会造成纬纱排列不垂直于经纱,呈直线形或弧形纬斜,如果不加以纠正,在热风拉幅后这种纬斜状态会固定下来,使成衣加工中裁剪困难,并影响花布和色织布的花型和图形。

图 9-1(b)是导辊式自动整纬装置示意图,整纬装置与探测器结合使用,可以自动进行整纬。一般探测器有光电式和机电式两种。当织物产生纬斜时,由探测器所得信号经比较、放大后,控制支流电动机,带动整纬辊,实现自动整纬。从图 9-1 可见,导辊式整纬装置安装于超喂进布装置之前,由几根被动的直形和弧形导辊组成。当有直线形纬斜的织物通过一组直形导辊时,导辊间的距离可自动调节,即由平行排列变为呈一定角度的倾斜状态排列,使纬斜的相应部分超前或滞后,以恢复纬纱在整幅范围内与经纱正交,矫正直线形纬斜;如果采用弧形导辊,则可矫正弧形纬斜,使弧形纬斜被拉直。

二、轧光、电光和轧纹整理

轧光、电光及轧纹整理均属改善织物外观的机械整理,前两种以增进织物的光泽为主,后者可使织物具有凹凸花纹的立体效果。所使用的设备称为轧光机、电光机和轧纹机,是整理工序中最常用的工艺和设备之一。

棉纤维的表面不如蚕丝那样平滑,织物中纱或线起伏较大,表面附有纤毛,对光线呈漫反射,所以一般棉织物并不显示出良好的光泽。但是棉纤维在湿热条件下,具有一定的可塑性,经轧光后,纱线被压扁,耸立的纤毛被压伏在织物表面上,使织物变得比较平滑,降低了对光线的漫反射程度,从而增进了光泽。电光整理时,织物表面被压成很多相互平行的斜线,对光线呈规则的反射,可获得较高的光泽并具有丝绸般的感觉。轧纹机由一只可加热的硬辊与一只软辊组成,硬辊表面刻有阳纹,软辊刻有阴文,两者互相吻合。织物经过此机压轧后,即产生凹凸花纹。

轧光、电光及轧纹整理的历史相当长久,它们的加工工艺简单,产品的风格独特,附加值高,因此,其设备和工艺发展得较快。但无论是轧光、电光,或是轧纹整理,如果只是单纯地利用机械加工,效果并不持久,如与树脂整理联合应用,则可获得耐洗的整理效果,其原理将在防皱整理章节中讨论。

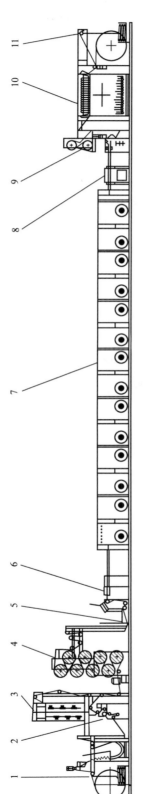

(a)热风针板和布铁链两用式拉幅机

1—进布　2—轧车　3—远红外预烘装置　4—锡林烘筒　5—整纬装置
6—超喂装置　7—烘房　8—冷风区　9—冷水辊　10—储布装置　11—落布装置

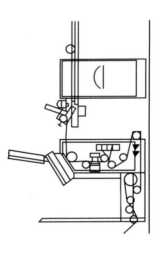

(b)热风针板和布铁链两用式拉幅机的整纬装置

图 9 - 1　热风针板和布铁链两用式拉幅机示意图

(一)轧光机

1.轧光 轧光机一般有2～7只轧辊,轧辊之间织物受到的压力是由轧辊本身的重量及加压装置如液压、气压、杠杆或螺杆等方式来施加的,轧点线压力可随生产的要求而调节。轧光机上的轧辊有硬辊和软辊两种,硬辊是可以加热的空心镀铬钢辊,加热方式有蒸汽、燃气、电加热—热油循环等。软辊是由棉花、纸帛、化学纤维(棉花、纸帛和非织造纤维层经高压成形后车磨而成)制成,也有用聚酰胺材料制作的耐高温弹性辊。根据加工织物的品种和所要求的效果,轧光机中轧辊的排列是多种多样的,但硬辊通常比软辊少,例如,在7辊轧光机中,最多只用2只硬辊,其余5只是软辊。不同的轧辊设计,可以获得不同的整理效果。用两辊轧光机处理织物时,其轧点由一只硬辊和一只软辊组成,能够产生亮丽的光泽和致密的手感。3～4辊轧光机不仅能赋予织物很好的光泽,而且能够获得柔软的手感。产生高度光泽的摩擦轧光机常采用多只轧辊的设计。5～7辊轧光机可以进行叠层轧光整理,能够产生类似麻布光泽的柔软效果。考虑到经济和操作方便,目前生产中常用的是两辊和三辊轧光机。

图9-2是立式三辊轧光机示意图,直径最大的辊1是棉花辊,直径最小的辊2是钢辊,辊3是外层为弹性塑料套管的均匀轧辊(Swimming-Roll Kuesters)。使用均匀轧辊时,轧辊之间轧点的工作线压力在50～300N/mm范围内可调。为了强化轧光的效果,钢辊温度高达250℃,辊的温差为1～3℃。织物经过给湿后平幅通过轧光机,由于湿热压的作用,使织物光泽增加,手感柔软。

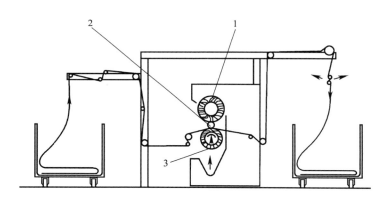

图9-2 立式三辊轧光机示意图

1—棉花辊 2—钢辊 3—均匀轧辊

2.叠层轧光 一般来说,轧光机轧压处理的是单层织物,但也可同时轧压多层织物。例如,叠层轧光机采用双层进布系统,织物不止一次地在两辊间通过,使在同一轧点上织物数层叠在一起,有的可达10层之多,穿布示意见图9-3。利用织物间的相互碾压作用,使布面上产生波纹效应,并使纱线圆匀,手感柔软,线纹清晰,有似麻布的光泽。叠层轧光需要至少5辊以上的轧光机,还要配备一组装有6～10个导辊的导布架,设备和穿布路线复杂,但每次以双层织物进布,生产效率较高。

3.摩擦轧光　要使织物获得强烈的光泽,可用摩擦轧光机加工。在摩擦轧光机中,轧辊的转速是不相同的,钢辊的转速要比软辊的快。摩擦轧光机有两辊和三辊的,三辊摩擦轧光机上下两只辊为硬轧辊,中间为羊毛、纸帛或棉花制成的软轧辊,其中最上面的硬轧辊可以加热,又称为摩擦轧辊。加工织物时,通过传导装置使摩擦辊以超过其他轧辊的线速度运转,从而摩擦织物,使它获得强烈的光泽和薄而较硬的手感。轧辊的线速度用无级变速调节,速比可按软、硬辊速度之差比软辊速度进行

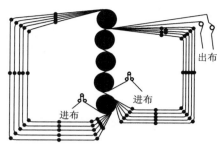

图 9-3　叠层轧光示意图

计算,速比的可调范围为 30%～300%,一般光泽的摩擦速比为 30%(线速度之比为 1∶3),高度光泽的摩擦速比为 50%～80%,特殊需要如书皮布等摩擦速比可在 100%以上。

(二)电光整理

电光机多为一硬一软的两辊式,但亦有制成三辊式的,其中的硬轧辊不但可以加热,而且表面上刻有与轧辊轴心呈一定角度的相互平行的斜线。织物表面轧压后形成与主要纱线捻向一致的平行斜纹,对光线呈规则的反射,给予织物丝绸般的柔和光泽。

电光辊刻纹斜线的角度和密度,视加工织物的品种和要求而异,如选用不当,将会影响织物的光泽和强力。要求刻纹线的斜向尽可能与织物表面上主要纱线的捻向一致,例如,横贡缎织物为纬纱浮长所覆盖,应以纬纱的捻向为主而采用 25°的刻纹线;直贡缎由经纱浮长所覆盖,则应以经纱的捻向为主,采用 65°～70°的刻纹线。至于平纹组织的织物,经纱与纬纱的浮长相等,一般采用 25°或 70°左右的斜度刻纹线。如果电光轧纹的角度选用不当,往往会将纱线中的纤维切断,导致织物在加工后强力显著下降。另外,电光辊刻纹线的密度与纱线支数高低及织物组织有关,一般纱支细的织物选用较大的密度,而纱支粗的织物选用较小的密度,常用的密度范围为 8～12 根/mm。

(三)轧纹整理

轧纹整理是利用刻有花纹的轧辊轧压织物,使织物表面产生凹凸花纹的效果,轧纹整理分为轧花和拷花两种类型。

轧花机由软、硬辊组合而成,金属硬辊为凸花纹,凸纹高度为 0.9～1.4mm;橡胶软辊为凹花纹,其凹花纹与硬辊凸纹相吻合,但深度较浅,凹纹深度为 0.4～0.7mm。钢辊的圆周长度小于软辊长度,两者保持一个整数比,一般为 1∶2 或 1∶3,并以齿轮啮合,使软、硬辊保持相同的线速度运转,使凹凸花纹紧紧吻合。轧纹用的金属辊筒被加热后,其筒面温度可达 150～200℃,印轧含有热塑性纤维的织物,或先经热固性合成树脂初缩体处理过的纤维素纤维织物,焙烘以后即生成耐久性凹凸花纹。

拷花又称轻式轧花,硬钢辊表面刻有阳纹花纹的凸纹高度较低,弹性软辊表面平整无花纹,织物通过轧点时压力较小,花纹深度较浅。

第三节　手感整理

织物的手感是由织物的某种物理机械性能通过人手和肌肤的触感所引起的一种综合反应，人们对织物手感的要求随着织物用途的不同而异，如对于接触皮肤的内衣和被套等要柔软，而对领衬等服装敷料要硬挺，故手感整理按需求分为柔软整理和硬挺整理两大类。

近年来，市场对手感的柔软舒适性需求已从内衣发展到外衣，成为影响纺织品销售的主要因素之一，柔软整理的方法和柔软整理剂的种类也在不断发展中。柔软整理可以改变纺织品的手感，使产品柔软而更具舒适性和时尚感。

棉纤维因含有油蜡而具有天然的柔软性，羊毛、蚕丝等天然纤维也有独特的柔顺手感，但经过练漂、染色、印花加工或功能性整理后，由于油蜡的去除和纤维受到损伤，这些织物变得较为粗糙且光泽萎暗，甚至影响缝纫性能，因此，常需进行柔软整理。合成纤维的手感比棉、毛、丝、麻等天然纤维的要差，合成纤维织物经过高温热定形后，手感变得非常糙硬，只有通过柔软整理，才能赋予其某种天然纤维的柔软触感，来提高其服用舒适性。因此，几乎所有的纺织品在后整理时都要进行柔软整理。

对织物手感的评价有主观（用手触摸）和客观（仪器测试）两种方法，目前常用的仪器测试方法有 KES 系统、FAST 系统、织物硬挺度实验仪（斜面悬臂法）和 YG811 型织物悬垂仪等，其测试原理是通过测试织物的某种力学性能，如织物的拉伸性、弯曲性、剪切性、压缩性和表面性能等的表观特征，对织物的手感风格（柔软、滑爽、丰满等）和可缝纫性等进行评定。

一、柔软整理

柔软整理可以分为机械柔软整理和化学柔软整理。机械柔软整理的方法主要有三种：松弛织物结构、经多次屈曲和轧压降低织物的刚度以及增加织物表面的丰满度和蓬松度。采用的设备有轧光机（参见本章第二节）、织物预缩机、AIRO—1000 型松式机械柔软整理机、磨毛机和起绒机等（参见第六、第八和第十章的相关内容）。化学整理的方法有柔软剂、砂洗和生物酶处理（见第七和第八章）等，本节主要介绍采用柔软剂的化学柔软整理。

柔软剂的使用已有近半个世纪的历史。柔软剂除了应具有柔软的手感外，还应对人体无过敏和刺激作用、毒性小和有好的生物降解性。柔软剂常被称为印染助剂，其在赋予织物柔软性能的同时，还会使织物兼有拒水或亲水、抗静电、弹性、光泽和可缝纫性等功能。柔软剂的种类很多，按其化学特性，可以分为如图 9 - 4 所示的两大类。

（一）表面活性剂类柔软剂

在纺织用表面活性剂类的柔软剂中，过去常用于纤维素纤维织物的阴离子和非离子表面活性剂，现在已很少使用；阳离子型表面活性剂应用最为广泛，主要用于纤维素纤维、羊毛、蚕丝和合成纤维的柔软处理。

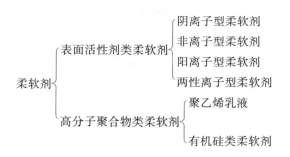

图 9-4　纺织用柔软剂的分类

1. 阴离子型柔软剂　阴离子型柔软剂应用最早,由于不易被纤维吸附,因此,柔软效果较差;同时由于柔软剂与纤维的直接性不高,而易于清洗除去;且对硬水、酸性介质及电解质都较敏感。但不会与荧光增白剂和直接染料等阴离子物质相互作用而降低其增白效果或发生色变,并具有良好的润湿性和热稳定性。

阴离子型柔软剂大多用以整理棉、黏胶纤维、醋酯纤维、真丝制品等,它可以单独使用,或与浆料、纺纱油剂合用。有关阴离子型柔软剂的化学结构和合成方法参见第一章有关内容。

(1)琥珀酸酯磺酸钠:这是一类较重要的阴离子型柔软剂,柔软性和平滑性都较好,其中尤以含有十八烷基结构的磺化琥珀酸酯柔软性最好,还可用于蚕丝精练,能防止擦伤(丝绸防灰伤剂)。

(2)蓖麻油硫酸化物:蓖麻油的低至中度硫酸化物,国内外商品都称其为土耳其红油(Turkey Red Oil)(又称为太古油,蓖麻硫化油),可以单独用或与肥皂合用,溶解度良好,对纤维有亲和性并产生一定的柔软和平滑效果。但在空气中易氧化变质,出现泛黄和发臭现象。

(3)脂肪酸硫酸化物:高碳脂肪酸硫酸化物兼有肥皂和硫酸化油的性质,能使织物获得一定的柔软性和平滑性。除适用于纤维素纤维柔软整理外,还可用于丝绸精练中,防止擦伤(丝绸防灰伤剂)。

(4)脂肪醇部分硫酸化物:实际上这类产品是高碳脂肪醇硫酸化物和未反应的脂肪醇的混合物,化学组成为:

$$R-OH + R-OSO_3Na$$

(R 为长碳链烷基)

改变两者的比例,可以适当地调节其柔软性和对纤维的吸附性。

(5)脂肪醇磷酸酯:多用作抗静电剂,也可作为腈纶的柔软剂,柔软效果好。

(6)其他类型:植物油、动物油的硫酸化物,能使织物产生一定的平滑性,如橄榄油、花生油、羊毛脂和鲸鱼油等的硫化物。

2. 非离子型柔软剂　非离子型柔软剂的手感与阴离子型的近似,它们对纤维的吸附性不好,耐久性低,对于合成纤维几乎没有作用,主要用于纤维的后整理和在合成纤维油剂中作柔软和平滑组分。由于它们的非离子性,能与阴离子型或阳离子型柔软剂合用;对盐类、硬水和碱土金属很稳定;没有使织物泛黄的缺点。但是,由于其对纤维柔软作用的暂时性,因此品种发展不多。以季戊四醇和失水山梨醇两大类最为重要,与其他非离子型柔软剂相比,它们对纤维素纤维和合成纤维的摩擦系数降低较大。另外,聚醚类非离子型柔软剂具有优良的耐高温性,特别适用于高速缝纫的平滑剂,但价格较贵。这三类柔软剂的一般通式如下:

(1)季戊四醇脂肪酸酯:

$$C_{17}H_{35}COOCH_2-\overset{\overset{\displaystyle CH_2OH}{|}}{\underset{\underset{\displaystyle CH_2OH}{|}}{C}}-CH_2OH$$

(2)失水山梨醇脂肪酸单酯:

$$C_{17}H_{35}CO\overset{\overset{\displaystyle O}{||}}{CCH_2}\overset{\overset{}{|}}{\underset{\underset{\displaystyle OH}{|}}{CH}}\overset{\overset{\displaystyle HO-CH-CH-OH}{}}{\underset{\underset{\displaystyle O}{}}{C}}\,CH$$

(3)聚醚类:

$$+OCH_2CH_2\!\!\!\!+_a\!\!\!+OCH_2\overset{}{\underset{\underset{\displaystyle CH_3}{|}}{CH}}\!\!\!+_b\!\!\!+OCH_2CH_2\!\!\!\!+_c$$

3.阳离子型柔软剂 阳离子型柔软剂不仅适用于纤维素纤维,也适用于合成纤维,对纤维表面的吸附和结合能力强,且能耐高温和洗涤。因此,织物易获得良好的柔软性和丰满、滑爽的手感,有一定耐久性。同时能使合成纤维具有一定的抗静电效果,并能改进织物的耐磨性及撕破强力。缺点是会使某些染料变色,降低日晒和摩擦牢度,有泛黄现象,不能用于漂白织物的柔软整理,对荧光增白剂有抑制作用,不能与阴离子型表面活性剂合用,并对人体皮肤有一定刺激作用。某些产品的生物降解性差和毒性较高(参见第一章表1-5)。

阳离子型柔软剂主要包括季铵盐类、咪唑啉季铵盐类、氨基酯盐类以及吡啶季铵盐类等,下面分别加以介绍。

(1)季铵盐类:此类柔软剂在水中呈阳离子性,是阳离子型柔软剂中品种最多的一类,其通式为 $RN(R')(R'')(R''')\cdot X$(其中 R 为烷基,X 为氯离子或烷基硫酸根)。季铵盐类化合物的水溶性比伯铵盐和叔铵盐好,适用于各种纤维的织物,具有消费者欢迎的特征手感。且操作方便,无须高温热处理。这类柔软剂中有代表性的是二甲基双十八烷基氯化铵,但其双长链烷基溶解性差,生物降解性差,对环保不利,为此,欧洲一些国家提出禁止使用。二甲基双十八烷基氯化铵的分子结构如下:

$$\left[\begin{matrix} H_{37}C_{18} & & CH_3 \\ & N & \\ H_{37}C_{18} & & CH_3 \end{matrix}\right]^{+}\cdot Cl^{-}$$

用脂肪酰胺代替季铵盐类中的脂肪基,可以改进柔软剂的耐热性;在季铵上引入烷氧基,可使柔软剂在水中的分散稳定性得到提高。

(2)咪唑啉季铵盐类:此类柔软剂具有柔软、再润湿和抗静电等性能,且生物降解性好。

咪唑啉季铵盐阳离子产品常常作为织物的柔软剂、洗涤剂及抗静电剂。它的柔软性稍差,但能使织物有较好的抗静电性和再润湿性。(酰胺)咪唑啉季铵盐是常用的柔软剂,它的化学结构如下：

$$R-C \underset{\substack{| \\ CH_3}}{\overset{\substack{N-CH_2 \\ |}}{N^+}} \begin{matrix} CH_2 \\ | \\ CH_2CH_2NHC-R \\ \quad\quad\quad \| \\ \quad\quad\quad O \end{matrix} \cdot X^-$$

(R＝C$_{15}$～C$_{17}$；X＝Cl$^-$，Br$^-$，CH$_3$SO$_4^-$)

（3）氨基酯盐：氨基酯盐（salts of amino esters）类柔软剂的溶解性、润湿性和柔软性较好，通过调节其分子结构中的脂肪酸链长，可以改变上述性能。它的化学结构可表示如下：

$$\left[R-\underset{\substack{\| \\ O}}{C}-OCH_2CH_2-\underset{\substack{| \\ CH_3}}{\overset{\substack{CH_2CH_2OH \\ |}}{N}}-CH_2CH_2O-\underset{\substack{\| \\ O}}{C}-R \right]^+ CH_3SO_4^-$$

（4）吡啶季铵盐类衍生物：防水剂 PF 是一种较早使用的阳离子型反应性柔软剂，这种柔软剂对热较敏感，高温处理后，与纤维素分子上的羟基或蛋白质上的氨基发生化学键合，另一部分则变成具有高疏水性的双硬脂酰胺甲烷，包覆在纤维表面，使织物具有耐久的柔软拒水性能，故既是一种耐久透气性防水剂，又是一种耐久性的柔软剂。

4. 两性离子型柔软剂　两性离子型柔软剂是为改进阳离子型柔软剂的缺点而发展起来的，其对合成纤维的亲和力强，没有泛黄和使染料色变或抑制荧光增白剂效果等弊病。同时具有很好的抗静电性能和亲水性能，所以对人的皮肤没有刺激性，在卫生整理方面有较多应用。两性离子型表面活性剂易于生物降解，符合生物降解率大于 80%，甚至大于 90% 的要求。但其柔软效果不如阳离子型柔软剂的好，故常与阳离子型柔软剂合用。这类柔软剂一般是烷基胺内酯型结构，包括氨基酸型、甜菜碱型及咪唑啉型。

（1）氨基酸型：

$$C_{18}H_{37}OCH_2-\underset{\substack{| \\ CH_3}}{\overset{\substack{CH_3 \\ |}}{N^+}}-CH_2COO^-$$

（2）甜菜碱型：

$$C_{16}H_{33}\underset{\substack{| \\ (CH_3)_3N^+}}{CH}-\underset{\substack{\| \\ O}}{C}-O^-$$

（3）咪唑啉型：

$$C_{17}H_{35}-C \underset{\substack{\\ N^+}}{\overset{\substack{N}}{\Vert}} \begin{matrix} CH_2 \\ | \\ CH_2 \\ \quad\quad CH_2CH_2NH_2 \\ \quad\quad CH_2COO^- \end{matrix}$$

（二）高分子聚合物乳液类柔软剂

此类柔软剂主要有两大类，分别是聚乙烯和有机硅等高分子聚合物制成的乳液，用于织物整理不仅有很好的柔软效果，而且还有一定的防皱和防水性能。在织物进行树脂整理时，使用这类柔软剂既可改善织物的手感，又可防止或减轻树脂整理引起的纤维强度和耐磨性降低等弊病。

1. 聚乙烯乳液（简称 PE 乳液） 聚乙烯乳液柔软剂是以聚乙烯树脂为原料，在氢氧化钾介质中和乳化剂作用下，经高速搅拌而制成的稳定乳液。如果先将聚乙烯树脂氧化处理，使分子中具有部分羧基，能改善其水溶性和提高平滑性。

使用不同类型的乳化剂，在高温强力搅拌下，可以将相对分子质量为 1000～2000 的氧化聚乙烯制成所需浓度的乳液。阴离子型乳化剂容易乳化，但稳定性不够好；阳离子型乳化剂平滑效果好，但耐热性较差；非离子型乳化剂的乳化比较困难，但产品的稳定性好，且受热泛黄也较小。这些乳液对织物有亲和力，是一类较好的柔软剂。

PE 乳液可以与树脂同浴整理，在纤维表面形成一层柔韧的拒水薄膜，织物经树脂整理后，能够改善其手感，提高柔软平滑性和撕破强力，并有耐久性。而且能耐高温，不易泛黄，所以对织物的白度、色泽鲜艳度和色光影响很小，也可与增白剂同浴，而不影响织物的增白效果。国内外这类产品很多，被广泛用于棉及棉型织物以及麻、黏胶纤维等织物的柔软整理。

2. 有机硅类柔软剂 有机硅是一类特殊的高分子柔软剂，它能赋予织物优良的平滑而柔软的手感和拒水性能，是纺织染整加工中应用最广泛的一类柔软剂。有机硅柔软剂的主要成分是硅氧烷基聚合物及其衍生物，亦称硅醚或硅酮。由于其纯态多为不溶于水的油状液体，故又称硅油。其产品开发历经三个过程：第一代产品以二甲基聚硅氧烷为代表，用作柔软剂的硅油主要由二甲基二氯硅烷水解缩合而成；第二代产品是聚甲基氢基硅氧烷和聚二甲基羟基硅氧烷；第三代产品为改性聚硅氧烷或称改性有机硅。使用有机硅柔软剂时需要用乳化剂乳化，配置成乳液使用。

在聚二甲基硅氧烷及其衍生物中，Si—O 键和 Si—C 键的键长较长，使得相邻硅原子上甲基之间的空间位阻减小，因此，Si—O 键和 Si—C 键的旋转非常自由（只有很低的能量阻碍）（图 9-5），从而导致甲基能有效地屏蔽 Si—O 分子骨架的极性，因而使分子间引力降低。所以，有机硅柔软剂具有以下的性能特点：较低的结晶熔点，低的玻璃化转变温度，低黏度，黏度系数小（黏度随温度变化小），低表面张力（疏水性能），纤维有效的润滑性（低表面摩擦）。

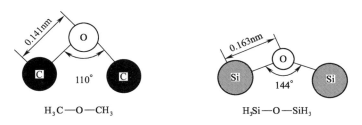

图 9-5　Si—O 键与 C—O 键的比较

旋转能阻：Si—O：1.34kJ/mol；C—O：4.44kJ/mol；C—C：11.46kJ/mol

下面对一些常用有机硅柔软剂的分子结构和应用性能进行介绍。

（1）甲基有机硅类：

①聚二甲基硅氧烷，简称甲基硅油：

$$CH_3-\underset{\underset{CH_3}{|}}{\overset{\overset{CH_3}{|}}{Si}}-O-\left[\underset{\underset{CH_3}{|}}{\overset{\overset{CH_3}{|}}{Si}}-O\right]_n\underset{\underset{CH_3}{|}}{\overset{\overset{CH_3}{|}}{Si}}-CH_3$$

甲基硅油是有机硅首次被作为纺织品的柔软整理而使用的助剂。由于其可赋予纺织品平滑的表面、新颖的手感和弹性，很快就流行开来。

甲基硅油现在仍被作为缝纫线润滑剂使用改善缝纫性；也可用于改善织物手感及改善涂料印花产品的摩擦牢度。由于其侧链及端基是甲基，本身不能交联，只能在高温（250～300℃）下通过甲基氧化才能交联，因此其牢度不理想。甲基硅油与聚甲基氢基硅氧烷乳液复配应用时，对整理后织物的手感和弹性有较明显的改善。

②聚甲基氢基硅氧烷，简称含氢硅油：

$$CH_3-\underset{\underset{CH_3}{|}}{\overset{\overset{CH_3}{|}}{Si}}-O-\left[\underset{\underset{H}{|}}{\overset{\overset{CH_3}{|}}{Si}}-O\right]_n\underset{\underset{CH_3}{|}}{\overset{\overset{CH_3}{|}}{Si}}-CH_3$$

聚甲基氢基硅氧烷能在催化剂（锌、钛等金属盐）和高温焙烘（150～160℃）作用下，Si—H键经空气氧化或水解成羟基，并缩合、交联固化成具有一定强度和弹性的网状薄膜，包覆在纤维外。一般认为，聚甲基氢基硅氧烷通过键合，使Si—O键指向布基，增加了有机硅膜与布基的固着，而甲基疏水基朝外呈定向排列，故提高了织物的柔软性和防水性（参见第十二章拒水拒油整理的相关内容）。

③聚二甲基羟基硅氧烷，简称羟基硅油：

$$HO-\underset{\underset{CH_3}{|}}{\overset{\overset{CH_3}{|}}{Si}}-O-\left[\underset{\underset{CH_3}{|}}{\overset{\overset{CH_3}{|}}{Si}}-O\right]_n\underset{\underset{CH_3}{|}}{\overset{\overset{CH_3}{|}}{Si}}-OH$$

其结构特点是在聚二甲基硅氧烷的两端由羟基封端，若单独应用，在纤维表面不成膜，一般与聚甲基氢基硅氧烷合用。在催化剂和高温焙烘作用下，聚甲基氢基硅氧烷的Si—H键水解，自身缩合，或与聚二甲基羟基硅氧烷的羟基缩合，使其交联成膜，增加了它的弹性，并有一定的耐洗效果，所以是最广泛应用的有机硅类柔软剂。

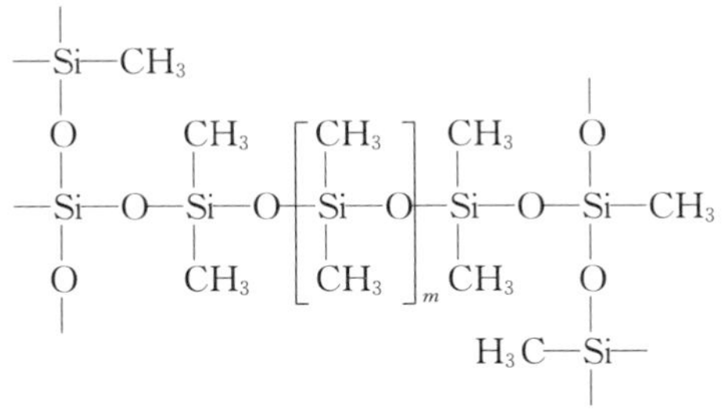

羟基硅油的交联成膜

聚二甲基羟基硅氧烷可用作树脂整理的柔软组分,有助于提高织物的干、湿回弹性以及洗可穿性能,改善织物强力,且耐洗性良好。

(2)改性有机硅:

①氨基硅油:氨基硅油(带有氨基官能团的有机硅氧烷)是目前占领有机硅柔软剂市场的一大类品种。在聚硅氧烷分子中引入氨基,使有机硅柔软剂的性能得到很大的改善,经其整理后的织物可获得优异的柔软性和回弹性,织物手感软而丰满,滑而细腻。例如应用于毛织物或化纤仿毛织物上,能产生优良的手感(常被称为"极柔软"或"超级柔软"),而且整理效果的耐洗性好。同时其乳液稳定性比羟基硅油等的稳定性大大提高,能够制备有机硅微乳液产品。但由于氨基存在,有热变泛黄现象,对于漂白或浅色织物应慎用。

在市场上使用的专利有机硅产品品种很多,而作为柔软剂的氨基硅油典型的品种是氨乙基氨丙基(Ⅰ)和氨丙基(Ⅱ)硅氧烷,分子式如下。环己胺硅氧烷(Ⅲ)的白度比前两者都高,属于低黄变产品,而氨乙基氨丙基和氨丙基硅氧烷的柔软性更好。

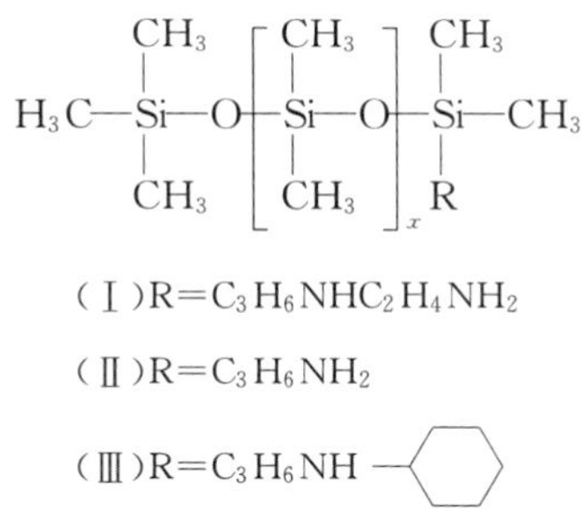

(Ⅰ)$R = C_3H_6NHC_2H_4NH_2$

(Ⅱ)$R = C_3H_6NH_2$

(Ⅲ)$R = C_3H_6NH —\bigcirc$

②环氧改性硅油:

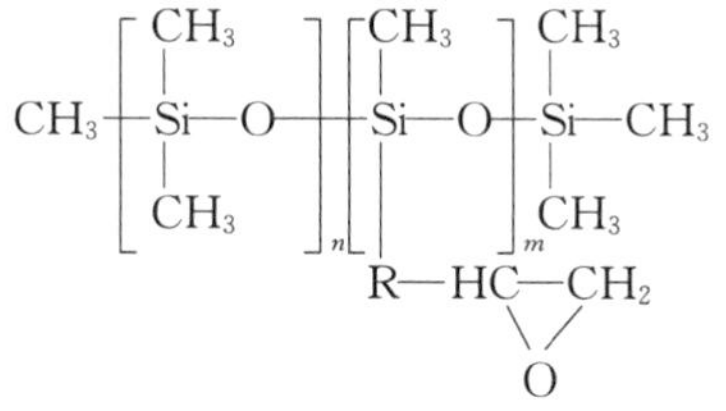

此类产品为乳液,加工后织物有耐久的柔软作用,能提高回弹性,若与其他硅或非硅亲水性柔软剂拼用,在合适的工艺条件下,可提高织物的亲水性。

③醚基改性硅油:

$$CH_3-\underset{\underset{CH_3}{|}}{\overset{\overset{CH_3}{|}}{Si}}-O-\left[\underset{\underset{R-(OCH_2CH_2)_p-OR'}{}}{\overset{\overset{CH_3}{|}}{Si}}-O\right]_m$$

聚合物中因导入醇基或聚醚,使产品能直接溶于水或能自身乳化,又由于它们的亲水性,故能提高加工织物的吸湿、抗静电和防沾污等性能。

④环氧和聚醚改性硅油:

$$CH_3-\underset{\underset{CH_3}{|}}{\overset{\overset{CH_3}{|}}{Si}}-O-\left[\underset{\underset{R-HC-CH_2}{\underset{\diagdown O\diagup}{}}}{\overset{\overset{CH_3}{|}}{Si}}-O\right]_m\left[\underset{\underset{R'-(OCH_2CH_2)_x-OR''}{}}{\overset{\overset{CH_3}{|}}{Si}}-O\right]_n$$

聚合物中有两种反应性基团,能自身乳化,除具有耐洗性、柔软作用外,还具有抗静电、防污等性能。可用于棉、黏胶纤维和涤纶等织物的柔软整理,整理后其物理性能如撕破强力、折皱回复性能都有一定程度的改善。

⑤羧基改性硅油:

$$CH_3-\underset{\underset{CH_3}{|}}{\overset{\overset{CH_3}{|}}{Si}}-O-\left[\underset{\underset{CH_2-COOH}{}}{\overset{\overset{CH_3}{|}}{Si}}-O\right]_n\underset{\underset{CH_3}{|}}{\overset{\overset{CH_3}{|}}{Si}}-CH_3$$

这类有机硅柔软剂适于羊毛和锦纶织物的柔软整理,对于干洗(溶剂)具有良好的牢度。R—COOH基团可赋予织物丝般的感觉,疏水性织物如雨衣等,可采用此种柔软剂。

(三)柔软剂的柔软原理

1. 柔软性与摩擦系数的关系　纺织品的表面润滑程度可以用试验测得的摩擦系数 μ 来衡量,摩擦系数 μ 有静摩擦系数 μ_s 和动摩擦系数 μ_d 两种,织物的柔软性与摩擦系数的关系很大。静摩擦系数低,纤维之间的开始滑动容易,意味着纤维或织物握在手中时,用很小的力就能使纤维之间开始滑动;而动摩擦系数越小,则表示对维持纤维或织物滑动所需的力越小,以致获得柔软和平滑的手感。

在柔软整理中要求静、动摩擦系数都降低,但柔软性的改善与降低静摩擦系数的关系更大。平滑并不等于柔软,平滑作用主要是指降低纤维之间的动摩擦系数,而柔软作用则是指在降低纤维之间的动、静摩擦系数的同时,更多地降低静摩擦系数。

静、动摩擦系数的差值($\mu = \mu_s - \mu_d$)可用于评价柔软整理的效果,但摩擦系数测定条件的影响较大,误差亦大,其测试值只能用作相对比较。

2. 柔软剂在纤维表面的吸附　表(9-1)为各种纤维在水中的带电情况,柔软剂在带有不同电荷纤维上的吸附性能和取向不同,从而会导致柔软剂在各种纤维上的处理效果不同。柔软剂分子通过电荷和疏水作用吸附在纤维上,可以用静电模型和疏水作用模型来解释其与纤维的作用。

表 9 - 1　纤维在水中的带电状况

纤　　　维	电 荷 性	纤　　　维	电 荷 性
棉	负　电	聚酰胺纤维(酸性)	弱正电
羊毛(中性)	弱负电	聚丙烯腈纤维	负　电
羊毛(酸性)	弱正电	聚酯纤维	弱负电
聚酰胺纤维(中性)	弱负电	聚丙烯纤维	不带电

　　以阳离子型柔软剂中的二牛油基二甲基氯化铵(DTDMAC)为例,DTDMAC 分子正电荷与水中棉纤维上的负电荷发生库仑力的吸引而吸附到纤维表面,其分子中的脂肪链向外指向纤维表面而伸向溶液中。图 9 - 6(a)显示了二牛油基二甲基氯化铵的静电吸附模型。

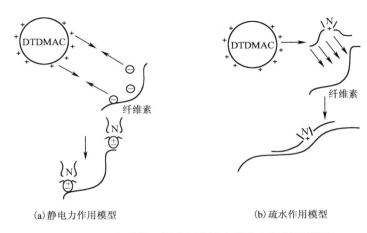

(a)静电力作用模型　　　　　　　　　　　　(b)疏水作用模型

图 9 - 6　二牛油基二甲基氯化铵在棉布上的沉积模型

　　但这个模型不能解释不带电荷的纤维织物以及非离子型柔软剂的吸附情况。因此,假设阳离子型柔软剂(如 DTDMAC)沉积到纤维素纤维表面的驱动力还来自水对疏水组分的排斥力。由于阳离子型柔软剂分子对水的弱亲和力,导致其离开水而沉积到纤维表面。一旦 DTDMAC 沉积到纤维上,就会与棉纤维发生范德瓦尔斯力结合,如果棉纤维带有负电荷,则也可以库仑力结合。对于不带电荷的纤维织物以及非离子型柔软剂,则主要以疏水作用吸附上纤维。图 9 - 6 中的(b)显示了这种疏水作用模型,从图中可见,阳离子型柔软剂的疏水长链在纤维表面吸附而形成了润滑层,从而会降低摩擦系数并取得柔软和平滑的触感。

　　3. 有机硅柔软剂在纤维表面的分布　一般认为,甲基有机硅类(甲基、含氢和羟基硅油)柔软剂之所以具有优良的柔软和平滑的整理效果,是由于其结构中的疏水基——甲基定向排列的缘故。另外,聚甲基硅氧烷分子呈螺旋形或线圈形结构,氧原子吸附在纤维表面,疏水基——甲基则远离纤维表面排列,Si—O 键的键角在外力作用下可以改变,外力消除后又复原,因此链可以收缩,赋予纤维弹性。

　　20 世纪 90 年代以后,氨基有机硅以其更为优异的柔软性能,成为最受市场欢迎的一大类改性有机硅品种。许多研究表明,氨基有机硅的优异特性与其在纤维表面和纤维内的排列和分布有关。Habereder 和 Bereck 在大量研究的基础上,提出了如图9-7和图9-8所示的有机硅柔软剂在亲水和疏水纤维基质表面的作用模式。

与氨基有机硅相比,聚二甲基硅氧烷柔软性能较差,其主要原因是其与纤维间的相互作用很差,从而引起纤维表面的不均匀分布。如图9-7(a)所示,聚二甲基硅氧烷分子—纤维间的作用较弱,没有均匀覆盖于纤维上(柔软剂分子在纤维表面形成致密的团状卷绕);纤维的亲水性、润滑性和柔软性较差,手感较粗糙。

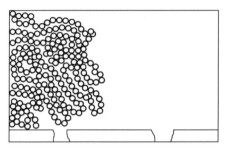 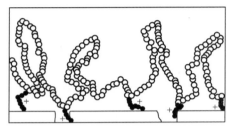

(a)聚二甲基硅氧烷在棉纤维表面的分布　　　　(b)氨基有机硅在棉纤维表面的分布
　　　　　　　　　　　　　　　　　　　　　　　(当有机硅分子中氨基含量最佳时)

图9-7　有机硅柔软剂在棉(亲水性纤维)上的作用形式

●●●●●⁺　氨乙基氨丙基基团(部分质子化)　　　○○○○○　二甲基硅氧烷基团

氨基有机硅的柔软效果优于其他有机硅的主要原因,是因为氨基(尤其是氨乙基氨丙基有机硅的伯氨基)易于质子化而产生电荷,因此,可以与纤维素或其他合适的基质表面(如棉、羊毛或头发)发生相互作用而结合,由于与纤维间强烈的静电相互作用和氢键的形成(特别是与纤维素纤维),使其有更好的定向性和在纤维上有更好的分布,均匀覆盖于纤维表面,达到了最优化的润滑、柔软效应,如图9-7(b)所示。

研究表明,氨基有机硅在棉纤维表面分布均匀,并有向纤维内部渗透的现象,而在涤纶表面分布不均,且无渗透的迹象。但如果有机硅中氨基含量设计合理,依靠其部分质子化氨基基团的相斥作用而形成疏松的结构,从而造成聚合物链有柔曲状特点,使得氨基有机硅与疏水性纤维相互作用后,有可能均匀覆盖在纤维上,达到手感柔软的效果,如图9-8所示。

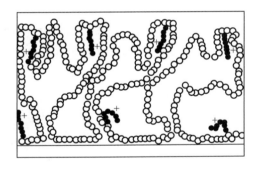

图9-8　氨基有机硅在涤纶上的作用形式
(疏水性纤维)

(四)柔软整理工艺

1. 浸轧法　浸轧法用于织物的柔软整理,一般结合热风定幅同时进行,可用于大批量连续化生产。先将柔软剂配制成一定浓度的溶液(1%～3%),放在热风定幅机的浸轧槽中,织物经过浸轧进行热风干燥和定幅,柔软整理与定幅整理同时完成。

柔软整理也常与增白同时进行,需增白的棉织物可在柔软剂整理液中加入荧光增白剂

VBL,加入量为 1～3g/L,并加入适量的涂料着色剂。大多数阳离子类柔软剂会使白色织物发黄及影响一些染料的色泽和日晒牢度,应注意选择使用。

对涤纶织物增白时,常用噁唑环类的荧光增白剂如增白剂 DT,需要焙烘处理。可以在热风定幅机前安装一套浸轧、(红外线预烘)、烘筒烘燥的设备单元(图 9-1),先将柔软整理剂和增白剂 DT 配制成整理液,放在浸轧槽中,织物经过浸轧整理液并烘燥后,再进入热风定幅机进行定幅和焙烘整理(160～180℃,30～50s)。

2.浸渍法 这种方法属批量性间歇式的生产方式,适用于纱线、成衣和针织品等的柔软整理,也可用于散纤维加工。

浸渍法一般在绳状水洗机、液流染色机或转鼓式水洗机内进行,浴比(10:1)～(20:1),柔软剂用量 0.5%～1.5%,温度 20～60℃,处理时间 10～20min,脱液后用松式热风烘干即可。

(五)手感的测试与评定

目前对于织物手感的评定,通常是用主观和客观两种方法来进行。主观方法是用手触摸,即一般由几个熟练的操作者根据未处理试样和整理织物的实际手触感觉之间的差别,对织物的柔软性、滑爽感和丰满度等进行比较和评定。但此法对纺织品的柔软性评估在很大程度上取决于人的主观判断,对柔软性评价的可比性较差。

除了主观评定以外,还可以通过物理测试的方法,如测试织物的拉伸性、弯曲性、剪切性、压缩性和表面性能等,对织物的手感风格进行客观评定。

常用的客观评定方法有 KES 系统(或称为 Kawabata 体系,由张力和剪切试验仪、弯曲试验仪、压缩试验仪、表面摩擦和粗糙度试验仪组成)、FAST 系统(由表面厚度仪、弯曲试验仪、延伸仪和形态稳定测试仪组成)。简单评估织物柔软性的方法有织物硬挺度实验仪(斜面悬臂法)和YG811 型织物悬垂仪;圆环法是连续测试一块织物从一个光滑圆环中拉过所需的力,也是一种简便的测试法。其中 KES 系统可以测试出 16 个物理参数,因此,可以获得有关织物手感特性的详细信息。由澳大利亚 CSIRO 科学家开发的 FAST 测试体系,主要评价有关羊毛织物的手感数据,并能对织物的纺织染整加工对手感和成衣裁剪性能的影响进行预测。

二、硬挺整理

硬挺整理就是通常所说的上浆整理,是利用能成膜的高分子物质黏附在织物表面,干燥后织物就有硬挺和光滑的手感。早期的织物上浆整理主要使用淀粉和变性淀粉以及填充剂如陶土、滑石粉等,对疏松结构织物进行填充和封闭,增进织物的硬挺度,但没有耐洗性。为了获得耐洗的效果,发展了较多改性天然浆料、合成浆料和合成树脂的硬挺整理工艺。

(一)浆料

1.天然浆料和改性天然浆料

(1)淀粉:可供织物硬挺整理用的淀粉有以下几种:小麦淀粉、玉蜀黍淀粉、玉米淀粉、马铃薯淀粉等。其中小麦淀粉糊化温度高,浆液稳定性与填充剂的黏附力均好,整理后织物具有光滑厚实的手感,多用于织物的单面上浆,适用于白色织物,但处理有色织物时,容易产生色泽暗淡的缺点。

(2)海藻酸钠:海藻酸钠具有良好的成膜性和黏着性,赋予织物滑爽硬挺的手感,其不足是热天易腐败且黏度下降。并应注意电荷性,不能与阳荷性物质同用,且其不耐硬水及重金属盐,有必要加入适量软水剂。

(3)植物胶和动物胶:植物胶包括阿拉伯树胶、天然龙胶和瓜尔豆胶等。其中阿拉伯树胶是多糖酸钾、多糖酸钙或其他盐类的混合物,易溶于水,有极高的黏性,可用以整理真丝织物或黏胶纤维织物,能给予织物身骨,且不影响其透明度,但成本较高。明胶、牛皮胶和骨胶等都属于动物胶,其优点是具有良好的渗透性及黏性,赋予织物坚挺且富有弹性的手感,缺点是耐久性能较差。一般用于地毯背面、羊毛和黏胶纤维织物的上浆整理。

(4)羧甲基纤维素(CMC):属于含羧基的纤维素醚类,通常制成羧甲基纤维素的钠盐。具有良好的水溶性,溶于水成为透明的黏液,具有良好的胶黏性、乳化性、扩散性,并能形成较坚韧的浆膜。其优点是调浆简便,不用蒸汽,浆液不易结块、结皮,放置时间长也不易变质。缺点是浆液遇重金属盐会沉淀,遇有机酸或无机酸(pH<5)时,也有沉淀现象。

2. 合成浆料 合成浆料因具有水稳定性、耐洗性、防霉性和不腐败性等优点,应用广泛,但存在生物可降解性差的问题。

(1)聚乙烯醇(PVA):用作硬挺整理的PVA可以根据织物的纤维特性来选用,纤维素纤维用全醇解和中聚合度的聚乙烯醇较为合适;部分醇解的聚乙烯醇对疏水性纤维(如涤纶、锦纶等)有很高的黏附力,但易溶于水,较易去除。PVA是很难生物降解的高聚物。

(2)聚丙烯酰胺:聚丙烯酰胺对于腈纶和纤维素纤维具有良好的黏着性,不仅能用作上浆剂,还可作为织物整理剂。

3. 合成树脂 合成树脂可作为织物整理的耐久性浆料。聚氨酯树脂相对分子质量大,不易渗入纤维内部,多黏附于纤维表面,经热处理后,进一步缩聚成不溶性物质,使织物具有耐水洗的硬挺效果。聚丙烯酸酯树脂中所含单体不同,形成聚合物的软硬度不同。应用时可根据不同需要而将软、硬不同的聚合物制成乳液,用以浸轧织物,热处理时,聚合物微粒发生熔融作用,形成连续性皮膜,黏附于纤维上,从而使织物产生硬挺整理效果,硬挺程度将随所用的聚合物性质而有一定的差异。

(二)硬挺整理的工艺及设备

由于各种织物对硬挺整理的要求不同,上浆机的组成也不同。上浆机有浸轧上浆机和单面上浆机等形式。

浸轧上浆机有两辊或三辊两种,轧液辊由软、硬辊组成,软辊由橡胶制成,硬辊由金属或胶木制成。两辊浸轧上浆机一般由一软辊和一硬辊相配合,上软下硬。三辊浸轧上浆机的中间为硬辊,上下均为软辊。运转时穿布的方法可根据要求而定,图9-9是三辊浸轧机轧浆穿布形式示意图。

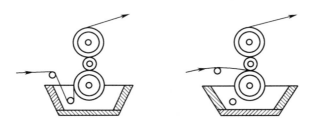

图9-9 轧浆穿布形式示意图

单面上浆机如图9-10所示。单面上浆的目的是使织物有较大的增重,织物上带的浆料较多。单面上浆分轻浆和重浆,轻浆上浆时,织物不浸入浆槽,而是正面与给浆辊接触,由给浆辊将浆传递至织物背面,并经刮刀刮浆,调节刮刀的角度和高低可以控制织物的上浆量。重浆上浆时,织物正面紧包在给浆辊上,并由给浆辊浸入浆液,但织物正面几乎无浆,出槽后再经刮刀刮浆。单面浆要求只在织物反面有浆料,不得渗透到正面,故所用浆的稠度较高,加入的填充剂也较多。上浆后干燥时,先让织物正面(无浆的一面)与热烘缸接触,待接近干燥,才能使织物反面(有浆的一面)与热烘缸接触烘干。

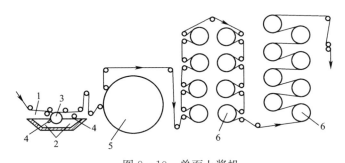

图9-10 单面上浆机

1—浆液加入处 2—隔板 3—上浆辊 4—刮刀

5—大烘筒(由 $\phi2500\sim3000mm$) 6—烘筒($\phi570mm$)

第四节 增 白

一、增白的目的、方法和原理

织物漂白后的白度有了很大的提高,但还会带有一些浅黄褐色。这是因为织物吸收太阳光中的蓝光,使反射光中的黄光偏重所致。为了进一步提高漂白织物的白度,可以采用上蓝和荧光增白两种方法。

施加蓝色物质如蓝、紫色染料或涂料,可以纠正织物上的黄色,使视觉上有较白的感觉,这种方法称为上蓝。上蓝是通过吸收太阳光谱中的黄光,使织物上呈现较多的蓝色光,而反射中蓝光较多,会造成人的视觉错误,使织物看上去显得白一些。虽然上蓝提高了织物的白度,但实际上织物上的反射光总量减少(图9-11),亮度(彩度)反而下降,灰度增加,织物略带呆板的灰暗感,因此增白效果不理想。另外,此方法也不耐洗。

荧光增白剂能将太阳光谱中不可见的紫外线部分,转变成蓝紫色的可见荧光,与织物

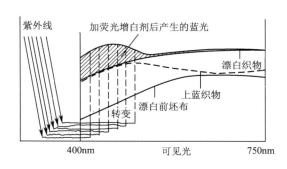

图9-11 坯布、漂白布、漂白/上蓝布、漂白/荧光增白后织物的光谱反射曲线示意图

上反射出的偏重的黄光混合为白光。因此,使用荧光增白剂进行增白处理时,织物不仅白度增加,而且增加了反射率(图 9-11),使得织物的亮度提高,比一般漂白织物更加悦目,对浅色织物有增艳作用。

荧光增白剂实际上是一种无色的染料,其分子结构中含有共轭双键和良好的共平面性。图 9-11 是在日光照射下,坯布、漂白布、漂白/上蓝布、漂白/荧光增白后织物的光谱反射曲线示意图。在日光照射下,荧光增白剂吸收日光中的紫外线(波长在 300~400nm),使分子激发,再回到基态时,紫外线能量便消失一部分,转化成能量较低的可见光反射出来。其反射光为波长420~500nm 部分的蓝紫光,抵消了织物上因反射光中黄光过多而造成的黄色感,使织物上的反射光总量和织物的彩度增加,产生洁白、耀眼的效果。这种方法有一定的耐洗牢度。荧光增白剂对屏蔽紫外线辐射也有一定作用。

二、荧光增白剂增白

荧光增白剂品种很多,全世界生产的荧光增白剂有 15 种以上的结构类型,其商品已超过1000 多种,年产量在 10 万吨以上,其中用于纺织印染的占 25%~35%。荧光增白剂的使用已有 70 多年的历史,其发展十分迅速,早期合成的一些产品和结构已被淘汰。

三嗪氨基二苯乙烯类的荧光增白剂广泛应用于棉、黏胶纤维、麻、聚酰胺纤维、羊毛和蚕丝的增白处理,是纺织印染行业中最重要的荧光增白剂之一,历史悠久而经久不衰,例如棉布常用的荧光增白剂 VBL 就是其中的一个品种:

[X =—OH,—N(CH₂CH₂OH)₂ 或—NHCH₂CH₂OH 等]

荧光增白剂 VBL 对纤维的亲和力高,耐光牢度较好,但耐氯牢度较差。浸轧时 pH 值以 8~9 为宜,最高用量为布重的 0.6%。

噁唑环类的荧光增白剂像分散染料一样,可用于涤纶、锦纶等纤维织物中,有良好的耐热、耐光和耐氯漂性能。其产品结构如下:

[R =—CH₃ (增白剂 DT)或—COOCH₃ (增白剂 Thostalux SE)等]

这些产品不溶于水,商品被制成乳液的形式,可与水以任意比例混合,一般在中性或微酸性浴中使用,用量为 15~25g/L。织物浸轧增白剂烘干后,还需要进行焙烘(140℃、2min 或 160℃、1min),才能使增白剂固着在涤纶织物上。所以可以将增白固色与热定形同时进行,以节约能源。对涤/棉织物来说,可以将对涤纶的增白安排在复漂或印花以后进行。

👈 复习指导

1. 内容概览

本章主要介绍织物在染整生产中的常规物理—机械整理和化学整理的加工目的和原理,以及所使用设备和化学助剂的性能、结构和加工原理。物理—机械整理包括定(拉)幅、轧光、电光、剪毛、起毛和磨毛、机械柔软整理。常规化学整理包括手感整理(柔软和硬挺整理)和增白。

2. 学习要求

(1)重点掌握定(拉)幅、轧光、电光的目的、设备、加工原理及工艺。

(2)重点掌握柔软剂和硬挺剂分类、分子结构特征和加工原理。

👈 思考题

1. 何谓织物的一般整理,包括哪些加工工序和方法?

2. 定幅整理的目的是什么? 简述其加工设备和原理,并分述棉布、羊毛织物和涤棉混纺织物定幅整理的工艺参数和流程。

3. 何谓轧光、电光和轧纹整理?

4. 物理和化学柔软整理的方法有哪些? 比较这些方法的优缺点。

5. 试从有机硅的分子结构特点,分析有机硅柔软剂具有优良柔软性能的原因。

6. 阐述柔软剂整理能产生柔软效果的原理。

7. 氨基有机硅整理的织物为什么有泛黄现象? 如何防止或降低泛黄?

8. 硬挺整理常用的整理剂和设备有哪些? 分述它们的特点。

9. 客观测试纺织品手感的方法有哪些? 试以一种为例,简述其测试原理。

10. 阐述测试纺织品摩擦系数的方法和原理。

参考文献

[1]王菊生,孙铠. 染整工艺原理:第二册[M]. 北京:纺织工业出版社,1984.

[2]吴立. 染整工艺设备[M]. 2版. 北京:中国纺织出版社,2010.

[3]陶乃杰. 染整工程:第四册[M]. 北京:纺织工业出版社,1992.

[4]王府梅. 服装面料的性能设计[M]. 上海:中国纺织大学出版社,2000.

[5]P R Brady. Finishing and wool fabric properties,Chapter 2"The objective measurement of finished fabric"[J]. CSIRO,Australia,1997:44 − 56.

[6]阎克路,宋心远. 漂白牦牛绒针织物手感特性的研究[J]. 纺织学报,1997,18(4):41 − 43.

[7]Yan Kelu. Handle of bleached knitted fabric of fine yak hair[J]. Textile Res. J. ,2000,70(8):731 − 738.

[8]国家标准 ZBW 04003—1987 方法.

[9]杨旭红,王华杰. 大豆蛋白纤维织物风格的测试分析[J]. 棉纺织技术,2001,29(9):524 − 527.

[10]邢凤兰,徐群,贾丽华. 印染助剂[M]. 2版. 北京:化学工业出版社,2008.

[11]Bernd Wahle,Jürgen Falkowski. Softeners in textile processing. Part 1:An overview[J]. Rev. Prog. Color. ,2002,32:118 − 125.

[12]Peter Hebereder，Attila Bereck. Softeners in textile processing. Part 2：Silicone sofeners[J]. Rev. Prog. Color. ，2002，32：125－137.

[13]杨栋梁. 织物的柔软整理(四)[J]. 印染助剂，1999(4)：32－33.

[14]刘国良. 染整助剂应用测试[M]. 北京：中国纺织出版社，2005.

[15]赵陈超，章基凯. 有机硅乳液及其应用[M]. 北京：化学工业出版社，2008.

[16]陈溥，王志刚. 纺织染整助剂实用手册[M]. 北京：化学工业出版社，2003.

[17]A. K. Roy Choudhury. Principles of Textile Finishing[M]. Cambridge：Woodhead Publishing，2017.

[18]A K Samanta，G Basu，P Ghosh. Enzyme and silicone treatments on jute fibre[J]. Journal of the Textile Institute，2008，99(4)：295－306.

[19]Ines M Algaba，Montserrat Pepio，Ascension Riva. Modelization of the Influence of the Treatment with Two Optical Brighteners on the Ultraviolet Protection Factor of Cellulosic Fabrics[J]. Ind. Eng. Chem. Res. ，2007，46(9)：2677－2682.

[20]陈荣圻. 纺织纤维用荧光增白剂的现状与发展[J]. 印染助剂，2005，22(7)：1－11.

第十章　防缩整理

第一节　引　言

在洗涤等湿处理过程中,纺织品的纵向和横向尺寸发生变化而造成面积有较明显的收缩,这种现象称为缩水。通常用缩水率指标来衡量缩水程度的大小。机织物的缩水率是指经规定的标准方法洗涤和干燥后,洗涤前后经向(或纬向)长度的变化与洗涤前长度之比的百分率。分为经向缩水率和纬向缩水率。

$$经(纬)向缩水率=\frac{洗涤前经(纬)向长度-洗涤后经(纬)向长度}{洗涤前经(纬)向长度}\times100\%$$

纺织品在服用过程中,湿处理是反复多次的,第一次湿处理的缩水率最大(称为初次收缩率),以后再经多次洗涤时,还会有较少的尺寸变化(称为后续收缩率)。缩水导致了纺织品如服装等的变形和走样,严重影响了服用质量。长久以来,人们一直在研究纺织品缩水的原因和防缩水的方法。

纤维吸湿溶胀时表现出的各向异性现象会导致织物中的纱线屈曲波增高、织物密度增加,出现"织缩"增大现象,相应地织物发生收缩。纤维的吸水性越强,这一现象就越严重。另外,吸湿引起纤维应力松弛而造成的收缩,对织物的缩水也有贡献。由于受纤维间摩擦阻力、纱线间交织阻力的影响,织物的缩水具有不可逆性。

不同纤维制成的织物,或同种纤维但结构不同的织物,其收缩情况亦不相同。在生活实践中可以发现,纤维素纤维如棉和麻的织物,湿处理时其初次缩水率较大,但后续缩水率较小;蚕丝织物也有类似的情况;而黏胶纤维织物的后续收缩比棉织物的大。羊毛等动物纤维织物的初次收缩和后续收缩都较大,这是因为羊毛织物除存在缩水现象外,还存在"毡缩"问题,这属于另一类情况,不在本章讨论范围,可参阅第八章的相关内容。合成纤维的吸湿性较低,合成纤维织物或与纤维素纤维混纺织物经过热定形后,能够经受一般的家庭洗涤条件而不发生缩水,尺寸稳定性好,可不进行防缩水的整理。

湿条件是织物服用过程中最普遍的应用环境,缩水又是最为直观的质量问题,因此,防缩水整理(简称防缩整理)是纺织品染整加工中的重要工序。本章主要讨论棉及棉型机织物的防缩整理。

第二节　织物缩水机理

织物尺寸收缩的原因主要来自内应力和吸湿溶胀而产生的不可逆收缩。内应力和吸湿溶胀两种因素在纤维、纱线和织物三个不同的层次有各自不同的贡献。不同层次的同一因素不仅相互关联,而且又都以纤维的溶胀和应力松弛为基础,即纤维的溶胀和应力松弛导致了纱线的润胀,而纱线的润胀又直接引发织物织缩的变化。

　　纤维润湿时,主要表现为纤维的溶胀和应力松弛。在润湿的条件下,水分子进入纤维内部,对于纤维大分子的轴向主链结构并没有多大的影响,因此在纤维的主轴方向并无多大改变,但在纤维的横向,由于水分子的进入,使纤维大分子链段间的氢键部分被拆散,促使纤维大分子链段横向距离扩大,造成纤维横截面(直径)增大。即在吸湿溶胀过程中直径的增加幅度远大于长度方向的增加幅度。这就是纤维(尤其是亲水性纤维)溶胀的异向性。表 10 - 1 列出了几种纤维吸湿后直径和长度方向的变化情况。显然,当纤维的吸湿性能好、形态结构又无典型"皮—芯"组织时,将具有强烈的异向溶胀现象。

表 10 - 1　几种纤维润湿后直径与长度的变化

纤　维	长度增加/%	直径增加/%	纤　维	长度增加/%	直径增加/%
锦纶	1.2	5.0	天然丝	1.7	28.7
棉	1.2	14.0	黏胶纤维	2.5	26.0
羊毛	1.2	16.0	—	—	—

　　另外,在纤维的纺丝成型、纺纱、织造和染整加工过程中,纤维受到外力拉伸,形成高度取向的分子构象,在纤维内产生内应力,而烘燥作用使得该伸长状态和应力被固定,使纤维处于一种"干燥定形"形变的状态。从热力学角度上说,这种取向状态为热力学不稳定状态。当水润湿受过外力拉伸和干燥的织物时,水分子削弱了纤维大分子链段间的作用力,降低了大分子链段的回缩位垒,在内应力的驱动下,纤维发生收缩。显然,纤维内大分子链段的取向越好,其回缩趋势就越强烈。

　　纱线润湿时,主要表现为纱线的溶胀和长度的收缩,同时也伴有应力松弛。纱线是由纤维通过加捻抱合而成的,如图 10 - 1 所示,L_R 为纤维绕纱轴行程、L_A 为纤维沿纱轴行程。当纱线处于自由状态时,纤维吸湿导致纤维直径的增大,纤维必然要调整其在纱线中的位置和姿态来适应变化。但是纤维之间的加捻抱合作用力导致纤维被约束在纱线中,不可能通过解捻或伸长纤维来调整其平衡,纤维在纱轴中的绕纱轴行程 L_R 无法改变,只能是沿纱轴行程的 L_A 改变,即沿纱轴行程由 L_A 缩短为 L_A',结果纱线长度缩短、捻度增加。宏观上表现为纱线的溶胀和收缩。

　　织物润湿时,主要表现为织缩的改变,同时也伴有应力松弛。所谓织缩是指纱线长度与该长度纱线所织成的织物长度的相对比值(图 10 - 2)。

$$织缩 = \frac{L_1 - L_2}{L_2} \times 100\%$$

式中:L_1 为纱线长度;L_2 为织成织物后长度。

　　纱线在构成织物组织时的屈曲起伏,是产生织缩的原因。纱线在织物中的屈曲越多、屈曲

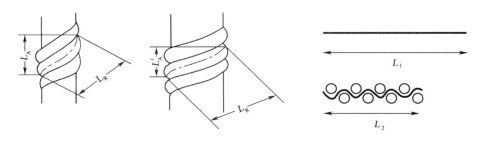

图 10-1 吸湿前后纱线的变化   图 10-2 织物的织缩示意图

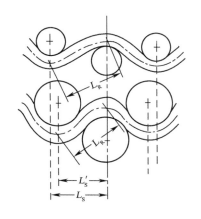

图 10-3 吸湿对织物织缩的影响

波越大,织物的织缩就越大。当自然松弛状态的织物被水润湿后,纱线的润胀和收缩改变了原有的平衡状态。从纱线的直径变化来看,如图 10-3 所示,由于一个方向(图中纱线截面方向,设为纬向)的纱线直径增大,迫使与之交织的另一方向(图中弯曲的纱线,设为经向)的纱线调整位置,在没有外力作用的情况下,经纱不可能自动增加长度,也不可能通过解捻来增加长度,同时经纬纱之间由于交织阻力,也不能有较大的滑移运动;要保持润湿后经纱绕纬纱的行程 L_R 不变,经纱只能以增大屈曲波来适应纬纱直径的变化,也即使织缩增加。如此,便使两纬纱间距离 L_S 减小为 L_S',纬纱更靠拢,间距缩小,宏观上导致了织物经向长度的缩短,这便是缩水。若再考虑经纱润湿后直径本身也增大的因素,则更加剧了织缩。

由以上分析可知,织物的缩水是由纤维、纱线、织物三部分变化共同构成的。系列的研究证实,织物的织缩是造成织物大幅度缩水的主要原因,而织缩变化的动力来源又是纤维的溶胀和应力松弛。

在完全理想的织物模型中,若不考虑内应力、纱线间的交织阻力,则由织缩增加而带来的缩水应具有"可逆性",即经缓慢自由干燥后,其形态将回复原状,正如完全自由的纤维在玻璃化温度之下的异向溶胀现象具有可逆性一样。但是,恰恰是织物中存在的纱线间的交织阻力、纤维间的摩擦阻力以及遍布于织物中的内应力都促使"织缩"增大过程具有不可逆性。

纤维材料的吸湿性越强,则织物吸湿后"织缩"增幅越大,而缩水现象也越严重。如黏胶纤维吸湿溶胀现象大于棉纤维,因此黏胶纤维织物的缩水率比棉织物大;涤/棉织物比纯棉织物缩水率低,是因为涤纶是疏水性纤维,溶胀少,引起的变化也小。

第三节 防缩整理方法

一、定形法

定形法是通过消除内应力或构造更大的形变回复位垒而稳定织物的形态,达到防缩的目的。同样,通过高聚物使纱线间粘连也能达到有效防缩目的,但这种途径对常规纺织品防缩并无意义。

棉及棉型织物的定形效果可通过"丝光"或"树脂整理"获得。丝光是通过改变纤维聚集态结构,调整织物内应力的分布,从而释放内应力,由此使织物获得稳定的尺寸。只是丝光后的织物需要尽量避免再经历过强的张力作用,否则会因新的内应力存在而导致织物尺寸稳定性降低。

树脂整理剂或交联剂与纤维反应后,会在纤维大分子链段间建立稳定的化学交联,增大了链段扩散运动位垒,原来因内应力造成的缩水得到明显降低,织物的尺寸稳定性获得提高。此外,更为重要的是,由于纤维内形成充分交联,部分—OH被封闭,降低了纤维素纤维的吸湿性,抑制了纤维的吸湿溶胀异向性,从而减少了因"织缩"带来的缩水现象。表 10-2 的测试结果足以证明防皱整理对降低缩水率的贡献。

表 10-2　防皱整理后织物缩水率的变化

织　　物	整理前织物 缩水率/%	整理剂 用量/%	整理后织物 缩水率/%	缩水率降低 幅度/%
薄棉织物	6.74	5.2	1.09	84
厚棉织物	5.58	4.8	1.17	79
黏胶短纤织物	12.1	6.1	2.90	76
黏胶长丝织物	11.4	5.9	4.30	62

定形法防缩整理对黏胶纤维织物更有意义。因为黏胶纤维与棉纤维不同,它的聚合度低、无定形区含量较高,易于溶胀和变形,树脂整理后不仅提高了纤维的弹性,而且各向异性的溶胀性能也被抑制,能有效改善因"织缩"带来的缩水(树脂整理的具体工艺参见第十一章)。

合成纤维织物、合成纤维混纺或交织织物可通过热定形获得防缩水效果(参见第五章)。

二、预缩法

预缩法是通过预缩工序为织物提供充分回缩的机会,恢复织物结构原有的平衡,从而减少织物在以后使用过程中的缩水。其方法主要包括:机械预缩法、松弛水洗法、冷凝法等,其中,机械预缩法最为常用。

(一)机械预缩法

机械预缩法是通过机械—物理作用,减小织物的内应力、增加织物的织缩,使织物具有更为松弛的结构,消除织物潜在收缩的趋向。经预缩后被强制屈曲回缩的织物,在润湿时,由于经纬纱间的接触压力减少而留有足够的吸湿变形空间,不会进一步引起屈曲波的增大,或减小屈曲波的增幅,从而达到降低"织缩增大"现象和减小缩水的目的。

常用设备有:橡胶毯预缩机、呢毯预缩机、超喂烘干机、超喂预缩机和振荡预缩机(汽蒸预缩机)等。在棉及棉型织物、蚕丝织物的预缩中常使用的是橡胶毯和呢毯预缩机,两者的工作原理相同,本章以橡胶毯预缩机工作原理为例分析预缩加工原理。

1.橡胶毯预缩工作原理　橡胶毯预缩设备的关键部件是具有弹性和一定厚度的橡胶毯。具有一定厚度的橡胶材料在弯曲变形时,弯曲内外两侧将出现外侧拉伸、内侧压缩的形变。如图 10 - 4 所示。

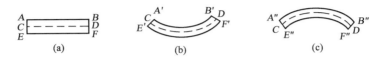

图 10 - 4　弹性材料受力弯曲形变示意图

如果使织物紧贴于弹性材料表面,则织物会随着橡胶毯的变形而被拉伸或被压缩。显然,当只选择被压缩的部分时,则实现了对织物的预缩作用。为促进织物的变形,通常需要有温度与湿度的配合。

常用的三辊橡胶毯预缩装置就是利用上述原理实现预缩的,其结构如图 10 - 5 所示。

若将含湿的棉织物紧贴在橡胶毯表面,则该织物将随着橡胶毯发生形变,随着弹性胶毯表面的压缩而被压缩,结果使织物纬纱密度增加、经向收缩,达到一定的预缩效果。图 10 - 6 所示为织物预缩整理时橡胶毯受力情况示意图。

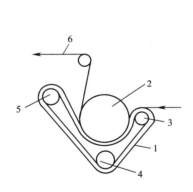

图 10 - 5　三辊橡胶毯预缩装置

1—橡胶毯　2—加热承压辊　3—进布加压辊

4—张力调节辊　5—出布辊　6—织物

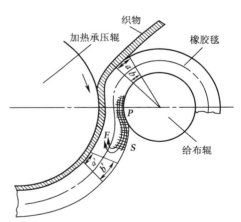

图 10 - 6　弹性橡胶毯拉伸、压缩原理

在进行机械预缩整理时,将织物紧贴在橡胶毯伸长部位 a 处,则织物将随橡胶毯的传动而进入给布辊和加热承压辊相接触处,橡胶毯由伸长状态变换到压缩状态,即 $a'<a$,织物随之被压缩达到预缩目的。

同时,在两辊相交处 P 点,橡胶毯受到轧延作用,橡胶毯被压扁而有微小伸长。当运行到 S 点时,这种轧延作用消失,橡胶毯回缩而产生了向后挤压的作用力 F,这个作用力不仅使得织物紧压于承压辊,而且橡胶毯的主动回缩又进一步带动了织物的回缩。当橡胶毯离开承压辊时,织物必须立即远离橡胶毯,否则将被拉伸而消除预缩效果。织物上的水分以及适当的温度可增加纤维的可塑性,增进对织物的压缩作用。

2. 影响预缩效果的主要要素 挤压力、橡胶毯品质、布面湿度、布面及承压辊温度、预缩时间、织物状态是直接影响预缩效果的六个要素。它们既有一定的独立性,又相互联系和影响。合理调配它们的关系是保证预缩效果、提高生产效率、延长机器使用寿命的关键。

(1)挤压力:在特定几何形状的条件下,挤压力的大小直接决定了橡胶毯变形量的大小,即橡胶毯经向伸长量的大小。挤压力越大,经向伸长量越大,回缩自然也越大,则织物预缩率相应增大。挤压力是预缩机预缩能力的标志,性能优良的预缩机,其挤压力可达 $200\sim250$kN,对于宽 1800mm 的橡胶毯而言,其线压力为 $1.1\sim1.4$kN/cm。

对于不同硬度的橡胶毯,当橡胶毯厚度和挤压变形量相同时,其挤压线压力不同。橡胶毯硬度越高,需要的挤压力越大。一般橡胶毯推荐最大挤压量＝橡胶毯厚度×(20％～25％)。常用进口橡胶毯厚度为 67mm。

(2)橡胶毯品质:橡胶毯品质对织物预缩的影响极大,橡胶毯的弹性、硬度、均匀性、亲水性、摩擦系数、抗疲劳性、抗断裂性、耐热及抗老化性、耐磨性、可修补性等都直接影响预缩效果与使用寿命。

橡胶毯的弹性,对织物预缩的影响最大。橡胶毯受挤压后造成的变形及橡胶毯失去挤压后的回弹可以理解为橡胶毯的弹性,变形量大及回弹能力强,则弹性好,利于预缩。

橡胶毯的硬度是与其弹性密切相关的一个指标,硬度高,抗压性好,但弹性变差。橡胶毯的均匀性直接影响被加工织物的品质和机械运行状态。如弹性或硬度不均匀,就会造成织物预缩不均匀,还可能造成橡胶毯跑偏,或左右"蛇行"。

橡胶毯表面的亲水性对织物的含湿量可产生一定的影响。同时,对橡胶毯表面的冷却和润滑也将起重要作用。亲水性好,橡胶毯表面的冷却和润滑就好,对延长橡胶毯寿命有益。

橡胶毯表面与织物的摩擦系数,直接决定了两者之间的摩擦力,会影响橡胶毯对织物的握持能力。握持能力越大,则橡胶毯在受挤压变形时带动织物一起回缩的能力越强,预缩率大;反之,预缩率小。摩擦系数与橡胶毯原材料有直接关系,在实际应用中不易检测,一般采用不同牌号的砂带来打磨橡胶毯表面,以获取不同的握持能力。常用砂带牌号为 $60^{\#}\sim120^{\#}$,牌号低适合厚重织物,牌号高适合轻薄织物。

橡胶毯的抗疲劳性、耐热及抗老化性、抗断裂性等,直接关系到橡胶毯的寿命。橡胶毯一直处在高负荷下,且圆周方向处在正反弯曲不断变换的状态,这种状态将加速橡胶毯的疲劳老化,甚至断裂。目前,品质好的橡胶毯中寿命较长的可加工 1000 万米以上的织物。

橡胶毯的耐磨性,取决于橡胶毯的原材料和加工工艺。耐磨性好,则每次磨橡胶毯后减薄量小,寿命自然就延长。

(3)布面湿度:指预缩前织物的含湿率。预缩前棉及棉型织物的含湿率一般控制为 7％～15％。水是纤维素纤维的有效增塑剂,可强化织物的变形与"定形"。

给湿方式有如下几种:喷雾、汽蒸箱、汽蒸烘筒、泡沫法、带水辊、橡胶毯表面含潮等,其关键是给湿的均匀性。织物经喷雾给湿后,再经过烘筒的烘蒸,是促使织物含潮均匀的一种常用方式。

橡胶毯表面的含湿量会影响织物含湿率 1%～3%。预缩整理后的织物其含湿率应在 4% 左右,此时最有利于织物的稳定。

(4)温度:指进预缩机前布面温度和承压辊温度。织物在一定的温度条件下通过湿度等因素的配合,使织物容易产生预缩变形,并使织物预缩后形状稳定。织物预缩前的温度控制在 60～80℃是较理想状态。但由于布面温度不易检测,一般通过烘筒温度或压力来大致控制布面温度。烘筒表面温度一般掌握在 105℃左右。承压辊表面温度应根据不同织物的预缩要求,掌握在 107～140℃,轻薄织物可偏低些,厚重织物应偏高些。两个温度的控制调整要根据织物预缩的具体情况相互协调,以求达到较好的预缩效果。

(5)预缩整理时间:没有足够的时间,织物随着橡胶毯压缩而回缩就不能充分地完成。若时间较短,即使温度、湿度、橡胶毯压力等因素调整的很合适,也不会达到稳定的预缩效果。预缩时间与橡胶毯弹性有一定的关系,橡胶毯弹性好,则预缩时间可相应缩短。为了提高生产效率、保证整理效果,在呢毯式机械预缩机、高效机械预缩整理联合机中,可采用加大呢毯烘筒直径的办法加以解决(见呢毯式机械预缩机,图 10-8;高效机械预缩整理联合机,见图 10-10)。目前大烘筒直径有不断加大的趋势,从早期的 $\phi1500mm$ 不断发展到 $\phi1800mm$、$\phi2000mm$、$\phi2200mm$,甚至达到 $\phi2540mm$。

(6)织物本身状态及前道工序对预缩的影响:织物本身状态对预缩的影响,主要表现在织物是否具有吸湿性。坯布通常有很强的拒水性,此类织物预缩前需要进行前处理,以提高吸湿能力,如牛仔布预缩前先经过浸轧机,然后烘干至一定湿度进行预缩。

经过煮练、漂白等处理的织物,其吸湿性已大大增强,但在这些工序中,一定要注意尽可能减少织物的张力,即减少织物的意外伸长。否则,势必会提高织物的潜在缩水率,增加预缩的压力。织物的经纬密度及纱的线密度不同,其预缩的难易程度也不同,如低特高密的府绸和高特大克重的牛仔布,都比较难预缩。

3. 常用机械预缩机及工艺

(1)常用机械预缩机:

①三辊橡胶毯预缩机:如图 10-7 所示,三辊橡胶毯预缩机主要由进布装置、三辊橡胶毯预缩装置、出布装置等构成。加热承压辊可用蒸汽加热,能升降调节,弹性材料为合成橡胶。该设备结构简单,生产线短,造价低。织物经预缩整理后,回缩稳定性较差。该机与呢毯定形装置混合使用效果较好。

②呢毯式机械预缩机:如图 10-8 所示,呢毯式机械预缩机由进布装置、蒸汽给湿装置、小布铗拉幅装置、呢毯、电热靴及烘干筒等构成。该机装有两组呢毯电热预缩机构,可依据工艺需要对织物进行一次预缩或连续多次预缩加工。

呢毯式机械预缩机预缩原理与橡皮毯预缩机的工作原理相似,也是利用毯面的收缩带动织物的收缩。其预缩部分由给布辊、电热靴、呢毯和烘筒构成,如图 10-9 所示。通常呢毯厚度为 4～18mm,给布辊直径为 49～87mm,大烘筒直径为 1800mm 或更大,电热靴内径为 77～92mm。其中呢毯厚度、给布辊直径的大小及电热靴内径对织物预缩率及预缩效果有直接影响。

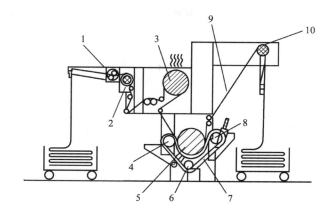

图 10 - 7　三辊橡胶毯预缩机结构示意图

1—进布装置　2—给湿装置　3—加热辊　4—给布辊　5—热承压辊　6—橡胶毯张力调节辊

7—环状弹性橡胶毯　8—出布辊　9—织物　10—出布装置

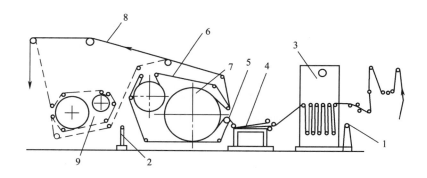

图 10 - 8　呢毯式机械预缩机结构示意图

1,2—给湿装置　3—汽蒸室　4—小布铗拉幅装置　5—电热靴　6—呢毯

7—烘干筒　8—织物　9—二次预缩装置

同样直径的给布辊,呢毯越厚,织物预缩率越大。若电热靴内径过小,则易造成呢毯损坏。加工时依织物品种及缩率需要更换不同直径和内径的给布辊和电热靴,或改用不同厚度的呢毯。

　　③高效机械预缩整理联合机:图 10 - 10 是高效机械预缩整理联合机示意图,该机克服了简式三辊橡胶毯预缩机的不足,强化了给湿装置,提高了给湿率,并增加了呢毯定形(也可以增加布铗拉幅装置)等关键机构,确保了各类织物的缩水稳定性,大大降低了织物的缩水率。通常下机缩水率可稳定在 2% 以内,织物预缩率可达 16%。

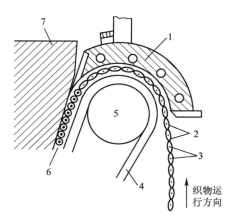

图 10 - 9　呢毯缩布部分工作示意图

1—电热靴　2—经纱　3—纬纱　4—呢毯

5—给布辊　6—缩布区　7—烘筒

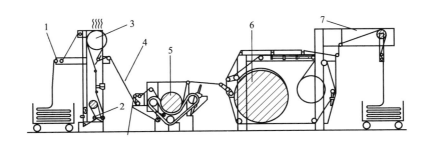

图 10-10　高效机械预缩整理联合机结构示意图
1—进布装置　2—给湿装置　3—加热辊　4—织物　5—橡胶毯预缩装置
6—呢毯整理装置　7—出布装置

（2）机械预缩机主要机构和工作过程：

①给湿装置：为使水分能均匀渗透到纤维内部，使纱线、纤维充分润湿，织物预缩前应预先给湿。目前常用的给湿方式主要如下。

a. 直接喷湿式：它是将压缩空气经喷气管喷出，将流经水槽中的水流吹成细雾而喷向织物，使织物获得均匀、较大的给湿量。也有利用高速旋转的圆盘，将雾状的水滴沿切向直接甩向织物的给湿方式，但给湿量较低。

b. 蒸汽、喷雾混合式：一般由喷雾器和汽蒸箱构成。织物在喷雾给湿后，进入后续的汽蒸箱穿行，箱内蒸汽管喷出蒸汽，使织物充分润湿，提高了给湿量。该方式适于厚密、吸湿性差的织物。

c. 金属网转鼓给湿式：是一种新颖的蒸汽给湿方式。不锈钢转鼓两端封有环形夹套，表面嵌上不锈钢丝编织网。工作时，蒸汽由转鼓轴芯进入两端的环形夹套，再从金属网眼中喷出，均匀润湿织物，可获得较好的给湿效果。

②预缩装置：预缩装置是整台机械预缩机的核心部分。以三辊橡胶毯预缩装置为例，主要由给布辊（加压辊）、加热承压辊、环状橡胶毯、橡胶毯导辊、张力调节辊等部分组成，与图 10-7 所示机构相同。

③呢毯烘燥机：呢毯烘燥机是机械预缩联合机的重要组成部分。织物经预缩装置预缩后，再经呢毯烘燥机烘干、定形，达到稳定下机缩水率的目的，使织物尺寸稳定。同时，烘燥又可去除由于收缩而在织物表面上形成的皱纹，并赋予织物柔软的手感和光泽。

呢毯烘燥机主要由呢毯大烘筒、小烘筒、呢毯导辊、张力调节装置和呢毯位置校正装置等部分组成。大烘筒直径为 1500～2500mm，它使织物紧夹在烘筒与呢毯之间，将预缩织物烘干定形。小烘筒直径为 900～1000mm，用于烘燥环状运行的呢毯，保证呢毯的干燥状态。

（3）机械预缩整理工艺：

①工艺流程：织物预缩整理工艺流程因选用设备的不同而不同。

简式预缩机：进布 ⟶ 蒸汽给湿 ⟶ 橡胶毯预缩 ⟶ 烘筒松式烘干 ⟶ 落布

普通三辊预缩机：进布 ⟶ 喷雾给湿 ⟶ 小布铗拉幅 ⟶ 橡胶毯预缩 ⟶ 呢毯烘干 ⟶

落布

预缩整理联合机:平幅进布——→喷雾给湿——→橡胶毯预缩——→呢毯预缩与烘干——→落布

②工艺条件:

车速:30~40m/min。

含潮率:预缩前府绸类织物控制含湿率在7%~9%,卡其、华达呢含湿率为11%~15%。

加热承压辊气压:根据织物预缩率来决定,一般掌握在98.07~147.1kPa。

橡胶毯温度:60~70℃。

毛毯烘筒蒸汽压力:49.04~98.07kPa。

承压辊与给布辊间隙小于橡胶毯厚度:薄织物2~3cm,厚织物2~4cm。

织物预缩率:真预缩的预缩率为5.5%以上;假预缩的预缩率为1.5%~2%,其目的在于改善织物手感。

(二)松弛水洗法

通过松弛水洗过程促使织物预缩,以保证织物在使用过程中稳定。这种加工方式是水洗布类产品的常用手段,可选用传统的加工装置,如溢流式喷射染色机、转鼓式工业洗衣机等。近年来,AIRO—1000型松式机械柔软整理机的出现,推进了松弛水洗的应用。该机是一种多功能整理装置,通过变换加工条件可以获得不同的防缩、柔软、折皱等功效。AIRO—1000型松式机械柔软整理机如图10-11所示。

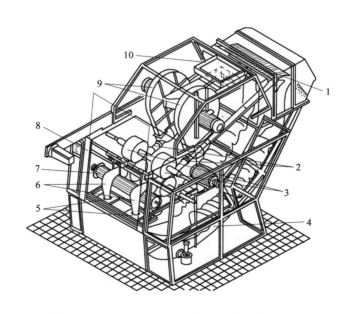

图 10-11　AIRO—1000 型松式机械柔软整理机

1—栅格　2—文氏管　3—大导布辊　4—处理槽　5—水平导布框架　6—织物
7—叶形导布辊　8—垂直导布辊　9—鼓风机　10—热交换器

AIRO—1000型松式机械柔软整理机能够对多种织物进行系列后整理加工,得到各种特殊的整理效果。其中,通过快速而稳定的机械作用使织物产生无与伦比的柔软、折皱等效果是该设备的主要特点。

1. 设备结构及组成 AIRO—1000 型松式机械柔软整理机主要的工作部件有：处理槽、导布机构、文氏管、栅格、气流调节系统、气流温度调节系统、过滤系统。

2. 工作原理 利用高压气体的冲击和驱动力，对织物进行机械的甩打和膨化处理而获得整理效果。其工作过程为：将织物以绳状送入两个处理槽，并由压缩空气气流将织物强制压入两个文氏管尾部，出口处压力骤减，织物得以膨化，同时高速甩打在机械中的不锈钢栅格上，使织物内纤维得以重新调整，结构变得疏松，起到了极强的揉搓作用，从而使织物获得柔软效果。

目前用 AIRO—1000 型松式机械柔软整理机对织物进行水洗及处理得到较广泛的应用，可使织物达到预缩和柔软的效果。

(三)冷凝法

冷凝法，又称冻结凝缩法。它是日本重机的发明专利，采用液氮喷雾冷却方式。当织物通过时被冷却至−30℃以下，使纤维内部所含水分冷冻；随后，再向织物喷射蒸汽，一是使纤维快速升温，二是在结冰部位的周围凝结水蒸气，赋予织物充足水分。温差的剧烈变化，为纤维乃至织物的伸缩变形提供了动力，从而实现预缩效果。

典型结构如图 10−12 所示，它的工艺过程为：

给布⟶液氮冷冻⟶蒸汽喷湿⟶振动松弛⟶过热蒸汽烘干⟶机械预缩⟶真空冷却⟶摆动出布

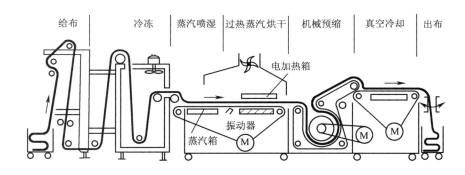

图 10−12 冷凝法预缩机结构示意图

织物通过液氮喷雾冷冻后，可达−45℃，经喷射压力为 225.9kPa（2.3kgf/cm²）的蒸汽后，纤维附着大量水分，受湿膨胀，直径加大，增大织缩，最终导致织物宏观长度的缩短。

为强化织物的收缩作用，在设备结构中还采用传送带振动方式（类似于振荡预缩装置），也可增加强制性的预缩作用。但该设备在实际生产中并未普及应用。

☞ **复习指导**

1. 内容概览

本章主要讲述棉及棉型机织物的防缩整理，阐述纺织品缩水的概念和缩水机理，讲述防缩整理方法、设备和工艺。

2.学习要求

(1)重点掌握棉及棉型机织物缩水的原因和缩水机理。

(2)重点掌握机械预缩法的设备加工原理和工艺参数。

思考题

1.依据纤维溶胀的异向性,分析天然纤维织物容易缩水的原因。

2.何谓"干燥定形"形变和织缩?

3.织物的缩水源于内应力和"织缩增大",分析他们各自对缩水现象的贡献。

4.树脂整理为什么能够起到"防缩"的作用?

5.分析织物缩水现象不可逆的原因。

6.阐述机械防缩整理的原理,并以一种机械防缩设备为例,说明加工过程及工艺。

参考文献

[1]王菊生,孙铠.染整工艺原理(第一册)[M].北京:中国纺织出版社,2001.

[2]H.马克,等.纺织物的化学整理[M].水佑人,译.北京:纺织工业出版社,1984.

[3]杨静新.染整工艺学(第二册)[M].2版.北京:中国纺织出版社,2004.

[4]朱世林.纤维素纤维制品的染整[M].北京:中国纺织出版社,2002.

[5]D Bechter. Ueber die heissmercerisation von baumwolle[J]. Textilveredlung,1986,21(7/8):256-261.

[6]王菊生,孙铠.染整工艺原理(第二册)[M].北京:中国纺织出版社,2001.

[7]李治宽.橡毯式预缩机压紧机构参数优化及其缩率关系的研究[D].上海:东华大学,2016.

[8]王强华.预缩原理及要素分析[J].染整技术,2003,25(1):40.

[9]董丽华,陈东生,杨洪光.织物缩水规律的研究[J].吉林工学院学报,1993,14(3):64.

[10]王清.影响织物预缩率的重要因素分析[J].纺织机械,2011,6:24.

[11]沈钧良,张均强.印染棉布缩水率与生产工艺的关系[J].染整技术,1996,18(5):34.

[12]高铭,董瑛.选择预缩工艺探讨[J].青岛大学学报,1995,10(2):33.

[13]邱景荣,叶兵.浅谈印染产品缩水率[J].广西纺织科技,1990(7):23.

[14]傅旦,陈春堂.橡胶毯式防缩机的预缩机理及缩率控制的探讨[J].纺织学报,1989,10(7):21.

[15]邱静云.预缩整理机[J].染整科技,1994(4):41.

[16]李统练.解决织物缩水新方法——冻结凝缩法[J].缝纫机科技,1994(4):37.

[17]立信门富士(Monforts Fong's)纺织机械有限公司技术资料.上海:2008中国国际纺织机械展览会暨ITMA亚洲展览会,2008,7.

第十一章　防皱整理

第一节　引　言

　　纤维素纤维织物特别是棉纤维织物,具有很多优良的性能,但是却存在着弹性差的缺点,不像毛织物那样在服用过程中能保持平整的外观,于是便出现了提高纤维素纤维织物从折皱中回复原状的能力、以模仿毛织物弹性为主要目的的防皱整理。在 20 世纪中叶,合成纤维织物出现,该类织物除具有洗后不易起皱的特性外,经一定温度压烫后服装所产生的折缝或褶裥也不会因洗涤而消失。为了使棉织物也具有合成纤维织物的这种优良性能,在防皱的基础上,进一步发展了棉织物免烫(或称洗可穿)和耐久压烫(Durable Press,简称 DP)整理。在本章中通称为防皱整理。

　　在 20 世纪中叶,特别是 20 世纪 60 年代中期,随着洗可穿或耐久压烫服装生产的化学工艺和机械设备的发展,天然纤维织物的洗可穿或耐久压烫整理取得了突破。当时,一般是采用 N-羟甲基酰胺类化合物处理棉织物,在纤维素分子间形成交联,提高织物的折皱回复性和织物的折缝或褶裥保持性。但是 N-羟甲基酰胺类化合物都是含甲醛类化合物,在整理加工过程中、整理后织物的储存和穿着过程中,都有甲醛释放问题,释放出的甲醛会对人类健康造成极大的不良影响,不符合环保要求。

　　20 世纪 80 年代有研究报道,纺织品上的甲醛会刺激人类肌肤和呼吸道黏膜,并且还可能诱发皮肤癌。随着人们对甲醛危害人体健康认知程度的逐渐加深,一些国家相继制定标准,限制纺织品上的甲醛释放量。

　　20 世纪 90 年代,随着人们回归自然意识的加强,天然纤维织物重新受到人们的青睐,耐久压烫整理研究重新活跃,在这阶段的研究中,开发无甲醛耐久压烫整理剂是研究热点。

　　耐久压烫整理主要是针对纤维素纤维织物而言。其他天然纤维如蚕丝和羊毛织物的弹性虽然比纤维素纤维织物优良得多,但与合成纤维织物相比,在湿弹性、耐久定褶性能和湿、热条件下的防皱性能等方面都不如合成纤维,对真丝织物的免烫整理和羊毛织物的防皱和耐久压烫整理也有较多研究。本章主要讨论纤维素纤维织物的防皱整理。

第二节　织物的折皱

一、织物折皱的形成原因

　　织物上折皱的形成,可以简单地看作是由于受外力时纤维弯曲变形,放松后弯曲的纤维未能完全复原所造成的。纤维的弯曲近似于直棒弯曲,外层受到拉伸,内层受到压缩,中心区域则不受影响,纤维内各区域所受应力不同,会发生不同程度的拉伸或压缩形变。拉应力和压应力的方向相反,但导致纤维中基本结构单元的变化是相似的。当外力除去后,随纤维品种、所受外力的大小和作用时间的不同,纤维的形变有不同程度的回复。研究发现,纤维从弯曲状态中的回复性能,与它的拉伸回复性能有一定的对应关系。以纤维素纤维织物进行的试验表明,纤维素纤维织物的防皱性能与纤维被拉伸5%后的应变回复率之间存在着近乎线性的关系。因此,纤维的拉伸应力—应变性能可以用来近似衡量织物的防皱性能。纤维的应力—应变性能取决于纤维的化学结构和超分子结构,因此织物的防皱性能主要决定于纤维的本性。

纤维素纤维存在侧序度较高的区域(晶区)和侧序度较低的区域(无定形区)。在晶区内,由于分子链间存在大量的氢键,受到外力的作用时,不同的分子能共同承受外力的作用,一般只发生较小程度的形变。若要使其中某大分子与相邻的大分子分离,必须有足够的应力以克服分子间所有的引力,因此在晶区发生分子间移动的机会是极少的(不超过弹性极限),所以这部分提供的形变主要是普弹形变。在纤维的无定形区,由于分子链间距离较大,因此分子间氢键数量较少,在受到外力作用时,不是所有的分子链同时受力,而是沿着外力的方向,不同的分子链先后受到外力的作用而变形,逐渐发生键的断裂和基本结构单元的相对位移,即在纤维的无定形区除发生普弹形变外,还可能发生强迫高弹形变或永久形变。

纤维素分子上有很多极性羟基,纤维受到拉伸,纤维素大分子或基本结构单元取向度提高或发生相对移动后,能在新的位置上重新形成新的氢键,当外力去除后,纤维分子间未断裂的氢键以及分子的内旋转,有使系统回复至原来状态的趋势,但在新的位置上形成的新氢键有阻滞作用,使系统不能立即回复,往往要推迟一段时间,形成蠕变回复。如果拉伸时分子间氢键的断裂和新的氢键的形成已达到充分剧烈的程度,使新的氢键具有相当的稳定性,则蠕变回复速度较小,出现所谓的永久形变——折皱。为了提高纤维素纤维的弹性性能,普遍采用在纤维素大分子或基本结构单元间进行适当共价交联的防皱整理方法,实际上这是一个提高纤维素纤维弹性模量的方法。

二、影响织物折皱的其他因素

如前所述,织物的防皱性能主要决定于纤维的性能,但也与纱线结构(捻度、细度)、织物结构(密度、厚度、紧度及交织状态)和树脂整理密切相关。织物抗皱性主要表现在两方面:一方面织物在穿着过程中受到伸长、剪切和弯曲作用时,纱线间纤维的相对移动量小;另一方面产生折皱时织物因弹性好容易回复。只要具备其一,该织物就具有良好的抗折皱性能。下面就影响织物折皱性能的其他因素分别进行简单讨论。

(一)纱线性能

1. 纱线的捻度 纱线的捻度与织物抗皱性能有一定的关系。纱线捻度过小,纱线中的纤维松散,抱合力小,当向织物施加外力时,外力作用在纱线上,纱线本身抵抗外力的能力较差,纤维间极易产生位移,外力去掉后,就会发生不可回复的变形,因此,织物抗皱性能差;若捻度过大,受外力时,纱线中纤维间不易产生滑移,但纤维本身发生较大形变,纤维内氢键断裂并在新的位置重建,外力消除后,纤维的变形不能回复,织物产生折皱。因此纱线的捻度太高或者太低,对织物的折皱性能都有不利影响。

另外,经向与纬向纱线捻度的方向对织物的折皱性能也有影响,经向纱线与纬向纱线捻度的方向相反时,纱线交织点处纤维之间有较大的作用,受外力后,织物的形变不易回复,织物的折皱回复性能要比经、纬纱线同捻向时低。

2. 纱线的细度 对同一种棉纤维纱线来讲,在捻度相同时,纱线的直径增加,纱线的抗弯刚度增大,抗外力变形的能力相应提高,即纱线越粗,织物的抗折皱性能越强。

(二)织物的组织结构

1. 织物的紧度 织物紧度与织物折皱回复性能的关系见图(1−1)。

从图中可见,初始阶段,随着织物紧度的增加,织物的折皱回复能力增加,当织物紧度达到一定程度后,织物的折皱回复性能达到最大,之后,随着织物紧度的增加,织物的折皱回复性能反而下降。这是由于在开始阶段,随着紧度增加,纱线挤紧,施加外力时,纱线移动变得困难,纱线存在内应力,当外力取消后,纱线内应力会使产生的折皱很快回复,弹性好,当紧度达到一定程度时,织物会变得板硬,折皱回复性能下降但产生折皱也变得比较困难。

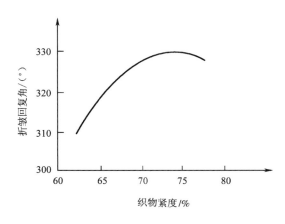

图 11−1 织物紧度与折皱回复角的关系

2. 织物厚度 织物厚度增加,刚性随之增加,织物的抗皱性和折皱回复性也增加,即厚重的织物具有较好的折皱回复性能。

3. 织物的组织结构 织物的组织结构对织物的折皱回复性能也有较大的影响。一般来讲,在纤维和纱线相同的前提下,斜纹组织结构织物的折皱回复性能最好,平纹次之,缎纹组织最差。

(三)树脂整理

除纤维本身的性能外,树脂整理对纤维素纤维织物的折皱回复性能影响最大,关于树脂整理提高纤维素纤维织物防皱性能的原理、树脂种类和整理方法等内容,将在后面详细介绍。

第三节　防皱原理

要使纤维素纤维织物不易起皱,需使织物中的纤维有一定的弹性,当起皱时发生变形,应力消除后又能回弹至原来的形状。早期的理论认为织物上的皱褶主要是由纤维素纤维无定形区发生形变引起的。为了使织物具有防皱性,就必须在纤维无定形区中相邻的纤维素分子间增添一些连接。20 世纪 20 年代,福尔茨、马许、伍德就将树脂引入棉纤维中间来实现上述目标。他们利用酚和甲醛或脲和甲醛溶液,在含有适当催化剂的条件下施于织物上,先低温预烘,然后焙烘,纤维内部的小分子缩聚成大分子,使相邻的长链纤维素分子间形成交键,大分子的形成主要在纤维的无定形区。这种大分子很耐水洗。

用一条直线代表纤维素长链分子,在折皱应力下,纤维素分子链会被推向另一位置,由于树脂所形成的交键像一个弹簧,一旦应力消除,它能使位移的分子回到原来位置,这样织物就具有抗皱性能。另外,小分子缩聚之前,纤维素长链分子已被应力推向另一位置,如果小分子就在位移的位置上进行缩聚或交联,交键像弹簧一样将纤维素长链分子固定在新的位置上。这是 20 世纪 30 年代提出的防皱机理,是防皱整理上的一个开端。

在 20 世纪 50~60 年代,关于纤维素织物防皱性能提高的原理,出现了两种不同的观点,分别称为树脂沉积理论和树脂交联理论。

一、树脂沉积理论

早期的防皱整理,多采用脲—甲醛、酚—甲醛初缩体为整理剂,它们都是多官能团化合物,初缩体进一步缩聚后就可形成网状结构的缩聚物,因此这类整理剂处理到织物上去,经焙烘后会在纤维内部形成网状结构缩聚物的树脂,沉积在纤维的无定形区。沉积的树脂通过物理—机械作用,改变了纤维素纤维中大分子或基本结构单元的相对移动性能,也就是说靠机械摩擦作用或氢键,改变了纤维的流变性能。这就是树脂沉积理论的基础。

二、树脂交联理论

树脂整理剂固然能自身缩聚,但也不能排除与纤维素上的—OH 基团发生反应的可能。何者居多,是一个反应速率的问题。织物防皱性的提高,也可能是由于在纤维素大分子或基本结构单元间生成共价交联的缘故,所以提出了共价交联理论。在二羟甲基次乙基脲(DMEU)出现以后,共价交联理论更令人信服。因为 DMEU 是双官能团化合物,缩聚后只能生成可溶于水的线型分子。红外吸收光谱(波长为 $11\mu m$ 处的吸收增加,说明形成了新的醚键)、电子显微镜的观察以及其他试验,都从不同的角度证明了整理剂与纤维素大分子间存在着共价交联。DMEU 可能是以单分子或线型缩聚物,在纤维素分子链或基本结构单元间产生共价交联。DMEU 与纤维素分子间的反应如下:

$$\text{纤维素—O—[H}_2\text{C—N} \overset{\overset{\text{O}}{\underset{}{\text{C}}}}{\underset{\text{CH}_2\text{—CH}_2}{}}\text{N—CH}_2\text{—O—纤维素}$$

(n＝1 时,即单分子交联)

共价交联的产生,使纤维在形变过程中,因氢键拆散而导致的蠕变和永久形变减少,也就是使纤维从形变中的回复能力获得提高。目前共价交联理论已被人们广泛接受。

必须指出,不论是树脂沉积理论还是共价交联理论,有一点是相同的,就是经过整理后,纤维素纤维的弹性模量是提高的,即比未处理的纤维难以变形,而且具有较高的弹性,从形变中回复的能力增强。

第四节　酰胺—甲醛类整理剂

防皱整理剂的种类有很多，最早获得工业上普遍应用的是以 N-羟甲基作为活性基团的酰胺—甲醛类或称 N-羟甲基酰胺类化合物，此类整理剂是含甲醛类整理剂。后来随着对织物上甲醛含量限定标准的越来越高，先后出现了醚化改性的 N-羟甲基酰胺类低甲醛或超低甲醛树脂和多元羧酸类无甲醛树脂整理剂。当然还有一些其他活性基团的交联剂。本节对 N-羟甲基酰胺类整理剂、醚化改性的 N-羟甲基酰胺类整理剂和多元羧酸类整理剂进行详细讨论。

一、酰胺—甲醛类整理剂的分类、结构及制备

酰胺—甲醛类整理剂是以酰胺和甲醛在一定条件下反应生成的含 N-羟甲基的化合物，其结构通式为：

$$\begin{array}{c} O \\ \parallel \\ -C-N-CH_2OH \\ | \\ R \end{array}$$

最常用的酰胺类有脲及其衍生物和三聚氰胺等，它们的名称和化学结构式见表 11-1。

表 11-1　常用酰胺—甲醛类整理剂的名称和化学结构式

名称（简称）	化学结构式	与甲醛初缩后的简称
脲（U）	$\begin{array}{c} O \\ \parallel \\ H_2N-C-NH_2 \end{array}$	U—F；DMU
环次乙基脲 简称乙撑脲 （CEU 或 EU）	$\begin{array}{c} O \\ \parallel \\ C \\ HN\quad NH \\ H_2C-CH_2 \end{array}$	CEU—F；EU—F；DMEU
二羟基环次乙基脲 简称二羟基乙撑脲 （DHEU）	$\begin{array}{c} O \\ \parallel \\ C \\ HN\quad NH \\ HC-CH \\ HO\quad OH \end{array}$	DHEU—F；DMDHEU；2D
三聚氰胺（M）	$\begin{array}{c} NH_2 \\ | \\ C \\ N\quad N \\ C\quad C \\ H_2N-N-NH_2 \end{array}$	M—F；TMM；HMM

二、酰胺—甲醛类整理剂与纤维素纤维的交联机理

(一)质子催化理论

酰胺—甲醛类化合物在酸性催化剂的作用下,可以与纤维素反应,反应机理如下:

$$-\overset{\overset{\displaystyle O}{\|}}{C}-\underset{\underset{\displaystyle R}{|}}{N}-CH_2OH + H^+ \rightleftharpoons -\overset{\overset{\displaystyle O}{\|}}{C}-\underset{\underset{\displaystyle R}{|}}{N}-CH_2\overset{H}{\underset{+}{O}}H$$

$$-\overset{\overset{\displaystyle O}{\|}}{C}-\underset{\underset{\displaystyle R}{|}}{N}-CH_2\overset{H}{\underset{+}{O}}H \rightleftharpoons H_2O + -\overset{\overset{\displaystyle O}{\|}}{C}-\underset{\underset{\displaystyle R}{|}}{N}-\overset{+}{C}H_2$$

$$-\overset{\overset{\displaystyle O}{\|}}{C}-\underset{\underset{\displaystyle R}{|}}{N}-\overset{+}{C}H_2 + 纤维素—OH \rightleftharpoons -\overset{\overset{\displaystyle O}{\|}}{C}-\underset{\underset{\displaystyle R}{|}}{N}-CH_2-\overset{H}{\underset{+}{O}}-纤维素$$

$$-\overset{\overset{\displaystyle O}{\|}}{C}-\underset{\underset{\displaystyle R}{|}}{N}-CH_2-\overset{H}{\underset{+}{O}}-纤维素 \rightleftharpoons -\overset{\overset{\displaystyle O}{\|}}{C}-\underset{\underset{\displaystyle R}{|}}{N}-CH_2-O-纤维素 + H^+$$

最初的树脂整理是采用游离的酸作为催化剂,硼酸、醋酸和酒石酸、醋酸及酒石酸混合物、高沸点的有机酸等都被尝试用作催化剂,但是由于树脂初缩体在酸性介质中不稳定、易缩合、产生沉淀,整理液使用时间不长,在生产周期中,整理效果常发生变化。为了增进整理液的稳定性和结果的重现性,潜酸性催化剂被用于树脂整理。所谓潜酸性催化剂是一种能在干燥或焙烘时,产生所需要的酸度,而在浸渍液中不产生酸的催化剂。酸性的产生是通过热分解、水解、与甲醛反应或因浓度提高而引起的,其释酸条件是可以预测和控制的。

硫酸铵、氯化铵、硝酸铵和磷酸铵是合适的潜酸性催化剂。

(二)路易士酸催化理论

许多金属盐类化合物,如硝酸锌、氯化镁等可以用作树脂整理的催化剂。研究结果表明,铵盐催化剂适合于脲—甲醛树脂,而金属盐类催化剂适合于 DMEU 和 DMDHEU 等树脂,由于 DMDHEU 在棉织物耐久压烫整理中应用较普遍,目前多采用金属盐类化合物作为催化剂。最初的观点认为,金属盐在水溶液中可能发生如下式所示的水解反应而生成质子,起催化作用:

$$M(H_2O)_x^{n+} + H_2O \rightleftharpoons M(H_2O)_{x-1}OH^{(n-1)+} + H_3^+O$$

这种水解的可能性因金属盐中键的共价性强弱而不同,共价性强的,水解可能性大,反之便小。在无水的情况下,金属盐类不易进行上述水解反应,所以就提出了路易士酸催化理论,也就是说金属盐起着路易士酸,即电子对接受体(金属离子 M^+)的催化作用,其反应机理与质子催化作用相似,可表示如下:

$$-\overset{\overset{\displaystyle O}{\|}}{C}-\underset{\underset{\displaystyle R}{|}}{N}-CH_2OH + M^+ \rightleftharpoons -\overset{\overset{\displaystyle O}{\|}}{C}-\underset{\underset{\displaystyle R}{|}}{N}-CH_2\overset{M}{\underset{+}{O}}H \qquad (\text{I})$$

$$\overset{O}{\overset{\|}{-C}}-\overset{R}{\underset{R}{N}}-CH_2\overset{M}{\overset{+}{O}}H \rightleftharpoons MOH + \overset{O}{\overset{\|}{-C}}-\overset{R}{\underset{R}{N}}-\overset{+}{C}H_2 \tag{II}$$

$$\overset{O}{\overset{\|}{-C}}-\overset{R}{\underset{R}{N}}-\overset{+}{C}H_2 + 纤维素—OH \rightleftharpoons \overset{O}{\overset{\|}{-C}}-\overset{R}{\underset{R}{N}}-CH_2\overset{H}{\overset{+}{O}}—纤维素 \tag{III}$$

$$\overset{O}{\overset{\|}{-C}}-\overset{R}{\underset{R}{N}}-CH_2\overset{H}{\overset{+}{O}}—纤维素 \rightleftharpoons \overset{O}{\overset{\|}{-C}}-\overset{R}{\underset{R}{N}}-CH_2—O—纤维素 + H^+ \tag{IV}$$

反应(Ⅳ)产生的质子,可能发生两种反应:与反应(Ⅱ)中形成的金属氢氧化物反应,使 M⁺ 再生;作为质子催化,进攻羟甲基上的氧原子。

$$\overset{+}{H} \Big\langle \begin{array}{l} + MOH \rightleftharpoons M\overset{H}{\overset{+}{O}}H \rightleftharpoons M^+ + H_2O \\ + \overset{O}{\overset{\|}{-C}}-\overset{R}{\underset{R}{N}}-CH_2OH \rightleftharpoons \overset{O}{\overset{\|}{-C}}-\overset{R}{\underset{R}{N}}-CH_2\overset{H}{\overset{+}{O}}H \rightleftharpoons \overset{O}{\overset{\|}{-C}}-\overset{R}{\underset{R}{N}}-\overset{+}{C}H_2 + H_2O \end{array}$$

上述两种反应何者占优势,取决于金属氢氧化物中氧原子和羟甲基上氧原子的碱性(电子云密度)大小,它们各自的碱性,则决定于金属本身以及酰胺羟甲基化合物上取代基的诱导效应。

不同的金属盐,它们的催化能力不同,催化能力的大小取决于金属离子的半径和金属盐中键的共价性。离子半径大,在焙烘过程中金属离子的活动能力差,催化效率低;键的共价性强的,水解的可能性大,质子催化的概率就大些,所以催化效率高。同一种金属盐,如阴离子不同,则催化效率也不同,催化效率随阴离子所形成的酸的强度的增加而增加。实践证明,氯化镁是最好的催化剂。为了提高催化效率,也可将金属盐与羧酸、磷酸或其他化合物混合使用。

三、酰胺—甲醛类整理剂与纤维素分子的反应

酰胺—甲醛类整理剂与纤维素之间的反应速率因整理剂的不同而异,对同一种交联剂而言,又因反应温度和反应介质的 pH 值而不同。以 DMEU 和 DMDHEU 为例,它们与纤维素进行交联反应的速率常数 K(水中)如表 11−2 所示。

表 11 − 2　交联剂与棉纤维进行化学反应的速率常数 K(水中)

交联剂	反应温度/℃	pH 值	$K/10^6\,s^{-1}$
DMEU	20	2.5	134.4
	30		220.7
	40		276.4
	50		307.0

交 联 剂	反应温度/℃	pH 值	$K/10^6 s^{-1}$
DMDHEU	30	2.5	6.4
	40		7.8
	50		15.2
	60		20.2
DMDHEU	30	0	86.0
	50		115.0
	60		136.0

由表 11-2 中数据可以看出,温度高,整理剂与棉纤维的反应速率快。以 DMDHEU 为例,pH 值低,整理剂与棉纤维的反应速率也快。在相同的温度和 pH 值条件下,不同交联剂的反应速率取决于化合物的结构特性。连接在氮原子上的 R 基团的推电子性越强,则反应速率越快,例如 DMEU 与纤维素反应的速率较 DMDHEU 高。

虽然反应速率快的交联剂有利于提高生产效率,但是与纤维素反应后形成的共价交联键耐酸水解能力差。

酰胺—甲醛类整理剂与纤维素之间的交联方式很多,整理剂可以在纤维素分子间形成交联或在纤维素分子上形成支链,形成的交联可以是单分子或自身缩聚成线型或网状的大分子,另外,也可能以树脂沉积在纤维内。现以 DMEU 为例,将其中几种可能的结合方式表示如下:

单分子交联:

单分子支链:

线型大分子交联:

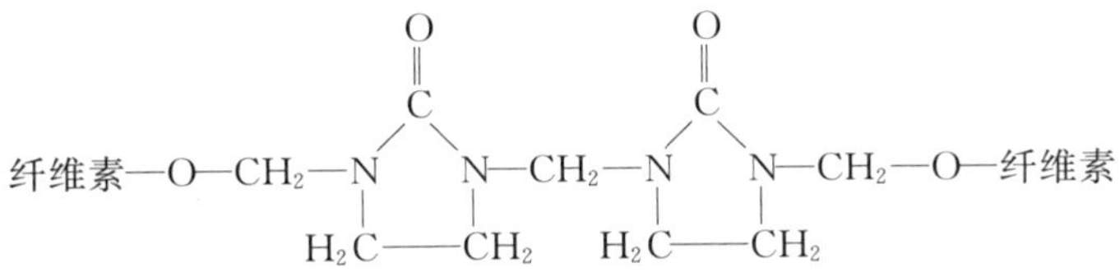

随焙烘条件(焙烘温度和时间)和催化剂等工艺条件的不同,上述各种结合方式所占的比例也不一样。一般来讲,焙烘条件剧烈,则有利于整理剂与纤维素分子的交联反应以及整理剂缩聚物中的亚甲醚键转变为亚甲基键,提高整理品的防皱性能及其耐洗性能。

四、酰胺—甲醛类整理剂整理工艺

用酰胺—甲醛类整理剂对棉织物进行防皱整理,整理工艺对整理效果具有决定作用,以DMDHEU 为例,对其加工工艺进行讨论。

(一)工作液配方

二羟甲基二羟基次乙基脲	80~120g/L
催化剂氯化镁(不含结晶水)	6~9g/L
有机硅类柔软剂	适量
强力保护剂(PEN 类柔软剂)	适量
渗透剂 JFC	2g/L
加水合成	1L

工作液中整理剂的用量,通常根据纤维类型、织物结构、整理剂品种、整理要求、加工方法以及织物的吸液率等而有一定的变化,要求使整理品的防皱性能和其他服用机械性能之间取得某种平衡。

(二)一般加工工艺

织物二浸二轧整理液,轧液率 70%~80% ──→ 85℃烘干 3min ──→ 160℃焙烘 2~3min (或 150℃焙烘 6~9min)──→碱洗或充分水洗(除去催化剂和其他副产物)

(三)其他加工工艺

织物经上述工艺整理加工后,具有良好的干防皱性能,但湿防皱性能较差,即经过洗涤后仍然会产生皱痕(远好于未经整理的织物),这是因为经整理的棉纤维中分子间仍然存在着能被水分子拆散的氢键。为了提高棉织物的湿防皱性能,有别于浸轧—烘干—焙烘工艺(干态交联工艺)的其他一些工艺被发展起来。

1. 湿态交联工艺 整理剂用量为 12%~15%,HCl 作催化剂,织物浸轧整理液后,打卷,室温放置(20~25℃)15h,开卷水洗即可。

经湿态交联处理,棉织物可获得优良的湿防皱性能,但干防皱性能很差,这是因为棉纤维在湿态时处于溶胀状态,交联主要发生在中等侧序度区域,在低侧序度区域,由于纤维素纤维分子链之间的距离较大,交联极少,干燥后纤维干瘪,产生的交联处于松弛状态,因此织物的干防皱性能极差。

湿态交联的棉织物手感柔软,湿防皱性能好,耐洗性良好,但由于干防皱性能太差,发展受到限制。

2. 潮态交联工艺　织物浸轧整理液后，烘干至一定含水量（棉织物为 6%～12%、黏胶纤维织物为 10%～15%），打卷，外包聚乙烯等薄膜，放置 24h，皂洗烘干。

经潮态交联的纺织品耐磨性较好，手感柔软，但干防皱性能较差。

3. 温和焙烘工艺　织物浸轧整理液后，通过低温烘干使棉纤维在充分溶胀、部分溶胀和干瘪状态等一系列纤维结构的变化过程中逐步完成交联反应。由于交联发生在纤维的不同结构状态，因此整理织物的干态防皱性能和湿态防皱性能都有改善。

4. 干、湿两步交联工艺　织物经干、湿态两次交联处理，可获得良好的干、湿防皱性能。

无论采用何种工艺整理的织物，在不同的湿度下织物的防皱性能是不同的，织物的湿度与交联时的湿度一致时，防皱性能最佳。

五、酰胺—甲醛类整理剂甲醛释放

甲醛和酰胺类化合物在酸或碱的催化作用下发生反应，生成 N-羟甲基化合物，同时酸、碱也催化可逆反应，因此酰胺—甲醛类整理剂体系中存在游离甲醛。

酸催化 N-羟甲基化合物的分解：

$$>N—CH_2OH \ + \ HA(酸) \rightleftharpoons \ >\overset{+}{N}H—CH_2OH \ + \ A^-$$

$$>\overset{+}{N}H—CH_2OH \rightleftharpoons \ >NH \ + \ {}^+CH_2OH$$

$$^+CH_2OH \ + \ A^- \rightleftharpoons \ HCHO \ + \ HA$$

碱催化 N-羟甲基化合物的分解：

$$>N—CH_2OH \ + \ B(碱) \rightleftharpoons \ >NCH_2O^- \ + \ BH^+$$

$$>NCH_2O^- \rightleftharpoons \ >N^- \ + \ HCHO$$

$$>N^- \ + \ BH^+ \rightleftharpoons \ >NH \ + \ B$$

该类整理剂整理到织物上后，不是所有整理剂中的 N-羟甲基都与纤维素分子上的羟基反应，即在织物上有 N-羟甲基存在。即便整理剂已与纤维素发生共价交联反应，在外界条件（酸、碱）的作用下，生成的共价交联也会发生水解反应，重新生成 N-羟甲基。N-羟甲基在酸、碱等条件的作用下，发生分解释放甲醛。因此，用酰胺—甲醛类整理剂整理织物后，在穿着使用过程中，始终会有甲醛释放。

酸催化酰胺—甲醛类整理剂与纤维素纤维共价交联的分解反应如下：

$$H_2O + -\overset{\overset{\displaystyle O}{\|}}{C}-\overset{\overset{\displaystyle +}{N}}{\underset{R}{|}}-CH_2 \rightleftharpoons -\overset{\overset{\displaystyle O}{\|}}{C}-\overset{H}{\underset{R}{N}}-CH_2\overset{+}{O}H$$

$$-\overset{\overset{\displaystyle O}{\|}}{C}-\overset{H}{\underset{R}{\overset{+}{N}}}-CH_2OH \rightleftharpoons -\overset{\overset{\displaystyle O}{\|}}{C}-\underset{R}{N}-CH_2OH + H^+$$

碱催化酰胺—甲醛类整理剂与纤维素纤维共价交联的分解反应：

$$-\overset{\overset{\displaystyle O}{\|}}{C}-NH-CH_2-O-纤维素 + OH^- \rightleftharpoons -\overset{\overset{\displaystyle O}{\|}}{C}-N^--CH_2-O-纤维素 + H_2O$$

$$-\overset{\overset{\displaystyle O}{\|}}{C}-N^--CH_2-O-纤维素 \rightleftharpoons [-\overset{\overset{\displaystyle O}{\|}}{C}-N=CH_2 + {}^-O-纤维素]$$

$$\overset{-2H_2O}{\underset{+2H_2O}{\updownarrow}}$$

$$-\overset{\overset{\displaystyle O}{\|}}{C}-NHCH_2OH + HO-纤维素 + OH^-$$

六、低甲醛和超低甲醛整理剂的合成

以 DMDHEU 为代表的酰胺—甲醛类树脂用于纤维素纤维织物的防皱整理,可以获得良好的抗皱效果,但由于整理液中存在游离甲醛,整理剂中的 N-羟甲基也会发生共价键断裂,释放出甲醛,因此不论是在加工过程中,还是整理后的织物,都会有大量的甲醛释放。

20 世纪 60 年代初,服装生产商首先提出要求,降低防皱整理织物的甲醛释放,以避免在剪裁和缝纫车间中引起不舒适感,研究者开始了减少防皱整理织物上甲醛的研究。为了保护生产者和消费者的健康,一些国家相继制定标准,限制防皱整理织物的甲醛释放量,例如,1984 年美国就规定 DP(Durable Press)整理织物的甲醛释放量应在 $500mg/kg$ 以下,自此降低甲醛释放量成为研究者的工作热点。从 1970 年到现在,用 DMDHEU 类整理剂处理织物的甲醛释放量由 $1000mg/kg$ 降到现在的 $50\sim150mg/kg$。为了降低甲醛的释放量,一般采用以下三种方法。

(1)对经 DP 整理的织物进行充分水洗。

(2)在整理浴中添加甲醛捕捉剂,如尿素等。

(3)用甲醇、乙二醇、二缩乙二醇等对 N-羟甲基酰胺类化合物中的羟甲基进行醚化处理。

用 DMDHEU 类整理剂配制的整理液有大量的游离甲醛存在,整理织物后,织物上残留的甲醛较多,为了减少织物上残留的甲醛量,可以在整理液中添加 H_2O_2、尿素等化学药品作为甲醛捕捉剂,H_2O_2 会将甲醛氧化成甲酸,尿素可以与甲醛反应生成脲醛树脂,降低整理浴中甲醛的含量。但由于体系中存在如下的平衡过程:

$$\begin{array}{c} \overset{\overset{\displaystyle O}{\|}}{C} \\ HOH_2C-N \qquad N-CH_2OH \\ | \qquad\qquad | \\ HC\!-\!-\!-\!CH \\ | \qquad | \\ HO \qquad OH \end{array} \xrightarrow[\text{酸或碱}]{} \begin{array}{c} \overset{\overset{\displaystyle O}{\|}}{C} \\ HN \qquad N-CH_2OH \\ | \qquad\qquad | \\ HC\!-\!-\!-\!CH \\ | \qquad | \\ HO \qquad OH \end{array} + HCHO$$

$$\begin{array}{c}\text{(structure)}\end{array} \underset{\text{酸或碱}}{\rightleftharpoons} \text{(structure)} + HCHO$$

因此,加入甲醛捕捉剂不能完全消除体系中的甲醛。整理剂施加到织物上后,交联或半交联的树脂,依然会发生分解,释放甲醛,所以采用在体系中添加甲醛捕捉剂的办法,只能部分降低织物上甲醛的含量。

对 N-羟甲基酰胺化合物中的羟基进行醚化改性是降低整理织物上甲醛含量最有效的方法,下面以 DMDHEU(2D)为例说明 N-羟甲基类树脂的醚化改性。一般是采用醇类化合物(如甲醇、乙醇、乙二醇、二缩乙二醇等)对 2D 树脂中 1,3 位上的羟甲基进行醚化,反应方程式如下:

$$HOH_2C-N(\text{ring})N-CH_2OH + 2ROH \xrightarrow{H^+} ROH_2C-N(\text{ring})N-CH_2OR + 2H_2O$$

为了得到最佳的醚化效果,需控制醚化反应条件,如用甲醇对 1,3 位羟甲基醚化改性,反应浴 pH 值控制在 1.5,温度控制在 $45\sim50℃$,反应时间 0.5h,可以获得最佳的醚化效果。

在实际生产中,由于醚化浴中存在游离甲醛,为了降低游离甲醛的含量,要加入脲等酰胺类化合物,游离甲醛与脲反应,生成脲醛树脂,甲醇也可以与脲醛中的羟甲基反应,因此,整理剂是醚化 2D 与醚化脲醛树脂的混合物。

经醚化改性后,可以显著降低整理液中的游离甲醛量及整理后织物的释放甲醛量,但由于2D 树脂上 4,5 位的羟基存在转位反应,使醚化的树脂或与纤维素纤维交联后的树脂依然存在较高的甲醛释放。4,5 位羟基的转位反应使醚化或交联的树脂释放甲醛的反应方程如下:

$$ROH_2C-N(\text{ring})N-CH_2OR \xrightarrow{\text{转位反应}} ROH_2C-N(\text{ring})N-CH_2OR \xrightarrow{-ROH}$$

$$ROH_2C-N(\text{ring})N-CH_2OH \longrightarrow ROH_2C-N(\text{ring})NH + HCHO$$

醚化树脂与纤维素纤维反应后,也会由于发生转位反应而释放甲醛:

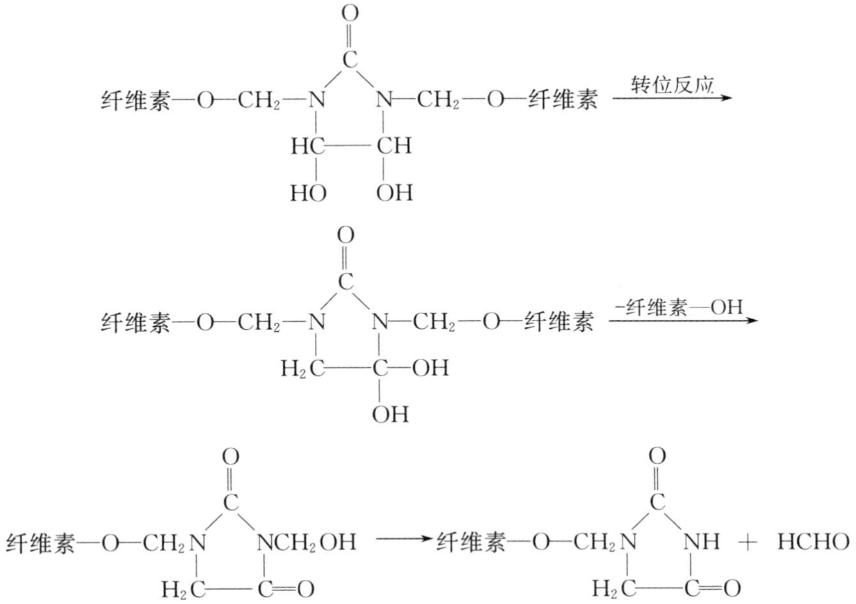

为了进一步降低醚化 2D 树脂的甲醛释放量,需控制 4,5 位羟基的转位反应,对 4,5 位羟基进行醚化,可显著降低转位反应的趋势,制备过程如下:

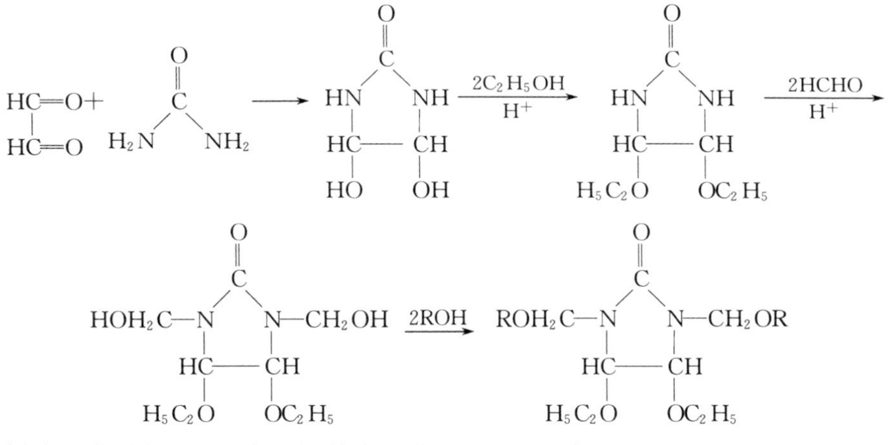

对 2D 树脂醚化改性后,反应活性较未醚化改性的 2D 树脂低,为了增加醚化 2D 树脂的反应性,需使用高效催化剂,一般用氯化镁和柠檬酸的混合催化剂,且根据醚化时所用的醇类不同,氯化镁和柠檬酸的比例也有所不同。

对于三聚氰胺树脂的醚化,也有较多研究,但由于醚化改性的三聚氰胺树脂不适合用于织物的耐久压烫整理,在此不再详述。

第五节　多元羧酸类无甲醛整理剂

防皱整理研究伊始,许多不含甲醛类的化合物就曾被用于棉织物的防皱整理,特别是最近

20 年来,由于人们认识到服装上的甲醛对消费者存在潜在的危害,对棉织物的无甲醛防皱整理进行了大量的研究。归纳起来,主要有乙二醛—酰胺类化合物、双羟乙基砜类化合物、环氧类化合物、水性热反应型聚氨酯、反应性有机硅类化合物、壳聚糖等天然高分子化合物和多元羧酸类化合物等,其中乙二醛—酰胺类化合物、双羟乙基砜类化合物和多元羧酸类化合物整理棉织物可以获得良好的免烫性能,但用乙二醛—酰胺类化合物和双羟乙基砜类化合物整理棉织物存在泛黄、织物强力降低明显等缺点。综合考虑整理后织物的免烫性能、强力保留、色变和成本等多方面的因素,许多研究者认为多元羧酸类化合物最有可能取代甲醛—酰胺类化合物。

多元羧酸类化合物用于棉织物的防皱整理,始于 20 世纪 60 年代,D D Gagliardi 等人首先提出并实验了利用多元羧酸与纤维素分子进行酯交联,提高织物的防皱性能,但效果并不理想,主要原因是选用强酸作催化剂,处理后织物的强力损伤过大,水洗牢度很差。在碱性水洗条件下,酯键几乎全部水解。后来 S P Rowland 等人用弱碱性碳酸钠作催化剂,发现这种催化剂不仅可以加快酯化反应的速率,整理后织物的强力损伤和耐洗牢度也有一定改善。尽管如此,经这种处理的织物的免烫性能与 DMDHEU 处理的织物的性能相比还有很大差距。所以,当时多元羧酸并不被人们看好。有关这方面的研究在 20 世纪 70 年代几乎没有什么进展。

到了 20 世纪 80 年代后期,C M Welch 建议用磷酸盐作为多元羧酸和纤维素大分子酯化反应的催化剂,并取得了很好的效果,特别是处理后织物的耐洗牢度相当好,突破了在碱性条件下酯键比醚键容易水解的传统概念。这一发现使得多元羧酸作为无甲醛免烫整理剂的研究又趋于活跃。

一、多元羧酸类整理剂的分类及制备

(一)1,2,3,4-丁烷四羧酸(BTCA)

在目前所研究的多元羧酸类化合物中,1,2,3,4-丁烷四羧酸(BTCA)是被研究最多、整理织物后效果最好的多元羧酸之一,其分子结构如下:

$$
\begin{array}{c}
CH_2-COOH \\
| \\
CH-COOH \\
| \\
CH-COOH \\
| \\
CH_2-COOH
\end{array}
$$

BTCA 的制备方法主要有化学合成法、辐射合成法和电化学合成法。

(二)柠檬酸

尽管 BTCA 整理棉织物的免烫效果可以与 DMDHEU 树脂整理效果相媲美,强力保留率也较高,但由于 BTCA 的成本高、水溶性低,研究者尝试选择其他多元酸代替 BTCA。柠檬酸价格便宜、无毒、资源丰富,成为研究者的首选。但用柠檬酸整理后织物明显泛黄,泛黄的主要原因是柠檬酸在高温焙烘时,2 位上的羟基会发生脱水,生成乌头酸等,反应如下所示:

$$
\begin{array}{ccccc}
H_2C-COOH & & CH-COOH & & \\
| & & \| & & \\
HO-C-COOH & \xrightarrow{\triangle} & C-COOH & + & H_2O \\
| & & | & & \\
H_2C-COOH & & CH_2-COOH & &
\end{array}
$$

乌头酸本身呈黄色,因此整理织物后,织物泛黄现象比较严重。为了克服柠檬酸整理织物泛黄的缺点,研究者尝试了多种方法。C Q Yang 发现,用马来酸聚合物和柠檬酸一起整理棉织物,可以改善柠檬酸的泛黄性,Yang 认为在高温焙烘过程中,聚马来酸上的羧基与柠檬酸中的羟基发生了如下所示的酯化反应:

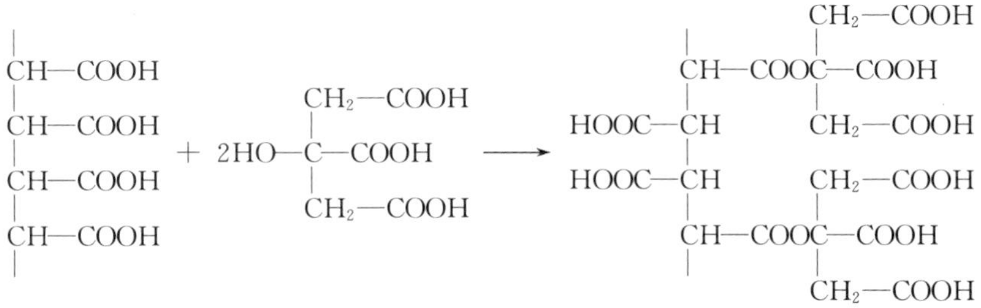

受此影响,研究者尝试对柠檬酸进行改性,封闭柠檬酸中的自由羟基,改善柠檬酸整理织物的泛黄性及提高其免烫效果。

杨百春等人利用氯乙酸对柠檬酸进行改性,生成四羧基化合物,并用其整理棉织物。实验发现,与柠檬酸相比,改性柠檬酸整理织物的白度有明显的提高。

$$2ClCH_2COOH + Na_2CO_3 \longrightarrow 2ClCH_2COONa + CO_2 + H_2O$$

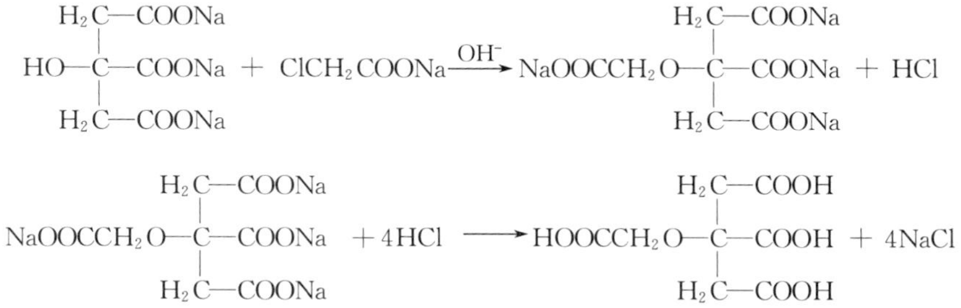

(三)马来酸聚合物

由于马来酸聚合物的链段结构与 BTCA 相似,许多研究者对聚马来酸化合物用于棉织物的免烫整理进行了研究,发现马来酸聚合物整理棉织物可以获得良好的免烫效果,特别是马来酸聚合物与柠檬酸或 BTCA 联合使用时效果更好。

马来酸的聚合一般是以马来酸酐作为原料,先在碱性条件下将马来酸酐水解生成马来酸,然后在过氧化物的引发作用下聚合,反应过程如下:

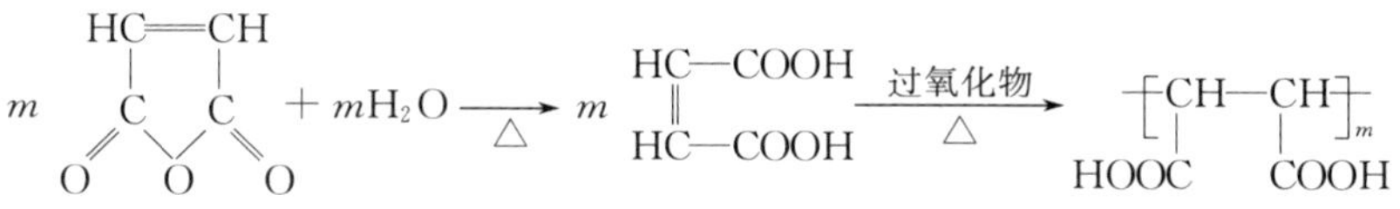

二、多元羧酸类防皱整理剂与纤维素纤维的交联机理

(一)催化成酐理论

20 世纪 60 年代,D D Gagliardi 等首先发现多元羧酸可作为棉织物的无甲醛防皱整理剂,他们认为多元羧酸可直接与纤维素羟基发生酯化交联。在 20 世纪 60 年代后期,Rowland 和

Brannan 认为多元羧酸的酸酐是有效的中间体,可以直接酯化纤维素上的羟基,20 世纪 80 年代,C M Welch 也提出了同样的观点,但没有试验数据证明这种酸酐中间体的形成。B J Trask-Morrll 等利用热重分析和质谱研究了多元羧酸的热脱水性能,发现了酐中间体的形成,支持了多元羧酸通过酐中间体再酯化纤维素羟基的机理。C Q Yang 用傅立叶变换红外光谱,以次亚磷酸钠作催化剂,对多元羧酸的防皱机理和催化机理进行研究,红外光谱验证了五元环酐的存在,进一步确定了先成酐再酯化的防皱机理。

多元羧酸用于防皱整理时,先脱水成酐,再与纤维素上的羟基进行酯化反应已经为多数研究者接受。催化机理可表示为:

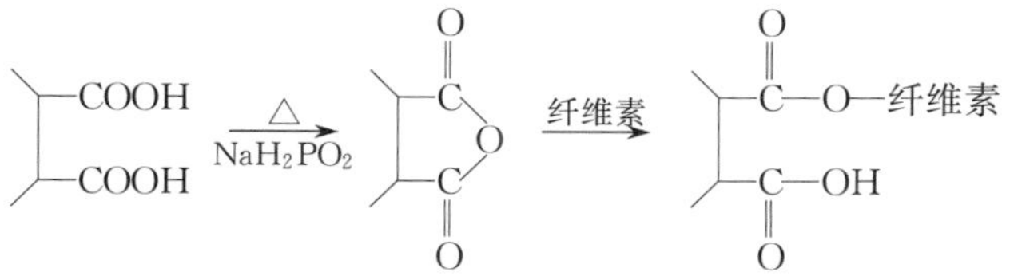

(二)催化成酯理论

也有研究者认为,多元羧酸先脱水成酐,催化剂只在酸酐与纤维素酯化交联阶段起催化作用,即催化成酯。D Lammerman 提出了三步法的催化机理。

(1)多元羧酸在焙烘时,由于热作用失水生成环酐。

(2)活泼酐与次亚磷酸钠催化剂反应生成酰化磷酸盐、酰化亚磷酸盐或混合酐。

(3)这些中间体再酯化纤维素羟基,同时释放催化剂。

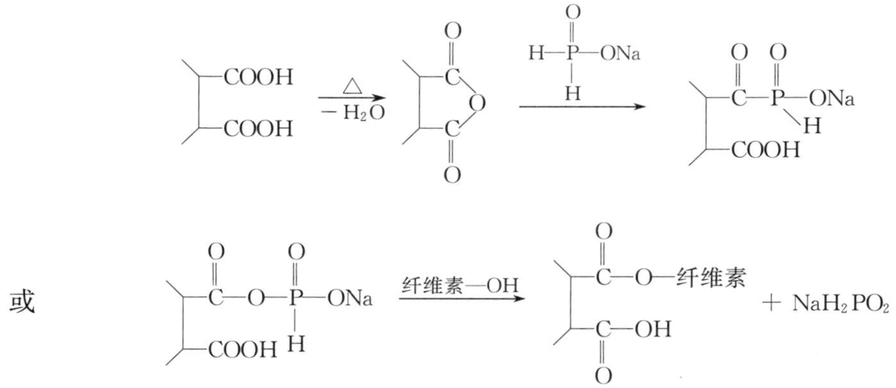

(三)催化成酐、成酯理论

Morries、Yang、Yan 等人证明,次亚磷酸钠既可以降低多元羧酸的成酐温度,也可以在适当的情况下与酸酐反应,次亚磷酸钠可能既催化了多元羧酸的脱水成酐,也催化了酸酐与纤维素羟基的反应。

(四)其他催化机理

在多元羧酸和次亚磷酸钠的反应体系中,Nkeonye 等人认为,起催化作用的是次亚磷酸。次亚磷酸钠在水中电离成次亚磷酸根离子,由于体系酸性很强,次亚磷酸根离子与质子结合,生成次亚磷酸,次亚磷酸直接与羧酸中的羧酸根反应,生成酰化(亚)磷酸盐,然后酰化(亚)磷酸盐与纤维素羟基反应,催化反应如下:

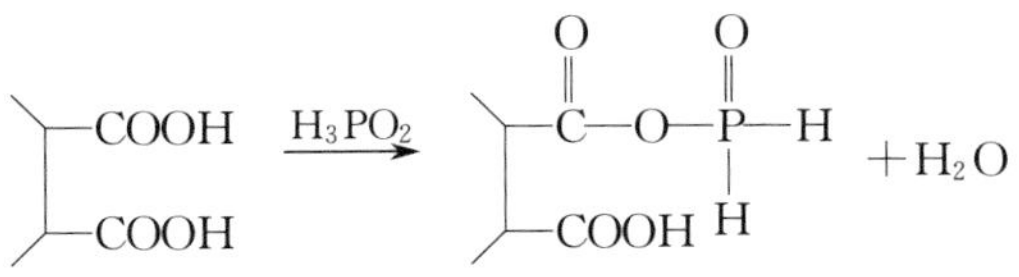

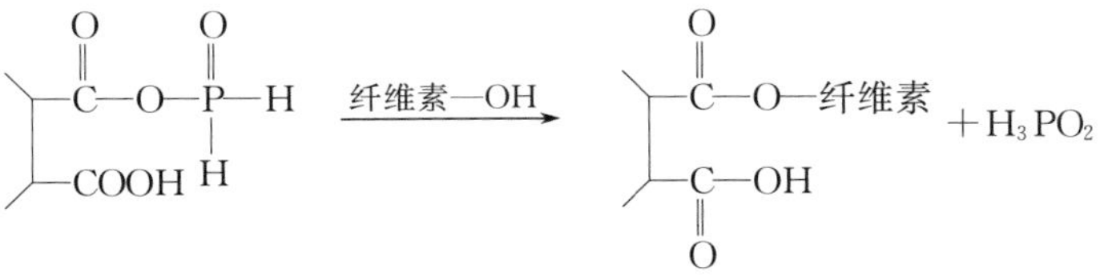

(五)其他催化剂催化机理

研究者还研究了多元羧酸盐、咪唑类等非磷类催化剂的催化机理,认为羧酸盐主要催化羧酸脱水成酐,再催化酐与纤维素羟基反应。多元羧酸盐作为催化剂的催化机理支持了催化多元羧酸脱水成酐再酯化交联的机理。

对于咪唑类无磷催化剂,其反应机理是先形成酰基咪唑盐中间体,再酯化纤维素羟基,这显然是支持催化成酯机理。其催化机理可表示为:

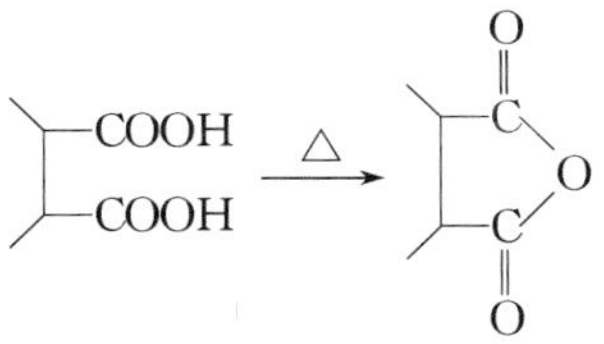

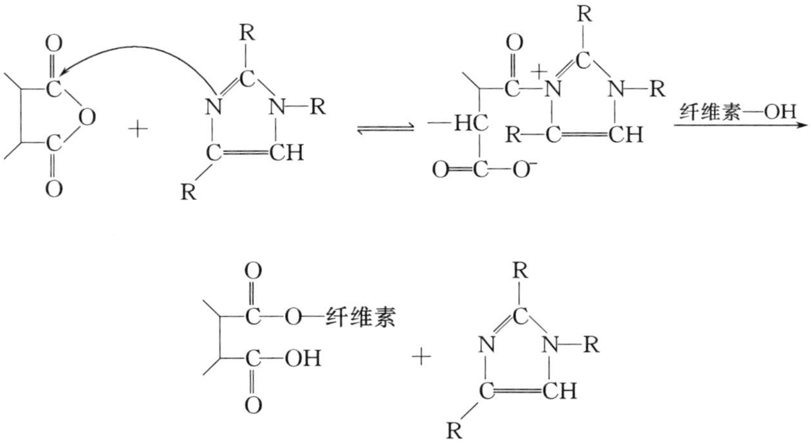

三、多元羧酸类整理剂加工工艺

(一)工作液配方

多元羧酸　　　　　　　60～80g/L(整理剂以100%计)

次亚磷酸钠   30～40g/L(不含结晶水)

有机硅柔软剂   适量

强力保护剂   适量

水   余量

调整整理液 pH 值至适当值。

(二)整理工艺

织物二浸二轧整理液,轧液率 70%～80% —→ 80℃烘干 3min —→ 170℃或 180℃焙烘适当时间(焙烘时间取决于焙烘温度和整理液 pH 值)

第六节　整理后纺织品的品质

一、织物平挺度等级

织物平挺度等级用于评价经防皱整理的纺织品重复洗涤后表面的平整性,共分 6 级,分别为 1 级、2 级、3 级、3.5 级、4 级和 5 级,1 级最差,5 级最好,分别代表的织物表面状况为:

5 级——非常平整,有熨烫、整理过效果;

4 级——平整,有整理过效果;

3.5 级——基本平整,但无熨烫过效果;

3 级——有皱,无熨烫过效果;

2 级——有明显的折皱;

1 级——折皱非常严重。

按照 AATCC 标准,有 6 块标准模板,分别代表 1 级、2 级、3 级、3.5 级、4 级和 5 级。对织物进行评级前,先按照标准规定,对织物进行水洗、干燥,然后将被评试样与标准模板放在一起,评级时灯光光源、试样放置高度、评价者与试样之间的距离等条件需严格按照标准规定,由评价者根据试样与标准模板的相近程度,给出试样的级数。织物平挺度等级反映了织物树脂整理的优劣,与织物的折皱回复角有一定关系,但不具有对应关系。

二、整理织物的主要力学性能

织物经防皱整理后,在物理机械性能方面发生了明显的变化,例如折皱回复角提高,拉伸断裂强度、拉伸断裂延伸度、撕破强度和耐磨性等都有不同程度的变化,这些性能与织物的耐用性能密切相关,在生产和科学研究过程中需要加以测定。

(一)折皱回复角

棉织物经树脂整理后,树脂在纤维素纤维内部通过交联作用、树脂沉积作用增加了纤维的弹性,提高了织物从形变中回复的能力。折皱回复角是反映织物从形变中回复能力的最直观的指标,折皱回复角的大小反应了树脂整理的优劣。

(二)断裂强度和拉伸断裂延伸度

经防皱整理后,棉织物的断裂强度和拉伸断裂延伸度都有明显的降低,降低的程度随防皱性能的提高而加剧。为了了解防皱整理后棉纤维断裂强度发生下降的原因,曾进行大量的研究,已证明织物断裂强度的降低主要是共价交联作用所致。由棉纤维的断裂机理可知,棉纤维的断裂是由分子链的断裂引起的。棉纤维经过防皱整理后,由于在纤维的基本结构单元及大分子间引入一定数量的共价键,与未整理过的纤维比较起来,各单元间的移动性受到限制,负担外力的情况更不均匀,必然引起强度的下降。纤维的强度是织物的基础,以致织物的断裂强度也有下降。

一般来讲,织物折皱回复性能的提高与织物断裂强度的降低成正比,因此,在对织物进行树脂整理时,应充分考虑折皱回复角的提高和织物强度降低之间的平衡。

对黏胶纤维织物,经防皱整理后,断裂强度有所提高,特别是湿强度有明显的提高。这是因为未经整理的黏胶纤维的断裂机理与棉纤维有所不同。对黏胶纤维而言,受拉伸断裂时,主要是分子或基本结构单元的滑移起着主要作用。经防皱整理后,由于在黏胶纤维分子间建立了共价交联,使大分子间的作用力得到加强,受外力作用时,黏胶大分子或基本结构单元间的滑动趋势降低,使纤维的强度提高。黏胶纤维在湿态下纤维溶胀,受力时分子或结构单元的滑动增加,因此黏胶纤维的湿态强度较干态强度低。防皱整理后,由于交联的存在,限制了黏胶纤维在湿态的溶胀,因此湿态强度也有提高,且提高幅度较干强度提高明显。

需要注意的是,如果交联密度过高,将会出现类似棉纤维的情况,即黏胶纤维的强度经交联处理达到最高值时,再增加交联,黏胶纤维的强度会重新下降。

无论棉纤维还是黏胶纤维织物,经防皱整理后,拉伸断裂延伸度都发生明显的降低,主要是因为经防皱整理后,在纤维素大分子或基本结构单元间引入共价交联,降低了纤维随外力而发生形变的能力,因此使织物的断裂延伸度发生明显的下降。

(三)撕破强度

织物在使用过程中,特别是在衣服的纽扣、袋口等处,有时会使纱线受到与其轴线方向垂直的外力作用,发生撕裂现象,织物是否耐用与其耐撕裂能力有很大关系。织物的耐撕裂能力一般以测定织物的撕破强度来表示。所谓撕破强度是指织物的经纱或纬纱的切口处耐拉伸的能力,以拉开切口所需的力表示。

织物撕破强度的高低,除与纱线的强度有关外,还与撕裂时承受外力的纱线的数量有关,因此织物纱线强度或断裂延伸度过低、织物中纱线的可活动性较小,都将使织物具有较低的撕破强度。

经防皱整理后,棉纱线的断裂强度和断裂延伸度降低,因此棉织物的撕破强度有显著降低。对黏胶纤维织物来讲,防皱整理后,织物的拉伸断裂强度增大,但撕破强度有明显降低,这主要是由于断裂延伸度降低的原因,对黏胶纤维织物而言,撕破强度的降低与断裂延伸度的降低近似为正比例关系。

为了提高织物的撕破强度,普遍采用在整理液中添加柔软剂的方法,虽然在整理液中添加柔软剂,不能提高整理后纱线的断裂强度和断裂延伸度,甚至使织物中纱线的断裂强度和断裂延伸度下降。但可使织物中纱线间的摩擦系数减小,纱线在织物中的移动性提高,织物在撕裂时,纱线易于聚拢而有较多的纱线来共同承受撕力,使整理品的撕破强度得到一定程度的改善。

(四)耐磨性

织物中纱线和纤维在摩擦中发生反复形变而受到的损伤,通称为磨损。织物是否耐用,在很大程度上取决于它的耐磨性。衣服在穿着过程中所发生的摩擦可分为平磨和曲磨两类。

影响织物耐磨性的因素极其复杂,研究表明织物的拉伸和回复性能是影响耐磨性的重要因素。一般来讲,强度、断裂延伸度和弹性都较高的纤维,具有较高的耐磨性。

纤维素纤维织物经防皱整理后,织物的耐磨性随防皱性的提高而下降,这主要是由于纤维的强韧度降低所致。一般而言,实验室中所采用的平磨或曲磨测试方法,都是加速破损的方法,即实验时织物所承受的负荷较大,且连续作用。服装在实际使用过程中所遭受的应力一般都比较小,也不是连续长期经受摩擦,因此,纤维在受到摩擦时所产生的形变一般不会太大,又有充分时间回复,这就造成了实验条件与实际服用不一致的问题。

对黏胶纤维织物在不同负荷下进行耐平磨实验,发现随着耐磨实验时负荷的减少,织物处理前后耐磨性的差异缩小。当负荷小到一定程度后,处理后织物反而比未经处理的织物更耐磨些。产生这种现象的原因是由于防皱整理织物的耐磨性除与纤维的强度和断裂延伸度有关外,还与纤维的回复性能有关。在高应力的摩擦下,纤维的延伸度起着非常重要的作用,由于整理后纤维的断裂延伸度的降低比较显著,因而在摩擦时不可能有较多的纤维共同承受外力,因此必然产生过早破损的现象,而在低应力的摩擦下,纤维的弹性对织物的耐磨性也有着重要的影响,由于整理后纤维的弹性明显提高,以致整理后织物的耐磨性会有提高。

为了提高整理织物的耐磨性,可在整理液中添加适当的热塑性树脂或柔软剂,热塑性树脂有助于提高织物的耐平磨性,柔软剂的加入有助于提高织物耐曲磨性。

三、整理织物的耐洗性

酰胺类树脂整理剂以醚键与纤维素共价交联,多元羧酸类整理剂以酯键与纤维素共价交联,防皱整理效果的耐洗性取决于整理剂在纤维素间形成共价交联的耐酸、碱水解稳定性。

(一)酸、碱水解稳定性

1. 酰胺类整理剂 酰胺类整理剂与纤维素以醚键共价交联,醚键耐碱不耐酸,在酸性条件下,整理剂与纤维素之间的醚键容易发生水解反应,减少了纤维素大分子之间的交联密度,降低了防皱效果。酸、碱催化醚键水解的反应过程在第四节已有叙述,在此不再重复。

整理剂的结构对酸、碱催化水解的速率影响非常大。整理剂中氮原子上的 R 基和羰基所接基团的拒电子性越强,醚键越易断裂。

除整理剂的化学结构对整理织物的耐酸、碱水解稳定性有影响外,整理剂与纤维素所形成的

交联结构,也影响着整理品的耐水解性能。例如,在交联结构中存在着亚甲基醚键

($\diagdown$N—CH$_2$—O—CH$_2$—N$\diagup$),较整理剂直接与纤维素形成的醚键($\diagdown$N—CH$_2$—O—纤维素)

不稳定,比较容易水解,从而使共价交联断裂,织物的防皱性能降低。

2. 多元羧酸类整理剂 多元羧酸类整理剂与纤维素可以形成酯键共价交联,酯键在酸性条件比在碱性条件下稳定,在碱性条件下,可发生如下水解:

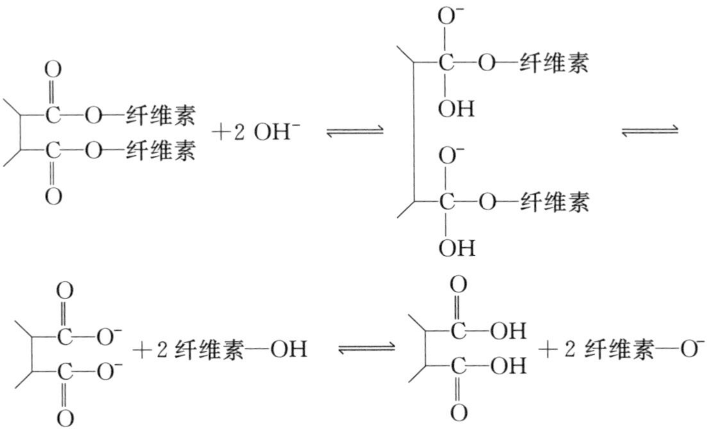

由于水洗都是在碱性条件下进行的,因此多元羧酸类整理剂整理效果的耐水洗性特别重要。据文献介绍,以次亚磷酸钠作催化剂,形成的交联具有良好的耐洗性。

(二)吸氯和氯损

前面已经提及,由于 N—羟甲基酰胺类整理剂中都含有氮,使用 N—羟甲基酰胺类整理剂整理的织物在洗涤过程中,如遇 NaOCl 或水中的有效氯,大部分整理剂都会产生吸氯现象。吸氯后的整理织物经高温熨烫后便发生不同程度的脆损,称为氯损,有些整理品在吸氯后还会产生泛黄现象,称为吸氯泛黄。整理剂中含有亚氨基($\diagdown$NH)基团或经水解反应生成 $\diagdown$NH基团是吸氯的主要原因。但氯损的问题不单单是吸氯的问题,而且与吸氯后形成的氯酰胺的热稳定性和整理剂对酸的缓冲能力有关,如果氯酰胺稳定,不可能分解引起脆损,所以氯脆损与吸氯不是同义词。

氯酰胺在受热的条件下,会产生 HCl 气体,HCl 气体的产生是氯损的主要因素。

(三)整理效果耐洗性的测试

整理效果是否具有良好的耐洗性是防皱整理的关键,评价防皱整理后的织物是否具备耐洗性,一般采用标准条件(例如参考 AATCC 标准)对织物进行重复水洗,测试水洗后试样的 DP 等级或折皱回复角,判断织物的耐洗性能。

☞ 复习指导

1. 内容概览

本章主要讲述纤维素纤维织物的防皱整理,通过讨论折皱形成的原因,阐述防皱原理。并重点介绍 N—羟甲基酰胺类整理剂、醚化改性的 N—羟甲基酰胺类整理剂和多元羧酸类整理剂

的分类及其分子结构、与纤维素纤维的交联机理。阐述酰胺—甲醛类整理剂的甲醛释放问题和解决途径,并对整理后织物的防皱效果与主要物理机械性能之间的关系和耐洗性能进行分析讨论。

2.学习要求

(1)重点掌握 N-羟甲基酰胺类整理剂、醚化改性的 N-羟甲基酰胺类整理剂和多元羧酸类整理剂的分类及其分子结构、防皱原理。

(2)重点掌握酰胺—甲醛类整理剂的甲醛释放问题和解决途径,并对整理后织物的防皱效果与主要物理机械性能之间的关系和耐洗性能进行分析讨论。

☞ 思考题

1. 织物折皱形成的原因是什么?

2. 影响织物抗折皱性能的因素有哪些?

3. 树脂整理提高织物抗皱性能的机理是什么?

4. 酰胺—甲醛类整理剂整理织物为什么会有甲醛释放?

5. 如何降低酰胺—甲醛类整理剂整理织物的甲醛释放量?

6. 催化剂催化多元羧酸与纤维素纤维酯交联的机理是什么?

7. 如何降低柠檬酸整理织物的黄变现象?

8. 何为 DP 等级,如何评价织物的 DP 等级?

参考文献

[1]王菊生,孙铠. 染整工艺原理(第二册)[M].北京:纺织工业出版社,1987.

[2]Mehta M U,Gapta K C,et al. Crease recovery of untreated and resin-treated cotton fabrics[J]. Textile Res. J. ,1976,46:357.

[3]J N Grant,F R Andrews,et al. Abrasion and tensile properties of cross-linked cotton fabrics[J]. Textile Res. J. ,1968,38:217.

[4]郭嫣,张建伟. 纯棉抗皱免烫织物结构与抗皱性能的探讨[J]. 北京纺织,2000,22(2):19.

[5]马海青,周翔. 防皱整理前后织物性能与紧度的关系研究[J]. 印染,2001(10):8.

[6]H. 马克,等. 纺织品化学整理[M]. 水佑人,译. 北京:纺织工业出版社,1984.

[7]P C Mehta,R D Metha. Reaction of dimethylol urea with cotton[J]. Textile Res. J. ,1960,30:524.

[8]D D Gagliardi. Cure of urea-formaldehyde resins with alkaline catalysts[J]. Am. Dyestuff Reptr. 1951,40:769.

[9]F C Wood J. Dimensionally stable cellulosic fabrics[J],Textile Inst.,.1946,37:335.

[10]W G Cameron,T H Morton. Permanent finishes on viscose rayon depending on cross-bonding[J]. J. Soc. Dyers Colourists,1948,64:329.

[11]H C Walter,J K Burbaum,et al. The mechanism of crease resistance development on cellulosic fabrics treated with dimethylol ethylene urea[J]. Textile Res. J. ,1957,27:146.

[12]Rath H,Einsele U. Uber die chemische modifizierung der zellulose durch alkylierung[J]. Melliand Textilber. ,1959,40:526.

[13]McKelvey J B,Berni R J,et al. Partial monobasic esters of cotton cellulose. Part Ⅱ：Effects of substitution and unsaturation in aroyl esters on crease recovery[J]. Textile Res. J.,1966,36：828.

[14]McKelvery J B,Benerito R R,et al. Esterification of cotton with certain monofunctional acid chlorides and the effect on crease recovery[J]. Textile Res. J.,1965,35：365.

[15]Smith A R. The application of crease-resistant finishes to cotton[J]. Textile Res. J.,1956,26：826.

[16]Reid J D,Frick J G,et al. Imparting wrinkle resistance to cotton fabrics with triazone derivatives[J]. Am. Dyestuff Reptr.,1959,48：81.

[17]Frick J G,Andrews B A K,et al. A study of hypochlorite-resistant melamine-type finishes[J]. Am. Dyestuff Reptr.,1961,50：356.

[18]Vyas S K,Mukhopadhyay S. Crease resistant finishing：a new approach[J]. Asian Dyer,2007,4(5)：41.

[19]Kim Hong Je,Lee Gi Pung. Method of crease-resistant finishing cotton fiber[J]. Kongkae Taeho Kongbo,2004.

[20]Chiwaki Masahito,Ishikawa,Akira. Polysiloxane compositions for fiber treatment with excellent crease-proofing properties and storage stability[J]. Kokai Tokkyo Koho,2006.

[21]Sobashima Mitsuo,Nagura,Toshinari. Finishing cloths comprising cellulose-type fibers for high crease resistance,by treating the cloths with liquids containing crosslinking agents and heat-treating the cloths in the wet state under high pressure and creaseproofed cellulose fiber cloths therefrom[J]. Kokai Tokkyo Koho,2006.

[22]朱平,周晓东. 离子交联法对棉织物的抗皱整理[J]. 现代纺织技术,2008,4：8.

[23]田鹏,黄玲. 聚羧酸 MAA－1 室温潮态交联免烫整理工艺的研究[J]. 印染助剂,2008,25(8)：39.

[24]刘宏光,戴瑾瑾. 影响潮态交联工艺的因素研究[J]. 印染,2008,5：10.

[25]高红礼,许海育. 纯棉织物室温潮态交联防皱整理工艺的研究[J]. 印染助剂,2006,23(1)：26.

[26]Sharnina L V,Vladimirtseva E L. Formulation for finishing cellulose-containing textile material to improve crease resistance[J]. Russ,2007,6.

[27]Chiwaki Masahito,Ishikawa Akira,Polysiloxane compositions for fiber treatment with excellent crease-proofing properties and storage stability. Kokai Tokkyo Koho,2006,10.

[28]Schramm C,Rinderer B. Durable press finishing of cotton with 1,2,3,4-butanetetracaboxylic acid and glyoxal in a two-step process[J]. Cellulose Chemistry and Technology,2006,40(1－2)：125－131.

[29]Yang Yun-Kyu,Kang Suk-Hwan. Properties of crease resist finishing for cellulose fabrics treated with DM-DHI and waterborne polyurethane by UV irradiation[J]. Hankook Sumyu Gonghakhoeji,2006,43(1)：7－15.

[30]徐中印,习智华. 亚麻织物抗皱整理工艺研究与探讨[J]. 陕西纺织,2008,3：29.

[31]杜娟,姜凤琴,赵玉萍. 竹原纤维织物抗皱整理的研究[J]. 染整技术,2008,30(5)：25.

[32]张宏伟,赵海梅. 水解淀粉与乙二醛对棉织物的抗皱整理[J]. 纺织学报,2007,28(3)：72.

[33]杜娟,姜凤琴,邓丽丽. 大麻织物的抗皱柔软复合整理[J]. 印染助剂,2007,24(5)：37.

[34]T F Cooke,P B Roth,et al. Comparison of wrinkle-resistant finishes for cotton[J]. Textile Res. J.,1957,27：150.

[35]Gagliardi D D,Shippee F B. Crosslinking of cellulose with polycarboxylic acids[J]. Am. Dyestuff Reptr.,1963,52：300.

[36]S P Rowland. Introduction of ester cross links into cotton cellulose by a rapid curing process[J]. Textile Res. J.,1967,37：933.

[37]C M Welch. Tetracarboxylic acids as formaldehyde-free durable-press finishing agents. I. Catalyst, additive, and durability studies[J]. Textile Res. J. ,1988,58：480.

[38]纪俊玲,陈水林,等.无甲醛整理剂 BTCA 的制备[J]. 印染助剂,1999,16(2):19.

[39]N M Alicia,G Albarran. Synthesis of 1,2,3,4-Butanetetracarboxylic acid from the irradiation of aqueous succinic acid[J]. Radiat. Phys. Chem. ,1993,42：973.

[40]R S Castillo,N M Alicia. The radiolysis of aqueous solutions of malic acid. Radiat[J]. Phys. Chem. ,1985,26：437.

[41]B A K Andrews. Fabric whiteness retention in durable press finishing with citric acid[J]. T. C. C. ,1993,25(3)：52.

[42]C Schramm,B Rinderer. Optimizing citric acid durable press finishing to minimize fabric yellowing[J]. T. C. C. ,1999,31(2)：23.

[43]C Q Yang,X Wang,et al. Ester crosslinking of cotton fabric by polymeric carboxylic acids and citric acid[J]. Textile Res. J. ,1997,67：334.

[44]杨百春,刑铁玲,等.改性柠檬酸的合成及其在纯棉织物防皱整理中的应用研究[J]. 苏州纺织工学院学报,1999,19(2):1.

[45]S P Rowland,A F Brannan. Mobile ester crosslinks for thermal creasing of wrinkle-resistant cotton fabrics[J]. Textile Res. J. ,1968,38:634.

[46]B J Trask-Morrell,B A Kottes. Spectrometric analysis of polycarboxylic acids[J]. T. C. C. ,1990,22(10)：23.

[47]C Q Yang. FT-IR spectroscopy study of the ester crosslinking mechanism of cotton cellulose[J]. Textile Res. J. ,1991,61：433.

[48]C Q Yang. Infrared spectroscopy studies of the cyclic anhydride as the intermediate for the ester crosslinking of cotton cellulose by polycarboxylic acids. Ⅰ. Identification of the cyclic anhydride Intermediate[J]. J. Polym. Sci. Part. A Polym. Chem. ,1993,31：1187.

[49]C Q Yang,X Wang. Infrared spectroscopy studies of the cyclic anhydride as the intermediate for the ester crosslinking of cotton cellulose by polycarboxylic acids. Ⅱ. Comparison of different polycarboxylic acids [J]. J. Polym. Sci. Part. A Polym. Chem. ,1996,34：1573.

[50]Ji B L,Zhao Z Y,Yan K L,et al. Effect of divalent anionic catalysts on crosslinking of cellolose with 1,2,3,4 - butanetracarboxylic acid[J]. Carbohydrate Polymers,2018(181):292 - 299.

[51]Ji B L,Zhao Z Y,Yan K L,et al. Effects of acid diffusibility and affinity to cellulose on strength loss of polycarbon oxylic acid crosslinked fabrics[J]. Carbohydrate Polymers,2016(144):282 - 288.

[52]C M Welch,N M Morris. Non-phosphorus catalysts for formaldehyde-free DP finishing of cotton with 1,2,3,4-butanetetracarboxylic acid. I. Aromatic N-heterocyclic compounds[J]. Textile Res. J. ,1993,63：650.

[53]C Q Yang. FTIR spectroscopy study of ester crosslinking of cotton cellulose catalyzed by sodium hypophosphite[J]. Textile Res. J. ,2001,71：201.

[54]P Q Nkeonye. The effect of acid-liberating salts on the carboxylic acid dye-cellulose reaction[J]. Textile Dyer Print,1991,24(9)：29.

第十二章　特种功能整理

　　随着社会的发展和人类文明程度的提高,传统纺织品的遮体、保温、美观和使皮肤免受外界侵害的作用已远远满足不了人类对纺织品服用性能(如易护理性能、卫生性能、舒适性能等)的更高要求。纺织品除了用于服装外,还大量用于装饰、产业等各个领域,这些领域也需要纺织品具有特殊性能(如阻燃、拒水拒油、防紫外线辐射等)。同时,合成纤维和天然纤维某些性能上的不足也已影响到它们的使用和应用范围的拓展。为了满足人类服用、装饰、工业和国防等行业对纺织品性能的更高要求以及改善各种纤维织物的服用性能,需要对纺织品进行特种功能整理。

　　特种功能整理是通过后整理使纺织品获得某些特殊性能的加工过程。特种功能整理的内容很多,其产品应用领域广阔。纺织品的特殊功能也可以通过使用功能纤维或特种纤维,如阻燃纤维、抗菌纤维、抗静电纤维等而获得;对天然纤维织物来说,其特种功能主要依赖后整理技术获得。

　　特种功能整理经常需要用到各种化学品,其中一些会对环境造成污染,对消费者健康造成危害。如合成拒水拒油整理剂的原料全氟辛烷磺酰基化合物(PFOS)难生物降解且有遗传毒性、生殖毒性等多种毒性而被禁用,目前已研发出多种 $C_4 \sim C_6$ 短碳链的氟碳整理剂;阻燃剂中卤素类阻燃剂是目前产量非常大的,但燃烧时产生较多的烟、有毒气体,且多溴联苯(PBB)、五溴二苯醚(penta-BDE)和八溴联苯醚(octa-BDE)已被欧盟法规禁用;有机磷系阻燃剂特别是磷酸酯类在制造和使用过程中都给环境造成危害和发烟量大;抗菌整理中的抗菌剂 α-溴代肉桂醛(BCA)、2-(4-噻唑基)苯并咪唑(TBI)、2-(3,5-二甲基吡唑基)-4-羟基-6-苯基嘧啶等因有很高的致畸性被禁用。因此,研究开发清洁生产工艺以及被禁用整理剂的替代品或环保型整理剂是当前织物功能整理的发展趋势。

　　功能整理的另一发展方向是由单一功能整理向多功能或复合功能整理发展。例如,兼具阻燃和拒水拒油的功能整理,阻燃、抗菌防臭复合整理等。复合功能整理要考虑整理剂之间的相容性以及协同性。

　　本章主要讨论织物的拒水拒油整理、易去污整理、阻燃整理和卫生整理等一些常用的特种功能整理。

第一节　拒水和拒油整理

一、拒水拒油的概念和拒水拒油整理的发展

采用浸渍、浸轧或者涂覆的方式,在织物上施加一种具有特殊分子结构的整理剂,它以物

理、化学或物理化学的方式与纤维结合,改变纤维表面层的组成,使织物的临界表面张力降低至不能被水润湿,这种整理工艺称为拒水整理;若整理后织物的临界表面张力降得更低,使织物既不能被水润湿也不能被常用的油类(如食用油、机油等)润湿,则称为拒水拒油整理。

拒水整理和防水整理是有区别的。前者利用具有低表面能的整理剂沉积于纤维表面,使织物不会被水润湿,但织物中纤维和纱线间仍保持着大量孔隙,使织物既具有良好的拒水性,又具有透气和透湿性,而且织物的手感和风格不受影响,只有在水压相当大的情况下织物才会发生透水现象。后者是在织物表面涂布一层不透气的连续薄膜,如橡胶、聚氨酯等,填塞织物上的孔隙,借物理方法阻挡水的透过,即使在外界水压作用下也有高的抗水渗透能力,但往往不透气和不透湿,穿着也不舒适。防水整理属涂层整理范畴。虽然近年来随着涂层技术的进步,透气、透湿而不透水的涂层织物早已问世,但如果未经拒水剂处理或在涂层浆中未加入拒水剂组分,其表面仍会被水润湿。

织物拒水整理的历史悠久,19世纪初出现了铝皂和石蜡乳液的二浴法拒水整理工艺。20世纪30年代,出现了一端具有反应性基团的长碳链拒水剂,其中最重要的是硬脂酰胺亚甲基吡啶氯化物。同一时期还出现了氨基树脂用硬脂酸或十八醇改性的拒水剂。20世纪40年代,杜邦公司推出了硬脂酸/豆蔻酸的铬络合物型拒水剂,但这类拒水剂本身呈深绿色,限制了它的使用范围。1947~1948年出现的有机硅拒水剂是拒水整理的重要发展。含氢有机硅是有机硅拒水剂的必要成分,但活泼的聚甲基含氢硅氧烷整理的织物手感发硬,需要与二甲基聚硅氧烷混合起来使用。含氟烷基化合物作为织物拒水拒油整理剂首先应用的是全氟烷基羧酸的铬络合物和锆盐,如美国3M公司的Scotchgard FC—805,但由于铬离子的存在,会使织物略呈绿色,目前已被含氟聚合物所取代。20世纪50年代,美国杜邦公司首先进行了氟聚合物织物拒水拒油整理的尝试,3M公司随后合成了含氟烷基丙烯酸酯共聚物。而后杜邦的Teflon、旭哨子的AsahiGuard、大金工业株式会社的Unidyne等商品化产品相继问世。但这类商品的价格远较有机硅贵,而且整理效果的耐久性也常常不能令人满意。氟碳聚合物与三聚氰胺类树脂结合使用,不但不影响其拒油性能,而且拒水效果和耐洗涤性可以取得非常好的效果,因此得到了迅速推广,成为拒水剂的主流。

近十多年来,正在研究新的材料,包括树枝状大分子、碳纳米管、疏水蛋白和溶胶—凝胶等,单独或结合传统的氟碳拒水拒油整理剂用于纺织品的拒水拒油整理,可赋予纺织品卓越的拒水拒油性能。但目前这些材料价格昂贵,还难以被接受。

二、拒水和拒油原理

(一)拒水拒油原理

1. 拒水和拒油的条件　在第一章中已经介绍了润湿过程分为沾湿、浸湿和铺展三类。为了更好地理解拒水拒油原理,以下对拒水拒油有关的沾湿和铺展过程的实质和进行的条件再做一次讨论。

(1)沾湿:沾湿是指液体与固体接触,变液/气界面和固/气界面为固/液界面的过程,如图12-1所示。

设液体与固体间的接触面积为单位值,此过程中体系自由能的降低值($-\Delta G_a$)为:

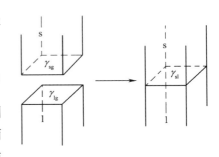

$$-\Delta G_a = \gamma_{sg} + \gamma_{lg} - \gamma_{sl} = W_a \qquad (12-1)$$

式(12-1)中,W_a 是液/固相之间的黏附功,此值越大则固/液界面结合得越牢,故 W_a 是固/液界面结合能力及两相分子间相互作用力大小的表征。根据热力学第二定律,在恒温、恒压的条件下,$W_a \geqslant 0$ 的过程为自发的过程,此即沾湿发生的条件。

图 12-1　液体与固体间的沾湿作用
s —固相　l —液相　g —气相

黏附功无法测量,只能由式(12-1)自 γ_{lg}、γ_{sg} 和 γ_{sl} 的实验值来计算。

若将图 12-1 所示过程中的固体换成一个具有同样面积的液柱,则可得到另一有用的参数。应用式(12-1)于此过程,则得:

$$W_c = \gamma_{lg} + \gamma_{lg} - 0 = 2\gamma_{lg} \qquad (12-2)$$

W_c 称为内聚功,它反映出液体自身间结合的牢固程度,是液体分子间相互作用力大小的表征。内聚功是将截面为单位面积的液柱分割成两个液柱所需之功,在这一过程中,产生了两个新的表面,其表面张力为 γ_{lg}。

由于 $\gamma_{sg} = \gamma_{sl} + \gamma_{lg}\cos\theta$,则:

$$W_a = \gamma_{lg}(1 + \cos\theta) \qquad (12-3)$$

式(12-3)表明,黏附功是接触角 θ 的函数。若 θ 值小,则 W_a 值就大,即固体容易被液滴润湿;反之,固体就有不同程度的抗润湿性能。如 $\theta = 0°$,则式(12-3)为:

$$W_a = \gamma_{lg}(1+1) = 2\gamma_{lg} = W_c \qquad (12-4)$$

此时,黏附功实际上等于液滴本身的内聚功($W_c = 2\gamma_{lg}$)了。

拒水和拒油整理是使整理后的织物表面具有不被水和油润湿的性能,也就是增大其与水或油的接触角 θ,降低它们之间的黏附功。

(2)铺展:铺展时,液滴在固体表面展开而铺平,所以铺展过程的实质是在以固/液界面代替固/气界面的同时,液体表面也同时扩展或液体表面积也同时增大,如图 12-2 所示。

当铺展面积为单位值时,体系自由能的降低为:

$$-\Delta G = \gamma_{sg} - (\gamma_{lg} + \gamma_{sl}) = S \qquad (12-5)$$

S 为铺展系数。在恒温、恒压条件下,$S \geqslant 0$ 时,液体可以在固体表面上自动展开,连续地从固体表面上取代气体,只要用量足够,液体将会自行铺满固体表面。

应用黏附功和内聚功的概念和式(12-5),得式(12-6):

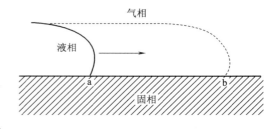

图 12-2　液体在固体上的铺展

$$S=\gamma_{sg}-\gamma_{lg}-\gamma_{sl}=\gamma_{sg}+\gamma_{lg}-\gamma_{sl}-2\gamma_{lg}=W_a-W_c \qquad (12-6)$$

在式(12-6)中,若 $S\geqslant0$ 时,$W_a\geqslant W_c$,即固/液黏附功大于液体内聚功时,则液体可自行铺展于固体表面(即润湿或渗透);若 $S<0$,液体在固体表面不铺展(即成珠状)。由于式(12-5)中,γ_{sl} 与 γ_{lg} 相比,其值甚小,可忽略不计,因此,若要水或油滴在固体表面呈珠状,则必须使固体表面张力 γ_{sg} 小于液体的表面张力 γ_{lg}。

因此,拒水拒油的条件是,固体的表面张力 γ_{sg} 必须小于液体的表面张力 γ_{lg}。

2. 固体的临界表面张力　　固体的表面张力没有有效的直接测定方法,一般采用 W. A. Zisman 等提出的外推法间接求得。

W. A. Zisman 等广泛研究了液滴在固体表面上的接触角(θ)与可润湿性之间的关系,认为 $\cos\theta$ 值直接反映了可润湿性。当 $\cos\theta=1$ 时,液滴与固体之间的接触角(θ)为零,固体表面完全被液滴所润湿,液/固相之间的黏附功超过了液滴的内聚功。他们发现在聚四氟乙烯表面上,正烷烃同系物的 $\cos\theta$ 值和它们的表面张力之间有良好的线性关系,将此直线外推至 $\cos\theta=1$(即接触角等于零),得其表面张力约为18mN/m,如图 12-3 所示。W. A. Zisman 等还发现一些非同系有机液体在聚四氟乙烯表面上也能获得同样的结果,他们将用外推法($\cos\theta=1$)获得的其对应的液体的表面张力定义为该固体的临界表面张力 γ_c。在图 12-3 中,聚四氟乙烯的临界表面张力 γ_c 为18mN/m。临界表面张力 γ_c 的物理意义在于,只有表面张力低于 γ_c 的液体,才能在该固体表面铺展,而表面张力高于 γ_c 的液体,则在固体表面形成不连续的液滴,其接触角大于零。

表 12-1 是一些常见纤维或固体的临界表面张力 γ_c。表 12-2 是一些常见液体的表面张力。

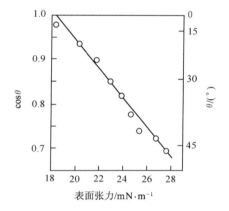

图 12-3　聚四氟乙烯上正烷烃同系物 $\cos\theta$ 与表面张力(20℃)的关系

表 12-1　常见聚合物的临界表面张力

聚　合　物	临界表面张力 $\gamma_c/mN \cdot m^{-1}$	聚　合　物	临界表面张力 $\gamma_c/mN \cdot m^{-1}$
纤维素纤维	200	锦　纶	46
聚己二酸己二醇酯	46	羊　毛	45
聚对苯二甲酸乙二醇酯	43	聚二氯乙烯	40
聚氯乙烯	39	聚甲基丙烯酸甲酯	39
聚乙烯醇	37	聚苯乙烯	33
聚乙烯	31	聚氯氟乙烯	31
聚丙烯	29	石蜡类拒水整理品	29
聚氟乙烯	28	有机硅类拒水整理品	26
石　蜡	26	聚二氟乙烯	25
聚三氟乙烯	22	聚四氟乙烯	18
含氟类拒水整理品	10	氟化脂肪酸单分子层	6

表 12 - 2　一些常见液体的表面张力

液　体	表面张力 γ/mN · m^{-1}	液　体	表面张力 γ/mN · m^{-1}
水（20℃）	72.8	甘油（20℃）	63.4
雨　水	53	红葡萄酒	45
牛　乳	43	花生油	40
油酸（20℃）	32.5	精制棉籽油（25℃）	32.4
精制橄榄油（25℃）	32.3	电动机油（25℃）	30.5
石蜡油（25℃）	30.2	重　油	29
甲苯（20℃）	28.5	四氯化碳（20℃）	27.0
白矿物油	26.0	丙酮（20℃）	23.7
乙醇（20℃）	22.8	汽　油	22
正辛烷（25℃）	21.4	正庚烷（25℃）	19.8

由表 12 - 2 可见，雨水的表面张力为 53mN/m，一般油类的表面张力为 20～30mN/m，所以要使织物拒水，表面张力必须小于 53mN/m，要使织物拒油，表面张力必须小于 20～30mN/m。一般的纤维或纺织品既不能拒油也不能拒水。

E. G. Shafrin 等认为，有机物表面的可润湿性由固体表面的原子或暴露的原子团的性质和堆集状态所决定，与内部原子或分子的性质和排列无关。W. A. Zisman 等在研究了许多固体表面的润湿性之后，找到了具有低表面能的原子团，表 12 - 3 是部分具有低表面能的原子团。

表 12 - 3　部分气/固界面上低表面能的原子团及其临界表面张力（20℃）

表面组成	暴露的原子团	临界表面张力 γ_c/mN · m^{-1}
碳氟化合物	—CF$_3$	6
	—CF$_2$H	15
	—CF$_2$—CF$_2$—	18
	—CF$_2$—CFH—	22
	—CF$_2$—CH$_2$—	25
	—CF$_2$—CFCl—	30
碳氢化合物	—CH$_3$（结晶面）	20
	—CH$_3$（单分子层）	22
	—CH$_2$—CH$_2$—	31

由表 12 - 3 可知，拒水剂和拒油剂是一种具有低表面能基团的化合物，用它整理织物，可在织物的纤维表面均匀覆盖一层拒水剂或拒油剂分子，并由它们的低表面能原子团组成新的表面，使水和油均不能润湿。水具有高的表面张力（72.8mN/m），因此，以临界表面张力 γ_c 为 30mN/m 左右的疏水性脂肪烃类化合物，或用 γ_c 为 24mN/m 左右的有机硅整理剂可获得足够

的拒水性。油类的表面张力为 20～30mN/m，必须用含氟烃类整理剂才能使纤维的临界表面张力降到 15mN/m 以下。所以，拒水剂一般选用烷基（—C_nH_{2n+1}，$n>16$）为拒水基团，拒油剂必须选用全氟烷基（—C_nF_{2n+1}，$n>7$）为拒油基团。此外，拒水剂或拒油剂要牢固地附着于纤维表面，其分子结构中还必须具有其他相应基团，最好能与纤维反应，或与纤维有较强的黏附功。

（二）影响织物拒水拒油性的其他因素

上面讨论了固体的表面能对拒水拒油性能的影响，所指的固体表面为均一、光滑、不透水且不变形的理想表面。然而织物是一个复杂的体系，除了不是光滑表面外，还是一个多孔体系。液体如水或油的润湿和渗透，不仅取决于织物中纤维表面的化学性能，还与织物的几何形状、表面粗糙度、织物毛细管间隙的大小以及织物上残留的其他物质有关。

1. 织物表面粗糙度对拒水拒油性的影响　　固体表面一般不是完全光滑的，由第一章中讨论可知，表面的粗糙度可用液滴在固体表面上的真实或实际接触面积（A_0）与表观或投影接触面积（A_r）之比来表示，即 $r=A_0/A_r$。显然，粗糙度 r 越大，表面越不平。表面粗糙将影响所测量的接触角的数值 $r=A_0/A_r=\cos\theta'/\cos\theta$（$\theta'$ 为实测接触角）。

粗糙表面的 $\cos\theta'$ 的绝对值总是比光滑表面的大。如液滴在光滑表面上的接触角小于 90°，则在其粗糙表面上的接触角将更小些；在光滑表面上的接触角大于 90°，则在其粗糙表面上的接触角将更大些。换言之，一个水不能润湿的光滑表面，如其表面粗糙则水更不易润湿；一个水能润湿的光滑表面，如其表面粗糙则水更易润湿。这就是经拒水整理的绒面织物，其拒水效果格外优良的原因所在。甚至有报道，拒水整理后用马丁代尔耐磨仪摩擦增加纺织品表面的粗糙度也能提高拒水整理效果。

根据这一原理，可以制备接触角大于 150° 的超疏水性表面。超疏水性表面可以通过两种途径来制备，一种是在拒水材料（接触角大于 90°）表面构筑粗糙结构，另一种是在粗糙表面上修饰具有低表面能的物质（如有机氟类物质）。D. O. H Teare 等先用等离子体处理棉织物，然后用氟碳拒水剂进行处理，在棉织物上形成超疏水性表面。

2. 织物毛细管间隙大小对润湿性的影响　　对于一半径为 R 的毛细管来说，表面张力为 γ_{lg} 的溶液在其中上升的液柱压力 P 与接触角 θ 的关系为 $P=\dfrac{2\gamma_{lg}\cos\theta}{R}$，当接触角 θ 小于 90° 时，毛细管压力 $P>0$，液体可以自动进入毛细管。随着织物毛细管半径的减小，P 增大，织物的润湿性提高，拒水拒油性降低；当接触角 θ 等于 90° 时，毛细管压力等于零，织物的拒水拒油性不受毛细管半径的影响；当接触角 θ 大于 90° 时，毛细管压力 $P<0$，液体不能自动进入毛细管，只有在外力作用下，才能被迫进入毛细管。且随着织物毛细管半径的减小，P 的负值增大，织物的润湿性降低，拒水拒油性提高。因此，在接触角大于 90° 的情况下，减少纱线的间隙即提高织物的紧密度和体积密度，可以提高织物的抗渗水性能，有利于织物的拒水（油）性。

三、常用拒水拒油剂的结构、性能和整理工艺

根据拒水整理效果的耐洗性，可将拒水整理分为不耐久、半耐久和耐久三种，主要取决于所用拒水剂本身的化学结构。按标准方法洗涤，能耐 15～30 次洗涤的，称为耐久性拒水整理；耐

3~15 次洗涤的,称为半耐久性拒水整理;耐 3 次以下洗涤的,称为不耐久性拒水整理;能耐 20~30 次洗涤的拒油整理称为耐久性拒油整理;能耐 1~3 次干洗的,称为耐干洗拒水整理;能耐 3 次以上干洗的拒油整理,称为耐干洗拒油整理。

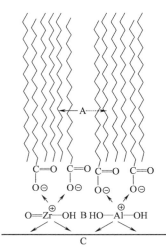

图 12 - 4　石蜡—脂肪酸金属盐
A—疏水作用　B—极性作用　C—纤维表面

已研究或使用过的拒水剂种类很多,主要有金属皂类(铝皂和锆皂)、蜡和蜡状物质、金属络合物、吡啶类衍生物、羟甲基化合物、有机硅树脂和氟碳聚合物等。但由于耐久性差,或者对纤维有损伤,或者不符合环保要求,以及气味、颜色等多种原因,目前常用的拒水剂主要是有机硅树脂和氟碳聚合物,拒油剂则是氟碳聚合物。

1. 石蜡拒水剂　石蜡是最早使用的拒水剂之一,但不拒油。典型的产品是含有脂肪酸(一般为硬脂酸)铝盐或锆盐的乳液。所加入的脂肪酸铝或锆能通过极性—非极性—极性作用提高石蜡对极性纤维表面的黏附性,如图 12 - 4 所示。拒水剂混合液中的石蜡与脂肪酸的疏水部分结合,而脂肪酸的极性端基与纤维表面的金属盐结合。这类整理剂既可以采用浸渍法,也可以采用浸轧法使用,同其他整理剂的相容性好,但会增加可燃性。石蜡拒水剂成本低廉,拒水效果均匀,但不耐水洗和干洗,而且透气和透湿性差,因此使用受到限制。

2. 硬脂酸—三聚氰胺拒水剂　硬脂酸、甲醛和三聚氰胺反应的产物硬脂酸—三聚氰胺衍生物是另一类拒水剂,其结构式如下:

$$\text{HOH}_2\text{C}-\cdots-\text{CH}_2\text{NHC}(\text{O})(\text{CH}_2)_{16}\text{CH}_3$$
$$\text{HOH}_2\text{C}-\cdots-\text{CH}_2\text{NHC}(\text{O})(\text{CH}_2)_{16}\text{CH}_3$$
$$\text{CH}_2\text{OH}$$
$$\text{CH}_2\text{OCH}_2\text{CH}_2\text{N}(\text{CH}_2\text{CH}_2\text{OH})_2$$

硬脂酸中长链烷基的疏水性赋予整理剂拒水性,N -羟甲基能够同纤维素纤维上的羟基或整理剂自身间发生反应形成网状交联产生耐久性拒水效果。硬脂酸—三聚氰胺拒水剂的优点是可提高整理效果的耐水洗性,赋予整理织物丰满的手感。这类拒水剂可采用浸渍工艺,它们曾经作为氟碳聚合物拒水拒油剂的添加剂使用以提高氟碳聚合物的耐洗性,但目前正在被其他添加剂如封端基异氰酸酯交联剂取代。硬脂酸—三聚氰胺拒水剂的缺点类似于耐久压烫整理,会使整理织物的撕裂强度和耐磨性降低,染色织物色光改变,而且存在甲醛释放问题。

3. 有机硅树脂拒水剂　聚二甲基硅氧烷具有独特的化学结构,能与纤维形成氢键,在纤维表面形成疏水层起到拒水作用,其拒水机理如图 12 - 5 所示。

为了使整理效果具有一定的耐久性,作为拒水整理剂用的有机硅树脂通常由三种组分组

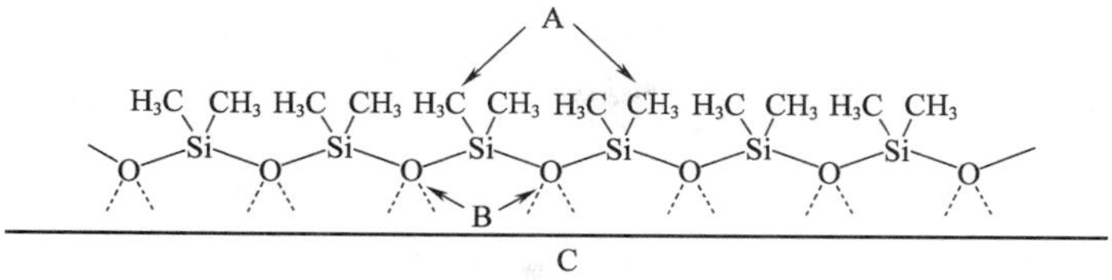

图 12 - 5　纤维表面的聚二甲基硅氧烷

A—疏水性表面　B—与纤维极性表面形成的氢键　C—纤维表面

成，聚二甲基羟基硅氧烷（简称羟基硅油）、聚甲基氢基硅氧烷（简称含氢硅油）和催化剂如辛酸亚锡，其结构式如下：

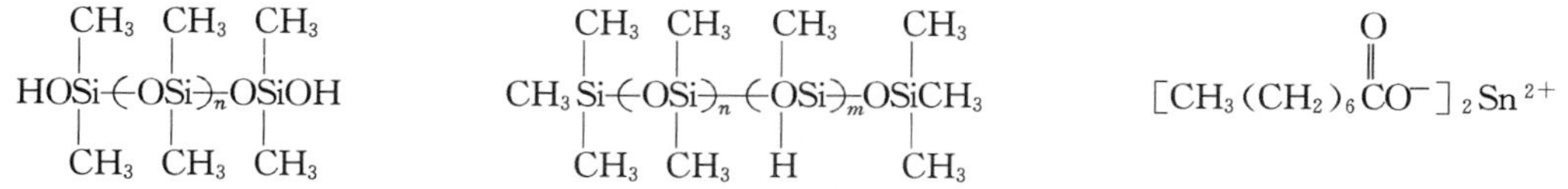

聚二甲基羟基硅氧烷　　聚甲基氢基硅氧烷　　催化剂辛酸亚锡

聚甲基氢基硅氧烷中的 Si—H 键具有较大的活性，在催化剂作用下，能够发生交联反应，也易被空气氧化或发生水解反应形成羟基。所形成的 Si—OH 可自身脱水缩合、交联成弹性膜，或与纤维素纤维上的羟基反应形式醚键，也可与含氢硅油中的氢、羟基硅油中的羟基缩合、交联。在浸轧后的烘干过程中，聚二甲基羟基硅氧烷和聚甲基氢基硅氧烷发生反应所形成的三维网状交联有机硅弹性膜覆盖在纤维表面，赋予织物耐洗涤的拒水性能，如图 12 - 6 所示。这一反应也可以在贮放过程中完成，时间大约需要一天。但如果未反应的 Si—H 基团过多，则由于它们的亲水性会降低拒水效果。

催化剂不仅能够使缩合条件变得温和，而且能促进有机硅树脂薄膜在纤维表面的定向排列，向外定向排列的甲基便产生了拒水性。

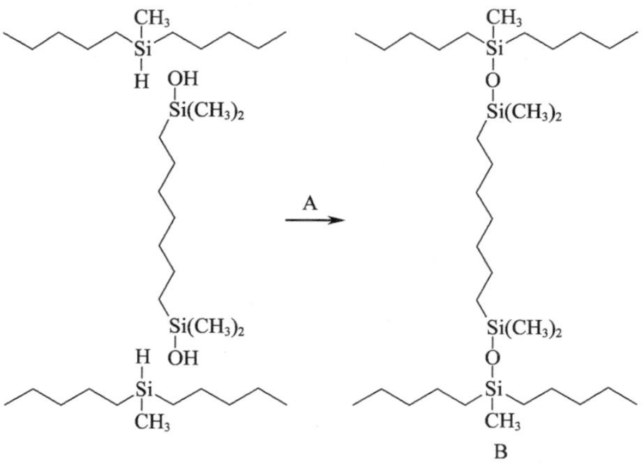

图 12 - 6　聚二甲基羟基硅氧烷—聚甲基氢基硅氧烷的反应

A—脱氢反应　B—形成的 Si—O—Si 交联聚合物

　　有机硅树脂拒水剂只需较低用量（对织物重的 0.5%～1%）就有很好的拒水效果,整理织物手感十分柔软,而且能提高织物的缝纫性和形状保持性,改善起绒织物的外观和手感。有机硅树脂整理的拒水织物,其耐气候牢度比羟甲基类拒水剂要好得多。

　　有机硅树脂拒水剂的缺点是会增加织物表面的起球和脱缝性。如果用量过多,会在极性表面形成双层有机硅树脂膜,降低拒水性,如图 12－7 所示。有机硅树脂拒水剂仅有中等的耐水洗性(硅氧烷水解、纤维素纤维在水中会发生剧烈溶胀使表面的有机硅树脂膜破裂)和耐干洗性(会吸附表面活性剂),不拒油和固体污垢。有机硅树脂拒水剂还会提高对疏水性污垢的吸附,排放的整理残液对鱼有毒性。

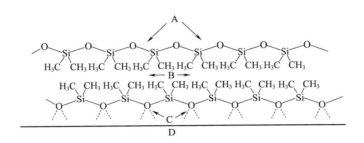

图 12－7　纤维表面的双层有机硅树脂膜

A—极性表面　B—甲基的疏水性吸附　C—与极性纤维表面形成氢键　D—纤维表面

　　有机硅树脂拒水剂一般采用浸轧法对织物进行整理,先浸轧有机硅拒水剂,烘干,然后于 120～150℃焙烘数分钟。

　　4.氟碳聚合物拒水拒油剂　氟碳聚合物拒水拒油剂的性能不同于有机硅树脂和脂肪烃类拒水剂。氟碳聚合物既能拒水又能拒油,而有机硅树脂和脂肪烃类化合物只有拒水作用,所以有机硅类拒水剂已逐渐被氟碳聚合物所取代。氟碳聚合物的拒油性与其具有低的表面能有关,在所有整理剂中氟碳聚合物能赋予纤维最低的表面能。

　　氟是元素周期表中电负性最强的元素(4.0)。氟碳化合物与碳氢化合物相比,C—F 键的键能(485kJ/mol)比 C—H 键的键能(413.4kJ/mol)高,是所有共价单键中键能最大的化学键;氟原子的原子半径(1.35×10^{-10} m)比氢原子的原子半径(1.20×10^{-10} m)大,对 C—C 键的屏蔽作用比氢原子强;氟原子核对其核外电子及成键电子云的束缚作用较强,极化率低,分布比较匀称,使分子极性变小甚至消失,碳氟链间的范德瓦尔斯引力要比碳氢链小。因此,含有大量氟—碳键的化合物分子间凝聚力小,使化合物的表面自由能显著降低,从而形成了很难被各种液体润湿、附着的特有性质,表现出优异的疏水、疏油性,经整理后的织物同时具有拒水、拒油、防污性能。氟碳聚合物整理剂有低浓度、高效果的特点,可使处理后的织物保持良好的手感,优异的透气、透湿性,因此,在纺织品加工中的应用日趋广泛。但由于 C—F 键的键能高,所以氟碳化合物的热稳定性和化学稳定性高。

　　氟碳聚合物拒水拒油整理剂一般由一种或几种氟代单体和一种或几种非氟代单体共聚而成。氟代单体一般为含全氟烷基的(甲基)丙烯酸酯单体,提供整理剂拒水拒油性。非氟代单体一般为含有乙烯基的单体,可赋予整理剂成膜性、柔软性及与底材的黏合性。

常用的氟代单体结构为:

C_nF_{2n+1}—$CH_2CH_2OOCC(R)$=CH_2 R=—H 或 —CH_3,n=6~12。

$C_8F_{17}SO_2N(R_1)CH_2CH_2OOCC(R)$=$CH_2$ R=—H 或 —CH_3,R_1=—CH_2CH_2OH

或 —$CH_2CH_2CH_3$。

氟碳聚合物拒水拒油整理剂的通式可表示为:

$$\text{(CH}_2\text{—C)}_a\text{(CH}_2\text{—C)}_b\text{(CH}_2\text{—C)}_c$$

（Ⅰ） （Ⅱ） （Ⅲ）

[R=H,CH$_3$;X=隔离基团;R$_f$=C$_n$F$_{2n+1}$或 R′NO$_2$SC$_n$F$_{2n+1}$,n=6~12,R′=烷基、羟乙基等;R$_1$=C$_n$H$_{2n+1}$,n=0~18;R$_2$=CH$_2$OH,C(CH$_3$)$_2$CH$_2$COCH$_3$]

因此,氟碳聚合物拒水拒油剂主要是(甲基)丙烯酸和(甲基)丙烯酸酯类的共聚物。从分子结构上看,可以分为以下几个部分。

组分(Ⅰ):氟碳链部分(R$_f$)是含氟拒水拒油整理剂的主体,是降低纤维表面张力,起到拒水拒油作用的关键部分。不同商品中的氟碳链可能是单一组分,也可能是不同碳长的同系物的混合物。研究表明,氟碳聚合物的拒油性随着氟碳链中碳原子数的增加而提高,碳原子数在 7 以上,就足以使未氟代的链段屏蔽在氟碳链段之下,达到 10 时已可达到最大的拒水拒油性。

表 12－4 是氟碳聚合物的临界表面张力。

表 12－4 氟碳聚合物的临界表面张力

氟碳聚合物	临界表面张力 γ_c/mN·m^{-1}	氟碳聚合物	临界表面张力 γ_c/mN·m^{-1}
CF$_3$—(CF$_2$)$_2$—CH$_2$—A	15.2	CF$_3$—(CF$_2$)$_7$SO$_2$N(C$_3$H$_7$)—C$_2$H$_4$—A	11.1
(CF$_3$)$_2$CH—A	15.0~15.4	CF$_3$—(CF$_2$)$_6$—CH$_2$—M	10.6
HCF$_2$—(CF$_2$)$_7$—CH$_2$—A	13.0	CF$_3$—(CF$_2$)$_6$—CH$_2$—A	10.4

注 A 为:—(CH$_2$CH)$_n$— ;M 为:—[CH$_2$C(CH$_3$)]$_n$— ;X 为隔离基团,一般为—CH$_2$—CH$_2$—,可改进氟碳聚合物

的乳化性和溶解性。

组分(Ⅱ):共聚单体,为(甲基)丙烯酸酯类,如丁酯、月桂酯、十八烷酯等。它们可提高氟碳聚合物的拒水性,但又不降低拒油性,并可赋予整理剂良好的成膜性和柔软性。

组分(Ⅲ):功能性单体。功能性单体可以是交联性单体,如含有羟甲基或环氧基团的单体,可以自交联或与纤维发生交联反应,形成强韧皮膜,赋予整理织物以耐久性。也可以是聚氧乙烯醚、磺酰基等亲水性基团的单体,可赋予整理织物易去污性能。氟碳聚合物拒水拒油剂在纤

维表面的典型结构如图 12－8 所示。

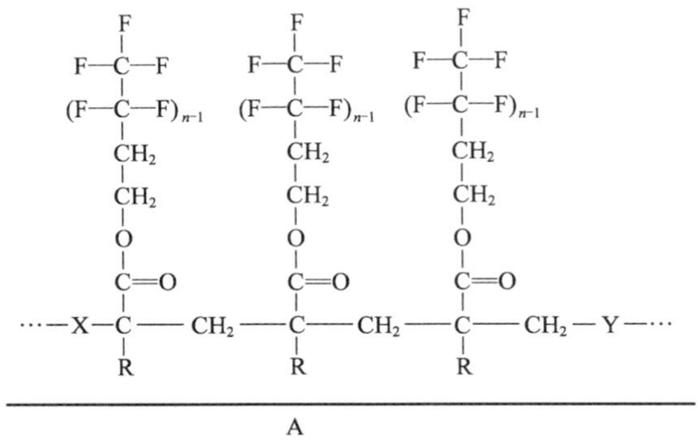

图 12－8 纤维表面的氟碳整理剂

$n=8\sim10$，X 和 Y 是共聚单体，主要是丙烯酸十八酯，R＝H 或 CH$_3$（聚丙烯酸酯或聚甲基丙烯酸酯），A 是纤维表面

传统的氟碳整理剂中氟碳链都是碳原子数为 8 的全氟辛基，合成原料为全氟辛基磺酰衍生物［PFOS，PFOS 是 Perfluorooctane Sulfonates 的简称，化学结构通式为 C$_8$F$_{17}$SO$_2$X，其中 X＝OH、金属盐(O—M$^+$)、卤素］或全氟辛酸(Perfluorooctanoic Acid，PFOA，分子式 C$_7$F$_{15}$COOH)。

PFOS 是一种化学稳定性高，在环境中具有高持久性，并且会在环境中聚集，在生物体内积累，对人体健康和环境产生潜在危害的有毒物质，欧洲议会于 2006 年 12 月 12 日发布了限制销售和使用 PFOS 的法令，该法令已于 2007 年 12 月 27 日前成为欧盟各成员国的法律，并于 2008 年 6 月 27 日起正式实施。

该法令也指出，PFOA 被怀疑存在与 PFOS 相似的危害性，现仍在对其危害进行分析试验和风险评估。

此后的 10 多年来，随着对 PFOS 和 PFOA 毒理学、生态毒理学和毒性的不断深入研究，发现 PFOS 不仅是持久性强（是目前最难分解的有机污染物之一）、生物累积性强、毒性大的有毒化学品，还具有远距离环境迁移性强的特性，是目前最为典型的具有迁移属性的化学品之一。PFOA 也具有持久性强（也是目前最难分解的有机污染物之一）、生物累积性强、毒性大、远距离环境迁移性强的特性，2013 年 6 月 14 日被欧盟归类为持久性、生物累积性的毒性物质。

基于 PFOS 和 PFOA 具有持久性、生物累积性、毒性以及强的远距离环境迁移特性，很多国家以及生态纺织品组织等都开始管控这两类物质，如 Oeko－Tex Standard 100 自 2009 年开始对 PFOS 和 PFOA 提出限制，并且限制要求不断提高。2017 年 6 月 14 日，欧盟 REACH 法规将 PFOA 新增为限制物质，规定自 2020 年 7 月 4 日起，当物品或者混合物中 PFOA 及其盐类质量分数≥25μg/kg 时不得生产或者投放市场。

氟碳拒水拒油剂当前研发的热点是 PFOS 的代用问题。3M 公司研发了全氟丁基磺酸(PFBS，Perfluorobutane Sulfonate，C$_4$F$_9$SO$_3$H)取代 PFOS。PFBS 氟碳链短，无明显持久的生物积累性，短时间可随人体新陈代谢排出体外，其降解物无毒无害。但是，以 PFBS 合成的产品以拒水和易去污功能为主，达不到 PFOS 的拒油整理水平。因为 C$_4$ 的全氟烷基的临界表面张力为 15mN/m，达不到 C$_8$ 的 10mN/m 的水平。

杜邦公司通过调聚反应生产的全氟烷基单体,主要是 C_6(己)基产品,没有 C_8(辛)基成分,不含有 PFOS。这些 C_6 调聚物的最终产品可能降解为 $C_6F_{13}CH_2CH_2SO_3X$,无 PFOS,其毒性比 C_8 小,所以可用 C_6 调聚物替代 PFOS。日本大金和美国道康宁联合推出了 C_6(PFHS,Perfluorohexane Sulfonate)产品。日本旭硝子公司也推出了不含 PFOS、以 PFHS 合成的 Asahi Guard E 系列拒水拒油剂。

除了传统的氟碳化合物外,也在尝试开发新型的氟碳整理剂,如带有羟基、环氧基等不同活性基团的氟化硅烷,这些活性基团可与棉纤维上的羟基反应。

氟碳拒水拒油剂一般以浸轧、烘干和焙烘的方式使用。热处理对达到最佳的拒水拒油效果非常关键,可促进氟碳侧链的定向排列。水洗和干洗会破坏这种定向排列,降低整理效果。再通过热处理如熨烫、压烫和滚筒烘干可使氟碳侧链重新定向排列。

一些结构特殊的氟碳整理剂浸轧后只需要低温烘干。这类整理剂在浸轧液中需添加封端的异氰酸酯促进剂。异氰酸酯上被封闭的基团在一定温度下活化,然后同氟碳整理剂或纤维上的官能团反应,或发生自交联反应形成网状结构固化在纤维表面,整理效果能耐水洗、干洗和摩擦。异氰酸酯促进剂还能使纤维表面形成的膜更完整,进一步提高拒水拒油效果。但促进剂用量过多会影响织物手感。

氟碳聚合物整理剂只需要低的增重率(小于织物重的 1%)就能达到较好的拒水拒油效果。但成本较高,洗涤可能会影响织物色光,商品中存在的挥发性组分有潜在的危险性(商品氟碳拒水拒油整理剂中含有 15%~30% 的氟碳聚合物,1%~3% 的乳化剂,8%~25% 的有机溶剂)。

氟碳聚合物可以和非含氟拒水剂混合使用。各种疏水性烃类拒水剂都可以增强氟碳聚合物拒水拒油剂的拒水拒油性和耐洗性,这就是一般在拒油整理中添加耐久性烃类拒水剂的缘故。但是有机硅拒水剂则会降低氟碳聚合物的拒油性,这是因为有机硅的加入会影响氟碳聚合物的氟基团在纤维表面排列的整齐度。

氟碳聚合物适用于合成纤维织物、天然纤维织物及其混纺织物的拒水拒油整理。在纤维素纤维织物的整理中,加入树脂类交联剂能提高含氟聚合物整理效果的耐久性,改善抗皱性,并可提高洗可穿性和耐久压烫性能。氟碳聚合物和有机硅不同,不能赋予织物以柔软性,在整理时可加入柔软剂,也有的氟碳聚合物拒水拒油剂中已加入了柔软剂,为柔软型拒水拒油剂,如加入脂肪酰胺类柔软剂等。

瑞士 Archroma 公司开发的 Nuva N 系列产品是一类以 C_6 结构为基础的环保型含氟拒水、拒油、抗污、易去污整理剂,具有与传统 C_8 结构的含氟三防整理剂相似的功效。其中 Nuva N 2114liq. 是高耐久性三防产品,特别适用于棉和锦纶,其浸轧工艺配方为:

50g/L Arkofix NDF liq.(纤维交联剂)

25g/L Catalyst NKC liq.(交联用催化剂)

15g/L Ceralube SVNIP 133liq.(非离子润滑剂/柔软剂)

70g/L Nuva N 2114liq.(C_6 氟化学品)

5g/L FlurowetUD liq.(润湿剂)

上述浸轧液的 pH 值为 4~5,保持在此 pH 值下浸轧,轧液率 75%,烘干,然后在 175℃焙烘 30s。配方中的交联剂起提高拒水拒油整理耐久性的作用。

拒水拒油整理可以与其他整理结合进行。在涂层整理中，为防止涂层浆渗透到织物背面，可以先对基布进行拒水拒油预处理，涂层后再经拒水或拒油整理，可以增加织物的功能性。拒水拒油整理与摩擦轧光结合，拒水整理与阻燃整理结合等，都能使纺织品获得多种功能。

近十年来的另一个研发重点是开发无氟耐久性拒水整理剂以替代含氟整理剂。其原理是采用疏水性的超支化（树枝状）大分子或梳状聚合物和碳氢化合物结合，把拒水性基团引入疏水的树枝状大分子或梳状聚合物的表面，使它们的表面张力很低。织物经整理后不仅具有优异的拒水性，还有好的耐洗性、耐磨性和手感，但缺点是不拒油。如 Sarex 公司开发的无氟耐久性拒水剂 Careguaed FF，是在碳氢化合物的母体上引入超支化聚合物，拒水效果接近 C_6 氟碳拒水剂，适用于纤维素纤维及其与合成纤维混纺织物的耐久性拒水整理，耐水洗可达 20 多次。也可以采用有机硅改性聚氨酯或改性聚丙烯酸酯等制备无氟耐久性拒水整理剂。

四、拒水拒油性能的测试

（一）拒水性能测试

织物的拒水性有各种不同的动态和静态测试方法，通常是以在一定的试验条件下，织物对抗水的润湿和渗透能力来表示。试验方法可以分为沾水试验（模拟暴露于雨中的织物）、拒水滴试验（测定织物对抗水的润湿性）、吸水性试验、静水压试验（测定水对织物的渗透性）等几类。其中最常用的是沾水和拒水滴试验。

1. 表面沾水 这种方法如 AATCC 22、ISO 4920、GB/T 4745 等。将一定规格的试样固定在与水平面呈 45°角的试样夹上，以 27℃ 的 250mL 蒸馏水，从一定高度、在一定时间内经喷头喷淋试样，观察被测试织物表面喷淋后的润湿情况，与标准样照对照评级。评级分 1～5 级，1 级最低，5 级最高。

2. 拒水滴性能 拒水滴性能的测试是在静态条件下，将水滴滴于织物上，观察织物抗水滴渗透的能力。通常应用一系列不同比例的、表面张力均衡降低的蒸馏水/异丙醇来测定织物的拒水滴性能，将在规定时间内能保留于织物表面上（即无润湿和渗透现象发生）的表面张力最低的蒸馏水/异丙醇所对应的级别表示该织物的拒水性能，如 AATCC 193 等。

AATCC 193—2005 拒水试验标准液的组成见表 12-5。

表 12-5 AATCC 193—2007 拒水试验标准液的组成

蒸馏水/异丙醇（体积比）	98/2试验不通过	98/2	95/5	90/10	80/20	70/30	60/40	50/50	40/60
对应的拒水级别	0	1	2	3	4	5	6	7	8
表面张力/mN·m^{-1}（25℃）	—	59.0	50.0	42.0	33.0	27.5	25.4	24.5	24.0

（二）拒油性能测试

拒油性能测试与拒水滴性能测试相似，通常应用一系列表面张力均衡降低的烃类同系物，将在规定时间内能保留于织物表面上、表面张力最低的烃类化合物所对应的级别表示该织物的拒油性能,如 AATCC 118 等。

AATCC 118 拒油试验油滴的组成如表 12 - 6 所示。

表 12 - 6　AATCC 118 拒油试验油滴组成

油 滴 组 分	AATCC 118 对应的拒油级别	表面张力(25℃)/mN · m^{-1}
Kaydol 矿物油	1	31.45
65%Kaydol 矿物油/35%十六烷	2	29.60
十六烷	3	27.30
十四烷	4	26.35
十二烷	5	24.70
癸烷	6	23.50
辛烷	7	21.40
庚烷	8	19.75

第二节　易去污整理

防污和易去污是两个不同的概念,两者之间又有内在的联系。纺织品在使用过程中会逐渐沾污,防污是指衣着用纺织品在使用过程中不会被水性污垢和油性污垢所润湿造成沾污,也不会因静电吸附干的尘埃或微粒于纤维或织物表面。使纺织品具有防污性能的整理称为防污整理。而易去污的概念是织物一旦沾污后,污垢在正常的洗涤条件下容易洗净,而且织物在洗涤液中不会吸附洗涤液中的污物而变灰(即从织物上洗下来的污垢,通过洗涤液转移到织物的其他部位,这种现象称为湿再沾污,在重复洗涤中湿再沾污有积累作用)。使纺织品具有易去污性能的整理称为易去污整理。纺织品防液体污沾污主要是利用含氟高聚物对纺织品进行处理,降低纺织品的表面能,使得油性污和水性污不能润湿纺织品表面,这种整理亦称为纺织品的拒水拒油整理,已在本章第一节做过介绍,本节主要讨论油性污的易去污整理。

防污和易去污整理是随着合成纤维特别是涤纶的迅猛发展和洗可穿整理的日益普及,从20 世纪 60 年代开始研究的。涤纶是一种疏水性纤维,涤纶及其混纺织物易于沾污,沾污后又难以洗净,同时在洗涤过程中易于再沾污。易去污整理能赋予织物良好的亲水性,使沾到织物上的污垢在洗涤中容易脱落,也能减轻在洗涤过程中污垢重新再沾污织物的倾向。棉织物沾上油污后容易洗除,但经有机氟整理剂整理的棉织物,虽然在大气中有优良的拒水拒油性,可一旦沾上油污后就不容易洗净。针对这种情况,20 世纪 70 年代以来,美国 3M 公司研究开发了具有防污和易去污双重功能的整理剂,使防污整理技术向前推进了一步。目前已有专家在研究氟硅聚合物用于防污易去污整理。

一、污物在纺织品上的分布

纺织品的沾污,一般是油脂和(或)颗粒状污物沉积在纺织制品的表面,有时污垢甚至会渗入纤维内部,但通常在纤维的表面或纤维束之间。污垢与纤维之间的关系,有如图 12－9 所示的几种可能性。

图 12－9 中,A、D、E 和 B、C、F 分别表示油污(滴)和固体污粒附着在纤维上可能的几种状态。很明显,A 和 B 表示"点接触",A 是一个小油滴尚未润湿纤维时的情况,B 是一个颗粒状污物轻微地黏附在纤维上的情况。D 和 F 表示油污和污粒被吸附在纤维上,D 是油滴已润湿纤维的情况。C 是一些固体颗粒嵌入纤维内部的情况,E 是油滴已侵入纤维的裂缝处,G 和 D 相似,但油污外层还吸附了固体颗粒。H 与 C 相似,但固体颗粒上还吸附了油污。I 所表示的是已吸附在纤维上的油污,在洗涤过程

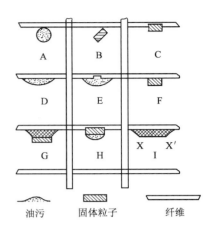

图 12－9　纤维上污垢的模型

中可能发生分离的现象,即油污的一部分被洗去,而另一部分仍残留在纤维表面,如图中 XX′所示。A 和 B 的沾污较易被洗涤或振动除去,而其余几种沾污,需要较强烈的物理、化学或物理化学作用才能去除。

电子显微镜研究表明,织物上的污垢主要分布在纤维之间或纱线之间、纤维表面的凹陷处及缝隙和细毛孔中。

纺织品上实际沾上的污垢,一般是液体污和颗粒污的混合物,液体污垢作为颗粒的载体和黏结剂而使沾污更为严重。易去污主要是去掉油性液体污,如液体污垢易于洗去,则颗粒污也易于去除。

二、易去污的原理

(一)易去污原理

洗涤过程中,污垢脱离纺织品表面,除与洗涤液的组成和洗涤条件等因素有关外,主要取决于纺织品的表面性质。沾污织物在洗涤液中,油污与洗涤液和织物处于如图 12－10 所示的平衡状态。

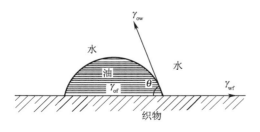

图 12－10　洗涤液中沾污织物上的
各相界面张力

图 12－10 中,θ 为织物、油、水三相交界处的接触角,γ_{ow}是油/水相的界面张力,γ_{wf}是水/纤维相的界面张力,γ_{of}是油/纤维相的界面张力。平衡时,各界面张力间存在如下关系:

$$\gamma_{wf} = \gamma_{of} + \gamma_{ow}\cos\theta$$

有机污垢的去除有多种不同的机理,如通过机械作用,或净洗剂的作用等。但 Adam 认为,在洗涤温度下,油污主要是按"卷珠"模型

脱离织物表面的,如图 12-11 所示。

图 12-11　织物上液体污垢的"卷珠"模型

按"卷珠"模型,假设使油污"卷珠"的力为其界面张力的合力 R,则油污要从织物表面卷珠去除或油污与织物间的接触角从 0 向 180°变化时,必须满足:

$$R=\gamma_{of}-\gamma_{wf}+\gamma_{ow}\cos\theta>0$$

当 $R=0$ 时,"卷珠"作用就停止。

由于油污从在织物上的铺展状态($\theta=0$,$\cos\theta=1$)到完全"卷珠"离开织物表面($\theta=180°$,$\cos\theta=-1$),所以完全去除油污的充分必要条件是:

$$\gamma_{of}-\gamma_{wf}-\gamma_{ow}>0$$
$$\gamma_{of}-\gamma_{wf}>\gamma_{ow}$$

当 γ_{of} 和 γ_{wf} 之差小于 γ_{ow},则油污的"卷珠"作用就停止,油污发生不完全的"卷珠"行为,也就不能完全去除。

即:当 $\gamma_{of}-\gamma_{wf}<\gamma_{ow}$ 时,有:

$$-\cos\theta=(\gamma_{of}-\gamma_{wf})/\gamma_{ow}<1$$
$$\cos\theta>-1$$
$$\theta<180°$$

根据上述分析,易去污的条件是:γ_{of} 应尽可能大,γ_{wf} 和 γ_{ow} 应尽可能小。γ_{ow} 的值尽可能小是指从织物上脱离下来的小油滴能稳定悬浮、分散在水相中。γ_{ow} 的大小决定于洗涤剂的品种和浓度,一般情况下其值是小的。对于极性纤维而言,由于它与水有强烈的相互作用,γ_{wf} 的值也小,而 γ_{of} 值较大,因此,亲水性高的纤维的易去污性能好,油污易于去除;对非极性纤维如涤纶等而言,则与水的相互作用仅有色散力,γ_{of} 值低,而 γ_{wf} 值高,因此,疏水性高的纤维的易去污性能不好,油污不易去除。因此,在洗涤时要使油性污易于洗掉,纺织品必须具有低的 γ_{wf} 值和高的 γ_{of} 值,即纺织品必须具有高的亲水性能,这是易去污整理技术一项重要的指导原则,事实证明也是行之有效的途径之一。非极性纤维表面引进亲水性基团或用亲水性聚合物进行表面整理,可提高纤维的易去污性能。

(二)防湿再沾污的原理

由上述的原理可以推断,湿再沾污的产生是由于"水/纤维"与"水/油污"界面的破坏,形成"纤维/油污"界面。这也只有在 γ_{wf} 与 γ_{ow} 大而 γ_{of} 小的条件下,才有可能。由于亲水性纤维的 γ_{wf} 小,γ_{of} 大,不易发生洗涤再沾污。而疏水性纤维的 γ_{wf} 大,γ_{of} 小,所以易发生洗涤再沾污。

因此,提高纤维的亲水性,既能降低纤维的 γ_{wf} 值,又能增大纤维的 γ_{of} 值,如果在洗涤液中加入适当的表面活性剂,使 γ_{ow} 降低,油污稳定地悬浮于水中,则既具有易去污性能又不易发生洗涤再沾污。所以,易去污和防湿再沾污是一致的并可以同时具备的。

例如,将亲水性的棉纤维浸入水中,它在水中的界面张力从在空气中的大于 72mN/m 降至

2.8mN/m,这一数值大大低于油污的表面张力 30mN/m 左右,因此,棉纤维上的油污易于洗除,并且不易发生洗涤再沾污。疏水性的聚酯纤维浸入水中时,它在水中的界面张力比其在空气中的界面张力 43mN/m 还要高,这一数值仍然大于油污的表面张力 30mN/m 左右,因此,聚酯纤维上的油污不如棉纤维上的油污易于洗除,并且容易发生洗涤再沾污。

当聚酯纤维经亲水性易去污整理剂整理后,其亲水性能得到提高,经整理后的纤维浸入水中时,它在水中的界面张力可降至 4.3~9.9mN/m,这一数值大大低于油污的表面张力 30mN/m,这样油污易于去除,而且不易发生湿再沾污。

三、易去污整理剂和整理工艺

1. 聚氧乙烯型易去污整理剂和整理工艺 含有聚氧乙烯基[$-(CH_2CH_2O)_n-$]的一类物质可以作为易去污整理剂。对聚酯纤维重要的一类易去污整理剂是对苯二甲酸与乙二醇和聚乙二醇的嵌段共聚物(聚醚酯共聚物),其结构通式如下:

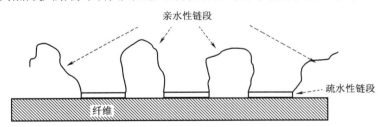

聚醚酯嵌段共聚物

聚醚酯嵌段共聚物的结构中含有聚对苯二甲酸乙二酯链段和聚对苯二甲酸聚氧乙烯酯链段。聚对苯二甲酸聚氧乙烯酯是一种亲水性链段,聚氧乙烯基中的氧原子能与水分子形成氢键,使聚酯纤维及其混纺织物亲水化,具有优良的易去污、抗湿再沾污和抗静电性能。而聚对苯二甲酸乙二酯是一种疏水性链段,与聚酯纤维的结构相似,对聚酯有很强的亲和力,在整理时的热处理过程中,能和聚酯形成共结晶或共熔物,具有非常耐久的易去污性能。其易去污机理如图 12-12 所示。

图 12-12 聚醚酯嵌段共聚物的易去污机理

聚氧乙烯型易去污整理剂既可以采用浸渍法也可以采用浸轧法,增重率仅需 0.5% 左右。这种整理剂也可以采用浸染法与涤纶染色同浴进行,对染色效果无不良影响。

(1)浸轧工艺:易去污整理剂 HSR2718 用量为 30~60g/L。

工艺流程:

浸轧(轧液率 70%~80%)——→烘干(80~110℃)——→热处理(180~190℃,30s 或 150℃,2~3min)

(2)与涤纶分散染料染色同浴:

浸渍[HSR2718 3%~6%(owf),浴比 10∶1,130℃,30~60min]——→烘干

若与树脂 DMDHEU、PU 等混用,以氯化镁为催化剂,可获得耐久压烫与易去污两种功能。

缩聚时加入含有磺酸基的单体可将阴离子基团引入聚合物链中得到一种改性的共缩聚物，其结构通式如下，亲水性由磺酸基提供。同聚醚酯嵌段共聚物一样，改性的阴离子型共缩聚物易去污整理剂也能以浸渍法或浸轧法应用。

$$\left[\begin{array}{c}O\quad O\\ \|\quad\|\\ C\quad\quad C-OCH_2CH_2O\\ |\\ SO_3^-\end{array}\right]_x\left[\begin{array}{c}O\quad\quad O\\ \|\quad\quad\|\\ C\quad\quad\quad C-OCH_2CH_2O\end{array}\right]_y\left[\begin{array}{c}O\quad\quad\quad O\\ \|\quad\quad\quad\|\\ C(CH_2)_4C-OCH_2CH_2O\end{array}\right]_z$$

2. 羧基型易去污整理剂和整理工艺　羧基型易去污整理剂由具有亲水性的丙烯酸、甲基丙烯酸和具有疏水性的丙烯酸乙酯或甲基丙烯酸酯共聚而成，具有如下的结构：

$$-(CH_2CR_1)_x-(CH_2CR_3)_y-$$
$$\qquad |\qquad\qquad\quad |$$
$$\qquad COOR_2\qquad COOH$$

$$(R_1,R_3=H,CH_3;R_2=CH_3,C_2H_5,C_4H_9,\cdots)$$

改变共聚单体的种类和比例可调节聚合物的亲水亲油平衡值，使其获得好的易去污性能，并调节膜的软硬度和对纤维的黏附性。研究表明，以丙烯酸（或丙烯酸与甲基丙烯酸混用）—丙烯酸乙酯共聚物的易去污性能较为理想。聚合时加入带有反应性基团的乙烯基单体，如加入 1%～5% 的 N-羟甲基丙烯酰胺，能提高易去污整理效果的耐久性。

羧基型易去污整理剂中羧基含量非常重要，最少要在 20%（摩尔比）以上。羧基型易去污整理剂具有良好的易去污性能，主要与它的膜在洗涤液中产生的剧烈溶胀有关。溶胀是由带负电荷的羧基之间的相互排斥作用造成的。这种排斥力，使卷曲的易去污共聚物分子链舒展伸长，膜体积增长，伴随产生机械力，将附着在其上的油污排挤出去，膜的溶胀率（溶胀后膜的体积与原来体积的百分比）至少要在 380% 以上。其溶胀易去污机理如图 12-13 所示。但亲水性也不宜过大，否则会严重降低整理效果的耐洗性。

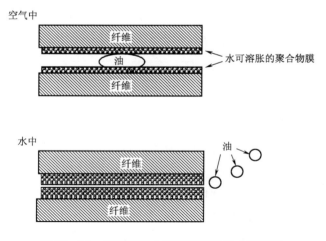

图 12-13　羧基型易去污整理剂的易去污机理

羧基型易去污整理剂通常以浸轧方式与低甲醛免烫树脂一起使用。因为棉织物经树脂整理后吸湿性能降低,使织物的疏水性、亲油性增加,会显著增加易去污难度。亲水性易去污整理剂与免烫树脂一起使用,既不会降低棉织物的穿着舒适性,又提高了易去污性能。其整理工艺举例如下:

浸轧整理液——→烘干——→焙烘(150℃,3min)

浸轧液组成:

亲水性易去污整理剂 KL	10g/L
低甲醛树脂 CL(巴斯夫公司)	70g/L
有机硅柔软剂 SIO	20g/L
柔软剂 2417	25g/L
催化剂 $MgCl_2 \cdot 6H_2O$	10g/L
用 HAc 调节 pH 值至 5.5	

四、防污及易去污整理剂和整理工艺

防污及易去污整理是纺织品既在大气中有良好的防污效果,一旦被沾污后,又要易去污。织物既要防污又要具有易去污性能,它在液相介质中必须具有很高的可湿性,γ_{wf}要小,γ_{of}要大,同时在空气介质中具有很低的界面能,不为常见的油性污所润湿。

用传统的拒水拒油整理剂整理的纺织品,在大气环境下能防止干态和液态污的沾污,例如,经 Scotchgard FC—208 整理的纺织品,在大气环境中能抗拒水性污和油性污的沾污,这是由于经整理的纺织品的临界表面张力低于水性污和油性污的缘故。可是,经整理的纺织品在洗涤时,与未整理的纺织品相比,整理的纺织品反而有吸附洗液中污垢的倾向。此外,在大气环境中,经整理的纺织品一旦被沾污后,其净洗也较为困难。产生上述现象的原因,可用不同类别的整理剂整理的棉织物在大气中和水中临界表面张力的变化来说明,如表 12-7 所示。

表 12-7　不同整理剂整理棉织物的临界表面张力

织　　物	临界表面张力 γ_c/mN·m^{-1}	
	在大气中	在水中
未整理棉织物	>72	<2.8
有机硅整理剂整理棉织物	38~45	>50
有机氟整理剂整理棉织物	24~25	9~15
聚丙烯酸型易去污剂整理棉织物	>72	4.5~9.3

由表 12-7 可见,经有机氟整理剂整理的棉织物,在大气中的临界表面张力远较未整理棉织物的低,所以有优良的拒水拒油性。可是,在水中,未整理棉织物的临界表面张力仅为2.8mN/m,而经有机氟整理剂整理的棉织物却要大于 9mN/m,这就是一般棉织物上沾上油污后容易去除,但经有机氟整理剂整理的棉织物沾上油污后就不容易洗净的缘故。

Smith 和 Sherman 认为,防污和易去污整理应同时具备三个条件:一是在纤维表面覆盖有一层薄膜,减少纤维表面的不均匀性;二是降低纤维的表面能和抑制油性污在织物表面的自发铺展;三是提高纤维表面的亲水性。

从表面上看,降低纤维的表面能和增加纤维表面的亲水性,这两者是相矛盾的,因为纤维表面的亲水性是以有高表面能为条件的。应用含有低表面能的含氟链段与亲水性的聚氧乙烯链段的混合型嵌段共聚物,可同时达到相对立的两种效应,这种亲水性含氟防污易去污整理剂如美国 3M 公司的 Scotchgard FC－218,其结构如下所示。

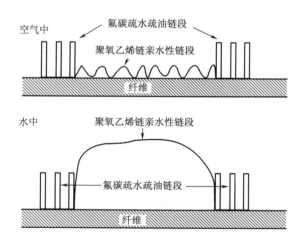

但这种整理剂氟碳链的碳原子数为8,已被欧盟限制使用。3M 公司已利用全氟丁基磺酸(PFBS)生产出了不含 PFOS 的防污易去污整理剂 Scotchgard PM－930。

混合型含氟嵌段共聚物在空气中是疏油的,而在水中是亲水的。P. O. Sherman 等解释了这种嵌段共聚物处理的纺织品能产生既拒油又有易去污的作用,认为这种双重功能效应是由于这种嵌段共聚物在空气中和在水中疏油性链段和亲水性链段排列的方向不同引起的。在空气中(干态下),聚氧乙烯链段呈卷曲状态,被拒油性氟碳链段屏蔽,而氟碳链段在纺织品表面定向密集排列,形成具有低表面能的表面而具有拒油性能。在水中,聚氧乙烯链产生水合作用而伸展、溶胀,在织物表面定向排列,赋予纤维表面亲水性,使纤维具有易去污和防止湿再沾污性能。在烘干过程中,亲水性链段脱水,含氟链段重新占有其主要界面。这种变化情况如图 12－14 所示。

图 12－14 混合型含氟嵌段共聚物在空气中和水中的双重作用(拒油亲水机理)

由图 12－14 可见,通常在空气中,整理织物的拒水、拒油基团定向向外排列,它们排斥水性和油性污物,使之不易黏附。即使黏附了油污,在洗涤时亲水性基团定向向外排列,将水分子吸引,使黏附的污物容易脱落。

在涤棉混纺织物上,用亲水性含氟嵌段共聚物易去污整理剂与耐久压烫树脂一起浸轧到织物上,能提高整理效果的耐久性。

与其他易去污整理剂相比，亲水性含氟嵌段共聚物的成本较高，但用量较低（织物增重约0.5%）。将两种不同类型的易去污整理剂拼混使用，可以在易去污效果和成本之间取得平衡。

五、易去污性能的检测

目前，易去污性能一般采用 AATCC 130 方法测试。这种方法是将油滴或污物施加到织物（试样）上，然后进行一定条件的洗涤，判断污迹残留情况。具体操作为，将 38cm×38cm 的试样置于平面吸水纸上，在试样中央滴上 5 滴玉米油，在油滴位置盖上玻璃纸，放置 2.27kg 重锤并保持 60s，然后移去重锤和玻璃纸，20min 后洗涤试样 12min，洗涤温度分别为 27℃、41℃、49℃和 60℃，中温滚筒烘干，在 4h 内对照标准样卡评级。

纺织品在洗涤中的防污垢再沉积可用 AATCC 151 方法进行测试，也可用洗涤前后织物反射率的差异反映污垢再沉积情况。

第三节　阻燃整理

一、概述

（一）阻燃纺织品的发展概况

随着纺织品应用领域的不断扩大和需求量的日益增多，由纺织品引起的火灾也不断增加。据统计，由纺织品引起的火灾约占火灾总数的一半以上，特别是建筑住宅火灾，纺织品着火蔓延引起火灾所占的比例更大，床上用品和室内装饰用纺织品为起火的主要原因。发达国家早在20 世纪60～70 年代就对纺织品提出了阻燃要求，并制定了各类纺织品的阻燃标准和法规，从纺织品的种类和使用场所来限制使用非阻燃纺织品。如美国的 DOCFF3—71 即是针对儿童睡衣制定的阻燃商业标准。阻燃纺织品的研究和生产，对减少火灾次数和损失，确保人民生命安全具有重要的现实意义。

阻燃技术的历史记载可以追溯到公元前。公元前 83 年，克劳迪亚斯（Claudius）年鉴中记载，古希腊利用铁和铝的硫酸复盐技术处理木质的碉堡，提高碉堡的阻燃性，这也许是阻燃技术的首次应用。1735 年，怀尔德（Wyld）发表了用明矾、硼砂、硫酸亚铁等成分配制成用于纤维素、纺织品和纸浆的阻燃专利（英国专利号 551），这是第一个阻燃剂的专利。1820 年，盖·吕萨克（Gay-Lussac）对纺织品的阻燃系统地进行了研究，利用磷酸铵、氯化铵、硼砂等无机物配制成适用于纤维素的阻燃剂，并成功地在巴黎剧院的幕布上进行了阻燃处理。1913 年，珀金（W. H. Perkin）研究了绒布的阻燃技术。他先将绒布在锡盐中浸渍，再用硫酸铵溶液处理，水洗干燥，使氧化锡阻燃剂渗入绒布的纤维内。

随着科学技术的发展，纺织品阻燃技术发展很快，到 20 世纪60～70 年代已达到较高水平，天然纤维织物的阻燃技术已投入使用。20 世纪80 年代以后，阻燃纺织品的研究开发进入活跃时期，国内外的研究单位和生产厂家竞相研究纺织品用阻燃剂和阻燃整理技术，阻燃合成纤维的研究也非常活跃,已开发出多种阻燃效果持久、阻燃性能可满足各种标准的阻燃纺织品,并投放市场。在赋予纺织品阻燃性的同时,还应考虑纺织品的色泽、白度及物理机械性能的保持。而且随着人们对纺织品要求的提高,还应考虑阻燃纺织品的公害问题。

今后纺织品阻燃整理技术的研究应集中在以下几个方面。

1. 新型阻燃剂 适用于纺织品阻燃整理的阻燃剂品种不多,现有的阻燃剂已不能满足消费者对阻燃纺织品性能的要求。如阻燃剂的甲醛污染、毒性、耐久性、特效性等问题。

2. 纺织纤维的燃烧性能和阻燃理论 纤维的燃烧性能有待于深入研究,特别是新型纤维发展很快,一些常用的合成纤维相对于天然纤维较易燃烧,且有些阻燃纺织品燃烧时烟雾毒性较大。另外,对阻燃剂的阻燃机理研究较少。阻燃机理的研究对开发新型阻燃剂及阻燃整理工艺具有重要的指导意义。

3. 纺织品阻燃性能测试方法 虽然纺织品阻燃性能的评价方法近年来已得到发展,但由于不同纤维及阻燃剂燃烧机理及热降解产物与性能有很大差异。如何综合运用多种测试手段全面评价材料的燃烧和阻燃性能仍需深入研究。

4. 纺织品的阻燃法规和标准 纺织品的用途和使用场合不同,阻燃性能要求有所不同,应分门别类制定和完善不同的阻燃法规和标准,以避免和减少火灾和伤亡事故。

(二)阻燃纺织品的分类和制造方法

所谓阻燃纺织品是指由阻燃纤维制成的纺织品或纺织品经过阻燃处理后,在燃烧过程中能显著延缓其燃烧速率,从而具有不易燃烧性能的纺织品。

各种纺织纤维材料由于其化学结构的不同,燃烧性能也不同。按纤维燃烧时引燃的难易程度、燃烧速度、自熄性等燃烧特性,可定性地将纤维分为阻燃纤维和非阻燃纤维;阻燃纤维包括不燃纤维和难燃纤维;非阻燃纤维包括可燃纤维和易燃纤维,如表12-8所示。纺织品大多是由可燃和易燃纤维制成的,需要经过阻燃整理,才能达到一定的阻燃要求。

表 12-8 纺织纤维的燃烧性分类

分　类		燃烧特性	限氧指数/%	纤维种类
阻燃纤维	不燃纤维	明火不能点燃	>35	玻璃纤维、金属纤维、石棉纤维、碳纤维等
	难燃纤维	遇火能燃烧或炭化,离火自熄	26~34	氯纶、偏氯纶、芳纶、改性腈纶、酚醛纤维等
非阻燃纤维	可燃纤维	遇火能燃烧且离火能继续燃烧	20~26	涤纶、锦纶、维纶、蚕丝、羊毛等
	易燃纤维	遇火能迅速燃烧,离火能继续燃烧至烧尽	<20	棉、麻、黏胶纤维、丙纶、腈纶等

注 限氧指数指在规定的试验条件下,使材料恰好能保持燃烧状态所需氧氮混合气体中氧的最低体积浓度。

通常按整理后阻燃效果的耐洗程度可将阻燃纺织品分为三类。

(1)暂时性阻燃纺织品:经水洗后即失去阻燃性的阻燃纺织品。该类纺织品大多是用无机酸及其盐类或它们的混合物处理后得到的,主要用于使用过程中不需要水洗的纺织品,如沙发布、电热毯面料等。

（2）半耐久性阻燃纺织品：阻燃效果能耐 1～15 次温和洗涤，如窗帘、幕布等纺织品。

（3）耐久性阻燃纺织品：阻燃效果能耐 50～200 次洗涤（日本家庭洗涤标准）。这类阻燃纺织品阻燃性能要求高，应用范围广，如服用织物、床上用品、儿童和老人用织物等。

阻燃纺织品的制造按阻燃剂的引入方法可分为两类，即阻燃纤维和织物阻燃整理。合成纤维阻燃纺织品的生产可以通过纤维阻燃或织物后整理来实施；而天然纤维阻燃纺织品只能通过织物阻燃整理来实现。

赋予纤维阻燃性能的方法主要有提高纤维的热稳定性和纤维阻燃改性两种方式。

提高纤维的热稳定性，即提高热裂解温度，抑制可燃性气体的产生，增加炭化程度。可通过在大分子链上引入芳环或芳杂环，增加分子链的刚性，提高大分子链的密集度和内聚力来增加纤维的热稳定性。如芳纶、聚酰亚胺纤维、聚苯并咪唑纤维等。亦可通过纤维中线型大分子链间交联反应变成三维交联结构，从而阻止碳链断裂，成为不收缩不熔融的纤维，如酚醛纤维。或通过大分子中的氧、氨原子与金属离子螯合交联形成立体网状结构，提高热稳定性，促进纤维大分子受热后炭化，聚对苯二甲酰草酰双米腙金属螯合纤维是典型代表。还可将纤维在高温（200～300℃）空气氧化炉中处理一定时间，使纤维大分子发生氧化、环化、脱氢和炭化等反应，变成一种多共轭体系的梯形结构，从而具有耐高温性能，如聚丙烯腈氧化纤维。

纤维阻燃改性的方法有共聚法、共混法、纤维后处理法等。共聚法是在成纤聚合物的合成过程中，把含有磷、硫、卤素等阻燃元素的化合物作为共聚单体引入到大分子链中，然后经纺丝制成阻燃纤维。共混法是将阻燃剂加入纺丝熔体或原液中进行纺丝，即成为阻燃纤维。纤维后处理法是在高聚物成纤后，用高能射线或引发剂使纤维与乙烯基形成的阻燃单体接枝共聚，或是用含有添加型阻燃剂的溶液处理湿法纺丝过程中的初生纤维，使阻燃剂渗入到纤维内部，从而使纤维获得持久的阻燃性能。

织物阻燃整理是通过化学键合、化学黏合、吸附沉积及非极性范德瓦尔斯力结合等作用，使阻燃剂固着在纤维或织物上，从而使织物获得阻燃性能的加工过程。

对比难燃纤维及其纺织品的生产，织物阻燃整理可根据产品最终使用要求来赋予织物阻燃性，灵活性大，并可与防水、抗菌、抗静电等其他整理结合进行多功能整理，工艺简单。

二、纺织纤维的热裂解及阻燃机理

（一）纺织纤维的燃烧性能

纤维的燃烧是由于遇到火源而发生裂解并产生可燃性气体、固体含碳残渣等，与空气中的氧接触而发生的。燃烧产生的大量热又使纤维进一步裂解。因此，燃烧就是纤维、热量、氧气三个要素构成的循环过程，见图 12－15。

纤维的化学组成、结构及物理状态不同，其燃烧的难易程度也不同。常用纤维的燃烧特性见表 12－9。

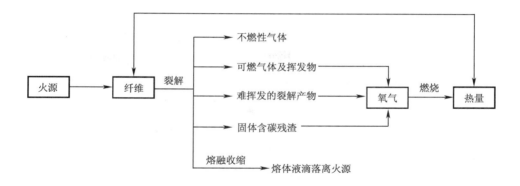

图 12－15　纤维燃烧的循环过程示意图

表 12－9　常见纤维的燃烧特性

纤　　维	着火点/℃	火焰最高温度/℃	发热量/J·kg⁻¹	限氧指数/%
棉	400	860	15910	18
黏胶纤维	420	850	—	19
醋酯纤维	475	960	—	18
羊　毛	600	941	19259	25
锦纶 6	530	875	27214	20
聚酯纤维	450	697	—	20～22
聚丙烯腈纤维	560	855	27214	18～22

所谓阻燃是指降低材料在火焰中的可燃性,减缓火焰蔓延速度,当火焰移去后能很快自熄,减少燃烧。从燃烧过程看,要达到阻燃目的,必须切断由可燃物、热量和氧气三要素构成的燃烧循环。阻燃作用的原理是由物理的、化学的及两者结合等多种方法进行的。

(二)阻燃理论

根据现有的研究结果,纺织品的阻燃理论可归纳为以下几种。

1.覆盖层作用　阻燃剂受热后,在纤维材料表面熔融形成玻璃状覆盖层,成为凝聚相和火焰之间的一个屏障,这样既可隔绝氧气,阻止可燃性气体的扩散,又可阻挡热传导和热辐射,减少反馈给纤维材料的热量,从而抑制热裂解和燃烧反应。例如硼砂—硼酸混合阻燃剂对纤维的阻燃机理可用此理论解释。在高温下硼酸可脱水、软化、熔融,形成不透气的玻璃层黏附于纤维表面。

$$H_3BO_3 \xrightarrow[-H_2O]{130～200℃} HBO_2 \xrightarrow[-H_2O]{260～270℃} B_2O_3 \xrightarrow{325℃} 软化 \xrightarrow{500℃} 熔融 \longrightarrow 玻璃层$$

2.气体稀释作用　阻燃剂吸热分解后释放出不燃性气体,如氮气、二氧化碳、氨、二氧化硫等,这些气体稀释了可燃性气体,或使燃烧过程供氧不足。另外,不燃性气体还有散热降温作用。

3.吸热作用　某些热容高的阻燃剂在高温下发生相变、脱水或脱卤化氢等吸热分解反应,降低了纤维材料表面和火焰区的温度,减慢热裂解反应的速度,抑制可燃性气体的生成。如三水合氧化铝分解时可释放出 3 个分子水,转变为气相需要消耗大量的脱水热。

4.熔滴作用 在阻燃剂的作用下,纤维材料发生解聚,熔融温度降低,增加了熔点和着火点之间的温差,使纤维材料在裂解之前软化、收缩、熔融,成为熔融液滴滴落,热量被带走使火焰自熄。涤纶的阻燃大多是以此方式实现的。

5.提高热裂解温度 在纤维大分子中引入芳环或芳杂环,增加大分子链间的密集度和内聚力,提高纤维的耐热性;或通过大分子链交联环化,与金属离子形成络合物等方法,改变纤维分子结构,提高炭化程度,抑制热裂解,减少可燃性气体的产生。

6.凝聚相阻燃 通过阻燃剂的作用,改变纤维大分子链的热裂解历程,促进发生脱水、缩合、环化、交联等反应,增加炭化残渣,减少可燃性气体的产生。凝聚相阻燃作用的效果,与阻燃剂同纤维在化学结构上的匹配与否有密切关系,如磷化合物对纤维素纤维的阻燃机理即主要以此种方式。纤维素纤维在较低温度下裂解时,可能发生分子链 1,4 -苷键的断裂,继而残片发生分子重排,并首先生成左旋葡萄糖。左旋葡萄糖可通过脱水和缩聚作用形成焦油状物质,接着在高温的作用下又分解为可燃的有机物、气体和水,过程如下:

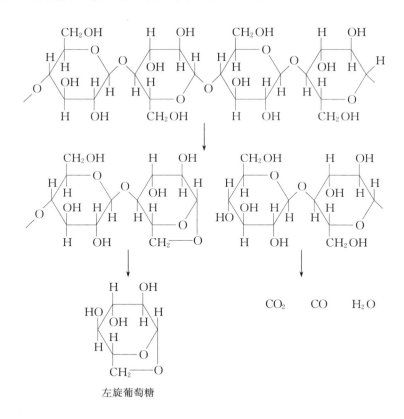

左旋葡萄糖

一般认为磷酸盐及有机磷化合物的阻燃作用,是由于它可与纤维素分子中的羟基(特别是第六位碳原子上的羟基)形成酯,阻止左旋葡萄糖的形成,并且进一步使纤维素脱水,生成不饱和双键,促进纤维素分子间形成交联,增加固体碳的形成。其他一些具有酸性或碱性的阻燃剂也有类似作用。脱水反应表示如下:

酸催化脱水：

$H^+ + (H\ddot{O}-FR)^- \longrightarrow H_2O + FR$

碱催化脱水：

（式中接在碳原子上的氢原子均未表示出来）

7. 气相阻燃 通过阻燃剂的热裂解产物,在火焰区大量地捕捉高能量的羟基自由基和氢自由基,从而抑制或中断燃烧的连锁反应,在气相发挥阻燃作用。气相阻燃作用对纤维的化学结构不敏感。

纤维在热分解过程中,按氧化、分解及自由基作用分解产生可燃性气体,通过下列反应释放出大量的热,使火焰蔓延：

$$H\cdot + O_2 \rightleftharpoons \cdot OH + O\cdot$$
$$O\cdot + H_2 \rightleftharpoons \cdot OH + H\cdot$$
$$\cdot OH + CO \rightleftharpoons CO_2 + H\cdot$$

含卤素阻燃剂在高温下释放出卤原子和卤化氢,按下列反应消除自由基,抑制放热反应,产生阻燃作用：

$$MX \rightleftharpoons M' + X\cdot$$

$$MX \rightleftharpoons M' + HX$$

$$RH + X\cdot \rightleftharpoons R\cdot + HX$$

$$H\cdot + HX \rightleftharpoons H_2 + X\cdot$$

$$HO\cdot + HX \rightleftharpoons H_2O + X\cdot$$

(M′为分解残留物；R·为活泼性较低的分子链)

在实际应用中,由于纤维的分子结构及阻燃剂种类的不同,阻燃作用十分复杂,并不限于上述几个方面。在某个阻燃体系中,可能是某种机理为主,也可能是多种作用的共同效果。

不同的阻燃元素或阻燃剂之间,往往会产生阻燃协同效应。阻燃协同效应有两种不同的概念,一种是多种阻燃元素或阻燃剂共同作用的效果比单独用一种阻燃元素或阻燃剂效果要强得多;另一种是在阻燃体系中添加非阻燃剂可以增强阻燃能力。如 P—N 协同效应、卤—锑协同效应等。例如,尿素及酰胺化合物本身并不显示阻燃能力,但当它们和含磷阻燃剂一起使用时,却可明显地增强阻燃效果。关于阻燃协同效应的作用机理还有待于深入研究。

(三)天然纤维的热裂解及阻燃机理

1. 纤维素纤维的热裂解及阻燃机理

(1)纤维素纤维的热裂解:纤维的燃烧可分为有焰燃烧和无焰燃烧(阴燃),有焰燃烧主要是纤维素热裂解时产生的可燃性气体或挥发性液体的燃烧,而阴燃则是固体残渣(主要是碳)的氧化,有焰燃烧所需温度比阴燃要低得多。纤维素的裂解是纤维燃烧的最重要的环节,因为裂解将产生大量的裂解热产物,其中可燃性气体和挥发性液体将作为有焰燃烧的燃料,燃料燃烧后产生大量的热,又作用于纤维使其继续裂解,使裂解反应循环下去。

纤维素的裂解是个相当复杂的过程,其中涉及许多物理、化学变化。一般认为纤维素纤维的裂解反应分为两个方向:一个方向是纤维素脱水炭化,生成水、二氧化碳和固体残渣;另一个方向是纤维素通过解聚生成不挥发的液体左旋葡萄糖,而后,左旋葡萄糖进一步裂解,生成低分子量的裂解产物,并形成二次焦炭。在氧的存在下,左旋葡萄糖的裂解产物发生氧化,燃烧产生大量热,又引起更多纤维素发生裂解。这两个反应相互竞争,始终存在于纤维素裂解的整个过程中。

纤维素纤维的热裂解可以分为三个阶段,即初始裂解阶段、主要裂解阶段和残渣裂解阶段。各裂解阶段的裂解温度、裂解速率及残渣量均可从纤维的差热分析(DSC)热谱中查到。

温度低于370℃的裂解属于初始裂解阶段,这个阶段是纤维素裂解的开始,主要表现为纤维物理性能的变化及少量失重。纤维素纤维的初始裂解阶段主要与纤维素纤维中的无定形部分有关。温度在370～431℃的裂解属于主要裂解阶段,这一阶段失重速率很快,失重量很大。裂解的大部分产物是在这一阶段产生的,左旋葡萄糖是主要中间裂解产物,再由它分解成各种可燃性气体产物。纤维素纤维的主要裂解阶段发生在纤维的结晶区。温度高于430℃时纤维素纤维的裂解属于残渣裂解阶段。在纤维素的裂解过程中,脱水、炭化反应与生成左旋葡萄糖的裂解反应始终相互竞争,存在于整个裂解过程中,到了残渣裂解阶段后,脱水、炭化裂解反应的方向更加明显,纤维素燃烧残渣继续脱水、脱羧,放出水和二氧化碳等,并进行重排反应,形成双键和羧基等产物,残渣中碳的含量越来越高。

纤维素纤维的裂解产物,大部分是纤维燃烧的燃料。有人研究了纤维素纤维的热裂解产物,认定了棉纤维的可能裂解产物有 43 种,大部分为醇、醛、酮、呋喃、苯环、酯、醚类易燃性物质。

(2)纤维素纤维的阻燃机理:对于纤维素纤维织物来说,所用的阻燃剂大多是含磷化合物,当受热时纤维素首先分解释出磷酸,受强热时磷酸聚合成聚磷酸,它们都是脱水催化剂,阻止左旋葡萄糖的生成,使纤维素脱去水留下焦炭。磷酸和聚磷酸也可使纤维素磷酰化,特别是在有含氮物质存在的情况下更易进行。纤维素磷酰化(主要是纤维素中的羟甲基上发生酯化反应)后,使吡喃环易破裂,进行脱水反应。形成的焦炭层物理上起着隔绝内部聚合物与氧的接触,使燃烧窒息,同时焦炭层导热性差,使聚合物与外界热源隔绝,减缓热分解反应。脱出来的水分能吸收大量潜热,使温度降低。这是磷化物的凝聚相的阻燃机理。

磷化物在气相也有阻燃作用。阻燃纤维素裂解后的产物中有 PO• 自由基,同时火焰中氢原子浓度大大降低,表明 PO• 捕获 H•。

与普通棉纤维对比,阻燃棉纤维的裂解产物大大减少,只有 28 种裂解产物,显然,阻燃剂对可燃性裂解产物有抑制作用。

黏胶等再生纤维素纤维的燃烧性能及阻燃理论与棉类似。

2. 蛋白质纤维的燃烧及阻燃机理 蛋白质纤维如羊毛、蚕丝和其他动物毛,纤维大分子中含有碳、氢、氮和硫等元素,氮和硫是阻燃元素,因此相对于纤维素纤维来说,蛋白质纤维不易燃烧,但由于含有氮元素,燃烧后的气体中含有氢氰酸,毒性大。

早期的毛织物阻燃整理采用硼砂—硼酸、硫酸—氨基磺酸、磷酸—氰胺等化合物,虽然阻燃性能良好,但耐久性较差。目前羊毛纤维织物的阻燃主要是用钛、锆、钨等络合物与有机羧酸处理。有关钛、锆等络合物对羊毛的阻燃机理还不很清楚。所用的络合物主要是氟锆酸钾或氟钛酸钾,在受热燃烧时,氟化物逐步分解,温度至 300℃时产生 $ZrOF_2$ 和 $TiOF_2$ 均为微粒,本身不能燃烧,着火时覆盖在羊毛纤维表面阻止空气中氧气的充分供应,同时阻止可燃性裂解气体的逸出,从而起到阻燃作用。

(四)合成纤维的燃烧及阻燃机理

合成纤维种类很多,燃烧性能不尽相同。

涤纶受热分解时产生大量的可燃性物质、热和烟雾。在受热初期,分子内通过链端的—OH进攻分子链中的—C=OH或通过交联生成环状低聚物,经过分子内 β-H 转移过程生成羧酸和乙烯基酯,生成的对苯二甲酸通过脱羧生成苯甲酸、酸酐和二氧化碳或者苯等,乙烯基酯分子链之间发生经过聚合反应和链脱离过程生成环烯状交联结构,同时还可以经过进一步的降解直接生成小分子的酮类物质、一氧化碳、乙醛、酸酐等,依然可能产生活泼的自由基。近期有研究者提出,PET 燃烧的双裂解机理,PET 的高温裂解由大分子链上的酯键无规断裂开始,形成羧基酸和乙烯基酯的大分子链碎片,与此同时,一部分乙烯基酯端基的大分子链碎片会发生支化而互相连接,再经过"链脱离"和环化形成难燃的交联产物。

腈纶属易燃纤维,容易受热燃烧。腈纶的燃烧是一个循环过程,在低温下腈纶发生环化分解,产生梯形结构的杂环化合物,这些化合物在高温下发生裂解,产生 OH• 和 H• 自由基,自由基进一步引发断链反应,并放出可燃性挥发气体,这些气体在氧的作用下着火燃烧,生成含 HCN、CO、CO_2、NH_3 等有毒烟雾。燃烧时放出的热量,除了部分散发外,还会进一步加剧纤维的裂解,从而使燃烧过程得以循环和继续。

锦纶遇火燃烧比较缓慢,纤维强烈收缩,容易熔融滴落,而且燃烧过程容易自熄,这主要是由于锦纶的熔融温度与着火点温度相差较大的缘故。但锦纶的熔融滴落,容易引起火在其他易燃材料上的蔓延,从而引起更大的危害。由于其熔融温度较低,熔融后黏度较小,燃烧过程中生成的热量足以使纤维熔融,因此锦纶比许多天然纤维容易点燃。虽然锦纶因熔融滴落而具有自熄灭的性质,但当与其他非热塑性纤维混纺或交织时,由于非热塑性纤维起到"支架"作用,使锦纶更易燃烧。涤纶也有这种情况。锦纶大分子主链上含有氧、氮等杂原子,热分解时由于不同键的断裂形成各种产物,裂解比较复杂。真空条件下,锦纶在 300℃以上裂解主要生成非挥发性产物和部分挥发性产物,挥发性产物主要为 CO_2、CO、水、乙醇、苯、环戊酮、氨及其他脂肪族、芳香族碳氢化合物和饱和、不饱和化合物等。

丙纶属于易燃性纤维,燃烧时不易炭化,全部分解为可燃性气体,气体燃烧时释放出大量热,促使燃烧反应迅速进行。

合成纤维种类不同,其阻燃机理也有所不同。涤纶织物的阻燃剂大多是卤素和磷系阻燃剂。卤素类阻燃剂主要是通过阻燃剂受热分解生成卤化氢等含卤素气体,一方面在气相中捕获活泼的自由基,另一方面由于含卤素的气体的密度比较大,生成的气体能覆盖在燃烧物表面,一定程度上起到隔绝氧气与燃烧区域接触的作用。其中溴类阻燃剂的作用比较大。锑类化合物与卤素有阻燃协效作用。磷系阻燃剂对含碳、氧元素的合成纤维具有良好的阻燃效果,主要是通过促进聚合物炭化,减少可燃性气体的生成量,从而在凝聚相起到阻燃作用。磷系阻燃剂改性的阻燃涤纶燃烧时,在燃烧表面生成的无定形碳能有效地隔绝燃烧表面与氧气以及热量的接触,同时磷酸类物质分解吸收热量,也在一定程度上抑制了聚酯的降解反应。腈纶的阻燃也大多是利用磷和卤素作为主要阻燃成分,其阻燃作用与应用在涤纶上类似。锦纶的阻燃也主要是通过两种机理进行:一是凝聚相阻燃,通过促进聚酰胺燃烧过程中炭量的增加,降低可燃性气体的生成;二是通过气相自由基捕获机理,阻燃剂分解后与空气中的氧结合,减少活泼自由基的生成,达到阻燃目的。丙纶的气相阻燃主要是通过卤素阻燃体系及协效体系来抑制气态的燃烧反应,凝聚相阻燃作用在丙纶上应用减少,因聚丙烯受热分解不易炭化,全部分解成可燃性气体。

三、阻燃整理剂及阻燃整理工艺

(一)阻燃整理剂种类

要生产出理想的阻燃纺织品,对阻燃整理剂有如下要求。

(1)对纺织品有显著的阻燃作用,整理后织物的阻燃性能应满足各类阻燃标准要求。

(2)应有良好的耐久性,包括耐水洗、耐干洗、耐气候性等。

(3)整理后不影响织物的色泽、外观、手感和其他物理机械性能。

(4)应无毒、无刺激性,有生物可降解性,燃烧后发烟量少,烟雾无毒性。

(5)价格低廉,应用工艺简单。

阻燃剂种类繁多,其化学结构及使用方法各有不同。常用阻燃剂的阻燃元素主要是以元素周期表中第Ⅲ主族的硼和铝;第Ⅴ主族的氮、磷、锑等;第Ⅵ主族的硫;第Ⅶ主族的氟、氯、溴等为基础的化合物。此外,锌、钡、镁、钛、锡、铁、锆、钼等金属化合物也可作为阻燃剂,但在实际应用中,以磷和溴为中心阻燃元素的阻燃剂居多。

按化合物的类型,阻燃剂可分为无机阻燃剂和有机阻燃剂两大类。

1. 无机阻燃剂　无机阻燃剂具有热稳定性好、不挥发、发烟性小、不产生有毒和腐蚀性气体、价格低廉等特点,受到人们的普遍重视。目前,无机阻燃剂的消费量占阻燃剂总消费量的60%以上。我国无机阻燃剂资源丰富,在世界上占重要地位。

无机阻燃剂按阻燃性能可分为单独使用就有阻燃效果的独效阻燃剂;与卤素等阻燃剂并用产生协同效应的阻燃协效剂;与阻燃协效剂配用的辅助阻燃剂以及需要大量填充才能产生阻燃效果的阻燃填充剂。无机阻燃剂主要有氢氧化铝、氢氧化镁、氧化锑、氧化锌、硼化物和含磷化合物等。

纺织品用无机阻燃剂的种类不是很多,因为大多数纺织品要求耐久性的阻燃性能,而无机阻燃剂处理纺织品所获得的阻燃效果往往不耐水洗,某些装饰织物如贴墙布、幕布、电褥套及某些非织造布可以使用无机阻燃剂。目前纺织品用无机阻燃剂主要有含磷化合物,如赤磷、磷酸、磷酸二氢铵、磷酸氢二铵,以及三氧化二锑、五氧化二锑、硼砂、硼酸等。近几年,纳米复合阻燃材料的研究方兴未艾,某些纳米阻燃剂可以用于纺织品的阻燃。

2. 有机阻燃剂　有机阻燃剂按所含的阻燃元素可分为磷系、卤系(氯系和溴系)、硫系等。纺织品用有机阻燃剂主要为磷系阻燃剂,卤系阻燃剂在燃烧过程中会产生 HCl、HBr 等刺激性有毒气体,欧盟已禁止使用。纤维素纤维织物阻燃所用的聚磷酸铵、四羟甲基氯化磷(THPC)、N-羟甲基-3-二甲氧基磷酰基丙酰胺,涤纶织物阻燃整理剂环状膦酸酯化合物,涤棉混纺织物阻燃整理剂乙烯基膦酸酯低聚物等均为磷系阻燃剂。由于硼化合物出色的阻燃性和环保性,有机硼阻燃剂将是有机阻燃剂的开发热点之一。

(二)织物阻燃整理

1. 织物阻燃整理的一般方法　织物的阻燃整理方法应根据织物的组织结构、最终用途和阻燃性能要求等因素来确定。一般有三种整理工艺,即浸渍烘燥法、浸轧焙烘法和涂层法等。

浸渍烘燥法又称吸尽法,是将织物用含有阻燃剂的整理液浸渍一定时间后烘燥,使阻燃剂浸透于纤维,阻燃剂与纤维分子间靠非极性范德瓦尔斯力吸附。一般来说,浸渍烘燥法所获得的阻燃效果是不耐久的,水洗后阻燃剂将脱落,织物失去阻燃效果。

浸轧焙烘法的工艺流程为:

浸轧——烘燥——焙烘——水洗后处理

浸轧液一般由阻燃剂、交联剂、催化剂、添加剂及表面活性剂等组成,轧液率根据织物种类、阻燃性能要求来确定,烘燥一般在 100℃左右进行,焙烘温度根据阻燃剂、交联剂和纤维种类来确定。后处理主要是去除织物表面上没有反应的阻燃剂及其他药剂,改善织物的手感。轧—烘—焙法获得的阻燃效果可耐多次水洗,属耐久性整理工艺。

涂层法是将阻燃剂混入涂层剂中,经过涂层机将涂层剂敷于织物表面,经烘干后涂层剂交联成膜,阻燃剂均匀分布在涂层薄膜中,起到阻燃作用,当阻燃剂不溶于水或阻燃剂不能与纤维大分子形成交联时可使用该工艺。

另外,有些纺织品不能在普通设备上加工,如大型幕布、地毯等,可在最后一道工序用手工喷雾法做阻燃整理;对于表面是蓬松性的花纹、簇绒、起毛织物,若用浸轧法会使表面绒毛花纹受到损伤,一般采用连续喷雾法。

2. 阻燃整理效果的影响因素 阻燃织物的阻燃效果与织物组织结构及整理工艺有关。

织物的平方米克重和织物结构对阻燃性能有影响。同类组织结构的织物,重量越大,限氧指数越高;平方米克重相同的织物,密度大、织物结构紧密的织物限氧指数高。

阻燃剂的用量越大,所获得的阻燃性能越好。但阻燃剂用量过大会影响织物的手感和风格,同时增加了成本。阻燃添加剂的加入可大大提高阻燃效果,如棉织物用 Pyrovatex CP 整理时,添加一定量的尿素可提高织物的限氧指数。另外,轧液率、烘干和焙烘温度及时间均会对织物的阻燃性能造成影响。

3. 纤维素纤维织物的阻燃整理

(1)棉织物的阻燃整理:棉织物在民用纺织品中所占的比重很大,故棉织物的阻燃整理尤为重要。一般来说,某些装饰织物及很少洗涤的产品,如床垫、电热毯,进行暂时性阻燃整理即可;窗帘等室内装饰织物则要求半耐久性阻燃整理;而对于服装、床单、被套、工作服等则需耐久性阻燃整理。当然,随着整理效果耐久性的提高,成本常随之增高。近年来,用于棉织物阻燃整理的环保反应型耐久阻燃剂见诸报道,阻燃剂与棉织物以共价键结合,提高了耐久性且无潜在甲醛释放问题。

棉织物的暂时性或半耐久性阻燃整理主要是使用磷酸氢二铵、磷酸二氢铵、尿素、硼砂、硼酸、聚磷酸铵等用浸渍法或轧—烘—焙工艺处理。有些阻燃剂在织物存放和使用过程中有吸潮或析出结晶现象,应注意选择。

典型的耐久性阻燃整理工艺是 Proban 整理。Proban 整理是以四羟甲基氯化磷(THPC)和尿素缩合物为基础,用作棉和其他纤维素纤维织物及以纤维素纤维为主的混纺织物的耐久性阻燃整理。THPC 的结构为:

$$\left[\begin{array}{cc} HOH_2C & CH_2OH \\ & P \\ HOH_2C & CH_2OH \end{array} \right]^+ \cdot Cl^-$$

其整理工艺过程为:

浸渍 ——→ 烘干 ——→ 氨熏 ——→ 氧化 ——→ 水洗

Proban 的阻燃耐久性是通过在纤维内部的交联形成高聚物而获得的。因其不与纤维本身发生反应,对原织物物理性能影响不大,但强度约损失 30%。可根据织物的品种和所要求的阻燃性确定阻燃剂的施加量,从而获得满意的效果。然而,由于 THPC 在合成过程中可能产生双氯甲醚,有致癌的危险性,后来改进为 THPS(四羟甲基硫酸磷)—氨熏法、THPS—脲—TMM 法、THPA(四羟甲基醋酸磷)等工艺,由于此类整理需用专门的设备,故推广应用受到一定的限制。

N-羟甲基-3-二甲氧基磷酰基丙酰胺(Pyrovatex CP)是一只重要的棉织物耐久阻燃整理剂,主要用于纤维素纤维或纤维素纤维含量高的混纺织物的阻燃整理。阻燃剂分子式为:

$$CH_3O \setminus \underset{|}{P} \overset{O}{\underset{||}{}} -CH_2CH_2CONHCH_2OH$$
$$CH_3O /$$

是由三氯化磷和甲醇的反应产物与丙烯酰胺反应,再经与甲醛的缩合反应而得。

整理工艺为:

浸轧──→烘干──→焙烘──→皂洗──→水洗

值得指出的是,该阻燃剂是通过其与纤维素分子反应及树脂的固着作用而获得耐久阻燃性的。因此,严格地按焙烘条件(170℃,1.5min;160℃,3~4.5min;150℃,4.5~5min)进行焙烘是获得织物耐久阻燃性的关键。而织物的阻燃性能则与阻燃剂的用量有关,阻燃剂用量随着织物种类和阻燃要求而异。如一般的纯棉装饰织物的阻燃整理工艺如下:

工艺处方:

Pyrovatex CP	300~400g/L
六羟甲基三聚氰胺(HMM)	50~60g/L
磷酸	17g/L
尿素	15g/L
柔软剂	适量

工艺流程:

浸轧(二浸二轧,轧液率 80%~100%)──→烘干(100℃,3min)──→焙烘(150~170℃,1.5~5min)──→皂洗──→水洗──→烘干

如果焙烘温度过高,织物的强度损失较大。

(2)其他纤维素纤维织物的阻燃整理:除棉织物以外,还有多种属纤维素纤维或再生纤维素纤维的织物,如麻织物、黏胶纤维织物、天丝(Tencel,Lyocell)织物及竹纤维织物等。这些纤维大分子除了聚合度、相对分子质量、结晶度等与棉纤维分子有一定区别外,其基本结构组成和性能与棉纤维类似,一般来说棉织物适用的阻燃剂,上述织物也同样可用。不过,对再生纤维素纤维,还可通过制造阻燃纤维来达到织物阻燃的目的。

4. 蛋白质纤维织物的阻燃整理　羊毛和蚕丝具有较高的回潮率和含氮量,属难燃性纤维,但若要求更高的标准,则需要进行阻燃整理。

早期的羊毛阻燃整理是采用硼砂、硼酸溶液处理,产品用于飞机上的装饰用布。阻燃效果良好,但不耐水洗。后来采用 THPC 处理,将阻燃剂固化在纤维上,耐洗性较好,但工序繁复,手感粗糙,失去了毛织物的风格。国际羊毛局推荐采用钛、锆和羟基酸等的络合物对羊毛织物整理,阻燃效果好,且不影响羊毛的手感,故得到普遍应用。

金属络合物的阻燃整理,是目前羊毛织物普遍应用的方法之一,主要有钛、锆、钨等金属络合物整理。一般方法有氟络合物整理、羧酸络合物整理等。

六氟钛酸钾和六氟锆酸钾为常用的氟络合物阻燃剂,在处理液中可离解出 TiF_6^{2-} 或 ZrF_6^{2-},在酸性条件下能被阳离子性的羊毛分子吸收:

$$MF_6^{2-} + 2H_3^+N-羊毛 \longrightarrow 羊毛-NH_3^+ MF_6^{2-} H_3^+N-羊毛$$

处理条件：浴比 10∶1 左右，络合物用量 3%～6%（owf），沸煮 45～60min。此工艺条件所获得的阻燃毛织物的限氧指数在 32% 左右。可以在染色后单独进行阻燃整理，也可以与防缩整理同浴或染色同浴进行。

若与二氯异氰脲酸（DCCA）同浴进行防缩和阻燃处理，氟、锆络合物的阻燃效果会受到影响，添加钨酸盐、钼酸盐等可以改善阻燃性能和水洗牢度。

金属络合物整理时加入一定比例的 α−羟基羧酸，如柠檬酸、酒石酸、苹果酸等，可大大提高阻燃效果，以柠檬酸效果为好。一般要求柠檬酸和钛络合物的用量比应在 2.5 以上，与锆络合物的用量比应在 0.8 以上。金属络合物整理时添加四溴苯二甲酸有协同效应，可以提高织物的阻燃性和耐洗性。

羊毛用金属络合物阻燃可以采用染色阻燃一浴工艺。阻燃需要在 pH＝2～3 的酸性条件下进行，很多酸性媒介染料、酸性含媒染料及某些强酸性染料可以应用此工艺，工艺条件参照染色工艺进行。

丝织物阻燃的研究工作不多，可用棉织物的阻燃方法对真丝绸进行阻燃，或用有机锡化合物处理。单独用钛、锆络合物处理真丝织物达不到满意的阻燃效果，但用溴化双酚 A 衍生物处理后再用钛、锆络合物处理，可得到阻燃性、耐久性良好的阻燃真丝织物。

5. 合成纤维织物的阻燃整理

（1）涤纶织物的阻燃整理：涤纶织物的阻燃整理的方法简单易行，但到目前为止，还没有找到一种理想的阻燃剂。（2,3−二溴丙基）三磷酸酯（TDBPP）对涤纶织物有一定阻燃效果，一度发展较快，但发现有致癌作用后已停止生产。美国推出一种 Antiblaze 19T 阻燃剂，适用于 100% 涤纶织物，效果较好，毒性不大。此阻燃剂为环状磷酸酯结构：

$$[CH_3]_x P \underset{CH_3}{\overset{O}{\parallel}} OH_2CC \overset{CH_2CH_3}{\underset{CH_2O}{<}} \overset{CH_2O}{\underset{CH_2O}{>}} P \overset{O}{\parallel} CH_3]_{2-x}$$

该阻燃剂已被工业上用于聚氨酯泡沫、聚酯纤维以及锦纶的阻燃添加剂，具有良好的热稳定性、低挥发性、优良的耐久性和相容性。尤其适用于涤纶织物的耐久性阻燃整理，整理时，工作液中加入足够量的 Antiblaze 19T，使织物增重 3%～5%，用磷酸氢二钠将整理液的 pH 值调至 6.0～6.5；必要时加入 0.2～0.5g/L 润湿剂。

整理工艺为：

浸渍 ⟶ 烘干 ⟶ 焙烘（185～205℃，1～2min）⟶ 水洗

目前国内有仿 Antiblaze 19T 的产品，除此之外，含锑化合物亦可用于涤纶织物的阻燃整理。如三氧化二锑、五氧化二锑等。工作液中添加黏合剂，将阻燃剂黏合于织物上以获得耐久性。整理织物阻燃性尚可，但手感硬，有白霜现象及色变等，且对纤维吸附性差。当阻燃剂粒子大小在 15～20nm 时，阻燃效果可提高 3 倍，且手感柔软，耐洗性好。但溴、锑化合物均为欧盟禁用产品。

（2）锦纶织物的阻燃整理：锦纶织物的阻燃整理相对来说研究得不多，用于其他纤维的磷、

卤系阻燃剂对于锦纶阻燃效果不理想，相反，在低温时反而会使织物更快燃烧，目前还没有找到锦纶的理想阻燃剂。

硫系阻燃剂能降低锦纶的熔点和熔体黏度，使之易发生熔滴而脱离火源，起到阻燃的作用。常用的硫系阻燃剂有硫脲、硫氰酸铵、氨基磺酸钠等，其中硫脲对锦纶的阻燃效果较好，当锦纶6用硫脲处理增重在7%时，限氧指数从24.5%增至34%。聚硼酸酯也可作为锦纶6的阻燃整理剂。用羟甲基脲树脂对锦纶进行阻燃整理，含脲量高时阻燃效果好；加入含硫阻燃剂可提高阻燃效果，将硫结合到树脂中效果更好，脲和硫通过促进锦纶燃烧时滴落而达到阻燃的目的。

（3）腈纶织物的阻燃整理：腈纶织物比涤纶和锦纶容易燃烧，限氧指数仅为18%～18.5%，是一种易燃纤维。但腈纶燃烧后残渣较多，达58.5%，这又相对降低了腈纶的可燃性。

腈纶的阻燃整理，有效而理想的方法不多。十溴二苯醚和三氧化二锑的水乳化液处理对腈纶阻燃有一定效果。在其他纤维上应用的阻燃剂用于腈纶后大多手感不好，特别是国内腈纶产品多是绒类产品，整理后对风格有影响。目前在腈纶装饰布和长毛绒玩具上已对阻燃提出了要求，主要靠阻燃纤维来解决。

其他合成纤维阻燃整理研究得不多。

6. 混纺织物的阻燃整理　在混纺织物中主纤维组成在85%以上，织物的可燃性便与主纤维基本相似，可根据主纤维的特性进行阻燃处理；如果主纤维组成低于85%时，需对主副两种纤维分别选择合适的阻燃剂和阻燃工艺，一般可用一浴法、二浴法整理或纤维先做阻燃处理后再混纺。

涤棉混纺织物的阻燃整理研究很活跃。涤纶和棉纤维燃烧性能不同，混纺后使燃烧过程变得更为复杂。棉纤维燃烧后炭化，而涤纶燃烧时熔融滴落，由于棉纤维成为支持体，可使熔融纤维集聚，并阻止其滴落，使熔融纤维燃烧更加剧烈，即所谓"支架效应"；涤纶和棉两种纤维或其裂解产物的相互热诱导，加速了裂解产物的逸出，因此涤棉混纺织物的着火速度比纯涤纶和纯棉要快得多，使涤棉混纺织物的阻燃更加困难。涤棉混纺织物阻燃整理技术有以下几种。

（1）有机磷化合物整理：包括使用类似于Pyrovatex CP阻燃剂整理，若有溴化合物存在时，由于具有协同作用，对阻燃所必需的含磷量可以降低；将涤棉混纺织物用乙烯基磷酸酯与N-羟甲基丙烯酰胺的混合液处理后，再用溴类阻燃剂进行处理即能获得阻燃性，该阻燃体系中含有P、N、Br三种元素，从阻燃协同效应角度来看是很有意义的一种方法。

（2）溴—锑混合物整理：利用热稳定性较高的芳香族溴化物与三氧化二锑的混合物为阻燃剂，然后将其分散在黏合剂中，通过轧—烘—焙工艺对涤棉混纺织物进行整理。整理后的织物手感良好并符合美国DOCFF3—71儿童睡衣标准。为保证手感，溴化物和氧化锑的粒子直径必须在$1\mu m$以下，最好在$0.5\mu m$以下，整理后，由于有少量不透明的氧化锑粒子包覆于纤维表面，因此，不适用于浅色织物。如十溴二苯醚和三氧化二锑的混合物用于涤棉混纺织物的整理工艺如下：

工艺处方：

十溴二苯醚	200～250g/L
三氧化二锑	100g/L
黏合剂	50～150g/L
柔软剂	适量

工艺流程：

浸轧（二浸二轧，轧液率 80%～100%）──→ 烘干（100℃，3min）──→ 焙烘（160℃，3min）

（3）乙烯磷酸酯低聚物电子束辐射整理：将涤棉混纺织物先在乙烯磷酸酯低聚物溶液中浸渍、烘干后，再经低能量的电子束辐射，使织物获得耐洗牢度好的阻燃效果。

（4）将棉先经磷酸化再用磷酸酯处理：先将棉磷酸化后，再用磷酸酯对涤棉混纺织物进行二次处理，能获得较高的阻燃效果。

（5）将阻燃涤纶与棉混纺后再进行阻燃整理：将含溴的阻燃共聚涤纶与棉混纺得到涤棉混纺织物，再用 THPC 或其他棉用阻燃剂进行处理，得到的混纺织物阻燃性能良好。

四、阻燃纺织品的测试方法及标准

（一）纺织品阻燃法规

随着阻燃技术的研究和不断发展，一些国家制定了相关的阻燃纺织品法规。如著名的 DOCFF3—71"儿童睡衣的可燃性标准"，是美国在 1971 年制定的商业部标准。其他如飞机内装饰材料、室内装饰织物、地毯等，各国均有相应的产品阻燃标准。我国民航系统也已制定了机务通告及"民用飞机机舱内部非金属材料阻燃要求和试验方法"的标准；阻燃装饰织物的阻燃标准也已颁布实施。这将大大推动和促进纺织品阻燃技术研究的深入。

（二）阻燃性能的测试方法及标准

对材料阻燃性能的评估一般有以下一些指标。

（1）点燃难易性。

（2）火焰表面传播速度。

（3）发烟能见度。

（4）燃烧产物的毒性。

（5）燃烧产物的腐蚀性。

其中（1）、（2）项统称为"对火的反应"；是对燃烧性评估的最主要指标。

1.基本试验方法 所谓基本试验方法，是指测定材料的燃烧广度（炭化面积和损毁长度）、续燃时间和阴燃时间的方法。一定尺寸的试样，在规定的燃烧箱里用规定的火源点燃 12s，除去火源后测定试样的续燃时间和阴燃时间，阴燃停止后，按规定的方法测出损毁长度（炭长）。根据试样与火焰的相对位置，可以分为垂直法、倾斜法和水平法。一般来说，垂直法比其他方法更严厉些，垂直法适用于装饰布、帐篷、飞机内装饰材料等；倾斜法适用于飞机内装饰用布；水平法适用于衣用织物等普通织物。我国的 GB 5455—1985 标准适用于各类织物的测试。

2.限氧指数法 所谓限氧指数（Limiting Oxygen Index，也称极限氧指数），是指在规定的试验条件下，使材料恰好能保持燃烧状态所需氧氮混合气体中氧的最低浓度，用 LOI 表示：

$$LOI = \frac{V_{O_2}}{V_{O_2} + V_{N_2}} \times 100\%$$

试验在限氧指数测定仪上进行。一定尺寸的试样置于燃烧筒中的试样夹上，调节氧气和氮气的比例，用特定的点火器点燃试样，使之燃烧一定时间自熄或损毁长度为一定值时自熄，由此时的氧、氮流量可计算限氧指数值,即为该试样的限氧指数。我国标准 GB/T 5454—1997 规定试样恰好燃烧 2min 自熄或损毁长度恰好为 40mm 时所需要的氧的百分含量即为试样的限氧指数值。

3. 表面燃烧试验法　对于铺地纺织品,可用热辐射源法或片剂法。热辐射源法是用一块以可燃气为燃料的热辐射板,与水平放置的铺地试样成 30°倾斜,并面向试样。由热辐射板做出标准辐射热通量曲线,而后按规定的方法点燃试样,测出试样的临界辐射热通量 CRF 和试样特定位置上的 30min 辐射热通量值 RF—30。片剂法是用六亚甲基四胺片剂作火源,测量炭化面积。

4. 其他测试方法　为使实验条件更接近于实际情况,有些国家建立了小型实验室。例如美国的保险业实验室(简称为 LIL)。但这些小型实验室存在着任意性强、局限性大,主要凭借经验而距实际火情相差甚远。欧洲认为在某些特殊场合下需直接采用标准的大型试验,例如墙角试验,更接近于实际火情。

锥形量热计 CONE 是 20 世纪末发展起来的一种新型燃烧测试装置,主要用来测量材料燃烧时的热释放速率,该参数被认为是影响火势发展的最重要的参数,此外,它可以测量材料燃烧时的单位面积热释放速率、样品点燃时间、质量损失速率、烟密度、有效燃烧热、有害气体含量等参数。这些参数对于分析阻燃材料的综合性能,预测材料及制品在其火灾中的燃烧行为将是十分有用的。

微型量热也是近年来采用的一种测试手段,它是基于氧消耗原理来测定材料燃烧的释热速率,可以取代传统的建立在能量平衡基础上的测定释热速率的方法,这一技术能用很小的样品迅速确定参数。

利用热分析可定量地研究出阻燃效果,探索阻燃机理。如利用 DSC 可以分析纤维的分解稳定变化,表面阻燃前后裂解方式的改变。热重分析(TGA)可以测定纤维的热失重变化情况。利用色谱—质谱联用可以研究纤维的热裂解产物等。

值得指出的是,单一的阻燃测试方法往往不能全面地反映材料的燃烧性能,应尽量将几种测试方法结合起来使用。

第四节　卫生整理

一、概述

(一)卫生纺织品的发展概况

在人类生活的环境中,存在着各种各样的微生物。绝大多数微生物对人类是无害的,甚至是有益的和必需的,但也有小部分微生物可以引起人类和动植物的病害,这些能导致人类和动植物疾病的微生物称为病原微生物。

细菌是微生物中最重要的品种之一,其个体细小,人们用肉眼无法看到。细菌可以根据其外形的基本形态分为球菌、杆菌和螺形菌三类;根据细胞壁的结构可以分成革兰氏阳性菌、革兰氏阴性菌以及古细菌三类。大部分细菌在正常情况下对人体是没有危害的,通常将能引起人类等致病的细菌叫病原菌。病原菌致病一般通过两个途径,一是由细菌毒素直接引起的；二是对细菌产生的产物过敏，通过免疫反应间接地造成损伤。如葡萄球菌是最常见的化脓性球菌之一，80%以上的化脓性疾病都是由葡萄球菌引起的；链球菌主要引起化脓性炎症、猩红热、丹毒、产褥热等疾病；大肠杆菌则是条件致病菌，当人体抵抗力较差或大肠杆菌进入肠道以外部位时，可引起相应的肠道感染和非肠道感染；流感杆菌则是呼吸道感染的罪魁祸首之一。

真菌是另一类重要的、与人们日常生活关系密切的微生物。和细菌一样，真菌在自然界的分布极广，但真菌的形态结构较细菌复杂，根据形态，真菌可分为单细胞和多细胞两类，前者常见于酵母菌和类酵母菌，后者多呈丝状，分支交织成团，称为丝状菌，但一般称霉菌。人们利用真菌酿酒和发酵食物，也经常用来制备抗生素，但少数真菌也可以感染人体形成疾病。如白色念珠菌可使婴儿患鹅口疮；赭曲霉可诱发肾、肝肿瘤；白癣菌诱发足癣等。

纺织品与人们的生活密切相关，是微生物直接或间接的传播媒介之一。在人体的上半身，每平方厘米皮肤上有各种微生物 50～5000 个，如果条件适宜，某些微生物会产生异常的繁殖，即使是有益的微生物也可能发生变异。天然纤维中的棉、羊毛等本身就是微生物的粮食，微生物的繁集会引起某些疾病或使皮肤产生异常的刺激而引起不快感。人体分泌的汗水、皮脂等排泄物附在皮肤上，容易招致微生物的滋生和繁殖，从而使贴身内衣产生恶臭味，袜子诱发脚癣，婴儿尿布引起斑疹等。在医院工作的医生、护士及病人的服装、床上用品等，由于不抗菌和病毒会造成细菌或病毒的交叉传染。纺织品在运输、贮藏过程中，在温湿度适宜的条件下或因沾污等原因，也会引起微生物的繁殖，如霉菌的繁集形成霉斑，使织物局部着色或变色，甚至产生生物降解发生脆损，使用价值和卫生性能受到损伤。因此，从保护纺织品的防霉、防菌，到保护使用者免受微生物侵害的抗菌防臭等功能的纺织品研究和应用，具有重要的学术价值和现实意义。

早在 4000 年前，埃及人就采用了浸渍某种植物药物的纺织品包裹木乃伊。在第一次世界大战中，丹麦科学家发现毒气受害者的伤口不会化脓，由此开创了杀菌剂的研究工作。第二次世界大战期间，德军曾用季铵盐处理军服，大大降低了伤员的感染率。1955～1965 年间是抗菌纺织品的形成阶段，名为"Sanitized"的抗菌纺织品投放市场。1966～1976 年间是开发阶段，含锡、铜、锌、汞的有机金属化合物和醌类及含硫化合物用作织物抗菌整理剂。美国道康宁公司研制的卫生整理剂 DC—5700 投入使用，整理织物以"Bioguard™"为商标，经美国环保局（EPA）许可于 1976 年投放市场。1976 年以后开始向发展阶段过渡。20 世纪 80 年代以来，卫生整理的耐久性和整理产品的风格得到进一步改进，国内外非常重视卫生整理纺织品的开发；90 年代抗菌防臭纺织品得到迅速发展，此后整理为主的抗菌纺织品发展为抗菌纤维和卫生整理并举的功能纺织品，织物的抗菌性、安全性和耐洗涤性进一步提高，并出现了消臭、防虫等卫生性能的纺织品。

21 世纪以来，抗菌防臭纺织品不仅要满足高效、耐久、绿色环保的需求，而且要求后整理过程不能影响纺织品本身的性能，如舒适性、力学性能、可加工性、染色性等。

（二）卫生纺织品的分类和制造方法

卫生纺织品的概念比较广泛，通常包括防霉、防腐、抗菌防臭、抑菌、消臭、防虫、防蛀等内容。防霉、防腐和防蛀是基于保护纺织品的处理过程。纺织品在加工、储藏和使用过程中,容易受到微生物和某些虫子的侵蚀而发霉、色变、降解和腐烂变质等,特别是棉、毛、丝、麻等天然纤维织物,极易受到霉菌、细菌、放线菌和某些藻类的侵蚀而变质。抗菌防臭纺织品能触杀织物上和接触织物的微生物,同时也减少了细菌与纤维作用后产生的臭气,在日本所谓卫生整理织物也称抗菌防臭织物。严格说来抑菌和抗菌不同,抑菌是指抑制纤维上的细菌增殖。防虫整理的主要目的是驱避环境中的某些害虫不与人体接触,如蚊虫、螨虫等。近几年消臭整理受到重视,抗菌防臭是通过杀菌来达到防臭的目的,而消臭是指消除环境中已经形成的臭气或使基材不产生臭气。

卫生纺织品的制造按卫生整理剂的引入方法可分为两类,即抗菌纤维和织物卫生整理。合成纤维抗菌纺织品的生产可以通过纤维抗菌或织物后整理来实施;天然纤维纺织品只能通过卫生整理来实现。

赋予合成纤维抗菌或其他卫生性能的方法主要有共混纺丝法和接枝改性法两种方式。

共混纺丝法是在纤维纺丝时添加抗菌剂或其他卫生功能助剂,使其与纤维基体树脂混合,经纺丝生产出抗菌纤维。生产中有将抗菌剂先与纤维切片混合,制备功能母粒,再将一定比例的功能母粒与切片混合熔融纺丝,制造抗菌纤维;亦可将抗菌剂直接添加到纺丝溶液中进行湿法或干法纺丝。要求抗菌剂耐高温性能要好,在纺丝温度下保持良好的稳定性。粒径要足够小,一般要求平均粒径小于 $1\mu m$ 才具有良好的可纺性。目前生产的抗菌纤维以共混纺丝法较多。

接枝改性法是通过对纤维表面进行改性处理,通过配位化学键或其他类型的化学键结合具有抗菌作用的基团而使纤维具有抗菌性能的一种加工方法。要求纤维表面存在可以与抗菌基团结合的作用部位。接枝改性法制备抗菌纤维一般分两步进行,先对纤维进行表面处理,使织物表面产生可与抗菌基团进行接枝的作用点,对纤维常用的处理方法为化学溶剂处理法和辐射法;再将带有抗菌基团的化合物与经过处理的纤维结合,得到抗菌纤维。

卫生整理是通过化学键合、化学黏合、吸附及非极性范德瓦尔斯力结合等作用,使卫生整理剂固着在纤维或织物上,从而使织物获得所需要的抗菌防臭、抑菌、防霉等性能的加工过程。

对比抗菌纤维的生产,卫生整理可根据产品最终使用要求来赋予织物卫生性和持久性,灵活性大,并可以与防水、阻燃、抗静电等其他整理结合进行多功能整理,工艺简单。

二、卫生整理剂的分类及作用机理

卫生整理剂包括抗菌剂、防霉剂、消臭剂等,种类繁多,性能各异。为了叙述方便,以下统称为卫生整理剂或抗菌剂。在实际应用中应根据整理的目的加以选择。如抗菌剂对细菌是有效的,但对霉菌无效。防霉剂对霉菌有效,对细菌无效。有机抗菌剂、强酸、强碱对细菌和霉菌都是有效的,但对人和动物是有危害的,强酸和强碱不能作为抗菌剂或防霉剂使用。常用的卫生整理剂可以分为无机类、有机类和天然产物类三大类,因种类不同而各有利弊,就环保和对人体健康而言,无机类抗菌剂具有无污染、安全等优点。三类抗菌剂的特性比较见表 12 – 10。

表 12 - 10　抗菌剂的特性比较

特　　性	有机系列	天然系列	无机系列
抗菌力	○	△	△
抗菌范围	△	○	○
持久性	△	◇	○
耐热性	△	◇	○
耐药性	△	◇	○
气味颜色等	△	△	○
污染等	△	○	○
价　格	○	◇	△
安全性	◇	○	○

注　○表示优良,△表示可以,◇表示很差。

无机类抗菌剂主要用于制造抗菌等功能纤维,近年来也有研究将其应用于织物后整理;有机和天然产物抗菌剂既可用于制造功能纤维,也可用于织物后整理。

(一)无机类卫生整理剂

无机抗菌剂主要是利用银、铜、锌、钛、汞、铅等金属及其离子的杀菌或抑菌能力制得的抗菌剂。由于汞、铅等金属及其化合物的毒性较强,不适合作为普通场合的抗菌剂使用,而铜类化合物往往带有较深的颜色,也限制了其作为抗菌剂使用的范围。银离子无毒、无色,属抑菌能力较强的品种之一,非常适于制备抗菌剂,所以目前制备无机抗菌剂以银离子及其化合物为多,锌、钛等化合物也有应用。由于银盐具有很强的光敏反应,遇光或长期保存都极易变色,而且直接添加银盐材料的某些性能明显下降,接触水时 Ag^+ 易析出而导致抗菌有效期短,很难具有使用价值。为了解决这些问题,人们采用内部有空洞结构而能牢固负载金属离子的材料或能与金属离子形成稳定螯合物的材料作为载体等手段来解决银离子变色问题,控制离子释放速率,提高离子在材料中分散性以及离子和材料的相容性问题。根据载体的类型,可分为沸石抗菌剂、硅胶抗菌剂、膨润土抗菌剂、磷酸复盐抗菌剂等。抗菌成分引入载体的方法有离子交换法、熔融法和吸附法等,见表 12 - 11。

表 12 - 11　无机抗菌剂的载体种类和结合方式

载　　　　体		载体与有效成分结合方式
硅酸盐类载体	沸　石	离子交换
	黏土矿物	离子交换
	硅　胶	吸　附
磷酸盐类载体	磷酸锆	离子交换
	磷酸钙	吸　附
其　他	可溶性玻璃	玻璃成分
	活性炭	吸　附
	金属(合金)	合　金
	有机(金属)	化　合

金属离子对细菌的抗菌效果和对人的危害是不一样的,其作用的效果次序如下:

对细菌的抗菌效果:

$$As^{5+} = Sb^{5+} = Se^{2+} > Hg^{2+} > Ag^+ > Cu^{2+} > Zn^{2+} > Ce^{3+} = Ca^{2+}$$

对人的危害程度:

$$As^{5+} = Sb^{5+} = Se^{2+} > Hg^{2+} > Zn^{2+} > Cu^{2+} > Ag^+ > Ce^{3+} = Ca^{2+}$$

微量的 Zn、Cu、Ag、Ce 对人体是有益的,但对微生物有害。

另一类无机抗菌剂是以二氧化钛为代表的具有光催化类抗菌剂,其特点是耐热性比较高,必须有紫外光照射和有氧气或水存在才能起杀菌作用。为了降低抗菌剂的用量,提高抗菌剂的效能,并尽量减少对纤维等材料其他性能的影响,金属氧化物可以做成纳米级杀菌材料,如纳米二氧化钛、纳米氧化锌等,可用于制造抗菌纤维、玻璃、陶瓷、涂料等。纳米无机抗菌剂用于织物后整理,要解决纳米微粒在整理体系中的分散问题和与纤维的结合问题。

(二)有机类卫生整理剂

有机类卫生整理剂是目前织物用防霉、抗菌、防臭整理剂的主体。按其化学结构特征,可分为季铵盐类、苯类、脲类、胍类、杂环类、有机金属类等类别。

1. 季铵盐类 代表性的品种是 3 -(三甲氧基甲硅烷基)丙基二甲基十八烷基氯化铵(DC—5700),化学结构式为:

$$(CH_3O)_3Si(CH_2)_3 - \overset{\overset{\displaystyle CH_3}{|}}{\underset{\underset{\displaystyle CH_3}{|}}{N^+}} - C_{18}H_{37} \cdot Cl^-$$

DC—5700 化学结构上左端的三甲氧基硅烷基具有硅烷偶合性,当用水稀释时,由于甲氧基的水解和析出甲醇即会形成硅醇基,此硅醇基与纤维表面及彼此之间的脱水缩合反应,使 DC—5700 以共价键牢固地结合在纤维表面。经水稀释的 DC—5700 在形成硅醇基的同时,DC—5700 的阳离子因纤维表面带负电荷而被吸引,形成离子键结合,加上 DC—5700 彼此之间的脱水缩合反应,使其在纤维表面上形成坚固的薄膜,即 DC—5700 是以在纤维表面上共价键和离子键两种结合方式,形成耐久性优良的抗菌表面膜。

2. 苯酚类 苯酚类化合物具有抗菌活性,其中对氯间甲苯酚和对氯间二甲苯酚具有很活的杀菌力,但苯酚的气味影响了它们在纺织品上的应用。2,4,4′-三氯-2′-羟基二苯醚是一个著名的织物整理剂。其化学结构为:

经其整理的织物对金黄色葡萄球菌、大肠杆菌和白癣菌均有优异的抗菌活性。对涤纶织物的整理可以高温高压染色同浴,整理效果有耐久性。α-溴代肉桂醛对许多细菌有抑制作用,它的特点是能够慢慢汽化而抑制细菌的繁殖,有良好的耐洗性。但该化合物能与含氯漂白剂反应生成有毒的含氯衍生物,经加热或紫外线照射生成致癌物质四氯二噁烷,故使用过程中需要用含氯漂白剂漂白的纺织品不能用此类整理剂。

3.脲类和胍类 脲类和胍类抗菌剂的特点是广谱抗菌,对真菌的抑菌效果很好,低毒安全,是很有前途的抗菌剂。如3,4,4′-三氯二苯脲、三氟甲基二苯脲、烷基乙烯脲、十二烷基胍、1,6-二(4′-氯苯双胍)己烷等都是良好的纤维抗菌剂,有的亦可作为防臭剂。医疗方面应用很广泛的1,1′-六亚甲基双[5-(4-氯苯基)双胍]葡萄糖酸盐可以用于制造抗菌合成纤维。聚六亚甲基双胍盐酸盐(PHMB)可以用于整理棉及其混纺织物。

4.杂环类 在杂环类抗菌剂中,2-(3,5-二甲基-1-吡啶)-4-苯基-6-羟基嘧啶对大肠杆菌、金黄色葡萄球菌等37种微生物有抗抑功能,并对锦纶织物有强的吸附力和柔软作用。2-噻唑醛-4-苯并咪唑为安全广谱抗菌剂,可用以制造抗菌腈纶和其他织物的抗菌整理。

5.有机金属化合物 有机金属化合物主要是有机锌、有机铜、有机钛等化合物。聚丙烯酸铜采用接枝共聚应用于棉或黏胶纤维抗菌整理,可获得抗金黄色葡萄球菌和大肠杆菌的性能;苯柳酸铜氨加成物的水溶液以0.5%～3%的浓度应用于织物,有良好的防霉作用;喹啉铜络合物应用于织物抗菌,浓度为1～2mg/kg即可奏效;8-羟基喹啉铜、二吡啶硫醇铜和羧甲基纤维铜等都对织物有良好的抗菌作用。

6.卤胺抗菌剂 卤胺抗菌剂是具有一个或者多个N—X(X=Cl或者Br)键的化合物,是通过胺类、酰胺类和亚酰胺类化合物在次卤酸盐的作用下使得N—H转变为N—X,该类抗菌剂具有杀菌速率快、杀菌效率高、广谱、稳定、长效等优点,且杀菌性能可再生,其再生过程如下所示:

$$\diagdown\text{N—Cl} \underset{\text{氯化}}{\overset{\text{杀菌}}{\rightleftharpoons}} \diagdown\text{N—H}$$

(三)天然产物类卫生整理剂

来自天然的植物、动物、昆虫及微生物等的某些提取物可以作为纺织品的卫生整理剂。

1.植物类提取物

(1)桧柏油:桧柏油由桧柏蒸馏而得,由两种组分组成,即作为香精原精的中性油和具有抗菌活性的酚类酸性油。酸性油中含桧醇(或称日柏醇),中性油主要成分为斧柏烯。桧柏油的抗菌机理是分子结构上有2个可供配位络合的氧原子,它与微生物体内蛋白质作用使之变性。它抗菌面广,尤其对真菌有较强的杀灭效果。可制成微胶囊处理织物。

(2)艾蒿:艾蒿为一种菊科多年生草本植物。端午节悬挂艾蒿以驱虫防病为我国传统习俗。艾蒿的气味有稳定情绪、松弛身心的镇定作用。艾蒿的主要成分有1,8-氨树脑、α-守酮、乙酰胆碱、胆碱等,它们具有抗菌消炎、抗过敏和促进血液循环的作用。

日本用艾蒿提取物吸附在多孔的微胶囊状无机物中制得织物抗菌整理剂,还有以艾蒿染色的织物,用以制作患变异反应性皮炎患者的睡衣和内衣。

(3)芦荟:芦荟为百合科植物,有300多种,大致可分为药用和观赏用两类。有药效成分的芦荟,已应用于医药、化妆品和保健食品。芦荟的药效成分包括多糖类和酚类,其中起主要作用的芦荟素具有抗菌消炎和抗过敏等作用。近年来,芦荟提取物作为抗菌剂开始用于织物。日本东洋纺的产品中就有用芦荟提取液作抗菌剂的。日本大和纺推出的抗菌防臭剂中含有芦荟、艾蒿、苏紫等萃取物。因其由天然中药组合,除了抗菌作用,对皮肤也有一定的护理作用。

(4)山梨酸:山梨酸又名花楸酸,化学名称为 2,4 -己二烯酸,是一种从植物中分离出来的天然物质。山梨酸通过与微生物酶系中的—SH 结合,破坏酶系作用而达到抗菌防霉的作用,对细菌、霉菌、酵母菌等都有明显的抑制性能。

(5)姜黄根醇:姜黄根醇是一种萜类化合物,从印度尼西亚一种传统植物药物姜黄的块茎中提取。传统中姜黄和姜黄根醇一般作为药物使用,在东南亚地区有悠久的历史,在印度尼西亚常用作黄疸肝炎、风湿等疾病的治疗,也可治疗消化不良、产后出血等症。姜黄根醇具有很好的抗各种微生物的功能。

(6)甘草:甘草是豆科多年生草本植物,根有甜味,可入药。甘草含甘草甜素,它可分离出多种黄酮类化合物。甘草制剂有镇咳祛痰、镇静、抗炎、抗菌和抗过敏等作用。甘草毒性小,对人体较安全,目前已广泛应用于糖果、卷烟、药品和化妆品等领域,在纺织加工中的应用刚刚起步。

(7)茶叶:茶叶中含有多种化学成分,主要有多酚类化合物、生物碱(多为咖啡碱)、氨基酸、芳香物质等。可将茶叶中的天然抗菌成分混入腈纶中,制成抗菌地毯。

2. 动物类提取物

(1)甲壳质和壳聚糖:甲壳质即聚-(1,4)- 2 -乙酰氨基- 2 -脱氧- β - D 葡萄糖,是除纤维素外最丰富的天然聚合物。壳聚糖是甲壳质在浓碱液中脱去乙酰基的产物。甲壳质的主要来源是蟹壳、虾壳、贝类和昆虫的外皮以及真菌和酶等的细胞壁。甲壳质是一种无色无味的晶体或无定形物,不溶于水、有机溶剂、稀酸和稀碱,可溶于浓硫酸、浓盐酸和 85% 的磷酸,同时发生降解。壳聚糖在 1% 的乙酸溶液中形成透明黏稠的胶体溶液。壳聚糖对大肠杆菌、枯草杆菌、金黄色葡萄球菌和绿脓杆菌均有抑制能力。壳聚糖可用于制造抗菌纤维,亦可制成抗菌整理剂处理织物。

(2)昆虫抗菌性蛋白质:昆虫对环境适应能力很强,对细菌、病毒等微生物的侵袭有很强的抵抗力。从昆虫体内分离出的抗菌性蛋白质,可作为天然抗菌剂。目前,由昆虫中分离出的抗菌蛋白有 150 种以上,可分为防卫素型、杀菌素型、攻击素型、含高脯氨酸抗菌蛋白型、含高甘氨酸抗菌蛋白型等。昆虫抗菌性蛋白质一般有耐热性,抗菌性广,对耐药性病菌有抑制作用。

许多天然矿物也有抗菌作用。如胆矾对化脓性球菌、痢疾杆菌和沙门氏菌均有较强的抑制作用。雄黄对多种皮肤真菌、耻垢杆菌和肠道致病菌有很强的杀灭作用。可将天然矿物粉碎成粉末,用一定的方法固着在纤维内部。

(四)卫生整理剂的防霉抗菌和消臭机理

1. 防霉抗菌作用机理　抗菌剂的种类不同,其抗菌作用机理不同。例如,无机抗菌剂的抗菌机理有两种解释:其一为金属离子溶出型的抗菌机理,即在使用过程中抗菌剂缓慢释放出金属离子,能破坏细菌的细胞膜或细胞原生质活性酶的活性;其二是活性氧抗菌机理,在光的作用下,抗菌剂和水或空气作用,生成的活性氧 O_2^- 和 $OH\cdot$ 具有很强的氧化还原作用,产生持久的抗菌效果。有机硅季铵盐类抗菌剂可作用于细菌细胞的表层,破坏细胞壁和细胞膜。作用方式有两种:一是抗菌剂的阳离子吸引带负电荷的细菌细胞壁,其长链烷基破坏细菌的细胞壁而杀死细菌;二是抗菌剂的阳离子吸引带负电荷的细菌细胞壁,长链烷基接触细菌细胞壁的另一侧,由于受抗菌剂阳离子的吸引,负电荷减少,继而细胞壁破裂,内溶物渗出而死亡。与纤维配位的金属类抗菌剂的抗菌机理是金属离子损害微生物细胞的电子传递系统，破坏细胞内的蛋白质结构，引起代谢障碍，并能破坏细胞内的 DNA。胍类抗菌剂的抗菌机理是破坏细胞膜，使细胞内物质泄露出来，使微生物呼吸机能停止而死亡。壳聚糖类分子结构中含有多个羟基、氨基等极性基团，有极强的水合能力，分子结构中的质子化氨基能通过吸附带负电荷微生物离子与细胞壁的阴离子成分结合，阻碍细胞壁的生物合成，从而抑制微生物的生长。

2. 消臭作用机理　地球上的化合物估计有 1 万多种恶臭物质。恶臭物质中以氨、硫化氢和甲硫醇最为强烈，分别为刺激性臭味、臭鸡蛋味和臭洋葱味，素称三大恶臭。这些臭味不仅引起一种不快的感觉，而且还会溶入血液，产生生理危害。消臭剂的消臭作用有以下几种。

（1）感觉消臭：使人从嗅觉上感到臭气消失，其机理包括掩盖作用和中和作用。芳香剂消臭是典型的掩盖作用和中和作用的方式。

（2）物理消臭：物理消臭方法是利用消臭剂对臭气分子引进吸附和吸收。吸附是利用活性炭、浮石、硅胶等多微孔物质和特定盐类将臭气分子固定在其表面。活性炭是凭其分子力完成对恶臭分子的吸收，是非极性吸附；硫酸锌、氧化铝等能对恶臭分子形成离子作用，是极性吸附。吸收是通过表面活性剂等把恶臭分子溶解吸入其内部。

（3）化学消臭：消臭剂和恶臭分子发生化学反应，生成没有臭味的物质，其反应机理涉及中和、氧化、还原、加成、脱硫、络合、缩聚及离子交换反应等。如硫酸亚铁能与酸性恶臭物质反应使之分解，能与碱性物质反应生成氨络合物，L－抗坏血酸的作用是抑制亚铁离子被氧化，保持其活性状态，两者构成复合消臭剂可对织物进行消臭整理或制备消臭纤维。

（4）生物消臭：用好气性微生物、纤维素酶、淀粉酶、蛋白酶等杀死腐败菌，通过微生物的代谢作用，阻止或分解产生的恶臭物质。

三、织物卫生整理工艺

采用卫生整理剂整理织物，要求卫生整理剂具备以下条件。

（1）用量极少即能对细菌具有抑制作用。

（2）对人体无毒、无致敏性。

（3）无色、无臭、无黏滞性。

（4）不能使细菌产生耐药性。

（5）与其他用剂具有相容性。

（6）应用工艺简单，具有一定的耐洗牢度。

（7）不致加速纤维光化或降解作用，不影响纤维和织物的物理机械性能。

织物卫生整理方法常用的有表面涂层法、浸渍—烘干（浸渍—焙烘）法和浸轧—烘干（浸轧—焙烘）法等。

1. 表面涂层法　将抗菌剂添加至涂层剂中，按常规方法对织物进行涂层处理，使抗菌剂固着在织物表面的涂层膜中。某些无机抗菌剂或非水溶性抗菌剂可用此种方式，适用于任何纤维织物。

2. 浸渍—烘干（浸渍—焙烘）法　将抗菌剂配制成一定浓度的整理液，需要时可添加其他助剂,织物置入整理液中浸渍,离心脱水至一定含水量时烘干,根据需要可进行焙烘固着。此法主要用于针织品及巾被类产品。

3. 浸轧—烘干(浸轧—焙烘)法　　此法是将整理液以浸轧的方式施加至织物上,主要适用于平幅连续加工,是机织物常用的整理工艺。

另外,根据不同的抗菌剂和织物形态,可以采用不同的整理方式,如可将非水溶性的抗菌剂制成微胶囊,添加黏合剂整理织物,有些织物如地毯等,也可用喷雾法施加整理剂等。

织物卫生整理工艺应根据纤维种类、所用卫生整理剂的性能特点及卫生要求来确定。消费者往往要求纺织品有耐久的功能性,因此应选择在加工条件下能与纤维形成交联反应或借助于交联剂、黏合剂能与织物形成牢固结合的整理剂。

以 DC—5700 抗菌防臭剂整理棉织物为例。DC—5700 属有机硅季铵盐类,其活性成分为 $3-$(三甲氧基硅烷基)丙基二甲基十八烷基氯化物,有效成分含量 42%(甲醇作溶剂),其分子结构上的三甲氧基硅烷基具有硅烷偶合性,当用水稀释 DC—5700 时,甲氧基的水解和释出甲醇即会形成硅醇基,硅醇基团可与纤维素大分子发生缩合反应,形成共价键牢固地结合在纤维表面。在形成硅醇基的同时,DC—5700 季铵基团因纤维表面带负电荷而被吸引,形成离子键结合;DC—5700 大分子间的脱水缩合反应使其在纤维表面上形成坚固的薄膜,具有很好的耐久性。

DC—5700 整理工艺可用浸轧法或浸渍法,整理剂用量 1.5%~3%(owf),浸轧或浸渍脱水后在 80~120℃烘干。配制工作液时要边加边搅拌,如搅拌不良会产生局部凝聚,整理液中应加入适量渗透剂。

对于合成纤维织物,除了可采用抗菌纤维外,后整理获得卫生性能时应选择特殊结构的整理剂或借助于黏合剂来完成。如涤纶织物抗菌防臭可选用 $2,4,4'-$三氯$-2'-$羟基二苯醚作为整理剂,因其结构类似于分散染料,既可采用轧—烘—焙工艺,也可采用高温高压法来完成整理过程,还可在高温高压染色时同浴整理。轧—烘—焙整理工艺条件如下:

抗菌剂(有效成分 10%)	15~50g/L
交联剂(40%)	30~50g/L
渗透剂	2g/L

二浸二轧(轧液率 70%~80%)——→烘干(100℃,3min)——→焙烘(160~165℃,3min)

高温高压同浴染色法的工艺条件与分散染料染色工艺相同,抗菌剂用量为 3%~5%(owf)。

对于不溶于水的无机抗菌剂或纳米金属氧化物抗菌剂,整理时必须添加黏合剂以固着于织物上。如纳米氧化锌对棉织物的抗菌整理工艺:

纳米氧化锌	5%
黏合剂	17%
分散剂	2%
加水至	100%

工艺同上。

织物消臭整理可利用包合加工物和微胶囊或能形成多孔质薄膜的树脂处理织物，或利用反应性树脂将消臭剂固着在纤维上。此外，用共聚反应使纤维接上羧基等，或将含官能团的单体或树脂固着在纤维上，使这些官能团和消臭剂发生化学结合，而赋予纤维或织物消臭性能。如用 4% 的 1，2，3，4 - 丁烷四羧酸，2% 的无水磷酸钠，3% 黄酮 - 3 - 醇类（山柰黄素、栎精、杨梅酮的混合物）组成的处理液，用浸轧法处理丝光棉织物，轧液率 60%，然后干燥，160℃ 热处理 2min，即可得到固着有黄酮 - 3 - 醇类的消臭织物。

四、织物抗菌性的测试方法及标准

织物抗菌性能的测试分为定量测试方法和定性测试方法，以定量测试方法最为重要。

1. 定量测试方法　目前纺织品抑菌性能定量测试方法及标准包括美国 AATCC Test Method 100（菌数测定法）、FZ/T 02021—1992、奎恩实验法等。

定量测试方法包括织物的消毒、接种测试菌、菌培养、对残留的菌落计数等。它适用于非溶出性抗菌整理织物，不适于溶出性抗菌整理织物。该法的优点是定量、准确、客观，缺点是时间长、费用高。

2. 定性测试方法　使用的定性测试方法主要有美国 AATCC Test Method 90（Halo Test，晕圈法，也叫琼脂平皿法）、AATCC Test Method 124（平行画线法）和 JIS Z 2911—2000（抗微生物性实验法）等。

定性测试方法包括在织物上接种测试菌和用肉眼观察织物上微生物生长情况。它是基于离开纤维进入培养皿的抗菌剂活性，一般适于溶出性抗菌整理，但不适用于耐洗涤的抗菌整理。优点是费用低，速度快，缺点是不能定量测定抗菌活性，结果不准确。

☞ 复习指导

1. 内容概览

本章主要讨论织物的拒水拒油整理、易去污整理、阻燃整理和卫生整理技术。阐述了这四种特种功能整理的概念、发展、原理，常用整理剂的结构、性能和整理工艺，并介绍了功能效果的评定检测方法和技术指标。同时对其中一些常规整理剂对环境造成的污染和改进情况作了介绍。

2. 学习要求

（1）重点掌握四种特种功能整理（拒水拒油整理、易去污整理、阻燃整理和卫生整理）的原理、常用整理剂的结构、性能及其整理工艺。

（2）重点掌握纺织品的拒水拒油整理、易去污整理、阻燃整理和卫生整理效果的检测方法和技术指标，了解整理剂对环境的安全性。

☞ 思考题

1. 试分析拒水整理和防水整理的区别，对纺织品服用性能各有什么影响？

2.纺织品的表面粗糙度和毛细管间隙大小对织物的拒水拒油性能有何影响?

3.液体对固体表面的黏附功与液体和固体表面的性质有何关系?

4.如何衡量纺织品的拒水拒油性能?

5.从拒水拒油效果、拒水拒油的耐久性和拒水拒油剂的生态性能讨论常用拒水拒油剂的性能。

6.脂肪烃类拒水剂要达到较好的拒水效果,碳原子数必须在16以上,而有机硅类拒水剂中的疏水基是甲基,为什么有机硅类拒水剂具有优异的拒水性能?

7.何谓 PFOS? 简述其对环境的影响和对策。

8.请解释防污、易去污和抗湿再沾污的概念。

9.请分析纺织品沾污的原因和污物在纺织品上的分布。

10.试阐述易去污和抗湿再沾污的机理。

11.亲水性纤维和疏水性纤维在易去污性能和抗湿再沾污性能上有何区别,为什么?

12.羧基型易去污剂为什么具有较好的易去污性能?

13.为什么用氟碳聚合物整理的亲水性纤维纺织品虽有较好的防污效果,但易去污性能不好?

14.为什么亲水型含氟嵌段共聚物既有较好的防污性能又有较好的易去污性能?

15.影响易去污性能测试的因素有哪些? 如何测试易去污性能。

16.阻燃纺织品的制造方法有几种?

17.叙述纤维素纤维的燃烧及阻燃机理。

18.试举例说明有哪些元素的化合物可以有阻燃作用。

19.合成纤维的燃烧及阻燃机理与棉纤维有何异同?

20.叙述棉织物耐久阻燃整理工艺流程及各工序的作用。

21.涤棉混纺织物的燃烧及阻燃有何特点? 有哪些阻燃方法可以实施?

22.何谓限氧指数?

23.阻燃性能的测试和评价方法有哪些?

24.织物卫生整理包括哪些内容? 区别其异同。

25.有哪些方法可以得到卫生纺织品?

26.试述常用卫生整理剂的种类和特点。

27.评价纺织品卫生性能的方法有哪些?

参考文献

[1]Mohsin, Muhammad, Farooq, et al. Environment Friendly Finishing for the Development of Oil and Water Repellent Cotton Fabric[J]. Journal of Natural Fibers. 2016,13(3):261 – 267.

[2]Madaras G W. Water-repellent finishes-modern use of silicones[J]. J. Soc. Dyers Colourists,1958,74:835.

[3]Berry K L. Waterpp-repllent fibrous structures and process for obtaining same[J]. U. S. P. ,1950,2:532,691.

[4]Reid T S. Chromium coordination complexes of saturated perfluoro-monocar-boxylic acids and articles

coated therewith[J]. U. S. P. ,1951,2:662,835.

[5]De Marco C G,McQuade A J,Kennedy S J. Water – repellent finisher – for rainwear,a new durable, Mod[J]. Textiles Mag. ,1960,41(2):50.

[6]Usha S,Jaideep G R,Prasad G D. Fluorochemicals in textile auxiliaries[J]. Asian Dyer,2005,2(5):43 – 46.

[7]Barbara S. Fluorocarbon polymers – modern repellent finishes[J]. Tekstilec,2001,44(5 – 6):117 – 121.

[8]Colleoni C,Massafra M R,Migani V,et al. Dendrimer finishing influence on CO/PES blended fabrics color assessment[J]. J. Appl. Polym. Sci. ,2011,120:2122 – 2129.

[9]Opwis K,Gutmann J S. Surface modification of textile materials with hydrophobins. Textile Res J,2011, 81:1594 – 1602.

[10]L. Feng,Li S,Li Y,Li H,et al. Superhydrophobic surfaces:From natural to artificial[J]. Adv Mater, 2002,14:1857 – 1860.

[11]Pipatchanchai T,Srikulkit K. Hydrophobicity modifi cation of woven cotton fabric by hydrophobic fumed silica coating[J]. J Sol – Gel Sci Technol,2007,44:119 – 123.

[12]E Kurz. Ausrüstung aus organischen Lösungsmitteln[J]. Textilveredlung,1969,4:773 – 786.

[13]范雪荣. 纺织品染整工艺学[M]. 2 版. 北京:中国纺织出版社,2006.

[14]E G Shafrin, et al. Constitutive relations in the wetting of low energy sturfaces and the theory of the retraction method of preparing monolayers. J. phys. chem. ,1960,64:519.

[15]M. Korger,A. Ehrmann,K. Klinkhammer,ET AL. Einfluss der Haarigkeit auf die Hydrophobie ausgerüsteter Gewebe[J]. Melliand Textilber,2011(92):106 – 107.

[16]D. O. H Teare,C. G. Spanos,P. Ridley,et al. Pulsed Plasma Deposition of Super – Hydrophobic Nanospheres. Chemistry of Materials,2002,14(11):4566 – 4571.

[17]D Lämmermann. Fluorocarbons in textile finishing[J]. Melliand Textilberichte,1991,72:949 – 954.

[18]I Holme. Water repellency and waterproofing in Textile Finishing. Heywood D(ed.)[J]. Bradford,Society of Dyers and Colourists,2003:135 – 213.

[19]R Grottenmüller. Fluorocarbons – an innovative auxiliary for the finish of textile surfaces[J]. Melliand Textilberichte,1998,79(10):743 – 746.

[20]C Muriel. EC proposes laws to restrict PFOS[J]. European Chemical News,2005,83(2175):22.

[21]P Jlanet. Canada moves to eliminate PFOS stain repellents[J]. Environmental Science & Technology, 2004,38(23):452.

[22]A Rogers. European PFOS restrictions[J]. Chemistry World,2006,3(12):13.

[23]R Renner. PFOS phaseout pays off[J]. Environmental Science & Technology,2008,42(13):4618.

[24]J. Guo,P. Resnick P,Efi menko K,et al. Alternative fluoropolymers to avoid the challenges with perfluorooctanoic acid[J]. Ind Eng Chem Res,2008(47):502 – 508.

[25]Shao H,Sun J Y,Meng W D,et al. Water and oil repellent and durable press finishes for cotton based on a perfluoroalkyl – containing multi – epoxy compound and citric acid[J]. Textile Res J,2004(74):851 – 855.

[26]Khoddami A,Gong H,Ghadimi G. Effect of wool surface modification on fluorocarbon chain re – orientation[J]. Fibers and Polymers,2012(13):28 – 37.

[27]S Thumm. LAD – fluorocarbon technology for high – tech sports – wear[J]. International Textile Bulletin,2000,46(1):56 – 61.

［28］HOLME I. Durable water repellents：alternatives to C8 fluorocarbons［J］. Int. Dyer，2014（4）：14－16.

［29］HOLME I. Advances in repellent finishes：durability to washing and abrasion is increasing［J］. Int. Dyer，2015（6）：18－21.

［30］G P Nair. Fabric soiling and soil－release finishesI［J］. Colourage，2004，51（8）：41－46.

［31］G P Nair. Fabric soiling and soil－release finishes－Ⅱ［J］. Colourage，2004，51（9）：53－56.

［32］陈荣圻. PFOS 的禁用及相关产品的替代（三）［J］. 2008，20：42－45.

［33］S R Block，P C Hupfield，et al. Fluorine and silicone polymers result in stain resistant and easy－clean coatings［J］. Chemical Oggi－Chemistry Today，2007，25（3）：33－35.

［34］王菊生，孙铠. 染整工艺原理（第二册）［M］. 北京：纺织工业出版社，1984.

［35］S Smith，P O Sherman. The physical chemistry of stain release［J］. Text. Chem. Colorist，1969，1（2）：20.

［36］Islam M M，Khan A M. Functional properties improvement and value addition to apparel by soil release finishes－a general overview［J］. Research Journal of Engineering Sciences，2013，2（6）：35－39.

［37］S Smith，P O Sherman. Textile characteristics affecting the release of soil puring laundering（Ⅰ：A review and theoretical consideration of the effects of fiber surface energy and fabric construction on soil release）［J］. Text. Res. J.，1969，39：441.

［38］Holme I. New developments in the chemical finishing of textiles［J］. Journal of the Textile Institute，1993，84（4）：520.

［39］Schindler W D，Hauser P J. Chemical Finishing of Textiles［M］. Cambridge：Woodhead Publishing Ltd，2004.

［40］P O Sherman，S Smith，B Johannessen. Textile characteristics affecting the releaseof soil during laundering. Part Ⅱ Fluorochemical soil release textile finishes［J］. Textile Research Journal，1969，39：449.

［41］朱平. 功能纤维及功能纺织品［M］. 北京：中国纺织出版社，2006.

［42］王永强. 阻燃材料及应用技术［M］. 北京：化学工业出版社，2003.

［43］于永忠，吴启鸿，葛民成. 阻燃材料手册［M］. 北京：群众出版社，1991.

［44］骆介禹，骆希明. 纤维素基质材料阻燃技术［M］. 北京：化学工业出版社，2003.

［45］王树根，马新安. 特种功能纺织品的开发［M］. 北京：中国纺织出版社，2003.

［46］薛恩钰，曾敏修. 阻燃科学及应用［M］. 北京：国防工业出版社，1988.

［47］纺织工业部印染行业技术开发中心. 纺织工业部标准化研究所编译. 国外纺织品阻燃标准（内部资料）.

［48］Pitts J J，et al. Flame retardancy of polymeric materials［M］. New York：Marcel Dekker，1973.

［49］眭伟民，黄象安，陈佩兰. 阻燃纤维及织物［M］. 北京：纺织工业出版社，1990.

［50］张军，纪奎江. 聚合物燃烧及阻燃技术［M］. 北京：化学工业出版社，2005.

［51］蔡永源. 现代阻燃技术手册［M］. 北京：化学工业出版社，2005.

［52］王菊生，孙铠. 染整工艺原理（第三册）［M］. 北京：纺织工业出版社，1983.

［53］张济邦，袁德馨. 织物阻燃整理［M］. 北京：纺织工业出版社，1987.

［54］W E Franklin. Initial pyrolysis reaction in unmodified and flame－retardant cotton［J］. J. Macromol. Sci－chem.，1983，A19（4）：619－641.

［55］W E Franklin，S P Rowl. Thermogravimetric analysis and pyrolysis kinetics of cotton fabrics finished with THPOH. NH$_3$［J］. J. Macromol. Sci. chem.，1983，A19（2）：265－282.

［56］朱平，隋淑英，王炳，等. 阻燃及未阻燃棉织物的热分析［J］. 青岛大学学报，2000，4：1－5.

［57］章新农,邵行洲. 纤维素热裂解及阻燃剂作用的研究［J］. 印染,1988,14(5):69－75.

［58］Ping Zhu,Shuying Sui,et al. A study of pyrolysis and pyrolysis products of flame－retardant cotton fabrics by DSC,TGA and PY－GC－MS［J］. Journal of Analytical and Applied Pyrolysis,2004,71:645－655.

［59］杨静新. 染整工艺学(第二册)［M］. 2 版. 北京:中国纺织出版社,2004.

［60］利温 M,塞洛 S B. 纺织品功能整理(上册)［M］. 王春兰,译. 北京:纺织工业出版社,1992.

［61］宋心远. 新合纤染整［M］. 北京:中国纺织出版社,1997.

［62］Horrocks A R,Price D. Fire retardant materials［M］. Cambridge:Woodhead publishing limited,land,2000:1－156.

［63］M Le Bras,G Camino,et al. Fire retardancy of polymers the use of intumescence,The royal society of chemistry. Cambridge England,1998.

［64］F Grand,Charles A. Wilkie. Fire retardancy of polymeric materials. Marcel Dekker,Inc. New York,2000.

［65］江海红. 阻燃 PET 及其纤维的燃烧性能—燃烧机理—群子参数之间关系的研究［D］. 北京:北京化工大学,2000.

［66］贾修伟. 纳米阻燃材料［M］. 北京:化学工业出版社,2005.

［67］胡源,宋磊. 阻燃聚合物纳米复合材料［M］. 北京:化学工业出版社,2008.

［68］李群,朱平,李德芳,等. 氟钛酸钾—羊毛纤维—酸性染料相互作用初探［J］. 印染助剂,1992,2.

［69］周宏湘. 真丝绸染整新技术［M］. 北京:中国纺织出版社,1997.

［70］胡源,尤飞,宋磊,等. 聚合物材料火灾危险性分析与评估［M］. 北京:化学工业出版社,2007.

［71］欧育湘,李建军. 材料阻燃性能测试方法［M］. 北京:化学工业出版社,2007.

［72］车振明. 工科微生物学教程［M］. 成都:西南交通大学出版社,2007.

［73］季君晖,史维明. 抗菌材料［M］. 北京:化学工业出版社,2003.

［74］沈一丁,朱平,辛中印,等. 轻化工助剂［M］. 北京:中国轻工业出版社,2004.

［75］金宗哲. 无机抗菌材料及应用［M］. 北京:化学工业出版社,2004.

［76］吕嘉枥. 轻化工产品防霉技术［M］. 北京:化学工业出版社,2003.

［77］李辉芹,巩继贤. 天然抗菌整理剂［J］. 纺织导报,2002,2:50－54.